"十四五"职业教育国家规划教材

高等职业教育铁道桥梁隧道工程技术专业"十四五"系列教材

土力学与地基基础

(第三版)

李文英　任晓军◎主　编
张　丽　郑树茂◎副主编
高　强　刘彦鹏◎主　审

中国铁道出版社有限公司

2025年·北　京

内 容 简 介

本书内容包括土的物理性质分析及工程分类、土的渗透性分析、土体中的应力计算、土的压缩性分析与地基变形计算、土的抗剪强度分析、天然地基容许承载力确定、土压力计算、地基与基础概述、天然地基上的浅基础施工、桩基础施工、沉井基础施工、人工地基处理施工等。为提高读者学习兴趣和加深理解，每个学习项目前附有典型工程案例，每个学习内容后附有思政案例、项目小结和复习思考题。为扩大知识面，本书还加入了一部分以二维码形式呈现的思维导图、教案、课件、题库等。

本书适合作为高职院校铁道桥梁隧道工程技术、铁道工程技术、高速铁路施工与维护等专业的教材，也可供广大工程技术人员学习参考。

图书在版编目（CIP）数据

土力学与地基基础 / 李文英，任晓军主编. -- 3 版. 北京 ：中国铁道出版社有限公司，2025. 5. --（“十四五”职业教育国家规划教材）（高等职业教育铁道桥梁隧道工程技术专业“十四五”系列教材）. -- ISBN 978-7-113-32290-8

Ⅰ. TU4

中国国家版本馆 CIP 数据核字第 2025D2P607 号

书　　名：**土力学与地基基础**
作　　者：李文英　任晓军

策　　划：李露露
责任编辑：李露露　　**编辑部电话**：(010)51873240　　**电子邮箱**：790970739@qq. com
封面设计：刘　莎
责任校对：苗　丹
责任印制：赵星辰

出版发行：中国铁道出版社有限公司（100054，北京市西城区右安门西街 8 号）
网　　址：https://www. tdpress. com
印　　刷：三河市宏盛印务有限公司
版　　次：2012 年 8 月第 1 版　2025 年 5 月第 3 版　2025 年 5 月第 1 次印刷
开　　本：787 mm×1 092 mm 1/16　**印张**：19. 5　**字数**：495 千
书　　号：ISBN 978-7-113-32290-8
定　　价：56. 00 元

QIAN YAN

第三版前言

随着铁路工程建设规模扩大、铁路等级提升、设计速度的提高和建设环境的复杂性日益突显，其中桥梁在铁路线路中的占比较高，因此，铁路桥梁的高质量建设与维护已是铁路安全畅通的重要保证。基础是桥梁的重要组成部分，地基的强度和变形是保证高速铁路桥梁正常运营的关键。本教材主要介绍桥梁基础施工、地基加固处理和与之有关的土力学知识和技能。

由于与高速铁路桥梁施工技术相关的岩土工程勘察、设计及科研水平明显提升，土工试验、基础工程施工及地基加固处理新技术和国家有关工程规范和标准也在不断完善和修订，为了反映土的工程性质指标测试新技术、地基基础工程施工新技术及地基处理最新成果，满足新时代对土木工程建设人才在职业道德、家国情怀和技术技能方面的需求，编者对第二版教材进行了较为全面的修订。

本教材内容框架与第二版基本相同。与原教材相比，除了参照最新规范和标准外，还结合了多年来教学过程中学生和授课教师的反馈意见。本次修订主要有以下特色与创新：

(1)思政内容“进教材、进课堂、进头脑”

为全面贯彻党的教育方针，落实立德树人根本任务，本次修订将习近平新时代中国特色社会主义思想“进教材、进课堂、进头脑”作为总体目标，将教材建设作为铸魂育人重要阵地。因此，修订按照“思政引领、项目导向、任务驱动”的教学模式，在每一个学习项目内有机融入与学习内容相关的思政案例，做到课政融合，以达到思政育人的目标。

(2)信息技术进教材，实现数字资源融合

为适应“互联网＋职业教育”发展需求、最大限度地调动学习者的学习积极性、丰富教学资源，每个项目都配有与教学内容相关的工程案例及信息化技术支持下的可视化数字教学资源，通过互联网等相关学习平台，学生可多渠道掌握本项目要达到的技能目标，同时，为了与同行很好地交流，每个项目都附有与教学计划相关的课件、教案、题库等。

(3)产业升级内容进教材，及时动态更新内容

本教材随着行业相关规范的修订及新技术、新方法、新设备的应用，及时动态更新教材内容，充分体现相关规范、规程中采用的安全可靠的新技术、新方法、新工艺、新材料、新设备，并将规范、规程中的自动化和信息化技术纳入教材内容。

(4)项目任务教学法进教材,注重能力培养

注重教材内容的实用性、适用性,实现“教、学、做”一体化;以真实桥梁地基基础工程施工项目、任务为载体设计教学内容。教材中关于土的物理力学性质、基础施工与地基加固方法等内容安排合理,形成了一套完整的知识体系框架。

(5)校企“双元”合作开发,突出教材职业性特点和“工匠精神”培育

本教材的编、审都由具有管理及施工经验的企业人员参与,除了专业技能外,更注重学生职业道德、精益求精的“工匠精神”的培养。

本教材具体修订内容如下:

(1)由于复杂地质环境下的铁路工程不断增多,土的基本工程性质对工程质量安全的影响日益显现,因此根据《铁路工程土工试验规程》(TB 10102—2023)相关内容修订本教材,如新增微波炉法测定含水率、激光粒度仪法分析颗粒组成、粗粒土击实试验测定最大干密度等,修订内容充分体现该规程中采用的安全可靠的新技术、新方法、新设备,并将试验规程的自动化和信息化技术纳入教材内容。

(2)地基处理技术对铁路工程质量安全的影响日益凸显,因此,本教材坚持安全可靠、技术先进、经济合理、绿色环保的理念,及时补充、更新地基基础部分相关内容,根据《铁路工程地基处理技术规程》(TB 10106—2023),在复合地基部分补充布袋注浆桩等新技术,以便更好地满足铁路工程地基处理技术对人才发展的需要。

本教材由天津铁道职业技术学院李文英、任晓军任主编,天津铁道职业技术学院张丽、中国铁路北京局集团有限公司天津工务段郑树茂任副主编,中铁工程设计咨询集团有限公司高强、成都晋百谷科技有限公司刘彦鹏主审。编写分工如下:李文英编写项目 1,张丽、广州番禺职业技术学校朱艳峰编写项目 2,郑树茂编写项目 3,张丽编写项目 4 和项目 8,山东济铁建设咨询有限公司李克普编写项目 5,中国铁路北京局集团有限公司唐山工务段陈钦岳编写项目 6,李文英和西安铁路职业技术学院付红梅编写项目 7,湖南高速铁路职业技术学院谢松平编写项目 9,任晓军编写项目 10、项目 12,湖南高速铁路职业技术学院柏江源编写项目 11,任晓军、张丽负责二维码中相关试验视频的录制及数字化教学资源建设工作。

在教材编写过程中,得到了各相关院校领导、教师及铁路桥梁施工与维修企业的大力支持,在此一并表示感谢。

由于编者水平有限,书中难免存在不足之处,敬请读者批评指正。

编　者

2025 年 1 月

文本

涉及的相关规范

QIAN YAN 第一版前言

“土力学与地基基础”是三年制高职道路与桥梁、铁道工程、测量工程、基础工程等专业的一门必修专业课程。

按照项目教学、强化学生能力的培养目标要求，本教材在编写时注重考虑了土木工程专业人员应具备的有关土力学与地基基础施工方面的基本知识和基本技能的要求。

根据“土力学与地基基础”课程的培养目标，教材内容的设计主要考虑满足学生毕业后在地基处理、基础工程施工或设计单位的相应岗位作为试验员、监理员、施工技术员的要求。而以上岗位的典型工作内容为：按相应的规范规程做土的各项试验，填写试验记录和试验报告；根据土体的试验参数确定地基处理方案；根据场地地质、水文资料及荷载情况选择基础类型，确定各种基础的相应施工方案，进行现场质量验收和隐蔽工程质量验收；做好施工记录及质量检查签证表；能够对相应试验资料及施工资料进行整理归档等。

为满足上述岗位要求，本教材在编写过程中考虑了学生应具备的技能和相关知识点，以项目教学为主线，每一项目都有明确的知识、技能和素质培养目标，并配有相关案例、项目小结和项目训练内容。

本书为高职学校土木工程相关专业“土力学与地基基础”课程的教材，也可供从事土木工程施工及养护工作的人员自学或参考。

本书由天津铁道职业技术学院李文英任主编，湖南高速铁路职业技术学院邓昌大任副主编。编写分工如下：李文英编写项目1、3、5、6，天津铁道职业技术学院路雅君编写项目2、4，李文英和西安铁路职业技术学院付红梅共同编写项目7、11，邓昌大编写项目8、9，天津铁道职业技术学院崔春霞编写项目10、12。

在本书编写过程中，得到了天津铁道职业技术学院、湖南高速铁路职业技术学院、西安铁路职业技术学院有关部门的大力支持，同时也得到了很多相关老师的大力支持，在此一并表示感谢。

由于编者水平所限，书中难免存在不足之处，敬请读者批评指正。

编者

2012年4月

MU LU

目录

绪　论

1. 土和土力学

土是地壳表层的岩石暴露在大气中，经长期风化、搬运、沉积等地质作用，在地表形成的由固体颗粒、水和气体组成的散粒状集合体。组成各种建筑物地基的介质就是这种分散成颗粒状的土，或连成整体的岩石。土力学所研究的对象是散粒状的“土”而不是岩石。

由土层所构成的广袤大地是工程建设的场地、建筑物的地基、地下建筑的环境，同时土又是工程中应用最广的建筑材料。因此，从工程角度需要对土的工程性质有正确的认识，一旦认识有偏差可能会导致巨大的工程事故。土力学主要是运用力学知识解决土的受力、变形、强度、稳定性，以及土与结构物相互作用的规律等问题，它主要涉及土的三大工程问题——强度、变形、渗透性。

2. 土力学与地基基础

所有建筑物均是修筑在地壳上的，建筑物的全部重量都由地壳承受。以铁路桥梁为例，列车荷载连同桥梁上部结构及墩台自重，一并作用在基础上，通过基础把全部荷载传递给地壳，与基础相接触的这部分地壳，称之为地基。

地基在整个建筑中起着关键的作用，它的变形或破坏，直接影响到整个结构的安全和使用，所以，在建筑设计中最重要的工作之一是地基基础的设计和计算，而它的主要内容就是计算地基土的变形和强度(或承载力)，而这正是土力学要解决的问题。

一座牢固的建筑物，必须有坚实的基础，以保证建筑物的安全和使用年限。基础工程的勘察、设计和施工质量直接关系建筑物的安危，因为基础一般都埋置在地面以下，属于隐蔽工程，有些基础还在水下，故建造基础将涉及排水、防水或水下灌注混凝土等复杂施工问题，需要根据具体情况选择施工机具，制定最优的施工方案，以求达到安全、高效和低耗地建造基础的目的。否则，一旦发生质量事故，其补救和处理往往比上部结构困难得多，有时甚至是不可能的，这是地基基础部分要解决的问题。

因此，本课程是土力学与基础工程这两个部分的综合，主要研究地基土的工程性质，以及地基土在上部结构物荷载作用下的应力、变形、承载力和稳定性问题，提供铁路桥梁地基与基础的设计计算方法和铁路桥梁各种常用基础类型的施工方法等。

3. 本课程的主要内容

根据相关专业教学计划和课程标准的要求，本课程将学习有关铁路桥涵建筑所必需的土力学与地基基础的基本知识。

(1)土的物理性质分析和工程分类。主要介绍与工程设计及施工有关的土的物理性质指标和物理状态指标，土的工程分类依据及定名方法。

(2)土的渗透性分析。主要介绍水在土体中的渗透规律，以及土体的渗透变形问题和渗透变形防治措施。

(3)土体中的应力计算。主要介绍土的自重应力、基底压应力和附加应力的分布规律与计算方法，软弱下卧层顶面应力计算方法。

(4)土的压缩性分析与地基变形计算。主要介绍土的压缩性、地基沉降量的计算方法、在荷载作用下地基土的变形规律。

(5)土的抗剪强度分析。主要介绍土的抗剪强度理论和测定抗剪强度指标的几种试验方法,砂类土的震动液化分析方法。

(6)天然地基容许承载力确定。主要介绍地基承载力的概念、按《铁路桥涵地基和基础设计规范》(TB 10093—2017)确定天然地基容许承载力的方法、利用触探原理确定地基容许承载力的方法。

(7)土压力计算。主要介绍三种土压力的概念、产生的条件及朗金土压力、库伦土压力的计算方法。

(8)地基与基础概述。主要介绍桥涵地基与桥梁基础的分类,基础设计原则、依据、步骤,铁路桥梁基础上的荷载类型与计算选择方法,铁路桥梁基础埋置深度确定方法和依据。

(9)天然地基上的浅基础施工。主要介绍天然地基上浅基础的类型、刚性扩大基础的设计及检算相关内容和明挖基础施工方法。

(10)桩基础施工。主要介绍桩和桩基础的主要类型和构造,桩基础的设计计算相关内容,灌注桩施工和预制桩的施工方法及施工工艺

(11)沉井基础施工。主要介绍沉井基础类型与构造,沉井基础施工方法及施工工艺。

(12)人工地基处理施工。主要介绍特殊土地基类型,几种常用的地基加固方法和在特殊地基上地基处理的特点。

4. 本课程的特点及学习要求

土是由固体颗粒和颗粒之间的水及气体组成的,土粒之间以及土粒与水之间的相互作用,使土体具有十分复杂的物理力学性质,而且在自然环境湿度、温度、水流、压力和振动的影响下,土的性质会发生显著变化,存在很多不确定性。土体不是理想的弹性体或塑性体,目前研究土的力学性质所用的弹性理论和塑性理论都只能得出近似的计算结果,不完全符合实际情况,甚至还有较大偏差。在进行地基基础设计时,土力学虽然是重要的理论依据,但还应通过试验、实测并根据实践经验进行综合分析,才能获得较满意的结果。所以理论联系实际是本课程的显著特点。至于基础施工,目前亟须解决的问题是如何进一步改善劳动条件,改进施工方法,降低施工成本和提高施工质量。

本课程是一门重要的专业课,其内容涉及工程力学、工程测量技术、工程地质和结构设计原理等课程。因此要学好地基与基础课程,首先必须很好地掌握上述先修课程的基本内容和基本原理,为学好本课程打好基础。

本课程内容广泛、综合性强,学习时应抓住重点,兼顾全面。从专业要求出发,必须牢固掌握土的基本物理性质指标以及土的应力分布、变形、强度和地基计算等基本概念和基本理论,从而能够应用这些概念和理论并结合结构设计和施工知识,处理相关地基基础问题。

铁路桥涵地基基础的施工,涉及施工测量、防排水、水下灌注混凝土等复杂施工问题。对于同样的基础结构,因所处地域不同,施工单位的情况不同,就可能采用风格迥异的施工方法。所以不良地基的人工处理、基础的设计与施工,可谓方法众多,特色鲜明。要掌握这些知识,除应具备扎实的地基基础理论知识外,还需要有较丰富的实践经验。在实际工程施工中,应根据具体情况制定最佳施工方案,选择先进的施工机具,以求达到安全、高效、低耗地修建基础。作为初学者,首先应掌握解决问题的理论知识、原理;同时多实践,理论联系实际,通过各个教学和实践环节,紧密结合工程实际,才能真正掌握处理地基与基础问题的方法与技巧,提高解决

工程实际问题的能力。

本教材适用于铁道桥梁隧道工程技术、铁道工程技术、高速铁路施工与维护等专业。在学习铁路桥涵地基基础的相关知识点和技能点的要求时，以《铁路桥涵地基和基础设计规范》(TB 10093—2017)、《铁路桥涵设计规范》(TB 10002—2017)等铁路规范、规程、标准为依据，在相关拓展内容部分，涉及有关建筑工程及公路工程等规范。在本课程的学习中，除了系统掌握地基与基础的设计和施工方法外，还应具备规范意识，逐步熟悉和使用相关规范，用规范的要求来指导自己的工程实践。

文本

绪论　思政案例

文本

绪论　题库

项目 1　土的物理性质分析与工程分类

项目描述

由于土的成因、形成环境及其物质组成的复杂性，同时考虑土层上作用的建筑物的结构特点、使用要求等，在进行相关工程设计施工时，应综合考虑地基、基础和上部结构的相互关系，而这些问题的关键即为地基土的特性。本项目主要论述了与工程设计及施工有关的土的组成，土中各组成部分的工程特性，土的物理性质指标和物理状态指标的概念、应用、测试方法及土的工程分类。

图片

项目1　思维导图

学习目标

1. 能力目标

(1)了解土的成因对土的工程性质的影响。

(2)掌握土的三相组成对土的工程性质的影响。

(3)掌握与铁路工程有关的土的物理性质。

(4)能够按照铁路行业相关规范对地基土进行初步分类和鉴别，了解其他行业标准关于土的分类方法。

2. 知识目标

(1)掌握土的物理性质及物理状态指标的含义，能进行物理性质指标和物理状态指标换算。

(2)能够熟练进行土的取样及土的密度、含水率、液限、塑限及颗粒分析试验。

(3)能够根据相关规范熟练进行土的工程分类。

3. 素质目标

(1)具备较强规范意识与严谨职业素养。

(2)具备熟练按照相关规范进行试验实操能力与现场土工问题应对能力。

(3)具备高效团队协作意识与技术沟通能力。

(4)具备科学思想、工作方法及统筹各行业规范与工程实际需求的能力。

相关案例：湘江 2 号特大桥桥基地层分布情况

文本

岩土施工工程分级

1. 工程概况

湘桂线衡阳至永州段扩能改造工程永州湘江 2 号特大桥，位于湖南省永州市冷水滩区高溪市镇东北方约 4 km 处，起讫里程 DK118＋853.90～DK119＋921.54，全长 1 067.64 m，中心里程 DK119＋386.48，采用 2-24 m 简支梁＋(60＋100＋100＋60)m 连续梁＋5-32 m 简支梁＋(48＋80＋48)m 连续梁＋9-32 m 简支梁＋2-24 m 简支梁结构形式，柱桩基础。线路于DK119+178.0～+470.5处跨越湘江，夹角约为90°，于DK119+502～+590处跨越石溪江，夹角约为90°，于DK119+828～+841处跨越湘桂既有线，夹角为63°17′。

2. 桥址区地层岩性特征及分布

根据区域地质、带状地质测绘和钻孔钻探揭示，按成因、年代及物理力学性质的不同，揭示地层可分为：填土层(Q_4^{al})；第四系全新统冲洪积层(Q_4^{al+pl})，由粉质黏土、粉砂、圆砾土、卵石土层组成，总厚2～16 m；第四系全新统坡积残积层(Q_4^{el+dl})粉质黏土，总厚6～8 m；下伏石炭系中上统壶天群($C_{2\text{-}3ht}$)白云质灰岩；石炭系下统白云质灰岩和泥盆系上统泥灰岩及灰岩。揭示地层共分(1)～(6)六个大层，下分12个亚层，2个次亚层，现从上到下分述如下：

1)人工填土(Q_4^{al})

(1)1-1填筑土。灰黄色，密实，为既有湘桂线路堤填料，本层层厚0～10 m，岩土工程施工分级为Ⅱ级。

(2)1-2素填土。灰黄色，松散，由65%黏土和35%砾石组成，粒径2～40 mm。本层层厚0～1.00 m，主要分布于13号墩附近，岩土工程施工分级为Ⅱ级。

(3)2种植土。黄褐色，松散，含植物根系和10%左右粉砂。本层在桥址区大部分地段地表均有分布，层厚0～0.50 m，岩土工程施工分级为Ⅰ级。

2)第四系全新统冲洪积层(Q_4^{al+pl})

(1)粉质黏土。黄褐～灰褐色，硬塑，含10%～20%的砂粒，局部夹粉土，土体黏性一般，局部较差。层厚5～10 m，在桥址区内基本均有分布，岩土工程施工分级为Ⅱ级。

(2)粉砂。灰黄色，稍密，饱和，含10%～20%黏土，层厚0～2.50 m，主要分布在7号墩附近一带，岩土工程施工分级为Ⅰ级。

(3)圆砾土。灰黄色，中密，饱和状态，砾石占60%～70%，为灰岩质，粒径2～80 mm，呈圆棱状，磨圆度良好，分选性较差，充填30%～40%砂粒。层顶高程为81.79 m，厚0～3.35 m，主要分布在7号墩附近一带，岩土工程施工分级为Ⅲ级。

(4)卵石土。灰褐色，饱和，含20%细砂，卵石粒径20～50 mm。本层仅在湘江河床一带有分布，层厚0～1.20 m，岩土工程施工分级为Ⅲ级。

3)第四系全新统坡积残积层(Q_4^{el+dl})

粉质黏土。黄褐～灰褐色，硬塑，含10%～20%的砂粒，局部夹粉土，土体黏性一般，局部较差。层厚5～8 m，在桥址区内基本均有分布，岩土工程施工分级为Ⅱ级。

4)石炭系中上统壶天群($C_{2\text{-}3ht}$)

白云质灰岩。浅灰～灰白色，弱风化，隐晶质结构，厚～巨厚层状，溶蚀裂隙较发育，多被方解石脉充填，局部可见褐红色铁锰物浸染，水钻岩芯呈柱状，基岩接触带成碎块状。层顶高程为78.44～101.62 m，在DK118+800～DK119+300范围广泛分布。岩土工程施工分级为Ⅴ级。

5)石炭系下统大塘阶梓门桥段(C_{3d})

(1)白云质灰岩。灰白色，强风化，隐晶质结构，块状构造，岩芯较破碎，性脆，水钻岩芯呈碎块状。层顶高程为95.41 m，层厚0～1 m，主要分布在10号墩附近一带，岩土工程施工分级为Ⅳ级。

(2)白云质灰岩。灰白色，弱风化，隐晶质结构，块状构造，岩质致密坚硬，性脆，岩芯主要呈柱状及长柱状。层顶高程为94.51 m，主要分布在DK119+300～+420一带，岩土工程施工分级为Ⅴ级。

6)泥盆系上统(D_3)

(1)泥灰岩。深灰色,强风化,泥质结构,薄层状构造,层理较发育,岩芯较软,用手可掰碎。层顶高程为 100.06 m,层厚 3.1 m,主要分布在 24 号墩附近。

(2)泥灰岩。浅灰色,弱风化,隐晶结构,薄层状构造,裂隙发育,有方解石脉充填,岩芯多呈饼状及短柱状。层顶高程为 96.96 m,层厚 2.0 m,主要分布在 24 号墩附近。

(3)灰岩。深灰色,弱风化,岩芯完整,敲击声脆,呈柱状及长柱状,块状构造,隐晶质结构,局部有小裂隙,并可见方解石脉充填。层顶高程为 82.68～94.96 m,于 DK119＋420～＋920 广泛分布。

通过此案例应有如下思考:

(1)作为桥梁地基的土层,一定要有准确的地基土层的分布情况、成因及土的各项物理力学性质指标,为设计施工提供准确数据,才能保证建筑物的安全和正常使用。

(2)作为工程技术人员,要以科学求实的态度完成每一项工作。案例中提到的土的工程分类在本项目的知识点和技能点学习中会涉及,同学们在学习中认真体会。

(3)学习的目的是应用,本案例前 3 个大层主要是土,后 3 个大层主要是岩石,根据此地层分布情况,分析此桥梁基础为何选择柱桩基础?

任务 1.1　土的成因认知

土木建筑工程所称的土,有狭义和广义两种概念。狭义概念所指的土,是岩石风化后的产物,即指覆盖在地表上松散的、没有胶结或胶结很弱的颗粒堆积物。广义的概念则将整体岩石也视为土。

地壳表层的岩石暴露在大气中,受到温度和湿度变化的影响,体积经常膨胀和收缩,不均匀的膨胀和收缩使岩石产生裂缝,岩石还长期经受风、霜、雨、雪的侵蚀和动植物活动的破坏,逐渐由大块崩解为形状和大小不同的碎块,这个产生裂缝和逐渐崩解的过程,称为物理风化。物理风化只改变颗粒的大小和形状,不改变颗粒的成分。物理风化后所形成的碎块与水、氧气、二氧化碳和某些由生物分泌出的有机酸溶液等接触,发生化学变化,产生更细的并与原来的岩石成分不同的颗粒,这个过程称为化学风化。经过这些风化作用所形成的矿物颗粒(有时还有有机物质)堆积在一起,中间贯串着孔隙,孔隙中还有水和空气,这种松散的固体颗粒、水和气体的集合体就称为土。

物理风化不改变土的矿物成分,产生了像碎石和砂等颗粒较粗的土,这类土的颗粒之间没有黏结作用,呈松散状态,称为无黏性土。化学风化产生颗粒很细的土,这类土的颗粒之间因为有黏结力而相互黏结,干时结成硬块,湿时有黏性,称为黏性土。这两类土由于成因不同,因而物理性质和工程特性也不一样,对这点要特别注意。

风化作用生成的土,如果没有经过搬运,堆积在原来的地方,称为残积土。残积土一般分布在山坡或山顶。土受到各种自然力(如重力、水流、风力、冰川等)的作用,搬运到别的地方再沉积下来,就成为沉积土。沉积土是一种最常见的土。

实践经验表明,土的工程特性一方面取决于其原始堆积条件,使组成土的结构构造、矿物成分、粒度成分、孔隙中水溶液的性质不同,另一方面也取决于堆积以后的经历。在沉积过程中,由于颗粒大小、沉积环境和沉积后所受的力等不同,所形成土的类型和性质就不同。一般地说，在大致相同的地质年代及相似的沉积条件下形成的土，其成分和性质是相近的。沉积年代愈长，上覆土层重量愈大，土压得愈密实，由孔隙水中析出的化学胶结物也愈多。因此，老土层的强度和变形模量比新土层的要高，甚至由散粒体经过成岩作用又变成整体岩石，如砂类土成为砂岩，黏土变成页岩等。目前常见的土大都是第四纪沉积层，这个沉积层还正处于成岩过程中，因此一般都呈松散状态。但第四纪是距今约一百万年开始的一个相当长的时期，早期沉积的土，在性质上与近期沉积的土有相当大的差别。这种沉积年代的长短对土的性质有影响，对黏性土尤为明显。不同的自然地理环境对土的性质也有很大影响。我国沿海地区的软土、严寒地区的多年冻土、西北地区的湿陷性黄土和西南亚热带的红黏土等，除了具有一般土的共性外，还各具有自己的特点。

《铁路桥涵地基和基础设计规范》（TB 10093—2017）将狭义的土分为碎石类土、砂类土、粉土和黏性土，此外，还有软土、冻土和黄土等特殊土。碎石类土和砂类土都是无黏性土。

任务1.2　土的三相组成分析

土是由固体颗粒、水和气体三部分所组成的三相体系。固体部分一般由矿物质所组成，有时含有有机质（半腐烂和全腐烂的植物质和动物残骸等），这一部分构成土的骨架，称为土骨架。土骨架间布满相互贯通的孔隙，这些孔隙有时完全被水充满，称为饱和土；有时一部分被水占据，另一部分被气体占据，称为非饱和土；有时也可能完全充满气体，称为干土。水和溶解于水的物质构成土的液体部分。空气及其他一些气体构成土的气体部分。这三部分本身的性质以及它们之间的比例关系和相互作用决定着土的物理力学性质。因此，认识土的性质，首先必须认识土的三相组成。

1.2.1　固体颗粒

固体颗粒构成土骨架，它对土的物理力学性质起着决定性的作用。另外，还要认识固体颗粒的矿物成分及颗粒的形状。这三者之间又是密切相关的。

1. 颗粒的矿物成分和颗粒分组

土的颗粒一般由各种矿物组成，也含有少量有机质。土粒的矿物成分可分为两类：

(1)原生矿物。指物理风化所产生的粗颗粒矿物，它们具有原来岩石的矿物成分。常见的有长石、石英、角闪石和云母等。

(2)次生矿物。是化学风化后产生的矿物，如颗粒极细的黏土矿物。常见的有高岭土、伊利土和蒙脱土等。矿物成分对黏性土的性质影响很大，例如，黏性土中含有大量蒙脱土时，这种土就具有强烈的膨胀性，它的收缩性和压缩性也大。

颗粒的粗细对土的性质影响也很大。颗粒愈细，单位体积内颗粒的表面积就愈大，与水接触的面积就愈多，颗粒相互作用的能力就愈强。

颗粒具有不同的形状，如块状、片状等，这和土的矿物成分有关，也和土粒所经历的风化搬运过程有关。

文本

土粒粒组划分

颗粒粒径的大小称为粒度，把粒度相近的颗粒合为一组，称为粒组。粒组的划分应能反映粒径大小变化引起土的物理性质变化这一客观规律。一般地说，同一粒组的土，其物理性质大致相同，不同粒组的土，其物理性质则有较大差别。《铁路桥涵地基和基础设计规范》对粒组的划分见表1.1。

表 1.1　土的颗粒分组

颗粒名称	粒　径 d/mm	
漂石(浑圆、圆棱)或块石(尖棱)	大	d>800
	中	400<d≤800
	小	200<d≤400
卵石(浑圆、圆棱)或碎石(尖棱)	大	100<d≤200
	小	60<d≤100
粗圆砾(浑圆、圆棱)或粗角砾(尖棱)	大	40<d≤60
	小	20<d≤40
圆砾(浑圆、圆棱)或细角砾	大	10<d≤20
	中	5<d≤10
	小	2<d≤5
砂　粒	粗	0.5<d≤2
	中	0.25<d≤0.5
	细	0.075<d≤0.25
粉　粒	0.005≤d≤0.075	
黏　粒	d<0.005	

2. 用筛析法作土的颗粒大小分析

天然土是粒径大小不同的土粒的混合体,它包含着若干粒组的土粒。各粒组的质量占干土土样总质量的百分数叫作颗粒级配。颗粒大小分析的目的,就是确定土的颗粒级配,也就是确定土中各粒组颗粒的相对含量。颗粒级配是影响土(特别是无黏性土)的工程性质的主要因素,因此常被用来作为土的分类和定名的标准。根据《铁路工程土工试验规程》(TB 10102—2023)的规定,颗粒大小分析可采用筛析法、密度计法、移液管法和激光粒度仪法。筛析法适用于粒径大于 0.075 mm 但不大于 200 mm 的土,密度计法和移液管法适用于粒径小于 0.075 mm的土,激光粒度仪法适用于粒径小于 2 mm 的土。考虑到学习本课程的主要目的,是将学到的知识用于解决桥涵和路基施工与设计中的较简单的问题,因此,本书只介绍与路基和混凝土施工关系密切的筛析法。

视　频

土的颗粒分析试验

用筛析法作土的颗粒大小分析,其主要设备是一套分析筛。这套筛子中的各筛按筛孔孔径大小的不同由上至下排列(最上层筛子的筛孔最大,往下的筛子其筛孔依次减小),上加顶盖,下加底盘,叠在一起。分析筛有粗筛和细筛两种。粗筛的孔径(圆孔)为 200 mm、100 mm、60 mm、40 mm、20 mm、10 mm、5 mm、2 mm,细筛的孔径为 2 mm、1 mm、0.5 mm、0.25 mm和0.075 mm。试样的用量见表 1.2。试验时,对于无黏性土,将烘干或风干的土样放入筛孔孔径为 2 mm的筛中进行筛析,分别称出筛上和筛下土的质量。取筛上的土样倒入依次叠好的粗筛最上层筛中筛析,又将筛下粒径小于2 mm 的土样倒入依次叠好的细筛最上层筛筛析(细筛可放在筛析机上摇筛,摇筛时间一般为10～15 min),使细

表 1.2　试样用量

最大粒径/mm	取样数量/g
<2	100～300
<10	300～1 000
<20	1 000～2 000
<40	2 000～4 000
<60	≥5 000
<100	≥8 000
<200	≥10 000

土分别通过各级筛孔漏下。称出存留在每层筛子和底盘内的土粒质量，就可以计算出粒径小于(或大于)某一数值的土粒质量占土样总质量的百分数，表1.3是某土样颗粒大小分析试验的筛析结果记录。

对于含有黏土粒的砂类土的筛析方法，《铁路工程土工试验规程》(TB 10102—2023)中另有规定，本书从略。

对土的颗粒大小分析试验结果，可用下列两种方式表达。

(1)表格法

列表说明土样中各粒组的土质量占土样总质量的百分数。表1.4就是根据表1.3列出的该土样的颗粒级配表。

表1.3　颗粒大小分析试验记录(筛析法)

式样编号：

风干土质量：1 000 g	小于0.075 mm的试样占总试样质量的百分数：1.8%
2 mm筛上试样质量：403 g	小于2 mm的试样占总试样质量的百分数：59.7%
2 mm筛下试样质量：597 g	细筛分析时所取试样质量：100 g

$d_{85}=8.4$ mm　$d_{60}=2.0$ mm　$d_{30}=0.6$ mm　$d_{15}=0.4$ mm　$d_{10}=0.3$ mm　$C_u=d_{60}/d_{10}=6.67$

$C_c=d_{30}^2/(d_{10}\cdot d_{60})=0.6$

筛类别	孔径/mm	分计留筛试样质量/g	累计留筛试样质量/g	小于该孔径试样的质量/g	小于该孔径试样的质量百分数/%	小于该孔径试样占总试样的质量百分数/%
粗筛	10	100	100	900	90	90
粗筛	5	180	280	720	72	72
粗筛	2	123	403	597	59.7	59.7
细筛	1	28.3	28.3	71.7	71.7	42.8
细筛	0.5	32.4	60.7	39.3	39.3	23.5
细筛	0.25	31.6	92.3	7.7	7.7	4.6
细筛	0.075	4.7	97	3.0	3.0	1.8
底盘总计		3				

复核：　2024年6月5日　　试验：　2024年6月5日　　计算：　2024年6月5日

表1.4　颗粒级配

粒径/mm	>10	5～10	2～5	1～2	0.5～1	0.25～0.5	0.075～0.25	<0.075
百分数/%	10.0	18.0	12.3	16.9	19.3	18.9	2.8	1.8

(2)颗粒级配曲线法

即用曲线表示土样的颗粒级配。图1.1中的曲线1，就是按筛析法做试验后绘出的颗粒级配曲线。图中横坐标表示粒径，用对数比例尺，纵坐标表示小于某粒径的土质量百分数，用普通比例尺。若颗粒级配曲线平缓，表示土中各种粒径的土粒都有，颗粒不均匀，级配良好；若曲线陡峻，则表示土粒较均匀，级配不好。在颗粒级配曲线上，可以找到对应于颗粒含量小于10%、30%和60%的粒径d_{10}、d_{30}和d_{60}，这三个粒径组成级配指标：

不均匀系数
$$C_u=\frac{d_{60}}{d_{10}}$$

曲率系数

$$C_c=\frac{d_{30}^2}{d_{10}\times d_{60}}$$

不均匀系数 C_u 计算至 0.01，C_u 愈大，表示级配曲线愈平缓，级配良好。曲率系数 C_c 计算至 0.01，C_c 用以描述颗粒大小分布的范围。《铁路路基设计规范》(TB 10001—2016)中规定，当 $C_u\geqslant10$ 且 $C_c=1\sim3$ 时，可认为级配是良好的；当 $C_u\geqslant10$ 且 $C_c<1$ 或 $C_c>3$ 时，为间断级配。

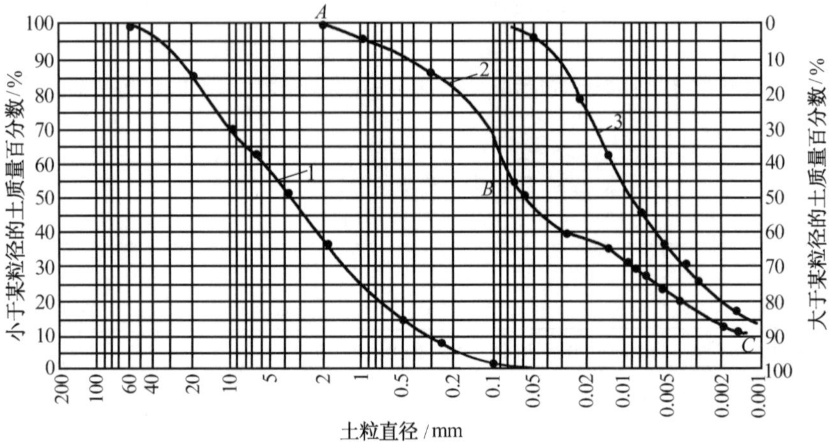

图 1.1　颗粒级配曲线

前已介绍，筛析法、密度计法和移液管法的适用范围。根据密度计法或移液管法的试验结果，同样可绘制颗粒级配曲线。图 1.1中的曲线 3 是根据密度计法的试验结果绘制的。若某土样中粒径大于0.075 mm的土虽较多，但粒径小于0.075 mm的土仍超过土样总质量的10%，应采用筛析法和密度计法(或筛析法和移液管法)联合试验。图 1.1 中的曲线 2 是根据筛析法和密度计法联合试验的结果绘制的，其中 AB 段用筛析法，BC 段用密度计法，两段应连成一条光滑的曲线。

1.2.2　土中的水

在天然土的孔隙中通常含有一定量的水，它可以处于各种不同的状态。土中的细颗粒越多，土的分散度越大，因而水对土的性质影响也越大。例如，含水率很大的黏性土比较干的黏性土软的多，土中的固体颗粒与水接触就相互起作用。试验证明，土颗粒的表面带有负电荷。水分子(H_2O)是极性分子，也就是说带正电荷的 H^+ 和带负电荷的 OH^- 各位于水分子的两端，如图 1.2(a)所示。这样的分子会被颗粒表面的负电荷吸引而定向地排列在颗粒的四周，如图 1.2(b)和(c)所示，离颗粒表面愈近，吸引力愈大。土中水按其所受土粒的吸引力大小可分为下列几种形态。

1. 结合水

结合水是借土粒的电分子引力吸引在土粒的表面，对土的工程性质影响极大。它又可分为如下几种。

(1)吸着水(强结合水)

吸着水是被颗粒表面负电荷紧紧吸附在土粒周围的一层很薄的水。这种水的性质接近于固体，不冻结；不因重力影响而转移，不传递静水压力，不导电，具有极大的黏滞性、弹性和抗剪强度，其剪切弹性模量达20 MPa，只有在 105 ℃以上的温度烘烤时才能全部蒸发。这种水对土的性质影响较小。土粒可以从潮湿空气中吸附这种水。仅含吸着水的黏土呈干硬状态或半干硬状态，碾碎则成粉末。砂类土也可能有极少量吸着水，仅含吸着水的砂类土成散粒状。

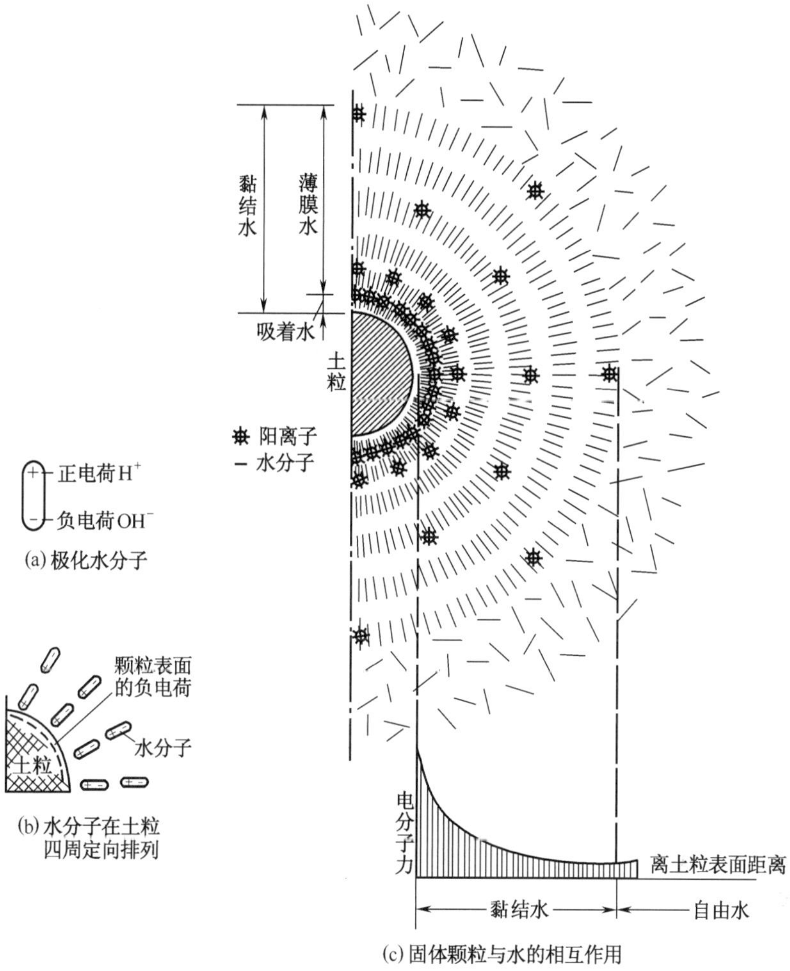

图1.2　土中固体颗粒与水的相互作用

(2)薄膜水(弱结合水)

在吸着水外面一定范围内的水分子，仍会受到颗粒表面负电荷的吸引力作用而吸附在颗粒的四周，这种水称为薄膜水。显然，离颗粒表面愈远，分子所受的电分子力就愈小，因而薄膜水的性质随着离开颗粒表面距离的变化而变化，从接近于吸着水至变为自由水。薄膜水从整体来说呈黏滞状态，但其黏滞性是从内向外逐渐降低的。薄膜水不能传递静水压力，但较厚的薄膜水能向邻近较薄的水膜缓慢转移；砂类土可认为不含薄膜水，黏性土的薄膜水较厚，且薄膜水的含量随黏粒增多而增大。薄膜水的多少对黏性土的性质影响很大，黏性土的一系列特性(黏性、塑性——土可以捏成各种形状而不破裂也不流动的特性、压实性等)都和薄膜水有关。

2. 非结合水

非结合水是指土粒水化膜以外的液态水，虽然土粒的吸引力对它有影响，但它主要受重力作用的控制，传递静水压力。非结合水可分为毛细水和重力水。

(1)毛细水

土中存在着很多大小不一互相连通的微小孔隙，形成了错综复杂的通道，由于毛细表面张

文本
毛细水现象

力的作用,形成了毛细水。毛细作用使毛细水从土的微细通道上升到高出自由水面以上。上升高度介于0(砾石、卵石)到5～6 m(黏土)之间。粒径2 mm以上的土颗粒间,一般认为不会出现毛细现象。由于毛细水高出自由水面,可以在地下水位以上一定高度内形成毛细饱水区,好像将地下水位抬高了一样。由于毛细水的上升可能引起道路翻浆、盐渍化、冻害等,导致路基失稳,因此,了解和认识土的毛细性,对土木工程的勘测、设计有重要意义。

(2)重力水

重力水是指在自由水位以下,土粒吸附力范围以外的水。它在本身重力作用下,可在土中自由移动,故称重力水。重力水在土中能产生和传递静水压力,对土产生浮力。在开挖基坑和修筑地下结构物时,由于重力水的存在,应采取排水、防水措施,土中应力的大小与重力水也有关系。

1.2.3 土中气体

土中未被水占据的孔隙,都充满气体。土中气体分为两类:与大气相连通的自由气体和与大气隔绝的封闭气体(气泡)。自由气体一般不影响土的性质,封闭气体的存在会增加土体的弹性,减小土的透水性。目前还未发现土中气体对土的性质有值得重视的影响,因此,在工程上一般都不予考虑。

任务1.3 土的物理状态指标测试

土的三相组成的性质,特别是固体颗粒的性质,直接影响到土的工程特性。但是同样一种土,密实时强度高,松散时强度低。对于细粒土,含水率低时则硬,含水率高时则软。这说明土的性质不仅决定于三相组成的性质,而且三相之间的比例关系也是一个很重要的影响因素。

1.3.1 土的三相组成在量上的比例特征

因为土是三相体系,不能用一个单一的指标来说明三相间量的比例。对于一般连续性材料,例如钢或混凝土等,只要知道密度 ρ 就能直接说明这种材料的密实程度,即单位体积内固体的质量。对于三相体的土,同样一个密度 ρ,单位体积内可以是固体颗粒的质量多一些,水的质量少一些,也可以是固体颗粒的质量少一些,而水的质量多一些,因为气体的体积可以不相同。因此要全面表明土的三相量的比例关系,就需要有若干个指标。

1. 土的三相图

为了使土的三相量比例关系形象化,以获得清楚的概念,在土力学中,通常用三相简图表示土的三相组成,如图1.3所示。在三相图的左侧,表示三相组成的体积;在三相图的右侧,则表示三相组成的质量。

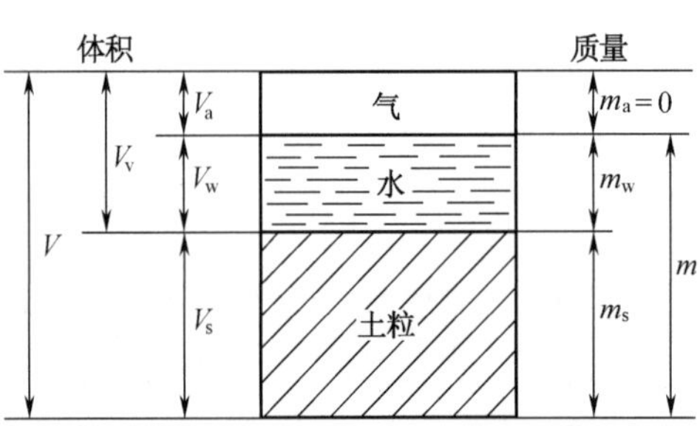

图1.3 土的三相示意

图中符号说明如下:

V——土的总体积;

V_v——土的孔隙部分体积;

V_s——土的固体颗粒实体的体积；

V_w——水的体积；

V_a——气体体积；

m——土的总质量；

m_w——水的质量；

m_s——固体颗粒质量；

m_a——气体的质量。

在上述量中，独立的有 V_s、V_w、V_a、m_w、m_s 五个量。1 cm^3 水的质量等于1 g，故在数值上 $V_w=m_w$。此外，当我们研究这些量的相对比例关系时，总是取某一定数量的土体来分析。例如取 $V=1$ cm^3 或 $m=1$ g，或 $V_s=1$ cm^3 等，因此又可以消去一个未知量。这样，对于这一定数量的三相土体，只要知道其中三个独立的量，其他各量就可以从图中直接算出。所以，三相简图是土力学中用以计算三相量比例关系的一种简单而又很有用的工具。

2. 确定三相比例关系的基本试验指标

为了确定三相简图各量中密度、相对密度和含水率三个指标，就必须通过试验室的试验测定。通常做三个基本物理性质试验。它们是：土的密度试验、土粒相对密度试验和土的含水率试验。有关试验方法参见《铁路工程土工试验规程》(TB 10102—2023)或试验指示书。

(1)土的密度(ρ)

土的密度定义为土在天然状态下单位体积的质量，用式(1.1)表示。

$$\rho=\frac{m}{V}=\frac{m_s+m_w}{V_s+V_v}\quad (\mathrm{g/cm^3}) \tag{1.1}$$

在天然状态下，单位体积土所受的重力，称为土的天然容重，简称容重，用式(1.2)表示。

$$\gamma=\frac{W_T}{V}=\frac{mg}{V}=\frac{(m_s+m_w)g}{V}\quad (\mathrm{kN/m^3}) \tag{1.2}$$

式中　g——重力加速度($g=9.81$ m/s^2，工程上有时为了计算方便，取 $g=10$ m/s^2)；

W_T——土样的总重力；

其他符号意义同前。

应该明确，容重并不是实测指标。通常是实测土的密度 ρ 再算出容重 γ。根据牛顿第二定律，可知 $m=W_T/g$，用体积 V 分别去除此式的左右两侧，得土的密度和容重的关系式为

$$\rho=\frac{\gamma}{g}\quad 或\quad \gamma=\rho\times g \tag{1.3}$$

土的容重与土的含水率和密实度有关，一般土的容重为16～22 kN/m^3。

(2)土粒相对密度(或比密度)

土粒相对密度定义为土粒的质量与同体积纯蒸馏水在4 ℃时的质量之比，即

$$G_s=\frac{m_s}{V_s\times\rho_w}=\frac{\rho_s}{\rho_w} \tag{1.4}$$

式中　ρ_s——土的颗粒密度，即单位体积土粒的质量，$\rho_s=\dfrac{m_s}{V_s}$；

ρ_w——4 ℃时纯蒸馏水的密度(g/cm^3)。

因为 $\rho_w=1$ g/cm^3，故实用上，土粒相对密度在数值上即等于土的颗粒密度，即 $G_s=\rho_s$，是无量纲数。G_s 测定常用比重瓶法。

天然土颗粒由不同的矿物组成，这些矿物的相对密度各不相同。试验测定的是土粒的平均相对密度。土粒的相对密度变化范围不大。细粒土(黏性土)一般在2.70～2.75之间；砂土的相对密度为2.65左右。土中有机质含量增加时，土的相对密度减小。

单位体积土粒的重力称为土粒容重。土粒容重不是实测指标，通常是通过实测土粒相对密度 G_s 再算出土粒容重 γ_s，由土粒容重的定义，可得出 G_s 与 γ_s 的关系式。

$$\gamma_s=\frac{W_s}{V_s}=\frac{m_s g}{V_s}=G_s g \quad (\mathrm{kN/m^3}) \tag{1.5}$$

视频

土的密度、含水率试验

式中　W_s——土样内土粒重力。

(3)土的含水率 w

土的含水率定义为土中水的质量与土粒质量之比，以百分数表示，即

$$w=\frac{m_w}{m_s}\times100\%=\frac{m-m_s}{m_s}\times100\%=\left(\frac{m}{m_s}-1\right)\times100\% \tag{1.6}$$

式中　w——土的含水率。

土的天然含水率变化很大。干的砂类土，含水率为 0～3%，饱和软黏土的含水率可达 70%～80%。一般情况下，对同一类土，当含水率增大时，其强度就降低。

3. 确定三相量比例关系的其他常用指标

测出土的密度 ρ，土粒的相对密度 G_s 和土的含水率 w 后，就可以根据图 1.3 所示的三相简图，计算出三相组成各自在体积和重量上的数值。工程上为了便于表示三相含量的某些特征，定义如下几种指标。下面几个指标是根据其定义和三个实测指标换算得出的，故称为导出指标。

(1)表示土中孔隙含量的指标

工程上常用孔隙比 e 或孔隙度 n 表示土中孔隙的含量。

孔隙比 e——孔隙体积与固体颗粒实体体积之比，表示为

$$e=\frac{V_v}{V_s} \tag{1.7}$$

孔隙比用小数表示。对同一类土，孔隙比越小，土越密实；孔隙比越大，土越松散。它是表示土的密实程度的重要物理性质指标。由定义可知，孔隙比可能大于 1。

孔隙度 n——孔隙体积与土体总体积之比，用百分数表示，亦即

$$n=\frac{V_v}{V}\times100\% \tag{1.8}$$

由定义知，孔隙度恒小于 100%。

下面根据孔隙比的定义和三个实测指标来推导孔隙比的换算关系式。

从三个实测指标的定义及其表达式可知，物理性质指标的计算结果与所取土样的体积(或质量)大小无关。因此，可假设土样的土粒体积 $V_s=1$ 个单位体积，土样其余部分的体积和质量可用其他物理性质指标来表示。现对图 1.4(a)各部分的体积和质量的关系说明如下：假设 $V_s=1$，根据式(1.4)可得土粒质量 $m_s=G_s$，再根据式(1.6)，可得水的质量 $m_w=m-m_s=wm_s=wG_s$；故土的总质量 $m=m_s+m_w=G_s(1+w)$。根据式(1.1)，得土的总体积 $V=\frac{m}{\rho}=\frac{G_s}{\rho}(1+w)$；而孔隙体积 $V_v=V-V_s=\frac{G_s}{\rho}(1+w)-1$；水的体积可根据水的密度为 1 导出，即 $V_w=\frac{m_w}{1}=m_w=wG_s$；另根据孔隙比的定义，还可得出 $V_v=e$、$V=1+e$ 和 $m=\rho V=\rho(1+e)$。

在做以上说明以后，即可据图 1.4(a)推导孔隙比和三个实测指标的换算关系式。

$$m=m_s+m_w=G_s(1+w)=\rho(1+e)$$

由 $G_s(1+w)=\rho(1+e)$ 可得

$$e=\frac{G_s}{\rho}(1+w)-1=\frac{\gamma_s}{\gamma}(1+w)-1 \tag{1.9}$$

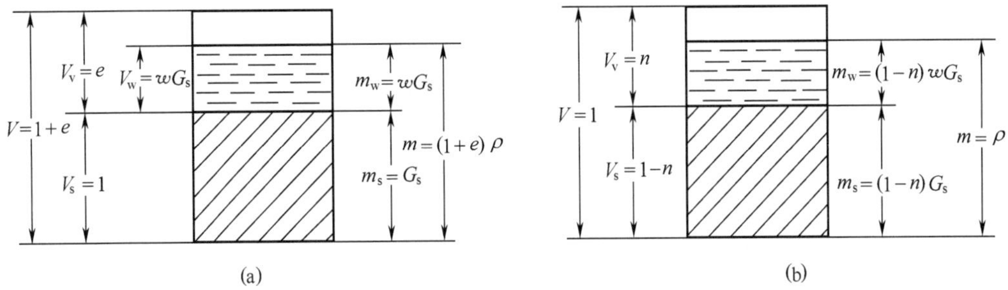

图 1.4　土的三相换算

需要说明的是，推导式(1.9)时是以土粒体积 $V_s=1$ 作为计算的出发点。但是，由于各物理性质指标都是三相间量的比例关系，而不是量的绝对值，因此，取其他量(例如设土的体积 $V=1$)作为计算的出发点，也可以得出相同的换算关系式。图 1.4(b)是假设 $V=1$ 个单位体积所得出的三相换算图，现根据图 1.4(b)推导孔隙度的换算关系式：

$$\rho=\frac{m}{V}=\frac{m_s+m_w}{V}$$
$$=(1-n)G_s+(1-n)G_s w$$
$$=(1-n)G_s(1+w)$$

所以
$$n=1-\frac{\rho}{G_s(1+w)}=1-\frac{\gamma}{\gamma_s(1+w)} \tag{1.10}$$

在土力学和地基的计算中，孔隙比 e 的应用较为广泛。因此，如采用三相换算图计算土的物理性质指标，常采用图 1.4(a)所示，即假定 $V_s=1$。

孔隙比和孔隙度都是用以表示孔隙体积含量的概念。两者之间可以用式(1.11)或式(1.12)互换。

$$n=\frac{e}{1+e}\times 100\% \tag{1.11}$$

或
$$e=\frac{n}{1-n} \tag{1.12}$$

土的孔隙比或孔隙度都可用来表示同一种土的松、密程度。它随土形成过程中所受的压力、粒径级配和颗粒排列的状况而变化。一般来说，粗粒土的孔隙度小，细粒土的孔隙度大。例如砂类土的孔隙度一般是 28%～35%；黏性土的孔隙度有时可高达 60%～70%。这种情况下，单位体积内孔隙的体积比土颗粒的体积大很多。

(2)表示土中含水程度的指标

含水率 w 是表示土中含水程度的一个重要指标。此外，工程上往往还需要知道孔隙中充满水的程度，这就是土的饱和度 S_r。定义饱和度为

$$S_r=\frac{V_w}{V_v}\times 100\% \tag{1.13}$$

饱和度的换算关系式可根据定义和图 1.4 求得。

由图 1.4(a)得

$$S_r=\frac{V_w}{V_v}=\frac{wG_s}{e} \tag{1.14}$$

由图 1.4(b)得

$$S_r=\frac{V_w}{V_v}=\frac{m_w}{V_v}=\frac{(1-n)G_s w}{n} \tag{1.15}$$

显然，干土的饱和度 $S_r=0$，而饱和土的饱和度 $S_r=100\%$。

(3)表示土的密度和容重的几种指标

土的密度除了用上述 ρ 表示以外，在工程计算中，还常用饱和密度和干密度。而 ρ 称为天然密度或湿密度。

①饱和密度 ρ_{sat} 和饱和容重 γ_{sat}

饱和密度——孔隙完全被水充满时土的密度，表示为

$$\rho_{sat}=\frac{m_s+V_v\rho_w}{V}=\frac{m_s+V_v}{V} \tag{1.16a}$$

式(1.16a)中的 ρ_w 为水的密度，即 4 ℃时单位体积水的质量，$\rho_w=1\ g/cm^3$。孔隙中完全充满水时土的容重称为饱和容重，用式(1.16b)表示。

$$\gamma_{sat}=\frac{m_s g+V_v\gamma_w}{V}=\frac{m_s g+V_v\rho_w g}{V}$$

$$=\frac{(m_s+V_v)g}{V}\quad (kN/m^3) \tag{1.16b}$$

式(1.16b)中的 γ_w 为水的容重，即 4 ℃时单位体积水的重力，土工计算中取 $\gamma_w=10\ kN/m^3$。

比较式(1.16a)和式(1.16b)，可知 $\gamma_{sat}=\rho_{sat}\cdot g$。

饱和容重的换算关系式可根据饱和容重的定义和图 1.4 得出。由图 1.4(a)可得

$$\gamma_{sat}=\frac{m_s g+V_v\gamma_w}{V}=\frac{\gamma_s+e\gamma_w}{1+e} \tag{1.17}$$

由图 1.4(b)可得

$$\gamma_{sat}=\frac{m_s g+V_v\gamma_w}{V}=(1-n)\gamma_s+n\gamma_w \tag{1.18}$$

②干密度 ρ_d 与干容重 γ_d

单位体积土体中的土粒质量称为土的干密度，用式(1.19)表示。

$$\rho_d=\frac{m_s}{V}=\frac{m-m_w}{V}=\rho-\frac{w m_s}{V}=\rho-\rho_d w$$

$$\rho_d=\frac{\rho}{1+w} \tag{1.19}$$

单位体积土体中的土粒重力称为土的干容重，用式(1.20a)表示。

$$\gamma_d=\frac{m_s g}{V}=\rho_d g\quad (kN/m^3) \tag{1.20a}$$

干容重的换算关系式可根据干容重的定义和图 1.4(a)得出，即

$$\gamma_d=\frac{m_s g}{V}=\frac{G_s g}{1+e}=\frac{\gamma_s}{1+e}=(1-n)\gamma_s \tag{1.20b}$$

由式(1.19)和式(1.20a)得

$$\gamma_d=\frac{\gamma}{1+w} \tag{1.21}$$

干容重愈大，表示土愈密实。在路基工程中，常以干容重作为土的密实程度的指标。

③土的浮容重 γ'

在水下的土体，因受到水的浮力作用，其重力会减轻。浮力的大小等于土粒排开的水重。因

此，土的浮容重等于单位体积土体中的土粒重力减去与土粒体积相同的水的重力，其定义式为

$$\gamma'=\frac{m_s g-V_s\rho_w g}{V}=\frac{m_s g-V_s\gamma_w}{V}$$

$$=\frac{m_s g+V_v\gamma_w-V\gamma_w}{V}=\gamma_{sat}-\gamma_w \tag{1.22}$$

浮容重的换算关系式可根据浮容重的定义和图 1.4 得出。由图 1.4(a)可得

$$\gamma'=\frac{m_s g-V_s\gamma_w}{V}=\frac{\gamma_s-\gamma_w}{1+e} \tag{1.23}$$

由图 1.4(b)可得

$$\gamma'=\frac{m_s g-V_s\gamma_w}{V}=(1-n)\gamma_s-(1-n)\gamma_w=(1-n)(\gamma_s-\gamma_w) \tag{1.24}$$

为了便于应用，将上述土的物理性质指标的类别、名称、符号、定义表达式、常用换算关系式和单位列于表 1.5 中。

表 1.5　土的物理性质指标

类别	名　称	符号	定义表达式	常用换算关系式	单　位
实测指标	密　度	ρ	$\rho=\frac{m}{V}=\frac{m_s+m_w}{V_s+V_v}$	$\rho=\frac{G_s+S_r e}{1+e}$	g/cm³
实测指标	容　重	γ	$\gamma=\frac{mg}{V}=\frac{(m_s+m_w)g}{V}=\rho g$	$\gamma=\gamma_d(1+w)$ $\gamma=\frac{\gamma_s+S_r e\gamma_w}{1+e}$	kN/m³
实测指标	含 水 率	w	$w=\frac{m-m_s}{m_s}\times100\%$	$w=\frac{\gamma}{\gamma_d}-1$　　$w=\frac{S_r e}{G_s}$	
实测指标	土粒相对密度	G_s	$G_s=\frac{m_s}{V_s}$	$G_s=\frac{S_r e}{w}$	—
实测指标	土粒容重	γ_s	$\gamma_s=\frac{m_s g}{V_s}=G_s g$	$\gamma_s=\frac{S_r e\gamma_w}{w}$	kN/m³
导出指标（反映土体中孔隙体积的相对大小）	孔隙比	e	$e=\frac{V_v}{V_s}$	$e=\frac{G_s}{\rho}(1+w)-1=\frac{\gamma_s}{\gamma}(1+w)-1$ $e=\frac{n}{1-n}$　　$e=\frac{\gamma_s}{\gamma_d}-1$	—
导出指标（反映土体中孔隙体积的相对大小）	孔隙度	n	$n=\frac{V_v}{V}\times100\%$	$n=1-\frac{\rho}{G_s(1+w)}=1-\frac{\gamma}{\gamma_s(1+w)}$ $n=\frac{e}{1+e}$　　$n=1-\frac{\gamma_d}{\gamma_s}$	—
导出指标（反映土体中的湿度）	饱和度	S_r	$S_r=\frac{V_w}{V_v}$	$S_r=\frac{\gamma_s w}{e\gamma_w}$　　$S_r=\frac{\gamma_d w}{n\gamma_w}$ $S_r=\frac{(1-n)\gamma_s w}{n\gamma_w}$	—

续上表

类别		名　称	符号	定义表达式	常用换算关系式	单　位
导出指标	反映土的单位体积的质量或单位体积的重量	干密度	ρ_d	$\rho_d=\dfrac{m_s}{V}$	$\rho_d=\dfrac{\rho}{1+w}$	g/cm³
		干容重	γ_d	$\gamma_d=\dfrac{m_s g}{V}=\rho_d g$	$\gamma_d=\dfrac{\gamma_s}{1+e}$ $\gamma_d=\dfrac{\gamma}{1+w}$	kN/m³
		饱和密度	ρ_{sat}	$\rho_{sat}=\dfrac{m_s+V_v\rho_w}{V}$	$\rho_{sat}=\dfrac{G_s+e}{1+e}$	g/cm³
		饱和容重	γ_{sat}	$\gamma_{sat}=\dfrac{m_s g+V_v\gamma_w}{V}$ $=\dfrac{(m_s+V_v)g}{V}=\rho_{sat}g$	$\gamma_{sat}=\dfrac{\gamma_s+e\gamma_w}{1+e}$ $\gamma_{sat}=(1-n)\gamma_s+n\gamma_w$	kN/m³
		浮容重	γ'	$\gamma'=\dfrac{m_s g-V_s\gamma_w}{V}$ $=\gamma_{sat}-\gamma_w$	$\gamma'=\dfrac{\gamma_s-\gamma_w}{1+e}$ $\gamma'=(1-n)(\gamma_s-\gamma_w)$	kN/m³

注:容重 γ 和土粒容重 γ_s 并不是实测指标,为了查阅方便,本表将其列入实测指标栏内。

【例题 1.1】 土样总质量为132.0 g,总体积为80.0 cm³,此土样烘干后质量为108.0 g,土粒相对密度 $G_s=2.65$。试求此土样的含水率、孔隙比、孔隙度、饱和度和干容重。

【解】 由题设条件,给出此土样的三相简图如图 1.5 所示。

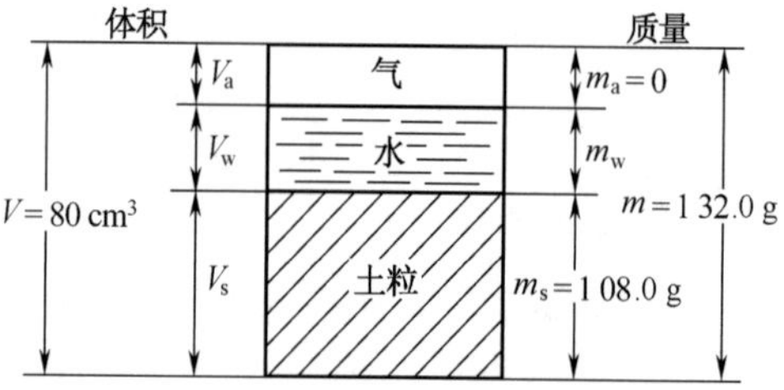

图 1.5　例题 1.1 三相简图

由于已知土样的质量、体积和土粒相对密度,故可以直接计算。土中水的质量为

$$m_w=m-m_s=132.0-108.0=24.0\ (\text{g})$$

土粒体积　$V_s=\dfrac{m_s}{G_s}=\dfrac{108.0}{2.65}=40.8\ (\text{cm}^3)$

土中水的体积　$V_w=\dfrac{m_w}{1}=\dfrac{24.0}{1}=24.0\ (\text{cm}^3)$

土中气体体积　$V_a=V-V_s-V_w=80.0-40.8-24.0=15.2\ (\text{cm}^3)$

按定义可求得

含水率　$w=\left(\dfrac{m}{m_s}-1\right)\times100\%=\left(\dfrac{132.0}{108.0}-1\right)\times100\%=22.2\%$

孔隙比　$e=\dfrac{V_v}{V_s}=\dfrac{V_a+V_w}{V_s}=\dfrac{24.0+15.2}{40.8}=0.96$

孔隙度　$n=\dfrac{V_v}{V}\times100\%=\dfrac{24.0+15.2}{80.0}\times100\%=0.49\times100\%=49\%$

饱和度　$S_r=\dfrac{V_w}{V_v}\times100\%=\dfrac{24.0}{24.0+15.2}\times100\%=61.2\%$

干容重　$\gamma_d=\dfrac{m_s g}{V}=\dfrac{0.108\times10}{80}=0.0135\ (\text{N/cm}^3)=13.5\ (\text{kN/m}^3)$

【例题 1.2】 原状土样经试验测得 $\rho=1.8\ g/cm^3$，$w=25\%$，土粒相对密度 $G_s=2.7$。试求土的孔隙比 e、饱和度 S_r、饱和容重 γ_{sat}、浮容重 γ' 和干容重 γ_d。

【解】 (1)直接用表 1.5 所列的定义表达式或换算关系式计算

土的容重　$\gamma=\rho g=1.8\times10=18\ (kN/m^3)$

土粒容重　$\gamma_s=G_s g=2.7\times10=27\ (kN/m^3)$

孔隙比　$$e=\frac{\gamma_s}{\gamma}(1+w)-1=\frac{27}{18}\times(1+0.25)-1=0.875$$

饱和度　$$S_r=\frac{\gamma_s w}{e\gamma_w}=\frac{27\times0.25}{0.875\times10}\times100\%=77.1\%$$

饱和容重　$$\gamma_{sat}=\frac{\gamma_s+e\gamma_w}{1+e}=\frac{27+0.875\times10}{1+0.875}=19.1\ (kN/m^3)$$

浮容重　$$\gamma'=\gamma_{sat}-\gamma_w=19.1-10=9.1\ (kN/m^3)$$

干容重　$$\gamma_d=\frac{\gamma}{1+w}=\frac{18}{1+0.25}=14.4\ (kN/m^3)$$

(2)根据所求各物理性质指标的定义和三相换算图计算

设 $V=1\ cm^3$，已知 $\rho=1.8\ g/cm^3$，则 $m=\rho V=1.8\times1=1.8\ (g)$。

已知 $w=\dfrac{m-m_s}{m_s}=\dfrac{m_w}{m_s}=0.25$，所以 $m_w=0.25m_s$；又 $m=m_s+m_w=1.8\ g$，即 $m_s+0.25m_s=1.8$，得 $m_s=1.44\ g$，$m_w=0.25m_s=0.36\ g$。

已知 $G_s=2.7$，则 $V_s=\dfrac{m_s}{G_s}=\dfrac{1.44}{2.7}=0.533\ (cm^3)$。

已知 $\gamma_w=10\ kN/m^3$，则 $V_w=\dfrac{m_w g}{\gamma_w}=\dfrac{0.36\times10}{10}=0.36\ (cm^3)$。

已知 $V_v+V_s=V$，所以 $V_v=1-V_s=1-0.533=0.467\ (cm^3)$。

将根据 $V=1$ 求出的 m、m_s、m_w、V_s、V_w 和 V_a 填入三相简图，得图 1.6。

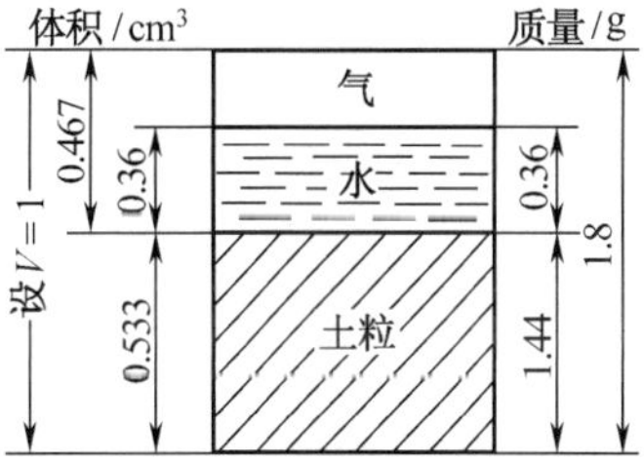

图 1.6　例题 1.2 三相简图

绘出三相简图后，即可根据图中的已知数据求各项物理性质指标。

孔隙比　$$e=\frac{V_v}{V_s}=\frac{0.467}{0.533}=0.876$$

饱和度　$$S_r=\frac{V_w}{V_v}\times100\%=\frac{0.36}{0.467}\times100\%=77.1\%$$

饱和容重　$$\gamma_{sat}=\frac{m_s g+V_v\gamma_w}{V}=\frac{1.44\times10+0.467\times10}{1}=19.1\ (kN/m^3)$$

浮容重　$$\gamma'=\gamma_{sat}-\gamma_w=19.1-10=9.1\ (kN/m^3)$$

干容重　$$\gamma_d=\frac{m_s g}{V}=\frac{1.44\times10}{1}=14.4\ (kN/m^3)$$

从例题 1.2 的求解过程可看出，利用表 1.5 所列的定义表达式和换算关系式求解，比填绘三相简图后再求解要简便、迅速得多。但是，对于初学者来说，用填绘三相简图的方法计算，便于掌握和熟悉土的物理性质指标的概念。再者，用这种方法，也较容易解决某些复杂问题。

1.3.2 土的物理状态指标

所谓土的物理状态，对于粗粒(无黏性)土，是指土的密实程度，对于黏性土则是指土的软硬程度或称为黏性土的稠度。

无黏性土的密实程度对其工程性质有重大影响。密实的无黏性土结构稳定，压缩性小，强度较大，可作为良好的天然地基。松散的无黏性土常有超过土粒粒径的较大孔隙，特别是饱和的细砂和粉砂，结构稳定性差，强度较小，压缩性较大，还容易发生流砂等现象，是一种软弱地基。因此，密实程度是无黏性土最重要的物理状态指标。

1. 粗粒土(无黏性土)的物理状态指标

(1)粗粒土(无黏性土)的密实度

土的密实度通常指单位体积中固体颗粒的含量。土颗粒含量多，土就密实；土颗粒含量少，土就疏松。从这一角度分析，在上述三相比例指标中，干容重 γ_d 和孔隙比 e(或孔隙度 n)是表示土的密实度的指标。但是这种用固体含量或孔隙含量表示密实度的方法有其明显的缺点，主要是这种表示方法没有考虑到粒径级配这一重要因素的影响。为说明这个问题，取两种不同级配的砂土进行分析。假定第一种砂是理想的均匀圆球，不均匀系数 $C_u=1.0$。这种砂最密实时的排列，如图 1.7(a)所示。可以算出这时的孔隙比 $e=0.35$，如果砂粒的相对密度 $G_s=2.65$，则最密实时的干密度 $\rho_d=1.96\ g/cm^3$。第二种砂同样是理想的圆球，但其级配中除大的圆球外，还有小的圆球可以充填于孔隙中，即不均匀系数 $C_u>1.0$，如图 1.7(b)所示。显然，这种砂最密时的孔隙比 $e<0.35$。就是说这两种砂若都具有同样的孔隙比 $e=0.35$，对于第一种砂，已处于最密实的状态，而对于第二种砂则不是最密实。实践中，往往可以碰到不均匀系数很大的砂砾混合料，孔隙比 $e\leqslant0.35$，干密度 $\rho_d\geqslant2.05\ g/cm^3$ 时，仍然只处于中等密实度，有时还需要采取工程措施再予以加密，而这种密度对于均匀砂则已经是十分密实了。

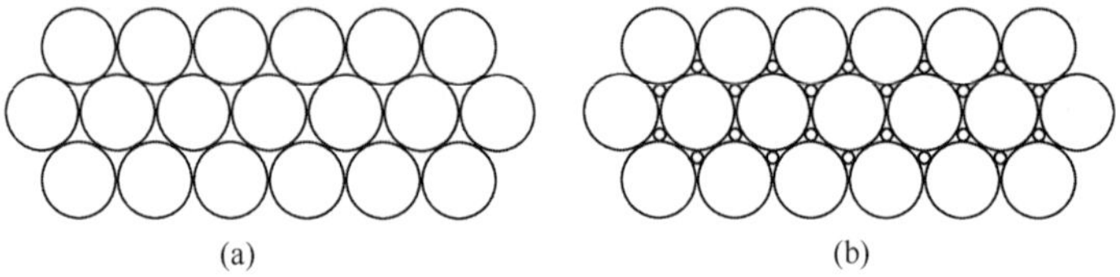

图 1.7 土颗粒排列方式

工程上为了更好地表明粗粒土(无黏性土)所处的密实状态。采用将现场土的孔隙比 e 与该种土所能达到最密实的孔隙比 e_{min} 和最松时的孔隙比 e_{max} 相对比的办法，来表示孔隙比为 e 时土的密实度。这种度量密实度的指标称为相对密实度 D_r，表示为

$$D_r=\frac{e_{max}-e}{e_{max}-e_{min}} \tag{1.25}$$

式中 e——现场粗粒土的天然孔隙比；

e_{max}——土的最大孔隙比，测定的方法是将松散的风干土样通过长颈漏斗轻轻地倒入容器，避免重力冲击，求得土的最小干密度再经换算得到 e_{max}[详见《铁路工程土工试验规程》(TB 10102—2023)]；

e_{min}——土的最小孔隙比，测定的方法是将松散的风干土装在金属容器内，按规定方法振动和锤击，直至密度不再提高，求得最大干容重后经换算得到 e_{min}[详见《铁路工程土工试验规程》(TB 10102—2023)]。

当 $D_r=0$ 时，$e=e_{max}$，表示土处于最松状态。当 $D_r=1$ 时，$e=e_{min}$，表示土处于最密实状态。用相对密实度 D_r 判定粗粒土的密实度标准见表1.6。

表1.6　砂类土密实程度的划分标准

密实程度	标准贯入锤击数 N	相对密度 D_r	密实程度	标准贯入锤击数 N	相对密度 D_r
密实	$N>30$	$D_r>0.67$	稍密	$10<N\leqslant 15$	$0.33<D_r\leqslant 0.4$
中密	$15<N\leqslant 30$	$0.4<D_r\leqslant 0.67$	松散	$N\leqslant 10$	$D_r\leqslant 0.33$

将表1.5中孔隙比与干密度的关系式 $e=\frac{\rho_s}{\rho_d}-1$ 代入式(1.25)整理后，可以得到用干密度表示的相对密实度的表达式为

$$D_r=\frac{(\rho_d-\rho_{dmin})\rho_{dmax}}{(\rho_{dmax}-\rho_{dmin})\rho_d} \tag{1.26}$$

式中　ρ_d——对应于天然孔隙比为 e 时土的干密度；

ρ_{dmin}——相当于孔隙比为 e_{max} 时土的干密度，即最松干密度；

ρ_{dmax}——相当于孔隙比为 e_{min} 时土的干密度，即最密干密度。

应当指出，目前虽然已有一套测定最大孔隙比和最小孔隙比的试验方法，但是要在试验室条件下测得各种土理论上的 e_{max} 和 e_{min} 却十分困难。在静水中很缓慢沉积形成的土，孔隙比有时可能比试验室能测得的 e_{max} 还大。同样，在漫长地质年代中，受各种自然力作用下堆积形成的土，其孔隙比有时比试验室能测得的 e_{min} 还小。此外，埋藏在地下深处，特别是地下水位以下的无黏性土的天然孔隙比很难准确测定。因此，这一指标理论上虽然能够更合理地用以确定土的密实状态，但由于上述原因，通常多用于填方的质量控制中，对于天然土尚难以应用。

因为 e_{min} 和 e_{max} 都难以准确测定，天然砂土的密实度只能在现场进行原位标准贯入试验，根据锤击数 $N_{63.5}$，按表1.6的标准间接判定。

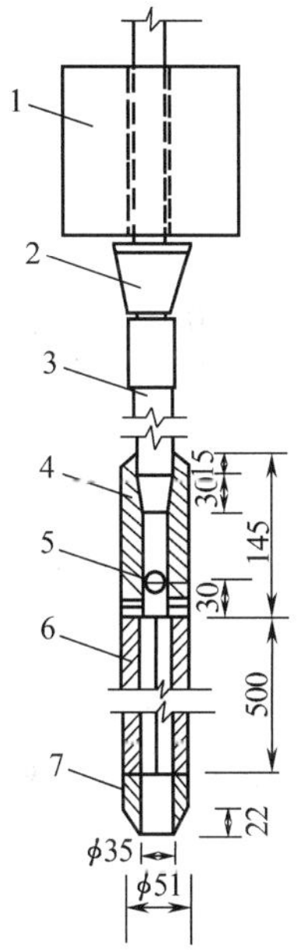

1—穿心锤；2—锤垫；3—触探杆；4—贯入器头；5—出水孔；6—由两个半圆形管合成的贯入器身；7—贯入器靴。

图1.8　标准贯入试验设备（单位：mm）

图1.8为标准贯入试验的主要设备。做标准贯入试验时，先用钻具钻入地基中至预定的高程，然后将标准贯入器换装到钻杆端部，用质量为63.5 kg的穿心锤以760 mm的落距把标准贯入器竖直打入土中150 mm（此时不计锤击数），以后再打入土中300 mm，并记录贯入此300 mm所需的锤击数 $N_{63.5}$，根据 $N_{63.5}$ 即可从表1.6中查出砂类土的密实程度。从表1.6中可看出：锤击数 $N_{63.5}$ 大时土较密实，$N_{63.5}$ 较小时土较松散。

应该说明，标准贯入试验所得的锤击数 $N_{63.5}$，不仅可用于划分砂类土的密实程度，而且在高烈度地震区，可作为判断砂类土是否会震动液化的计算指标，详见任务5.4。

粉土的密实程度用天然孔隙比大小划分，见表1.7。

表1.7　粉土密实程度的划分

密实程度	孔隙比 e 值
密实	$e<0.75$
中密	$0.75\leqslant e\leqslant 0.9$
稍密	$e>0.9$

【例题 1.3】 一砂样的天然容重 $\gamma=18.4\ \text{kN/m}^3$，含水率 $w=19.5\%$，土粒相对密度 $G_s=2.65$，最大干容重 $\gamma_{dmax}=15.8\ \text{kN/m}^3$，最小干容重 $\gamma_{dmin}=14.4\ \text{kN/m}^3$。试求其相对密实度 D_r，并判定其密实程度。

【解】 按式(1.21)，砂样的干容重为

$$\gamma_d=\frac{\gamma}{1+w}=\frac{18.4}{1+0.195}=15.4\ (\text{kN/m}^3)$$

按式(1.9)求砂样的孔隙比 e：

$$e=\frac{\gamma_s(1+w)}{\gamma}-1=\frac{\gamma_s}{\gamma_d}-1=\frac{2.65\times 9.81}{15.4}-1=0.688$$

相应于最大干容重的孔隙比是砂样的最小孔隙比 e_{min}，相应于最小干容重的孔隙比是砂样的最大孔隙比 e_{max}。e_{min} 和 e_{max} 同样可按上式求出：

$$e_{max}=\frac{\gamma_s}{\gamma_{dmin}}-1=\frac{2.65\times 9.81}{14.4}-1=0.805$$

$$e_{min}=\frac{\gamma_s}{\gamma_{dmax}}-1=\frac{2.65\times 9.81}{15.8}-1=0.645$$

由式(1.25)得

$$D_r=\frac{e_{max}-e}{e_{max}-e_{min}}=\frac{0.805-0.688}{0.805-0.645}=0.73$$

据 $D_r=0.73$ 查表 1.6，可判定此砂类土处于密实状态。

文本

密实程度及动力触探试验

从理论上说，相对密实度 D_r 能比较确切地反映砂类土的密实程度。测定 e_{max} 和 e_{min} 的操作误差很大，对于原状砂样(特别是在地下水位以下的砂)难以取得，天然孔隙比 e 也不是经常可以求出的，因此，在一些地点既作标准贯入试验又钻探取样，并测定土的 e、e_{max} 和 e_{min}，取得实测锤击数与相对密实度 D_r 的对应数据，并反映在《铁路桥涵地基和基础设计规范》(TB 10093—2017)的有关表（即本书表 1.6)中，以便于应用。

《铁路工程地质原位测试规程》(TB 10018—2018)(以下简称《原位测试规程》)中碎石类土的密度程度划分标准见表 1.8。目前碎石类土密实程度也可凭经验在野外鉴别，即根据土骨架的紧密情况、孔隙中充填物的充实程度、边坡稳定情况和钻进的难易程度来判断，《铁路桥涵地基和基础设计规范》(TB 10093—2017)规定的碎石类土密实程度划分标准见表 1.9。

表 1.8　碎石类土的密实程度

重型动力触探锤击数 $N'_{63.5}$/(击/10 cm)	$N'_{63.5}\leqslant 5$	$5<N'_{63.5}\leqslant 10$	$10<N'_{63.5}\leqslant 20$	$N'_{63.5}>20$
特重动力触探锤击数 N'_{120}/(击/10 cm)	$N'_{120}\leqslant 3$	$3<N'_{120}\leqslant 6$	$6<N'_{120}\leqslant 11$	$N'_{120}>11$
密实度	松散	稍密	中密	密实

注：(1)碎石类土平均粒径等于或小于 50 mm，且最大粒径小于 100 mm 时，根据重型动力触探实测击数经杆长修正后击数 $N'_{63.5}$ 确定碎石类土的密实度。

(2)碎石类土平均粒径大于 50 mm，或最大粒径大于 100 mm 时，根据特重型动力触探实测击数经杆长修正后击数 N'_{120} 确定碎石类土的密实度。

表 1.9　碎石类土密实程度的划分

密实度	结构特征	天然坡和开挖情况	钻探情况
密实	骨架颗粒交错紧贴连续接触，孔隙填满、密实	天然陡坡稳定，坎下堆积物较少。镐挖掘困难，用撬棍方能松动，坑壁稳定。从坑壁取出大颗粒处，能保持凹面形状	钻进困难。钻探时，钻具跳动剧烈，孔壁较稳定
中密	骨架颗粒排列疏密不匀，部分颗粒不接触，孔隙填满，但不密实	天然坡不易陡立或陡坎下堆积物较多。天然坡大于粗颗粒的安息角。镐可挖掘，坑壁有掉块现象。充填物为砂类土时，坑壁取出大颗粒处，不易保持凹面形状	钻进较难。钻探时，钻具跳动不剧烈，孔壁有坍塌现象
稍密	多数骨架颗粒不接触，孔隙基本填满，但较松散	不易形成陡坎，天然坡略大于粗颗粒的安息角。镐较易挖掘，坑壁易掉块，从坑壁取出大颗粒后易塌落	钻进较难。钻探时，钻具有跳动，孔壁较易坍塌
松散	骨架颗粒有较大孔隙，充填物少，且松散	锹可以挖掘。天然坡多为主要颗粒的安息角。坑壁易坍塌	钻进较容易，钻进中孔壁易坍塌

(2)无黏性土的潮湿程度

除密实程度以外，潮湿程度对碎石类土和砂类土的工程性质也有一定影响。《铁路桥涵地基和基础设计规范》(TB 10093—2017)规定碎石类土和砂类土的潮湿程度按饱和度的大小来划分，见表 1.10。从表 1.10 可看出，当饱和度 $S_r>80\%$时，即可视为饱和的，这是因为当 $S_r>80\%$时，土中虽仍有少量气体，但大都是封闭气体，故可按表 1.10 的规定视为饱和土。粉土潮湿程度按其天然含水率 w 划分，见表 1.11。

表 1.10　碎石类土和砂类土潮湿程度的划分

分级	饱和度 S_r/%
稍湿	$S_r \leqslant 50$
潮湿	$50<S_r\leqslant 80$
饱和	$S_r>80$

注：$S_r=(V_w/V_v)\times 100\%$，$V_w$ 为水所占的体积，V_v 为孔隙(包括水及气体)部分的体积。

表 1.11　粉土潮湿程度划分

分级	天然含水率 w/%
稍湿	$w<20$
潮湿	$20\leqslant w\leqslant 30$
饱和	$w>30$

2. 黏性土(细粒土)的物理状态指标

(1)黏性土(细粒土)的稠度

黏性土最主要的物理状态特征是它的稠度，稠度是指土的软硬程度或土对外力引起变形或破坏的抵抗能力。土中含水率很低时，水都被颗粒表面的电荷紧紧吸着于颗粒表面，成为强结合水。强结合水的性质接近于固态。因此，当土粒之间只有强结合水时[图 1.9(a)]，按水膜厚薄不同，土表现为固态或半固态。

当含水率增加，被吸附在颗粒周围的水膜加厚时，土粒周围除强结合水外还有弱结合水[图 1.9(b)]，弱结合水呈黏滞状态，不能传递静水压力，不能自由流动，但受力时可以变形，能从水膜较厚处向邻近较薄处移动。在这种含水率情况下，土体受外力作用可以被捏成任何形状而不破裂，外力取消后仍然保持改变后的形状，这种状态称为塑态。弱结合水的存在是土具有可塑状态的原因。土处在可塑状态的含水率变化范围，大体上相当于土粒所能够吸附的弱结合水的含量。这一含量的大小主要决定于土的比表面积和矿物成分。黏性大的土必定是比表面积大、矿物亲水能力强的土(例如蒙脱土)，自然也是能吸附较多结合水的土，因而它的塑态含水率的变化范围也必定大。

当含水率继续增加,土中除结合水外,已有相当数量的水处于电场引力影响范围以外,成为自由水。这时土粒之间被自由水隔开[图 1.9(c)],土体不能承受任何剪应力,而呈流动状态。可见,从物理概念分析,土的稠度实际上是反应土中水的形态。

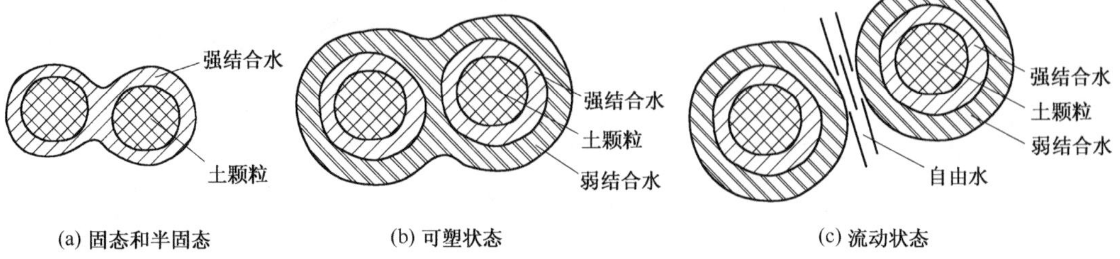

图 1.9　土中水与稠度状态

(2)稠度界限

土从某种状态进入另外一种状态的分界含水率称为土的特征含水率,或称为稠度界限。工程上常用的稠度界限有液性界限 w_L 和塑性界限 w_p。

液性界限(w_L)简称液限,相当于土从塑性状态转变为液性状态时的分界含水率。这时,土中水的形态除结合水外,已有相当数量的自由水。

塑性界限(w_p)简称塑限,相当于土从半固体状态转变为塑性状态时的分界含水率。这时,土中水的形态大约是强结合水达到最大时的含水率。

在试验室中,液限 w_L 用液限仪测定,塑限 w_p 则用搓条法测定。目前可用联合测定仪一起测定液限和塑限[详见《铁路工程土工试验规程》(TB 10102—2023)]。但是,所有这些测定方法仍然是根据表象观察土在某种含水率下是否"流动"或者是否"可塑",而不是真正根据土中水的形态来划分的。实际上,土中水的形态,定性区分比较容易,定量划分则颇为困难。目前尚不能够定量地以结合水膜的厚度来确定液限或塑限。从这个意义上说,液限和塑限与其说是一种理论标准,不如说是一种人为确定的标准。尽管如此,并不妨碍人们去认识细粒土随着含水率的增加,可以从固态或半固态变为塑态再变为液态,而实测的塑限和液限则是一种近似的定量分界含水率。

图 1.10 表示了土的含水率与其所呈现的物理状态的关系。

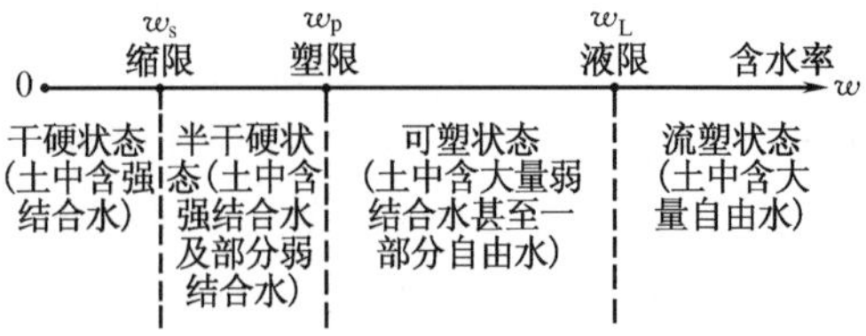

图 1.10　黏性土的物理状态与含水率的关系

(3)塑性指数和液性指数

①塑性指数。从图 1.10 可看出,液限和塑限是土处于可塑状态的上限和下限含水率,通常将这二者之差称为塑性指数,用 I_p 表示,即

$$I_p = w_L - w_p \tag{1.27}$$

塑性指数通常用不带"%"符号的数字表示。

塑性指数表示黏性土处于可塑状态时含水率的变化范围。塑性指数愈大,说明土中含有的结合水愈多,也就表明土的颗粒愈细或矿物成分吸附水的能力愈大。因此,塑性指数是一个能比较全面反映土的组成情况(包括颗粒级配、矿物成分等)的物理状态指标。塑性指数愈大,表明土的塑性愈大。

生成条件相似(即土的结构和状态相似)、塑性指数相近的黏性土,一般均有相近的物理性质,同时,塑性指数的测定方法也较简便,因此,《铁路桥涵地基和基础设计规范》(TB 10093—2017)采用塑性指数作为黏性土的分类指标,见表 1.12。

表 1.12　粉土及黏性土的划分

土的名称	塑性指数 I_p
粉　土	$I_p \leqslant 10$
粉质黏土	$10 < I_p \leqslant 17$
黏　土	$I_p > 17$

②液性指数。土的比表面积和矿物成分不同,吸附结合水的能力也不一样。因此,同样的含水率对于黏性高的土,水的形态可能全是结合水,而对于黏性低的土,则可能相当部分已经是自由水。换句话说,仅仅知道含水率的绝对值,并不能说明土处于什么状态。要说明细粒土的稠度状态,需要有一个表征土的天然含水率与分界含水率之间相对关系的指标,这就是液性指数 I_L,液性指数定义为

$$I_L = \frac{w - w_p}{w_L - w_p} \tag{1.28}$$

式中　w——土的天然含水率。

液性指数通常用不带"%"的数字表示。

《铁路桥涵地基和基础设计规范》(TB 10093—2017)对黏性土的潮湿(软硬)程度按液性指数划分见表 1.13。

表 1.13　黏性土塑性状态的划分

塑性状态	液性指数 I_L
坚　硬	$I_L \leqslant 0$
硬　塑	$0 < I_L \leqslant 0.5$
软　塑	$0.5 < I_L \leqslant 1$
流　塑	$I_L > 1$

文本
黏性土状态划分

从图 1.10 可以看出:当 $w < w_p$ 时,天然土处于半干硬状态;当 $w \geqslant w_L$ 时,土处于流动状态;当 w 在 w_p 和 w_L 之间时,土处于可塑状态。可见图 1.10 和表 1.13是一致的。

【例题 1.4】　一土样的天然含水率 $w=30\%$,液限 $w_L=35\%$,塑限 $w_p=20\%$,试确定该土样的名称并判断其处于何种状态。

【解】　根据式(1.27)求塑性指数 I_p:

$$I_p = w_L - w_p = 35 - 20 = 15$$

查表 1.12,可知此土样为粉质黏土。

根据式(1.28)求液性指数 I_L:

$$I_L = \frac{w - w_p}{I_p} = \frac{30 - 20}{15} = 0.67$$

查表 1.13,可知此粉质黏土处于软塑状态。

视频
土的界限含水率试验

任务 1.4　土的结构与构造分析

1.4.1　土的结构

很多试验资料表明,同一种土,原状土样和重塑土样(将原状土样破碎,在试验室内重新制备的土样)的力学性质有很大差别。甚至用不同方法制备的重塑土样,尽管组成一样,密度控制也相同,性质仍有所差别。也就是说,土的组成和物理状态尚不是决定土的性质的全部因素。另一种对土的性质有很大影响的因素就是土的结构。土粒或土粒集合体的大小、形状、相互排列与联结等综合特征,称为土的结构。土的天然结构是在其沉积和存在的整个历史过程中形成的。土因其组成、沉积环境和沉积年代不同形成各种很复杂的结构。通常土的结构可分为三种基本类型:单粒结构、蜂窝结构和絮状结构。

1. 单粒结构(图 1.11)

这种结构由较大土粒在自重作用下,在水或空气中下落堆积而成。碎石类土和砂类土就是单粒结构的土。因土粒较大,土粒之间的分子引力远小于土粒自重,土粒之间几乎没

有相互联结作用,是典型的散粒状物体。这种结构的土,其强度主要来源于土粒之间的内摩擦力。

由于生成条件不同,单粒结构可能是紧密的,也可能是松散的。在松散的砂类土中,砂粒处于较不稳定状态,并可能具有超过土粒尺寸的较大孔隙,在静力荷载作用下,压缩不大,但在动力荷载或其他振动荷载作用下,土粒易于变位压密,孔隙度降低,导致地基突然沉陷,建筑物破坏。密实砂土则相反。从工程地质观点来看,紧密结构是最理想的结构。具有紧密结构的土层,在建筑物的静力荷重下不会压缩沉陷,在动力荷重或振动的情况下,孔隙度的变化也很小,不致造成破坏。紧密结构的砂土只有在侧向松动,如开挖基坑后才会变成流砂状态。

2. 蜂窝结构(图 1.12)

较细的土粒在自重作用下于水中下沉时,由于其颗粒细、重量轻,碰到已沉稳的土粒时(如两土粒间接触点处的分子引力大于下沉土粒的重量),土粒便被吸引而不再下沉。如此继续,逐渐形成链环状单元。很多这样的链环联结起来,就形成疏松的蜂窝结构。蜂窝结构的土中单个孔隙体积一般远大于土粒本身的尺寸,孔隙体积也较大。如沉积后没有受过比较大的上覆压力,则在建筑物上覆荷载作用下,可能产生较大沉降。这种结构常见于黏性土中。

3. 絮状结构(图 1.13)

絮状结构是颗粒最细小的黏性土的特有结构形式。最细小的黏粒大都呈针状或片状,它在水中呈现胶体特性。这主要是由于电分子力的作用,使土粒表面附有一层极薄的水膜。这种带有水膜的土粒在水中运动时,与其他土粒碰撞而凝聚成小链环状的土粒集合,然后沉积成大的链环,形成不稳定的复杂的絮状结构。这种结构在海相沉积黏土中常见。

图 1.11 单粒结构

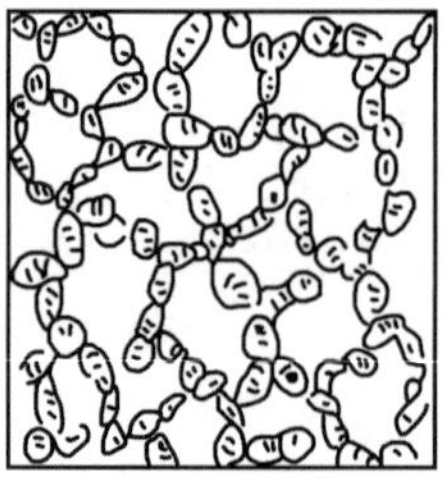

图 1.12 蜂窝结构

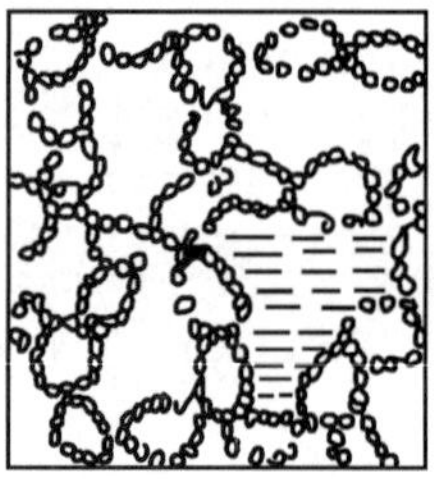

图 1.13 絮状结构

土的以上三种结构,密实的单粒结构强度大,压缩性小,工程性质最好,蜂窝结构其次,絮状结构最差。尤其是絮状结构的土在其天然结构遭到破坏时,强度极低,压缩性极大,不能作为天然地基。

还应说明,土的结构受扰动后,其原有的物理力学性质会变化。因此,在取土样做试验时,应尽量减少扰动,避免破坏土的原状结构。

1.4.2 土的构造

土的构造是指同一土层中物质成分和颗粒大小等相近的各部分之间的相互位置与充填空间的特征。其主要构造类型为层状构造,另外,还包括层状构造、裂隙构造和结核状构造等几种常见的土的构造类型。

1. 层状构造

土粒在沉积过程中,由于不同的地质作用和沉积环境条件,大体相同的物质成分和土粒大小在水平方向沉积成一定厚度,呈现出成层特征。第四纪冲积层具有明显的层状构造(又称层理)。因沉积环境条件的变化,常又会出现夹层、尖灭和透镜体等交错层理。砂、砾石等沉积物,当沉积厚度较大时,往往无明显的层理而呈分散状,又称为分散构造。

2. 裂隙构造

裂隙构造是指土层中存在的各种裂隙,如黄土层中常分布的柱状裂隙。坚硬或硬塑黏土层中的不连续裂隙,破坏了土的整体性。裂隙面是土中的软弱结构面,沿裂隙面的抗剪强度很低而渗透性却很高,浸水后裂隙张开,工程性质更差。

3. 结核构造

在细粒土中明显掺有大颗粒或聚集的铁质、钙质等结合体及贝壳等杂物时称为结核构造。如含结核黄土中的结合体,含砾石的冰积黏土等均属此类。由于大颗粒或结核往往分散,故此类土的性质取决于细颗粒部分。

当把土层作为地基时,应认真研究土层的构造情况,特别是尖灭层和透镜体的存在会影响土层的受力和不均匀性压缩,常会引起地基的不均匀变形。

1.4.3　土的特性

由土的成因可知,土是地壳表层的岩石经风化作用后,在不同条件下所形成的堆积物和沉积物,是碎散颗粒的集合体。这与一般的建筑材料(如钢材、混凝土、石料等)有根本的区别。这种碎散性使土具有与一般建筑材料不同的若干特性:

(1)土有较大的压缩性。土的固体颗粒之间有孔隙,当受外力作用时,这些孔隙大大缩小,使土具有压缩性较大这个特性。这个特性是引起建筑物沉降的内因。

(2)土颗粒之间具有相对移动性。土体受剪时,其抗剪强度是由土颗粒之间表面的摩擦力和内聚力组成的。而一般建筑材料受剪时,其抗剪强度则由材料本身的抗剪能力产生。土颗粒之间的联结(表面摩擦力和内聚力)比颗粒本身的强度低得多,因此,土的抗剪强度就比一般建筑材料低得多。土颗粒之间这种相对移动性是引起地基丧失稳定,产生滑动破坏的内因。

(3)土具有较大的透水性。土的固体颗粒之间有大的孔隙,水可以在孔隙中流动而透水。而一般建筑材料的透水性往往是很小的。

任务1.5　土的工程分类及野外鉴别

1.5.1　土的工程分类

自然界存在着种类繁多的土,各种土的组成、所处状态都不相同,因而其工程性质(如强度、压缩性和透水性等)也有很大差别。为了工程实践和研究工作的需要,应把各种土按其组成、生成年代、生成条件等进行分类和定名,以便根据分类或定名大致判断其工程特性。

土、石分类在铁路工程中基本上采取了统一的方法,即以能反映土的工程特性的主要因素作为分类的依据。如无黏性土的分类以土粒大小及其在土中所占的质量百分率为依据,黏性土的分类以塑性指数为依据等。对于作为地基的黏性土,除按塑性指数分类外,还应按其工程地质特性分类。《铁路桥涵地基和基础设计规范》(TB 10093—2017)对土、石分为岩石、碎石类土、砂类土、粉土和黏性土。此外,还有软土、冻土和黄土等特殊土。每一类土又进一步细分为若干土名。现将《铁路桥涵地基和基础设计规范》对土、石的工程分类作简要介绍。

1. 岩石

岩石是指土粒间具有牢固连结,呈整体或具节理和裂隙的岩块。在铁路工程中,岩石应按其坚硬程度、软化性和抗风化能力进行分类。当岩石所含的特殊成分影响岩石的工程地质特性时,应定为特殊岩石。

《铁路桥涵地基和基础设计规范》根据岩石饱和单轴抗压极限强度进行的分类见表 1.14。

表 1.14　R_c 与定性划分岩石坚硬程度的对应关系

岩石饱和单轴抗压强度 R_c/MPa	$R_c>60$	$60\geqslant R_c>30$	$30\geqslant R_c>15$	$15\geqslant R_c>5$	$R_c\leqslant 5$
坚硬程度	极硬岩	硬岩	较软岩	软岩	极软岩

文本
岩石强度分类比较及碎石土分类

2. 碎石类土

碎石类土是指粒径大于 2 mm 的颗粒含量超过全部质量 50%的非黏性土。

《铁路桥涵地基和基础设计规范》根据碎石类土粒径大小和含量进行的分类见表 1.15。在分类定名时,应先按照表 1.15 的粒径将颗粒分组,再按表中排列次序由上至下核对,最先符合条件者,即为这种土的名称。

表 1.15　碎石类土的划分

土的名称	颗 粒 形 状	土的颗粒级配
漂石土	浑圆或圆棱状为主	粒径大于 200 mm 颗粒的质量超过总质量的 50%
块石土	尖棱状为主	
卵石土	浑圆或圆棱状为主	粒径大于 60 mm 颗粒的质量超过总质量的 50%
碎石土	尖棱状为主	
粗圆砾土	浑圆或圆棱状为主	粒径大于 20 mm 颗粒的质量超过总质量的 50%
粗角砾土	尖棱状为主	
细圆砾土	浑圆或圆棱状为主	粒径大于 2 mm 颗粒的质量超过总质量的 50%
细角砾土	尖棱状为主	

3. 砂类土

砂类土是指干燥时呈松散状态,粒径大于2 mm的颗粒含量不超过全部土质量的 50%且粒径大于 0.075 mm 的颗粒含量超过总质量的 50%。

《铁路桥涵地基和基础设计规范》根据砂类土粒径大小和含量进行的分类见表 1.16。在分类定名时,如同碎石类土的分类定名一样,先按照表 1.16 的粒径将颗粒分组,再按表中排列次序由上至下核对,最先符合条件者,即为这种土的名称。

表 1.16　砂类土

土的名称	土的颗粒级配
砾砂	粒径大于 2 mm 颗粒的质量占全部质量的 25%～50%
粗砂	粒径大于 0.5 mm 颗粒的质量超过全部质量的 50%
中砂	粒径大于 0.25 mm 颗粒的质量超过全部质量的 50%
细砂	粒径大于 0.075 mm 颗粒的质量超过全部质量的 85%
粉砂	粒径大于 0.075 mm 颗粒的质量超过全部质量的 50%

【例题1.5】 设取烘干后的1.0 kg土样筛析，其结果列于表1.17，试确定此土样的名称。

表1.17　例题1.5筛析结果

筛孔直径/mm	2	0.5	0.25	0.075	<0.075(底盘)	总　计
留在每层筛上土粒质量/kg	0.06	0.17	0.30	0.31	0.16	1.0
留在筛上土粒重占全部土质量的百分数	6	17	30	31	16	100
大于某粒径土粒重占全部土质量的百分数	6	23	53	84	100	/

【解】 根据筛析结果，粒径大于2 mm的土粒重占全部土重的6%，小于50%，所以该土样是砂类土。查表1.16，按表从上至下核对，该土样不能定为砾砂和粗砂，而其粒径大于0.25 mm的土粒重占全部土重的53%，大于表1.16中规定的50%，且最先符合条件，所以该土样应定名为中砂。

4. 粉土

塑性指数 $I_P \leqslant 10$ 且粒径大于0.075 mm的颗粒含量不超过全重50%的土称为粉土。粉土的性质介于砂土与黏性土之间，单列为一大类，见表1.12。密实的粉土为良好地基。饱和稍密的粉土，地震时易产生液化，为不良地基。

5. 黏性土

(1)黏性土按工程地质特征分类

①老黏性土。指第四纪晚更新世(Q_3)及以前年代沉积的黏性土，这种土沉积的年代很久，过去受过自重或其他荷载压密及化学作用，因此土密实而坚硬，强度高，压缩性小，透水性也很小，压缩模量一般都大于15 MPa。

②一般黏性土。指第四纪全新世(Q_4^1)沉积的黏性土，这种土分布很广，工程上经常遇到，压缩模量一般在4～15 MPa之间，透水性较小或很小。

在一般黏性土中，有一种由出露的碳酸盐类岩石经风化后残积形成的褐红色(也有棕红、黄褐色)黏性土，这种土与冲(洪)积的一般黏性土相比，具有较高的强度和较低的压缩性。因此，《铁路桥涵地基和基础设计规范》在提供各类地基土的承载力数据时，将这种土与冲(洪)积的一般黏性土分列，见项目6。

③新近沉积的黏性土。指在人类文化期(Q_4^2)以来沉积的黏性土，沉积年代一般不超过4 000～5 000年。这种土的工程性质较差。

(2)黏性土按塑性指数分类

黏性土按塑性指数分类见表1.12。

1.5.2 特殊土

特殊土是指某些具有特殊物质成分和结构而工程地质特征也较特殊的土。特殊土在我国具有一定的分布面积，又有明显的地域性，如西北、华北地区的黄土，沿海地区的一些盆地、洼地的软土，东北及青藏高原的多年冻土等。《铁路桥涵地基和基础设计规范》提及的特殊土主要有软土、冻土和黄土等，详见项目12。

1.5.3 土的野外鉴别与描述

在铁路勘测及施工中，工程技术人员都经常要在野外直接观察并鉴别土的名称和状态。为了便于学习土的野外鉴别方法，特列表1.18至表1.20，供使用参考。

表 1.18　砂土的野外鉴别

鉴别特征	砾　砂	粗　砂	中　砂	细　砂	粉　砂
观察颗粒粗细	约有1/4以上颗粒比荞麦或高粱粒(2 mm)大	约有一半以上颗粒比小米粒(0.5 mm)大	约有一半以上颗粒与砂糖或白菜籽(>0.25 mm)近似	大部分颗粒与粗玉米粉(>0.1 mm)近似	大部分颗粒与小米粉(<0.1 mm)近似
干燥时状态	颗粒完全分散	颗粒完全分散，个别胶结	颗粒基本分散，部分胶结，胶结部分一碰即散	颗粒大部分分散，少量胶结，胶结部分稍加碰撞即散	颗粒少部分分散，大部分胶结(稍加压即能分散)
湿润时用手拍后的状态	表面无变化	表面无变化	表面偶有水印	表面有水印(翻浆)	表面有显著翻浆现象
黏着程度	无黏着感	无黏着感	无黏着感	偶有轻微黏着感	有轻微黏着感

表 1.19　新近沉积土的野外鉴别

沉积环境	颜色	结构性	含有物
河漫滩、山前洪、冲积扇(锥)的表层、古河道，已填塞的湖、塘、沟、谷和河道泛滥区	较深而暗，呈褐、暗黄或灰色，含有机质较多时带灰黑色	结构性差，用手扰动原状土时极易变软，塑性较低的土还有振动水析现象	在完整的剖面中无粒状结核体，但可能含有圆形及亚圆形钙质结核体(如礓结石)或贝壳等，在城镇附近可能含有少量碎砖、瓦片、陶瓷、铜币或朽木等人类活动遗物

表 1.20　黏性土、粉土的野外鉴别

鉴别方法	分　类		
	黏土	粉质黏土	粉土
	塑性指数		
	$I_p>17$	$10<I_p\leqslant17$	$I_p\leqslant10$
湿润时用刀切	切面非常光滑，刀刃有黏腻的阻力	稍有光滑面，切面规则	无光滑面，切面比较粗糙
用手捻摸时的感觉	湿土用手捻摸有滑腻感，当水分较大时极易黏手，感觉不到有颗粒的存在	仔细捻摸感觉到有少量细颗粒，稍有滑腻感，有黏滞感	感觉有细颗粒存在或感觉粗糙，有轻微黏滞感或无黏滞感
黏着程度	湿土极易黏着物体(包括金属与玻璃)，干燥后不易剥去，用水反复洗才能去掉	能黏着物体，干燥后较易剥掉	一般不黏着物体，干燥后一碰就掉
湿土搓条情况	能搓成小于0.5 mm的土条(长度不短于手掌)，手持一端不易断裂	能搓成0.5～2 mm的土条	能搓成2～3 mm的土条
干土的性质	坚硬，类似陶器碎片，用锤击方可打碎，不易击成粉末	用锤易击碎，用手难捏碎	用手很易捏碎

任务1.6　土的击实性认知

1.6.1 概　　述

填土受到夯击或碾压等动力作用后，孔隙体积会减小，密度将增大。在工程中，常见的土坝、公路与铁路路堤的填筑土料，都要求击实到一定的密度，其目的是减小填土的压缩性和透水性，提高抗剪强度。软弱地基也可用击实改善其工程性质，如提高强度和减小变形。为了经济有效地将填土击实到符合工程要求的密度，有必要学习填土的击实特性。确定土的击实特性的方法有两种：一是在室内用击实仪进行击实试验；另一种方法是在现场用碾压机具进行碾压试验。后者属于施工课的内容，本学习任务仅介绍击实试验的方法和填土的击实特性等有关方面的一些基本问题。

1.6.2 击实试验

土的击实(或压实)就是使用某种机械挤紧土中的颗粒，增加单位体积内土粒的质量，减小孔隙比，增加密实度。其目的是提高土的强度，降低土的压缩性和透水性。土的压实效果常以干密度 ρ_d 来表示。因为干密度与干容重是密切关联的，所以工程上常以干容重 γ_d 来表示土的密实度。

实践经验表明：在一定的击实能量下，土中的含水率适当时，压实的效果最好。这个适当的含水率称为最优含水率 w_{opt}，与之相对应的干密度称为最大干密度 $\rho_{d,max}$，相对应的干容重称为最大干容重 $\gamma_{d,max}$。

文本

土的击实试验

土的最优含水率与最大干容重可在试验室内通过做击实试验测定。具体试验过程见二维码。土的击实试验应该在比较符合实际施工机械效果的基础上试验才可靠。

1.6.3 影响最大干容重(或最大干密度)的几个因素

1. 含水率的影响

从击实曲线图中可知，当含水率较低时，干容重较小，随着含水率的增大，干容重也逐渐增大，表明击实效果逐步提高，当含水率超过某一限值时，干容重则随含水率的增大而减小，即击实效果下降，这说明土的击实效果随含水率的变化而变化，并在击实曲线上出现一个干容重的高峰值，这个高峰值就是最大干容重 $\gamma_{d,max}$，相应于这个 $\gamma_{d,max}$ 的含水率就是最佳含水率 w_{opt}。

【例题1.6】 用标准击实试验法(每层25击)测得土样的容重及含水率见表1.21，已知土粒相对密度 $G_s=2.72$，求最大干容重、最优含水率及其相应的饱和度。

【解】 (1)按式 $\gamma_d=\dfrac{\gamma}{1+w}$ 计算各个土样击实后的干容重数值，列于表1.21中。

(2)以含水率 w 为横坐标，干容重 γ_d 为纵坐标，绘击实曲线，如图1.14所示。

表 1.21　测试数据

试验号	1	2	3	4	5	6
容重/(kN/m³)	17.94	18.93	19.32	19.48	19.28	18.83
含水率/%	13.2	15.5	16.6	18.3	19.9	21.3
干容重/(kN/m³)	15.85	16.39	16.57	16.47	16.08	15.52

(3)在击实曲线上,找得最优含水率 $w_{opt}=17.1\%$,最大干容重 $\gamma_{d,max}=16.60\ kN/m^3$,这时土的孔隙比为

$$e=\frac{\gamma_s}{\gamma_{d,max}}-1=\frac{2.72\times10}{16.6}-1=0.639$$

饱和度为 $S_r=G_s\frac{w_{opt}}{e}=2.72\times\frac{17.1\%}{0.639}=72.8\%$

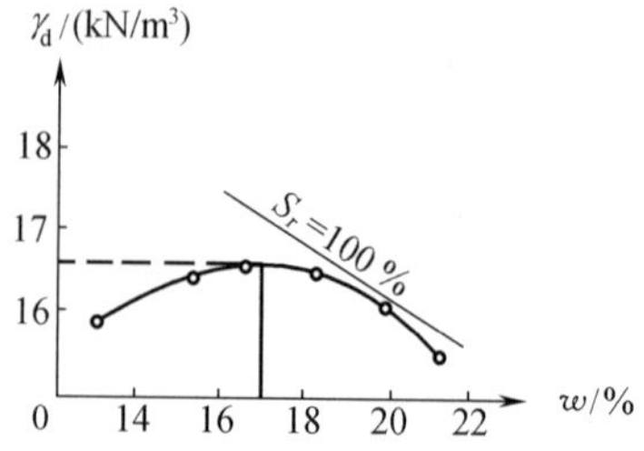

图 1.14　击实曲线

含水率与击实效果有着密切的联系。就填筑土料而言,通常均处于三相状态。当含水率较少,土体较干时,由于颗粒间水膜很薄(主要是吸着水),土粒移动的阻力很大,故不易将土击实。然而随着含水率的增加,使得土粒周围的水膜变厚(这时土中的水包括吸着水和薄膜水),土粒之间的阻力也相应减弱,故较易使土增密。当含水率增至某一数值时,土粒中的摩擦力正好由击实能量克服,使土的颗粒重新排列而达到最大的密度,即击实曲线的峰点。如果继续增大含水率(土中出现了自由水),使土体达到一定的饱和度,水分占据了原来土颗粒的空间,此时作用在土体上的锤击荷载,更多地由孔隙水承担,从而使得作用在颗粒上的有效应力减小,故反而会降低土的密度,使击实曲线下降。

在图 1.14 中,击实曲线右上方的一条线,称为饱和曲线,它表示土在饱和状态时的含水率与干容重之间的关系。由于土处于三相状态,当土被击实到最大密度时,土孔隙中的空气不易排出,即使加大击实能量也不能将土中受困气体完全排出,所以击实的土体不可能达到完全饱和的程度。因此,当土的干容重相同时,击实曲线上各点的含水率必然都小于饱和曲线上相应的含水率,所以击实曲线一般都位于饱和曲线的左下侧,而不与饱和曲线相交。

2. 击实功能的影响

试验表明,同一种土的最优含水率与最大干容重不是一个固定的数值,而是随着击实能量的变化而变化的。从图 1.15 可见,当击实次数增加时,土的最大干容重也随之增加,而最优含水率却相应减小。另外,在同一含水率时,土的干容重随击实次数的增加而增大,这不仅浪费击实能量,而且这种增加的效果有一定的限度。只有在最优含水率下,才能以最小的击实能量达到对应的最大干容重。

从图 1.15 还可以看到,某一击实次数下的最大干容重值,可以在其他含水率下用增加击实次数的方法得到,例如 25 次击数下的最大干容重值,可以在含水率为 w_1 或 w_1'时,击 35 次得到。可是,试验研究发现,这两种土的密度虽然相同,但其强度与水稳性却不一样,对应于最优含水率和最大干容重的土,强度最高,且在浸水后的强度也最大(即水稳性好)。由于土坝、路堤等土工建筑物难免受水浸润,所以,在施工中需控制填土的含水率,使其等于或接近最优含水率是有其经济合理的现实意义的。

3. 土的种类和级配的影响

土中黏粒愈多,在同一含水率下,黏粒周围的结合水膜则愈薄,土的移动阻力就愈大,击实也愈困难。所以最优含水率的数值,随土中黏粒含量的增加而增大,而最大干容

重却随土中黏粒含量的增加而减小。我国一般黏性土的最大干容重和最优含水率的经验值见表1.22。

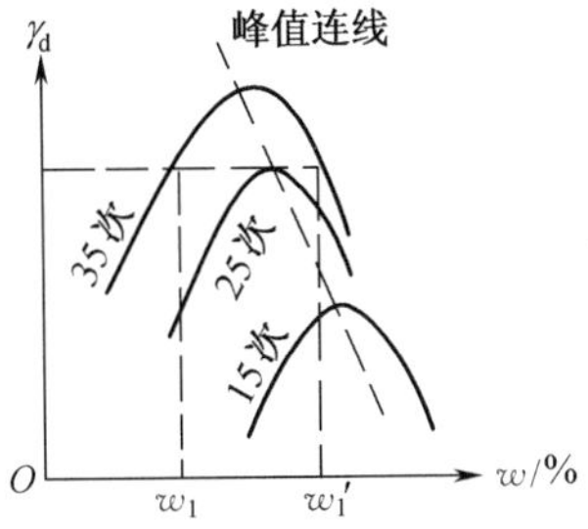

图1.15　击实功能对击实效果的影响

表1.22　最大干容重和最优含水率

塑性指数 I_p	最大干容重 $\gamma_{d,max}$/(kN/m³)	最优含水率 w_y/%
<10	>18.2	<13
10～14	17.2～18.2	13～15
14～17	16.7～17.2	15～17
17～20	16.2～16.7	17～19
20～22	15.7～16.2	19～21

颗粒大小不均匀、级配良好的土，在击实荷载作用下，容易挤紧。所以同类型的土，由于颗粒级配不同，最优含水率和最大干容重也并不一样。

对一些中小型工程，当没有试验资料时，可用下列经验公式估算最大干容重：

$$\gamma_{d,max}=\eta\frac{\gamma_w G_s}{1+w_{opt}G_s}$$

式中　G_s——土粒相对密度；

γ_w——水的容重(kN/m³)；

η——经验系数，黏土为0.95，粉质黏土为0.96，粉土为0.97；

w_{opt}——最优含水率，按当地经验或取 $w_p+2\%$，其中 w_p 为塑限。

1.6.4　填土的含水率和碾压标准的控制

由于黏性填土存在着最优含水率，因此在填土施工时应将土料的含水率控制在最优含水率左右，以期用较小的能量获得最好的密度。当含水率控制在最优含水率的干侧时(即小于最优含水率)，击实土的结构常具有凝聚结构的特征。这种土比较均匀，强度较高，较脆硬，不易压密，但浸水时容易产生附加沉降。当含水率控制在最优含水率的湿侧时(即大于最优含水率)，土具有分散结构的特征。这种土的可塑性大，适应变形的能力强，但强度较低，且具有不等向性。所以，含水率比最优含水率偏高或偏低，填土的性质各有优缺点，在设计土料时要根据对填土提出的要求和当地土料的天然含水率，选定合适的含水率。

1.6.5　无黏性土(砂、砾等)的压实性

砂和砂砾等粗粒土的压实性也与含水率有关，不过不存在一个最优含水率。一般在完全干燥或者充分洒水饱和的情况下容易压实到较大的干密度。潮湿状态，由于毛细压力增加了粒间阻力，压实干密度显著降低。粗砂在含水率为4%～5%，中砂在含水率为7%左右时，压实干密度最小，如图1.16所示。所以，在压实砂砾时要充分洒水使土料饱和。

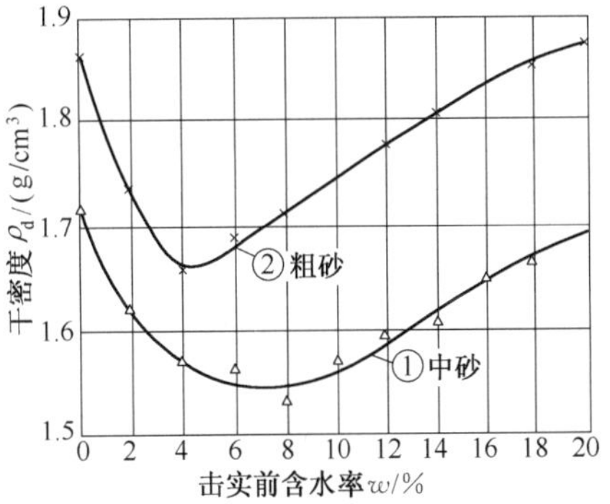

图1.16　粗粒土的击实曲线

项目小结

本项目主要介绍土的物理性质分析与工程分类,内容涵盖土的形成条件、土的三相组成、土的物理性质及物理状态指标的含义和土的工程分类方法。通过本项目的学习,掌握工程中土的物理性质及物理状态指标的含义及测试方法,根据土的各项指标能够大概判断土的工程特性并对土进行工程分类。

项目训练

1. 掌握土的三相组成。
2. 正确测试和计算土的物理性质指标和物理状态指标。
3. 根据试验和实测指标正确进行土的工程分类。
4. 正确测试土的最大干密度和最优含水率。

复习思考题

1.1 土是怎样形成的?按成因不同,有哪几种主要类型?

1.2 土由哪几部分所组成?

1.3 为什么无黏性土的密实程度不能用天然孔隙比来表示,而要用土的相对密实度来评价?

1.4 塑性指数和液性指数有什么物理意义?

1.5 对土进行分类,有什么实际意义?

1.6 有一块体积 $V=54\ cm^3$ 的原状土样,质量为97 g,烘干后质量为78 g,已知土粒的容重 $\gamma_s=26.6\ kN/m^3$。求其天然容重 γ,天然含水率 w,干容重 γ_d,饱和容重 γ_{sat},浮容重 γ',孔隙比 e 及饱和度 S_r。

1.7 有湿土一块,质量为22 g,烘干后质量为14 g,并测得土样的液限为40%,塑限为24%。求土样的塑性指数和液性指数,并对该土样的地基进行评价。

1.8 已知饱和软土的塑限为27%,液限为57%,液性指数为1.2,土粒容重为26.6 kN/m^3,求孔隙比 e。

1.9 测得砂土的天然容重为18.0 kN/m^3,含水率为9.59%,土粒容重为26.7 kN/m^3,最大孔隙比 e_{max} 为0.655,最小孔隙比 e_{min} 为0.475。试求砂土的天然孔隙比 e 及其相对密实度 D_r,并判定该土的密实程度。

1.10 已知中砂土样的容重为17.5 kN/m^3,土粒容重为26.6 kN/m^3,含水率为18%,土样的最大干容重为18.4 kN/m^3,最小干容重为13.2 kN/m^3。试评价砂土的密实程度和潮湿程度。

1.11 某土样质量为450 g,筛分结果见表1.23。试确定该土样之名称。

表1.23 题1.11数据表

筛孔直径/mm	2	0.5	0.25	0.075	<0.075
留筛土质量/g	128	118	83	67	54

1.12　用标准击实试验法(每层 25 击)测得土样的容重和含水率的数据见表 1.24。已知该土样的土粒相对密度 G_s=2.75,求最优含水率、最大干容重及其相应的饱和度。

表 1.24　题 1.12 数据表

试验号	1	2	3	4	5	6
容重/(kN/m³)	17.80	18.66	19.33	19.74	19.79	19.62
含水率/%	14.7	17.0	18.8	20.6	21.7	23.5
干容重/(kN/m³)						

文本 项目1 思政案例

文本 项目1 PPT

文本 项目1 教案

文本 项目1 题库

项目 2　土的渗透性分析

项目描述

由于土的物质组成较为复杂及粒径大小差异较大，因此所形成的颗粒之间的孔隙大小和连通性也各不相同，因此，水在其孔隙中的渗透速度和渗透规律存在一定的差异。由于渗流作用影响，土体所处的状态也不同，土工建筑物及地基由于不同状态的渗流而出现不同形式的变形和破坏。因此，在进行相关工程设计施工时，应综合考虑地基土、水和建筑物的相互关系。本项目主要论述与工程设计及施工有关的水的渗流问题，以及土体产生渗透变形的规律，从而制定有效的防治渗透变形的措施。

学习目标

图片

项目2
思维导图

1. 能力目标

(1)理解土体渗透变形的概念。

(2)了解土体渗透系数的测定方法。

(3)掌握土体渗透变形的类型及产生的原因。

(4)能够对地基土的渗透变形提出相应的防治方法。

2. 知识目标

(1)掌握土体的层流渗透定律——达西定律。

(2)了解土体渗透系数的测定方法。

(3)认识土体渗透变形的类型及产生的原因。

(4)认识土体渗透变形对工程产生的危害，掌握其防治方法。

3. 素质目标

(1)掌握马克思主义思想方法和工作方法，能够利用制度优势解决工程问题。

(2)理解精益求精的工匠精神，树立质量意识、精品意识。

(3)具备生态环境保护意识，践行绿色施工理念，防治土的渗透变形破坏。

相关案例：提堂(Teton)坝溃坝事故

提堂坝位于美国爱达荷州斯内克(Snake)河支流的提堂河上。大坝为心墙土石坝，最大坝高 93 m(自河床至坝顶)，水库总库容 3.6 亿 m^3，装有 1 台 1.6 万 kW 的水轮发电机组，灌溉面积 6.5 万公顷，兼有防洪作用。工程于 1971 年开工，1975 年 10 月大坝建成并开始蓄水。1976 年 6 月 5 日发生溃坝事故。

1. 基本信息

坝址处河谷两岸的岩石为流纹岩，是一种熔结的火山灰流凝灰岩，岩层厚 15～175 m。部分地区有基岩裸露，但山坡大部分地区被坡积物覆盖。熔结凝灰岩一般都存在着页理和节理。页理一般为平卧或缓倾；节理有陡倾和缓倾两组，陡倾节理延续长度 6～30 m，最大达 60 m。节理宽度一般小于 1.2 cm，个别达 10 cm；缓倾节理延续长度一般为 15 m，个别达 60 m。许多缓倾节理是张开的，其余全部或局部被黏土、粉土、粉质火山灰或砾石所填充。在高程 1 554 m 以上，节理密集度更甚。张开节理使熔结凝灰岩透水性增大。

2. 防渗措施

①在河床冲积层中开挖截水齿槽。齿槽最大深度达 30 m，要求将冲积层全部挖除，使心墙直接置于基岩上。齿槽在基岩处的宽度为 9.1 m。

②从高程 1 554 m 至两岸坝头设置键槽。键槽深 21 m、底宽 9.1 m。施工时，心墙下的岩石表面用高压水气冲洗。对键槽和截水齿槽底部的部分张开节理进行了灌浆处理。在高程 1 554～1 586 m 之间，键槽的侧坡面和相邻的坝头岩石表面的张开裂隙，用重力法灌黏土浆，或用心墙土料填充压实。

③沿坝基全长设置灌浆帷幕。除 1 554 m 高程以下某些透水性比较小的地区用单排孔外，其余部位均设有 3 排灌浆孔。3 排孔的孔距为 3 m，最大孔深为 79 m，溢洪道部位的最大孔深增至 79 m。孔的方向，下游侧的一排孔铅直，中间及靠上游侧的一排孔则与铅直线呈 30°斜向两岸。先灌下游排孔，然后灌上游排孔，最后灌中间排孔。溢洪道基础除帷幕灌浆外，还进行固结灌浆，并对张开节理进行了处理。灌浆孔总长 36 000 m，耗水泥 21 000 t，砂 2 330 m^3，膨润土 60 t，氯化钙 190 t。

④对心墙底部两岸岩基表面进行处理。自高程 1 553 m 以上心墙底部的薄层坡积物全部挖除，直达良好的基岩，并对表面大的节理作了专门处理。

3. 事故信息

1975 年 10 月 3 日，水库开始蓄水，至 1976 年 5 月 13 日蓄水至溢洪道堰顶高程，平均上升速度为 90 cm/d，最大为 130 cm/d。

4. 事故过程

1976 年 6 月 3 日发现右岸坝头坝脚下游 400 m 和 460 m 两处渗出清水，渗水量约为 0.23 m^3/min 和 0.15 m^3/min。当时库水位为 1 615.4 m。6 月 4 日右岸坝脚下游 46～60 m 处发现有清水渗出，渗水量约 0.075 m^3/min。6 月 5 日上午 7:45，发现右岸近坝脚 1 537.7 m 高程处漏水，至 8:30，估计渗流量为 34.2～51 m^3/min，至 9:30 渗流量即达 67.8～85.2 m^3/min。10:30 在坝体下游面 1 585 m 高程离右坝头 4.56 m 处出现湿斑，很快发展成 16.8～25.2 m^3/min 的渗漏水，并将坝面块石护坡料冲走，听到流水声和巨响。至 11:00 在上游水库内右岸近处出现一个漩涡，直径迅速扩大，11:50 坝体下游面 1 620 m 高程出现陷洞，随即坝顶破坏，至 11:57，大坝溃决。

失事后，坝体 1/3 土料被冲走。发电厂房上部建筑、开关站和仓库全部破坏。厂房下部结构、水轮机、尾水渠等被泥沙埋没，但溢洪道等建筑物基本未受损失。溃坝流量相当于密西西比河洪水期流量。提堂河与斯内克河下游 130 km，面积 780 km^2 的区域遭受溃水泛滥。4 万公顷农田被淹，冲毁铁路 52 km，11 人死亡，25 000 人无家可归。

5. 原因分析

右岸坝基键槽处心墙因内部冲蚀（管涌）而破坏。具体破坏模式为渗水由截水槽上游张开节理渗入，沿灌浆帽顶部与粉土接触而流入下游张开节理，通过槽内填土的渗透坡降为710，此坡降远远高于粉土的破坏坡降，且槽内填土因拱作用易于发生水力劈裂，又由于有分散性粉土易被冲蚀崩解，湿化的填土塌入张开节理，加剧了槽底附近填土的渗流，使渗透坡降进一步增大，因而冲蚀成孔洞。通过截水槽的渗水进入下游的斜节理，一部分渗水通过十分破碎的流纹岩和山麓堆积，流进坝体下游部位底面节理发育的岩石，因而在坝趾处出现漏水，逐渐使截水槽填土冲成大洞穴，导致大坝完全溃决。

6. 事故教训

提堂坝失事在设计上的教训是对不透水心墙土料的内部冲蚀没有提供充分的保护。截水槽底面和侧面基岩的节理裂缝没有很好地封闭；底面过窄；两侧开挖的岩坡过陡，对槽中填土起拱作用，引起水力劈裂。

由此案例可以看出，渗透变形是水库溃坝的主要原因之一。同时通过大量工程实例也得出结论：管涌、流砂现象、节理渗水也是深基坑、坝体施工中常见的危害。因此，对于工程技术人员来说，不仅要掌握相关工程施工方法，还要理解土体渗透概念及土体渗透系数在工程中的实际应用，掌握土体渗透变形的类型、产生的原因，并能够分析、提出防止类似事故重演的有效措施。

任务 2.1　达西定律认知

水在重力作用下通过土中的孔隙发生流动的现象称为渗透。土具有使水渗透的性质叫作土的渗透性。和压缩性一样，渗透性是土的重要力学性质之一。它对工程设计、施工都具有重要意义。

2.1.1　达西定律

早在1856年，法国水力学家达西根据对砂土进行渗透试验的结果，发现当水流在层流状态时，水的渗透速度与水力坡降成正比，如图2.1所示。根据达西的研究，则

$$v \propto i$$

$$i=\frac{\Delta H}{L}=\frac{H_1-H_2}{L} \tag{2.1}$$

$$v=ki \tag{2.2a}$$

或

$$q=kiA \tag{2.2b}$$

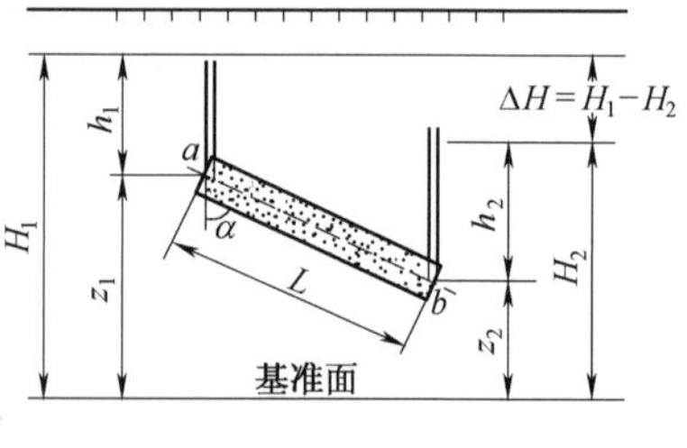

图2.1　水在土中的渗流

式中　v——渗透速度(cm/s)；

q——渗透流量(cm^3/s)；

i——水力坡降；

A——垂直于渗透方向的土的截面积(cm^2)；

H_1，H_2——a、b两点的总水头；

k——比例系数，称为土的渗透系数。

当$i=1$时，则$v=k$，表明渗透系数k是单位水力坡降时的渗透速度。它是表示土的透水性强弱的指标，单位为cm/s，与水的渗透速度单位相同，其数值大小主要决定于土的种类和透水性质。

上述水流呈层流状态时，水的渗透速度与水力坡降的一次方成正比的关系，已为大量试验

资料所证实。这是水在土体中渗透的基本规律，常称为渗透定律或达西定律。

必须指出，由于水在土体中的渗透不是经过整个土体的截面积，而仅仅是通过该截面积内土体的孔隙面积，因此，水在土体孔隙中渗透的实际速度要大于按式(2.2a)计算出的渗透速度。为了简便起见，在工程计算中，除特殊需要外，一般只计算水的渗透速度，而不计算其实际速度。

达西定律是土力学中的重要定律之一。在有关工程建设中，如桥基、渠道和水库的渗漏计算，基坑排水计算，井孔的涌水量计算等，都是以达西定律为基础计算的。同时达西定律也是研究地下水运动的基本定律。

2.1.2　达西定律的适用范围

由于土体中的孔隙通道很小且很曲折，所以在绝大多数情况下，水在土体中的渗透流速都很小，地下水的渗流都属于层流范围。但研究结果表明，在大卵石、砾石地基或填石坝体中，渗透速度很大。如图 2.2 所示，当渗透速度超过某一临界流速 v_{cr} 时，渗透速度 v 与水力坡降 i 的关系就表现为非线性的紊流规律，此时达西定律便不再适用。

水在砂性土和较疏松的黏性土中的渗流，一般都符合达西定律，如图 2.3 中通过原点的直线 a 所表示的情况。水在密实黏土中的渗流，由于受到水薄膜的阻碍，其渗流情况便偏离达西定律，如图 2.3 中的曲线 b。当水力坡降较小时，渗透速度与水力坡降不呈线性关系，甚至不发生渗流。只有当水力坡降达到某一较大数值，克服了薄膜水的阻力后，水才开始渗流。一般可把黏性土这一渗流特性简化为图 2.3 中的 c 所示的直线关系，i_b 称为黏性土的起始水力坡降。

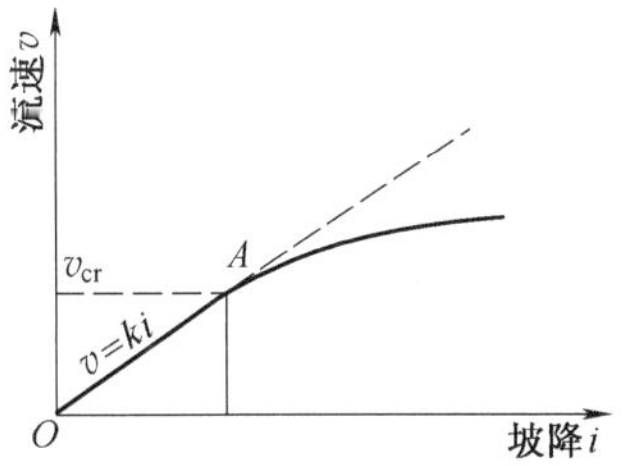

图 2.2　$v—i$ 关系示意

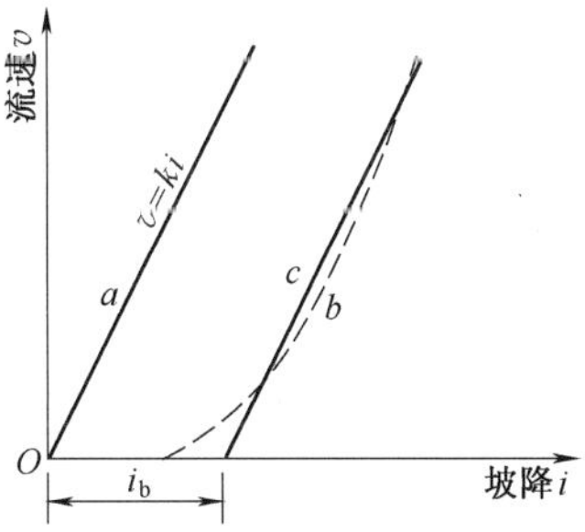

图 2.3　黏性土的渗透规律

任务 2.2　渗透系数与渗透力测试

2.2.1　渗透系数

土的渗透系数是渗流计算中必不可少的一个基本参数。它的正确与否，直接影响到渗流计算的成果正确与否，通常应根据试验来确定。

1. 试验方法

土的渗透系数可通过现场和室内试验确定。前者是在现场进行注水、抽水试验，详细内容见《工程地质手册》。现仅介绍室内测定渗透系数的方法。室内渗透试验使用的仪器较多，但根据其原理，可分为常水头试验与变水头试验两种方法。前者适用于透水性大($k>10^{-3}$ cm/s)的土，例如砂土。后者适用于透水性小($k<10^{-3}$ cm/s)的土，例如粉土和一般黏性土。

(1)常水头试验

常水头试验就是在试验过程中，水头始终保持不变。如图 2.4 所示，L 为土样长度，A 为土样的截面积，h 为作用于土样上的水头差，这三者都可以直接测定。

试验时测出某时间间隔 t 内流过土样的总水量 Q，即可根据达西定律求出土的渗透系数 k 值。因为

$$Q=qt=kiAt=k\frac{h}{L}At$$

则

$$k=\frac{QL}{Aht} \tag{2.3}$$

(2)变水头试验

由于黏性土的透水性很小，流过土样的水量也很小，不易测准，或者由于需要的时间很长，会因蒸发而影响试验的精度，故常用变水头试验方法。所谓变水头试验，就是在整个试验过程中，水头随时间变化的一种试验方法，如图 2.5 所示。土样上端设置一根有刻度的竖直玻璃管，便于在试验过程中观测水位的变化数值，其横截面积为 a。

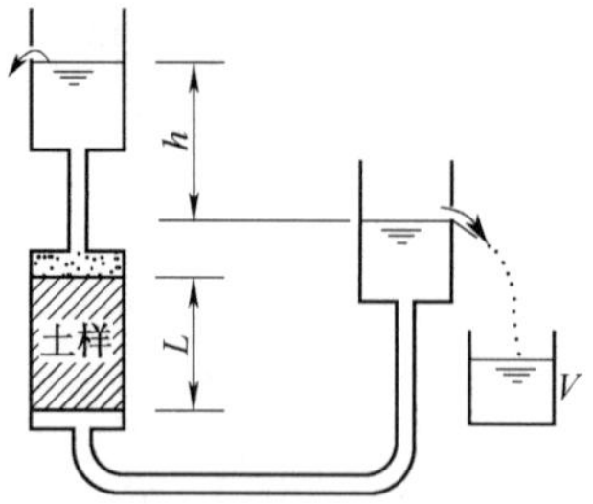

图 2.4 常水头试验示意

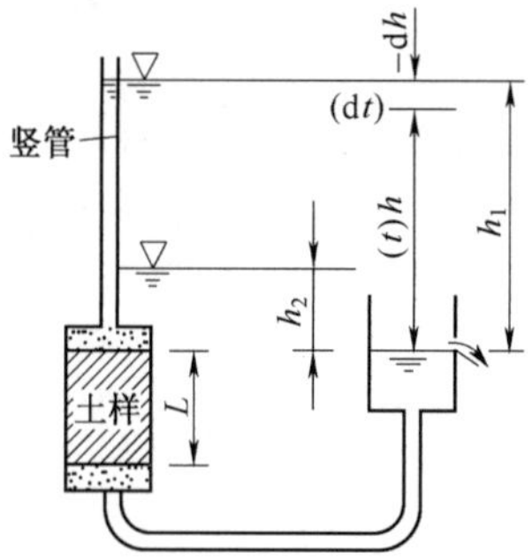

图 2.5 变水头试验示意

设某一时间的水头为 h_1，经过时间 dt 后，水位下降 dh，则从时间 t 至 $t+$dt 时间内流经土样的水量 dQ 为

$$\mathrm{d}Q=-a\mathrm{d}h$$

式中的负号表示水量 Q 随水头 h 差的降低而增加。

根据达西定律，其水量 dQ 应为

$$\mathrm{d}Q=k\frac{h}{L}A\,\mathrm{d}t$$

开始观测时($t=t_1$)的水头为 h_1，结束时($t=t_2$)的水头为 h_2，则

$$\int_{h_1}^{h_2}\frac{1}{h}\mathrm{d}h=-\frac{k}{L}\cdot\frac{A}{a}\int_{t_1}^{t_2}\mathrm{d}t$$

$$\ln\frac{h_2}{h_1}=-\frac{k}{L}\cdot\frac{A}{a}(t_2-t_1)$$

$$k=\frac{aL}{A(t_2-t_1)}\ln\frac{h_1}{h_2} \tag{2.4}$$

用常用对数表示为

$$k=2.3\frac{aL}{A(t_2-t_1)}\lg\frac{h_1}{h_2} \tag{2.5}$$

设每次测量时的水温为 T ℃，则水温 T ℃时试样的渗透系数 k_T 为

$$k_T=2.3\frac{aL}{A(t_2-t_1)}\lg\frac{h_1}{h_2} \tag{2.6}$$

将k_T换算为标准温度(20 ℃)时试样的渗透系数k_{20}为

$$k_{20}=k_T\frac{\eta_T}{\eta_{20}} \tag{2.7}$$

式中　η_T——T ℃时水的动力黏度(10^{-6} kPa · s)；

η_{20}——20 ℃时水的动力黏度(10^{-6} kPa · s)。

动力黏度比 η_T/η_{20} 与温度关系，可按《铁路工程土工试验规程》(TB 10102—2023)表 11.2.3确定；不同温度时水的动力黏度，见《铁路工程土工试验规程》(TB 10102—2023)表 7.3.4—3。

关于渗透试验的具体操作方法见《铁路工程土工试验规程》(TB 10102—2023)。各种土的渗透系数参考值见表 2.1。

表 2.1　各种土的渗透系数

土　类	渗透系数 k/(cm/s)	土　类	渗透系数 k/(cm/s)
黏土	$10^{-6}\sim10^{-8}$	粉土	$10^{-3}\sim10^{-4}$
粉质黏土	$10^{-4}\sim10^{-6}$	粉砂	$2\times10^{-3}\sim10^{-4}$
淤泥质土	$10^{-6}\sim10^{-7}$	细砂	$5\times10^{-3}\sim10^{-3}$
淤泥	$10^{-8}\sim10^{-10}$	粗砂	$5\times10^{-2}\sim10^{-2}$
黄土(砂质)	$10^{-3}\sim10^{-4}$	砂质砾、河砂	$10^{-1}\sim10^{-2}$
黄土(黏质)	$10^{-5}\sim10^{-6}$	粗砾	$10^{0}\sim5\times10^{-1}$

土的渗透系数不仅用于渗透计算，还可用来评定土层透水性的强弱，作为选择坝体、路堤等土工填料的依据。当 $k>10^{-2}$ cm/s时，称为强透水层；当 $k=10^{-5}\sim10^{-3}$ cm/s 时，称为中等透水层；当 $k<10^{-6}$ cm/s时，称为相对不透水层。又如筑坝土料的选择，常将渗透系数较小的土用于坝体的防渗部位，将渗透系数大的土用于坝体的其他部位。

2. 渗透系数的影响因素

由于渗透系数 k 综合反映了水在土孔隙中运动的难易程度，因而其值必然要受到土的性质和水的性质的影响。下面分别就这两方面的影响因素进行讨论。

(1)土的性质对 k 的影响

土粒大小和土粒级配对土的渗透系数影响极大。如对于砾石土和砂土，土粒级配对渗透系数影响最大，因为土粒级配在很大程度上决定了土的孔隙大小、形状及孔隙特征。颗粒愈大、愈均匀、愈浑圆，土的渗透系数愈大。如砂土中粉粒和黏粒的含量增多时，砂土的渗透系数就会减小。

黏性土的渗透系数在很大程度上取决于矿物成分及黏粒含量。如含蒙脱石(土)较多的黏性土，其透水性就很小。土粒愈小，黏粒含量愈高的土，其渗透系数就愈小。

土的结构也是影响渗透系数 k 值的重要因素之一，特别是对黏性土其影响更为突出。例如在微观结构上，当孔隙比相同时，凝聚结构将比分散结构具有更大的透水性。在宏观构造上，天然沉积的层状黏性土层，由于扁平状黏土颗粒的水平排列，往往使平行土层的水平方向的透水性远大于垂直层面方向的透水性，水平方向渗透系数 k_x 与竖直方向渗透系数 k_z 之比

可大于 10,使土层呈现明显的各向异性。

土体的饱和度反映了土中含气体量的多少。试验证明,土中封闭气泡即使含量很少,也会对渗透性有很大的影响。它不仅使土的有效渗透面积减少,还可以堵塞某些孔隙通道,从而使渗透系数 k 值大为降低。图 2.6 表示某种砂土渗透系数与饱和度的关系,可见渗透系数几乎随饱和度的增加而直线上升。因此,为了保持测定 k 值时的试验精度,要求试样必须饱和。

(2)渗透水的性质对 k 的影响

因为渗透系数与水的动力黏滞系数成反比,而动力黏滞系数又随水温发生明显的变化,故密度相同的土,在不同的温度下,将有不同的渗透系数。为了对试验资料进行比较,工程实践中常采用水温为 20 ℃时的渗透系数作为标准值。故计算时要把在某一温度 T 时测定的渗透系数 k_T 换算为水温 20 ℃时的渗透系数 k_{20}。

3. 成层土的渗透性

天然土层一般都由渗透系数不同的几层土所组成,宏观上具有非均值性。确定成层土的渗透性时,需了解各层土的渗透系数,然后根据水流方向,按下列公式,计算其平均渗透系数。如图 2.7 所示,设土为各向同性,其渗透系数分别为 k_1、k_2、k_3……,厚度分别为 H_1、H_2、H_3……,总厚度为 H。

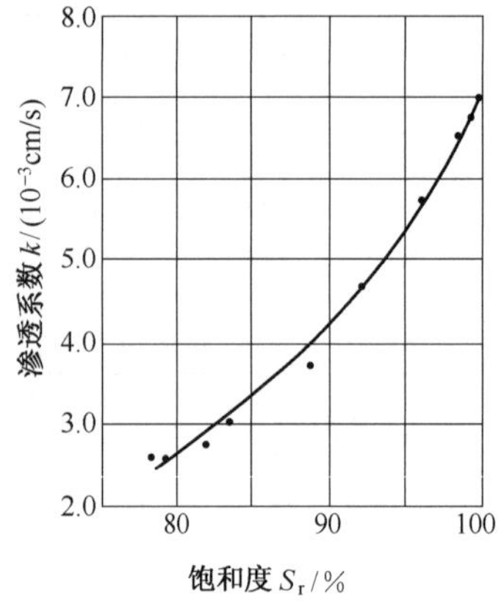

图 2.6　某种砂土饱和度与渗透系数的关系

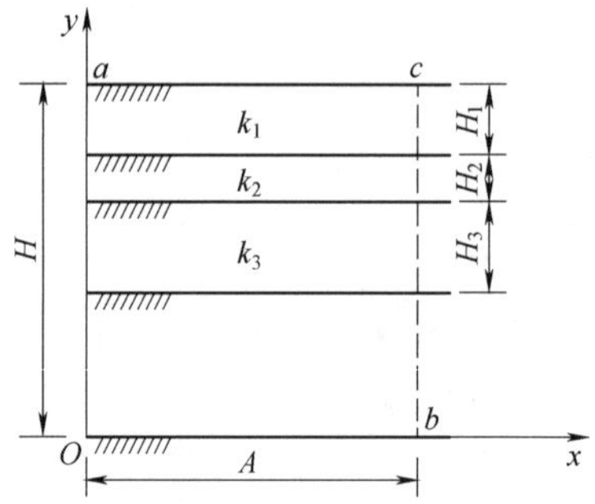

图 2.7　层状沉积土层

(1)平行于层面(x 方向)的渗透情况

在 aO 与 cb 间作用的水力坡降为 i,总渗透流量 q_x 等于各层土的渗透流量之和,即

$$q_x = q_1 + q_2 + q_3 + \cdots$$

取垂直于纸面的土层宽度为 1,根据达西定律可得

$$q_x = k_x iH = k_1 iH_1 + k_2 iH_2 + k_3 iH_3 + \cdots$$

约去 i 后,沿 x 方向的平均渗透系数 k_x 为

$$k_x = \frac{1}{H}(k_1 H_1 + k_2 H_2 + k_3 H_3 + \cdots) \tag{2.8}$$

(2)垂直于层面(y 方向)的渗透情况

设流经土层厚度 H 的总水力坡降为 i,流经各土层的水力坡降为 i_1、i_2、i_3……总渗透流量 q_y 应等于流经各土层的渗透流量 q_1、q_2、q_3……即

$$q_y = q_1 = q_2 = q_3 = \cdots$$

所以 $$k_y iA = k_1 i_1 A = k_2 i_2 A = k_3 i_3 A = \cdots \tag{2.9}$$

式中　A——渗流经过的截面积。

又因总水头损失等于各土层水头损失之和，故

$$Hi = H_1 i_1 + H_2 i_2 + H_3 i_3 + \cdots \tag{2.10}$$

将式(2.10)代入式(2.9)，则得

$$k_y \frac{1}{H}(H_1 i_1 + H_2 i_2 + H_3 i_3 + \cdots) = k_1 i_1 = \cdots$$

所以沿 y 方向的平均渗透系数为

$$k_y = \frac{H}{\dfrac{H_1}{k_1} + \dfrac{H_2}{k_2} + \dfrac{H_3}{k_3} + \cdots} \tag{2.11}$$

由上述可知，成层土的水平渗透系数 k_x 总是大于垂直方向的渗透系数 k_y，有时甚至可大到10倍左右。

2.2.2　渗透力与临界水力坡降

1. 渗透力

水在渗流过程中将受到土粒的阻力，同时水对土粒也就产生一种反作用力。这种由于水的渗流作用对土粒产生的力，称为渗透力。

如图 2.8 所示，在渗流土体中沿渗流方向取出一个土柱体来研究，土柱长度为 L，横截面积为 A。因 $h_1 > h_2$，水从截面 1 流向截面 2。因渗流速度很小，惯性力可忽略不计。这样，渗流时作用于土柱体上的力有：作用于截面 1 上的总水压力为 $\gamma_w h_1 A$，作用于截面 2 上的总水压力为 $\gamma_w h_2 A$，显然引起渗流的力为 $\gamma_w hA$；设 f_s 为单位土体积中土粒对渗流的阻力，则土柱体 AL 对渗流的总阻力应为 $f_s AL$。

根据力的平衡条件，可得出

$$(h_1 - h_2)\gamma_w A = f_s AL$$

所以 $$f_s = \frac{h_1 - h_2}{L}\gamma_w = \frac{h}{L}\gamma_w = i\gamma_w$$

渗透力的大小应等于 f_s，但方向相反。设渗透力为 j，所以

$$j = i\gamma_w \tag{2.12}$$

渗透力是一种体积力，其单位为 kN/m^3，其作用方向与渗透方向一致，其值等于水力坡降与水的容重之乘积。图 2.9 表示渗流对透水基底的作用情况。

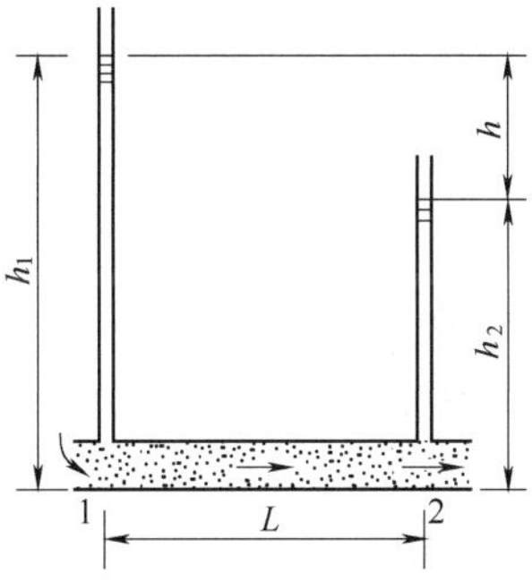

图 2.8　水在土中渗透

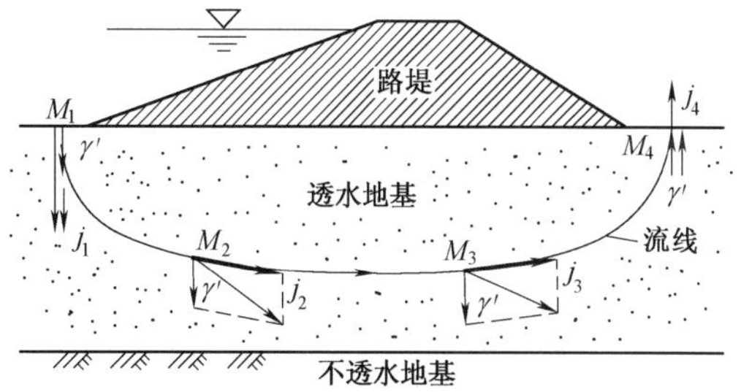

图 2.9　渗流对路基的作用

如渗流方向自上而下，与土重力方向一致时(图中 M_1 点)时，渗透力起增大土重力的作用，对土体稳定有利；反之，若渗流方向是自下而上，与土重力方向相反(图中 M_4 点)时，渗透力起减轻土重力的作用，不利于土体稳定。这时，若渗透力大于土的浮容重，土粒就会被渗流挟带向上涌出。这就是引起土体渗透变形的根本原因。显然，要了解土体渗透变形的机理，就必须了解渗透力的概念。另外，路堤地基、土坝和基坑的边坡内也常有渗流，在进行稳定分析时也必须考虑渗透力的影响。

2. 临界水力坡降

使土体开始发生渗透变形的水力坡降，称为临界水力坡降，它可以用图 2.10 所示的试验方法加以确定。图中 cd 与 ab 两个截面中试样的浮重(向下)为 $W'=AL\gamma'$，而向上的渗透力为 $i\gamma_w AL$。当储水器被提升到某一高度，使 $i\gamma_w AL$ 与 $AL\gamma'$ 相等时，可以得出：

$$i\gamma_w=\gamma'$$

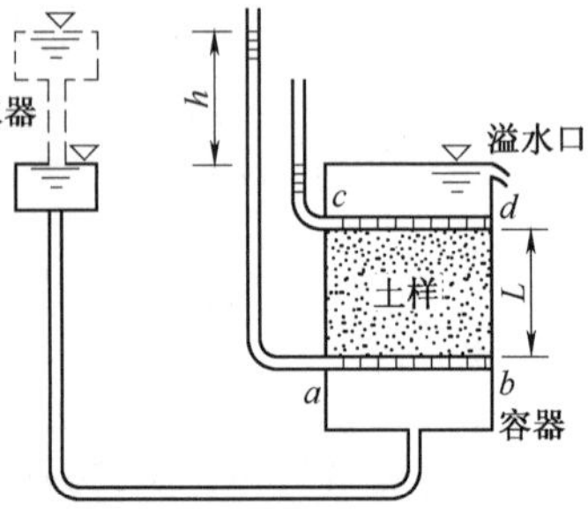

图 2.10　渗透变形试验原理

即渗透力等于土的浮容重，或写成

$$i\gamma_w=\frac{G_s-1}{1+e}\gamma_w=(1-n)(G_s-1)\gamma_w$$

此时土粒处于被挟带走的临界状态。

以 i_{cr} 表示临界水力坡降，则

$$i_{cr}=\frac{G_s-1}{1+e}=(1-n)(G_s-1) \tag{2.13}$$

由式(2.13)可知，临界水力坡降与土粒相对密度 G_s 及孔隙比 e(或孔隙率 n)有关，其值为 0.8～1.2。对于 $G_s=2.65$，$e=0.65$ 的中等密实砂土，$i_{cr}=1.0$。在工程计算中，通常将土的临界水力坡降除以安全系数 2～3 后才得出设计上采用的允许水力坡降数值[i]。一些资料指出：均粒砂土的允许水力坡降[i]=0.27～0.44，细粒含量在 30%～50%的砂砾土的允许水力坡降[i]=0.3～0.4。黏土一般不易发生变形，其临界坡降值较大，故[i]值也可以提高，有的资料建议用[i]=4～6，可供设计时参考。

任务 2.3　土的渗透变形分析

在渗流作用下，土体处于被浮动状态。当渗透力大于土的浮容重时，土粒就会被渗流挟带走，土工建筑物及地基由于这种渗流作用而出现的变形或破坏称为渗透变形或渗透破坏，如土层剥落、地面隆起、细颗粒被水带出以及出现集中渗流通道等。至今，渗透变形仍是水工建筑物发生破坏的重要原因之一。

2.3.1　渗透变形的基本形式

土的渗透变形类型主要有管涌、流土、接触流土和接触冲刷四种。但就单一土层来说，渗透变形主要是流土和管涌两种基本形式。下面主要介绍这两种渗透破坏类型。

1. 流土

在向上的渗透水流作用下，当渗透力等于或大于土的浮容重时，表层土局部范围内的土体或颗粒群同时发生悬浮、移动的现象称为流土。任何类型的土，只要水力坡降达到一定的值，都会发生流土破坏。流土发生于渗流逸出处的土体表面而不是发生于土体内部。开挖渠道或基坑时常遇到的流砂现象，即属于流土类型。流砂往往发生在细砂、粉砂及粉土和淤泥质土中，而颗粒较粗(如中砂、粗砂等)及黏性较大的土(如黏土)则不易发生流砂。

实践表明，流土常发生在下游路堤渗流逸出处无保护的情况下。例如图 2.11 表示一座建筑在双层地基上的路堤，地基表层为渗透系数较小的黏性土层，且较薄；下层为渗透性较大的无黏性土层，且 $k_1 \ll k_2$。当渗流经过双层地基时，水头将主要损失在上游水流渗入和下游水流渗出薄黏性土层的流程中，在无黏性土层的流程损失很小，因此造成下游逸出处渗透坡降 i 较大。当 $i > i_{cr}$ 时就会在下游坡脚处出现土表面隆起，裂缝开展，砂粒涌出，以至整块土体被渗透水流抬起的现象，这就是典型的流土破坏。

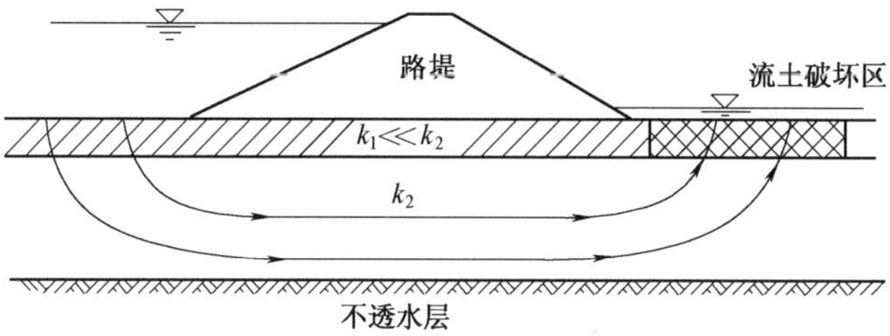

图 2.11　路堤下游逸出处的流土破坏

若地基为比较均匀的砂层(不均匀系数 $C_u < 10$)，当水位差较大，渗透途径不够长时，下游渗流逸出处也会有 $i > i_{cr}$，这时地表将普遍出现小泉眼、冒气泡，继而土颗粒群向上鼓起，发生浮动、跳跃，称为砂沸。砂沸也是流土的一种形式。

2. 管涌

在渗透水流作用下，土中的细颗粒在粗颗粒形成的孔隙中移动，以至流失；随着土的孔隙不断扩大，渗透流速不断增加，较粗的颗粒也相继被水流逐渐带走，最终导致土体内形成贯通的渗流管道，如图 2.12 所示，造成土体塌陷，这种现象称为管涌。可见，管涌破坏一般有一个时间发展过程，是一种渐进性质的破坏。管涌发生在一定级配的无黏性土中，发生的部位可以在渗流逸出处，也可以在土体内部，故管涌也称为渗流的潜蚀现象。

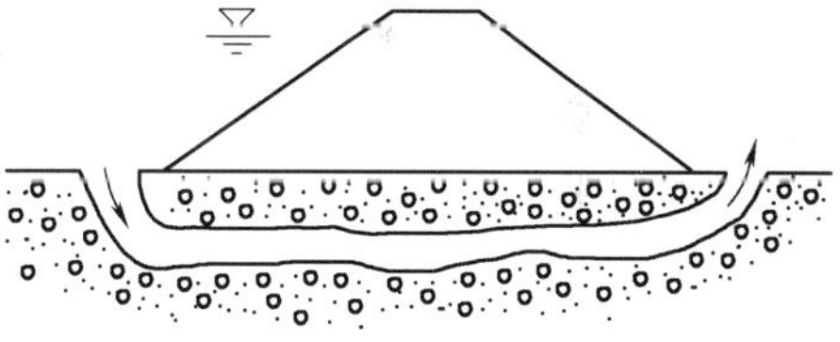

图 2.12　通过路基的管涌示意

2.3.2　渗透破坏类型的判别

土的渗透变形的发生和发展过程有其内因和外因。内因是土的颗粒组成和结构，即常说的几何条件；外因是水力条件，即作用于土体渗透力的大小。

1. 流土可能性的判别

在自下而上的渗流逸出处，任何土，包括黏性土或无黏性土，只要满足渗透坡降大于临界水力坡降这一水力条件，均要发生流土。因此，只要求出渗流逸出处的水力坡降 i，再用式(2.13)求出临界水力坡降 i_{cr} 值后，即可按下列条件，判别流土的可能性：

若 $i < i_{cr}$，土体处于稳定状态；

若 $i > i_{cr}$，土体发生流土破坏；

若 $i = i_{cr}$，土体处于临界状态。

由于流土将造成地基破坏、建筑物倒塌等灾难性事故,工程上是绝对不允许发生的,故设计时要保证有一定的安全系数,把逸出坡降限制在允许坡降[i]以内,即

$$i \leqslant [i]=\frac{i_{cr}}{F_s} \tag{2.14}$$

式中　F_s——流土安全系数,一般取 $F_s=1.5\sim2.0$。

2. 管涌可能性的判别

土是否发生管涌,首先决定于土的性质。一般黏性土(分散性土例外),只会发生流土而不会发生管涌,故属于非管涌土。无黏性土中产生管涌必须具备下列两个条件:

(1)几何条件

土中粗颗粒所构成的孔隙直径必须大于细颗粒的直径,才可能让细颗粒在其中移动,这是管涌产生的必要条件。

对于不均匀系数 $C_u<10$ 的较均匀土,颗粒粗细相差不多,粗颗粒形成的孔隙直径不比细颗粒大,因此细颗粒不能在孔隙中移动,也就不可能发生管涌。

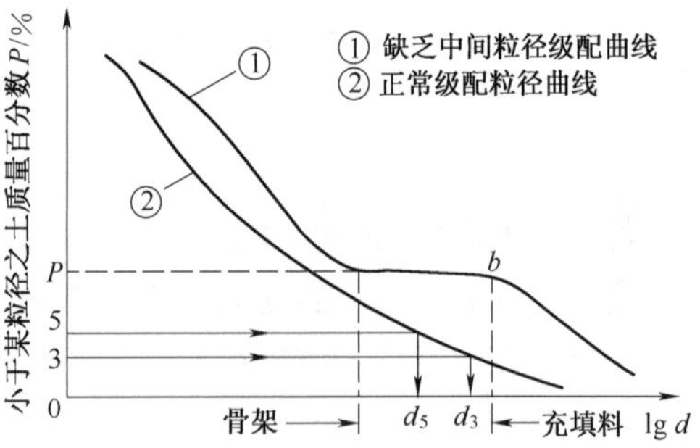

图 2.13　粒径级配曲线

对于 $C_u>10$ 的不均匀砂砾石土,大量试验证明,这种土既可能发生管涌也可能发生流土,主要取决于土的级配情况和细粒含量。对于缺乏中间粒径,级配不连续的土,其渗透变形形式主要决定于细料含量,这里所谓的细料是指级配曲线水平段以下的粒径,如图 2.13 曲线①中 b 点以下的粒径。试验结果表明,当细料含量在 25%以下时,细料填不满粗料所形成的孔隙,渗透变形基本属管涌型;当细料含量在 35%以上时,细料足以填满粗料所形成的孔隙,粗细料形成整体,抗渗能力增强,渗透变形是流土型;当细料含量在 25%~35%之间时,则是过渡型。具体形式还要看土的松密程度。对于级配连续的不均匀土,如图 2.13 中曲线②,不好找出骨架与充填料的分界线。一般可用土的孔隙平均直径 D_0 与最细部分的颗粒粒径 d_s 相比较,以判别土的渗透变形的类型。土的孔隙平均直径 D_0 可以经验公式(2.15)表示。

$$D_0=0.25d_{20} \tag{2.15}$$

式中　d_{20}——小于该粒径的土质量占总质量的 20%的粒径。

试验资料证明,当土中有 5%以上的细颗粒小于土的孔隙平均直径时,即 $D_0>d_5$ 时,破坏形式为管涌;而如果土中小于 D_0 的细粒含量小于 3%,即 $D_0<d_3$ 时,可能流失的土颗粒很少,不会发生管涌,则呈流土破坏。综上所述,对于无黏性土是否发生管涌的几何条件可用下列准则判别:

①$C_u \leqslant 10$ 的比较均匀的土,非管涌土;

②$C_u>10$ 较不均匀的土:

a. 级配不连续的土。细料含量大于 35%,非管涌土;细料含量小于 25%,管涌土;细料含量为 25%~35%,过渡型土。

b. 级配连续的土。$C_u<d_3$,非管涌土;$C_u>d_5$,管涌土;$d_3 \leqslant C_u \leqslant d_5$,过渡型土。

(2)水力条件

渗透力能够带动细颗粒在孔隙间滚动或移动是发生管涌的水力条件,所以渗透力可用

管涌的水力坡降来表示。但至今,管涌的临界水力坡降的计算方法尚不成熟,国内外研究者提出的计算方法较多,但算得的结果差异较大,故还没有一个被公认的合适的公式。对于一些重大工程,应尽量由渗透破坏试验确定。在无试验条件的情况下,可参考国内外的一些研究成果。

我国学者在对级配连续与级配不连续的土进行了理论分析与试验研究的基础上,提出了管涌土的破坏坡降与允许坡降的范围值,具体见表 2.2。

表 2.2　管涌的水力坡降范围

水力坡降	级配连续土	级配不连续土
破坏坡降 i_{cr}	0.2～0.4	0.1～0.3
允许坡降$[i]$	0.1～0.25	0.1～0.2

3. 渗透变形的防治措施

防治流土的关键在于控制逸出处的水力坡降。为了保证实际的逸出坡降不超过允许坡降,水利工程上常采取下列工程措施:

(1)上游做垂直防渗帷幕,如混凝土防渗墙、板桩或灌浆帷幕等。根据实际需要,帷幕可完全切断地基的透水层,彻底解决地基土的渗透变形问题;也可不完全切断透水层,做成悬挂式,起延长渗流途径、降低下游逸出坡降的作用。

(2)上游做水平防渗铺盖,以延长渗流途径,降低下游的逸出坡降。

(3)下游挖减压沟或打减压井,贯穿渗透性小的黏性土层,以降低作用在黏性土层底面的渗透压力。

(4)下游加透水盖,以防土体被渗透力悬浮。

这几种工程措施往往是联合使用的,具体设计可根据实际情况而定。

防止管涌一般可从下列两方面采取措施:

(1)改变水力条件,降低土层内部和渗流逸出处的渗透坡降。如上游做防渗铺盖或打板桩等。

(2)改变几何条件,在渗流逸出部位铺设层间关系满足要求的反滤层,是防止管涌破坏的有效措施。反滤层一般是 1～3 层级配较为均匀的砂和砾石层,用以保护地基土不被细颗粒带出,同时应具有较大的透水性,使渗流可以畅通,具体设计方法可以参阅专业技术手册。

项目小结

本项目介绍土的渗透性,主要内容涉及达西定律、渗透系数与渗透力测试、土的渗透变形分析。通过本项目的学习,了解水在土体孔隙中的渗透规律,掌握渗透系数与渗透力测试方法、土体产生渗透变形的条件和对工程的危害。在进行相关工程设计施工时,应综合考虑地基土、水和建筑物的相互关系,制定有效的防治渗透变形的措施。

项目训练

1. 了解土体渗透系数的测定方法。
2. 根据土体类型,大致判断在不同水利条件下土体渗透变形发生的可能性。
3. 掌握土体渗透变形的类型及产生的原因。

4. 能够对地基土的渗透变形提出相应的防治方法。

复习思考题

2.1　解释渗透性和渗透定律,比较砂土和黏性土的渗透性。

2.2　如何判断土体是否处于流砂状态?

2.3　土的渗透对工程有哪些不利影响?

2.4　一土样长25 cm,截面积为103 cm^2,作用于该试样两端的固定水头差为75 cm。试验时,通过试样渗流出的水量为100 cm^3/min。试求该土样的渗透系数 k 值,并判定其属于何种土?

2.5　对某一原状土样作变水头试验。土样的截面积为32.2 cm^2,长度 L=3 cm,水管的截面积 a=1.11 cm^2,试验开始的作用水头 h_1=300 cm,终止水头 h_2=290 cm,试验经历时间为40 min,水的温度 T 为 10 ℃。试求该土样的渗透系数 k 值。

文本　项目2 思政案例

文本　项目2　PPT

文本　项目2　教案

文本　项目2　题库

项目 3　土体中的应力计算

项目描述

土中应力计算是地基基础设计的重要依据。为了计算地基变形、验算地基承载力和进行土坡稳定性分析等，都要知道土中应力大小与分布规律。土中应力按其产生的原因可分为自重应力和附加应力。在附加应力作用下，地基土将产生压缩变形，引起基础沉降和沉降差，若不均匀沉降超过一定限度，将导致建筑物开裂、倾斜甚至破坏。因此，在地基基础设计时，必须保证地基沉降、沉降差、承载力等能满足要求。要做到这一点，必须能够正确分析与计算地基土中的应力。

图片

项目3
思维导图

学习目标

1. 能力目标

(1)能够熟练进行土中自重应力和附加应力的计算。

(2)能够熟练进行软弱下卧层顶面应力的计算。

2. 知识目标

(1)了解由于产生原因和作用效果不同，土中应力有两种不同的形式——自重应力和附加应力。

(2)掌握土的自重应力、基底压应力、附加应力计算方法。

(3)掌握地基土中软弱下卧层顶面应力的计算方法。

3. 素质目标

(1)厚植家国情怀，践行科学精神、科学思想，具备严谨计算与规范应用能力。

(2)严格遵守职业道德，实事求是，保证土中应力分析数据的准确性。

(3)具有工程风险预判意识，理解应力偏差对建筑物安全的连锁影响。

相关案例：天津市人民会堂办公楼墙体开裂——地基附加应力的影响

天津市人民会堂办公楼东西向 7 个开间，长约 27 m，南北向宽约 5 m，高约 5.6 m，为两层楼房。工程建成后使用正常。

1984 年 7 月，在办公楼西侧新建天津市科学会堂学术楼。此楼东西向 8 个开间，长约 34 m，南北宽约 18 m，高约 22 m，为 6 层大楼。两楼外墙净距仅 30 cm。当年年底，人民会堂办公楼西侧北墙发现裂缝，此后，裂缝不断加长加宽，开裂宽度超过 10 cm，长度超过 6 m。

分析原因是新建天津市科学会堂学术楼的附加应力扩散至原有人民会堂办公楼西侧软弱地基，引起严重下沉所致。

通过上述案例可知,土体中的应力计算不仅在地基沉降和地基承载力计算中至关重要,而且土中附加应力的扩散对周边已有建筑物的影响也非常明显。近年来由于新建工程的建设对已有工程造成相应危害的案例很多,由此影响了工程建设周期,增加了建设附加费。下面通过本项目的学习掌握土中应力的计算方法。

任务 3.1　土的自重应力计算

为了计算地基的稳定性及沉降量,必须研究地基土在荷载作用下的应力。

土中应力可分为自重应力和附加应力。自重应力是上覆土体本身的重量所引起的应力,其值随深度的增加而增大。一般说来,自重应力不会使地基产生变形,这是因为土层形成的年代已久远,在自重作用下,压缩变形早已完成。但对于新沉积的土或新填土,则应考虑在自重作用下的地基变形。附加应力是建筑物的荷载在地基土中产生的应力。它以一定的角度向下扩散传播到地基的深处,其值随深度的增加而减小。附加应力改变了地基土中原有的应力状态,使地基产生变形,并导致建筑物基础产生沉降。

3.1.1　基本公式

自重应力是由于土的自重产生的应力,竖向自重应力用 σ_{cz} 表示,侧向自重应力用 σ_{cx} 或 σ_{cy} 表示,下面重点介绍 σ_{cz} 的计算。

计算 σ_{cz} 时,把天然地面看作是一个平面,假定地基土为半无限体(又称半空间体),如图 3.1所示,以水平地面为界,在 x、y 轴的正负方向和 z 轴的正方向与建筑物的尺寸相比都可以认为是无限的,故称为半无限体。

当土质均匀时,则任一水平面上的竖向自重应力都是均匀无限分布的,在此应力作用下,地基土只能产生竖向变形,不可能产生侧向变形和剪切变形,土体内任一竖直面都是对称面,对称面上的剪应力等于零,根据剪应力互等定理可知,任一水平面上的剪应力也等于零。若在土中切取一个面积为 A 的土柱,如图3.2所示,根据静力平衡条件可知:在 z 深度处的平面,因土柱自重产生的竖向自重应力等于单位面积土柱的重力,即

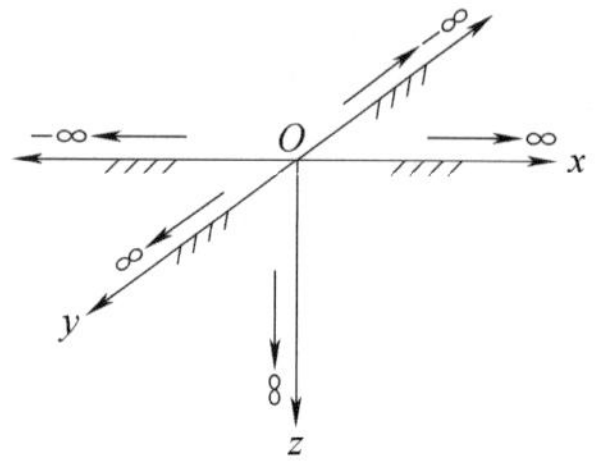

图 3.1　半空间体示意

$$\sigma_{cz}=\frac{G}{A}=\frac{\gamma zA}{A}=\gamma z \tag{3.1a}$$

式中　σ_{cz}——土的竖向自重应力(kPa);

G——土柱的重力(kN);

γ——土的容重(kN/m^3);

z——地面至计算点的深度(m)。

由式(3.1a)可知:土的自重应力随深度 z 线性增加,当容重不变时,σ_{cz} 与 z 成正比,呈三角形分布,如图 3.2 所示。

天然地层往往由不同厚度、不同容重的土层组成,其自重应力需按式(3.1a)分层计算后再叠加,如图 3.3 所示,z 深度处的自重应力为

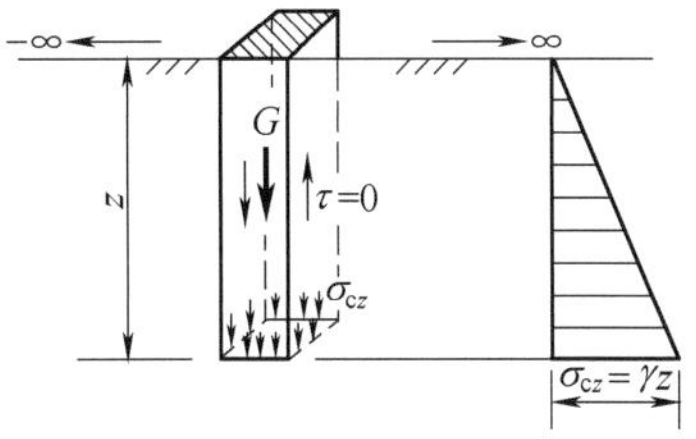

图 3.2 土的自重应力

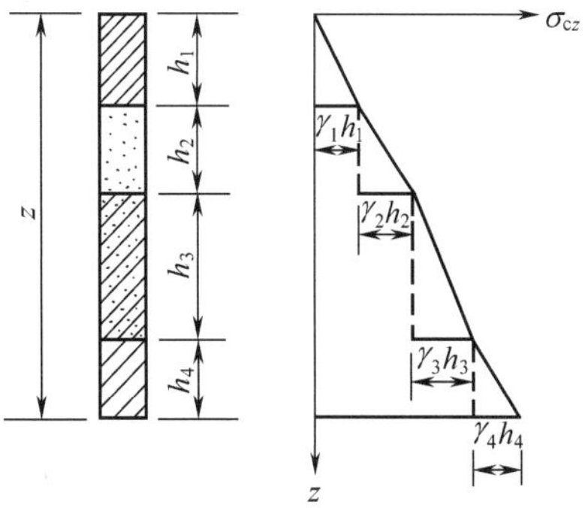

图 3.3 成层土的自重应力

$$\sigma_{cz}=\gamma_1h_1+\gamma_2h_2+\cdots+\gamma_nh_n=\sum_{i=1}^{n}\gamma_ih_i \tag{3.1b}$$

式中 n——计算范围内的土层数；

γ_i——第 i 层土的容重（kN/m^3）；

h_i——第 i 层土的厚度（m）。

分层土的自重应力沿深度呈折线分布。

3.1.2 地下水与不透水层的影响

1. 地下水的影响

如果土层在水位（地表水或地下水）以下，计算自重应力时，应根据土的透水性质选用符合实际情况的容重。对于透水土（如砂土、粉土等），孔隙中充满自由水，土颗粒将受到水的浮力作用，应采用浮容重 γ'，如果地下水位出现在同一土层中（如图 3.4 中的细砂层），地下水位线应视为土层分界线，则细砂层（透水层）底面处的自重应力为

$$\sigma_{cz}=\gamma_1h_1+\gamma'_2h_2 \tag{3.2a}$$

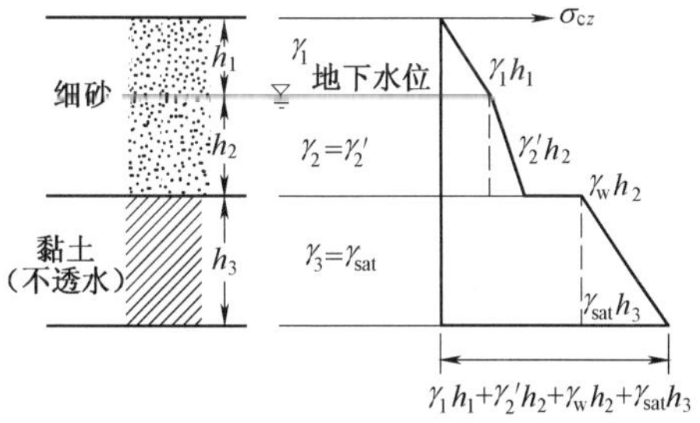

图 3.4 地下水及不透水层影响

2. 不透水层的影响

不透水土（如紧密的黏土）长期浸泡在水中，处于饱和状态，土中的孔隙水几乎全部是结合水，这些结合水的物理特性与自由水不同，它不传递静水压力，不起浮力作用，所以土颗粒不受浮力影响，计算自重应力时应采用饱和容重 γ_{sat}，如图 3.4 中的黏土层（不透水层），该层土本身产生的自重应力为 $\gamma_{sat}h_3$，而在不透水层顶面处的自重应力等于全部上覆土层的自重应力与静水压力之和，即

$$\sigma_{cz}=\gamma_1h_1+\gamma'_2h_2+\gamma_wh_2 \tag{3.2b}$$

黏性土层底面处的自重应力为

$$\sigma_{cz}=\gamma_1h_1+\gamma'_2h_2+\gamma_wh_2+\gamma_{sat}h_3 \tag{3.2c}$$

天然土层比较复杂，对于黏性土，很难确切判定其是否透水，一般认为，长期浸在水中的黏性土，若其液性指数 $I_L\leqslant0$，表明该土处于半干硬状态，可按不透水考虑；若 $I_L\geqslant1$，表明该土处于流塑状态，可按透水考虑；若 $0<I_L<1$，表明该土处于可塑状态，则按两种情况

考虑其不利者。

必须说明：土中应力是指土粒与土粒之间接触点传递的粒间应力，它是引起地基变形、影响土体强度的主要因素，故粒间应力又称为有效应力。本教材中用到的自重应力都是指有效自重应力(简称自重应力)。

【例题 3.1】 已知如图 3.5 所示的地层剖面，试计算其自重应力并绘制自重应力的分布图。

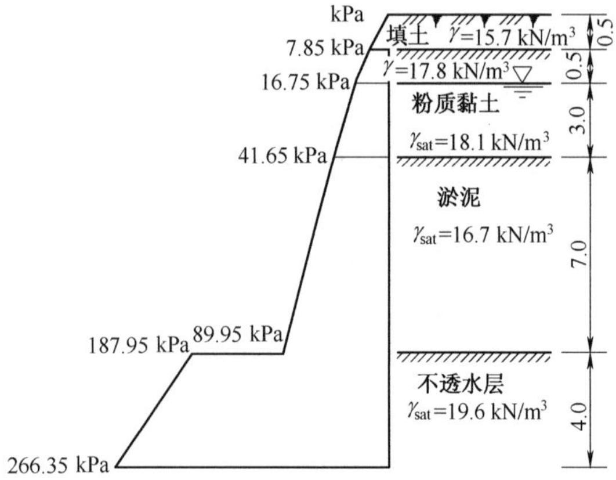

图 3.5 例题 3.1 图(单位：m)

【解】 填土层底处：

$\sigma_{cz1}=\gamma_1 h_1=15.7\times0.5=7.85\ (\text{kPa})$

地下水位处：

$$\sigma_{cz2}=\gamma_1 h_1+\gamma_2 h_2=7.85+17.8\times0.5=16.75\ (\text{kPa})$$

粉质黏土层底处：

$$\sigma_{cz3}=\gamma_1 h_1+\gamma_2 h_2+\gamma_3' h_3=16.75+(18.1-9.8)\times3=41.65\ (\text{kPa})$$

淤泥层底处：

$$\sigma_{cz4}=\gamma_1 h_1+\gamma_2 h_2+\gamma_3' h_3+(\gamma_{sat}-\gamma_w)h_4=41.65+(16.7-9.8)\times7=89.95\ (\text{kPa})$$

不透水层顶层面处：

$$\sigma'_{cz4}=\gamma_1 h_1+\gamma_2 h_2+\gamma_3' h_3+(\gamma_{sat4}-\gamma_w)h_4+\gamma_w(h_3+h_4)=89.95+9.8\times(3+7)=187.95\ (\text{kPa})$$

钻孔底：

$$\begin{aligned}\sigma_{cz5}&=\gamma_1 h_1+\gamma_2 h_2+\gamma_3' h_3+(\gamma_{sat4}-\gamma_w)h_4+\gamma_w(h_3+h_4)+\gamma_{sat5}h_5\\&=187.95+19.6\times4=266.35\ (\text{kPa})\end{aligned}$$

任务 3.2 基底压应力的分布与计算

3.2.1 基底压应力的分布

建筑物荷载由基础传给地基，在接触面上存在着接触应力，也称基底压力。它是基础作用于地基表面的力，是计算土中附加应力的依据，地基对于基础的反作用力，是计算净反力的依据，而净反力是基础结构设计中内力计算的荷载条件。精密确定基底压力数值与形态是个很复杂的问题，这是由于基础与地基不是同一种材料，也不是一个整体，二者的刚度相差很大，变形不能协调的缘故，此外还受基础的平面形状、尺寸、埋深等条件的影响。

在求土中应力或设计基础时，必须先了解基础底面上压应力分布情况，但其压应力分布情况与基础本身的刚度有很大关系。有些基础允许其变形，除承受压力外还能承担一定量的弯矩，这种基础一般称为柔性基础。用钢筋混凝土做成的基础则属于此类。如用混凝土或砖石筑成的大块整体基础，只要它的刚度满足一定要求，就可以认为是接近绝对刚性的，也就是说在外力作用下，它是绝对不变形的，并且只能承受压力而不能承担拉力，这种基础一般称为刚性基础。

当向地基土中传递荷载的是柔性基础时，则可假想基础本身能随地基表面的变形而变形，作用于基础底面上土的反力，其分布情况应和上面荷载分布的情况相一致。如果上部荷载为均匀分布，基础底面上的压应力也是均匀分布，但此时基础各点的沉降量是不同的，呈现出中间大、边缘小的碗状曲线，如图 3.6 所示。土质路堤即相当于柔性基础，因为它本身不传递剪力，路堤填土自重引起的基底压应力分布与路堤横断面形状相同，都是梯形，如图 3.7 所示。基底任一点的压力等于该点以上填土的自重压力。

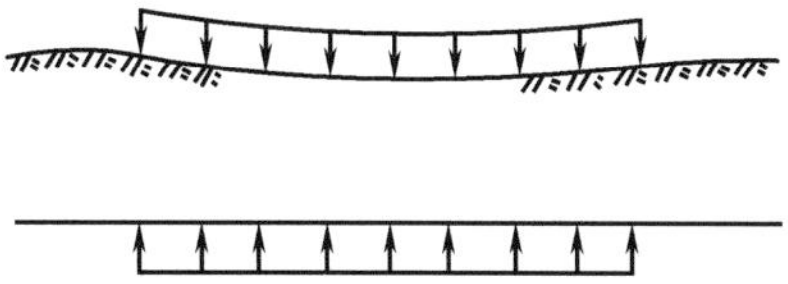

图 3.6　柔性基础均布荷载下的基底压应力分布

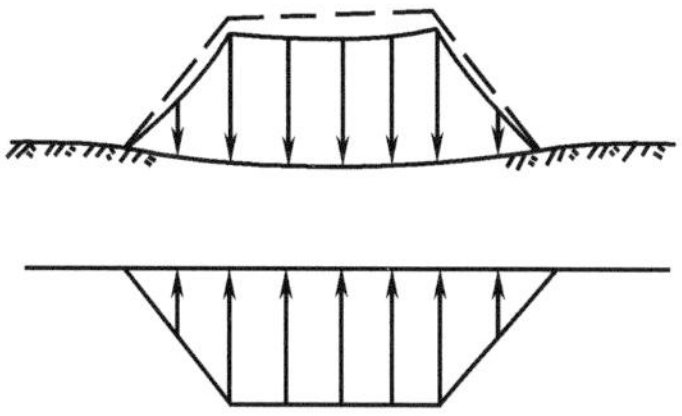

图 3.7　土路堤的基底压应力分布

刚性基础是指基础受力后其本身变形很小，下沉后其底面仍保持平面形状，如桥墩、桥台基础。即当基础的刚度大大超过土的刚度时，基础底面始终保持平面，底面上的压应力分布就与荷载分布情况不同。不论何种形状的刚性基础，按弹性理论计算，其基底压应力都呈鞍状分布，即愈接近边缘，其压应力愈大（如图3.8中的虚线），在边缘上按公式计算应为无穷大，但因该处地基土只能承受一定限度的荷载，超过此限度时即产生塑性变形，将在基底角点发生应力重分布，如图 3.8 实线所示的马鞍形。

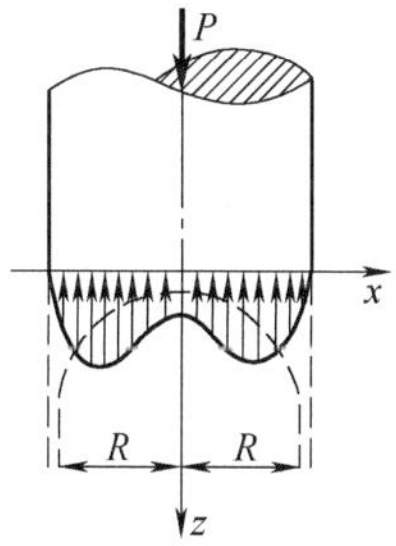

图 3.8　按弹性理论计算基底压应力分布

如用仪器直接测出荷载下或基底下的压应力，即可发现在中心荷载作用下的刚性基础，其基底压应力的分布形状可能有马鞍形、抛物线形、钟形三种，如图 3.9 所示。图中所标出的平均压应力 σ 为

$$\sigma=\frac{P}{A}\quad (\text{kPa}) \tag{3.3}$$

式中　P——总荷载(kN)；

A——基底面积(m^2)。

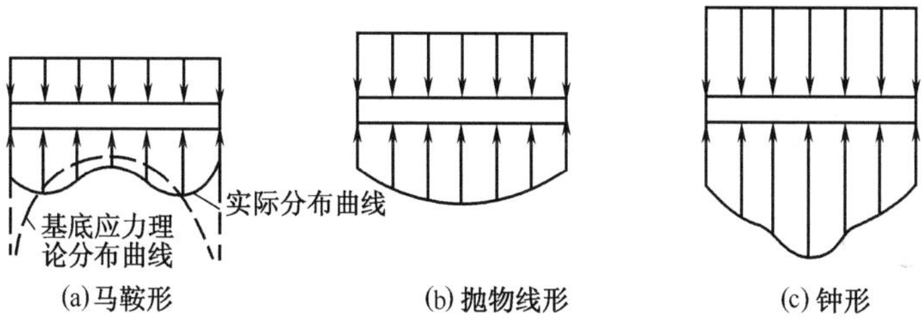

图 3.9　刚性基础基底压应力分布形状

这些基底压应力图的形状，主要受平均压应力 σ、基底尺寸 b 或 $\sqrt{A}$（A 为基底面积）、土的压缩性、基础的埋置深度 h 等因素影响。

(1)当其他因素不变，平均压应力 σ 较小时，压应力图是马鞍形，σ 为中等压应力时，为抛物线形，σ 较大时，为钟形。

(2)当其他因素不变，基底尺寸较大时，压应力图是马鞍形，基底尺寸中等时，为抛物线形，基础尺寸较小时,为钟形。

(3)在同样尺寸,同一埋置深度的基础上,作用有同一大小 σ 值时,坚硬的土,其压应力图是马鞍形,中等压缩性的土是抛物线形,松软的土是钟形。

(4)其他因素不变,埋得很深的基础,其压应力图是马鞍形,埋得很浅的基础,其压力图是钟形。

综合以上所述情况,可知影响压应力图的因素既多又复杂,要从理论上求得作用在基底上的真正压应力图是一个很困难的问题,为了简化计算,一般都采用近似公式计算。

3.2.2　基底压应力的简化计算

由于基底压应力的分布情况对于地基土中的附加应力分布的影响随着深度的增加而减少。根据弹性理论原理,在地基表面以下深度超过基础宽度 1.5 倍时,地基中引起的附加应力分布几乎与基底压应力分布情况无关,而主要与基础总荷载大小有关。试验证明,当基础宽度不小于1.0 m,荷载不大时,刚性基础的基底压应力分布可近似按直线变化规律计算,这样简化计算而引起的误差在地基变形的实际计算中是容许的。

这个简化计算作了如下假定:

(1)基础为不变形的绝对刚体,受荷载作用后基础底面始终保持为平面。

(2)基底压应力与基础沉降成正比。

根据这两个假定,如基础所受的荷载为中心垂直荷载,则基底沉降是均匀的,基底压力也是均匀的,呈水平直线分布[图 3.10(a)],而在偏心垂直荷载下,基底沉降是不均匀的,基底压力呈倾斜直线分布[图 3.10(b)]。于是得出以下基底压应力的简化计算方法。

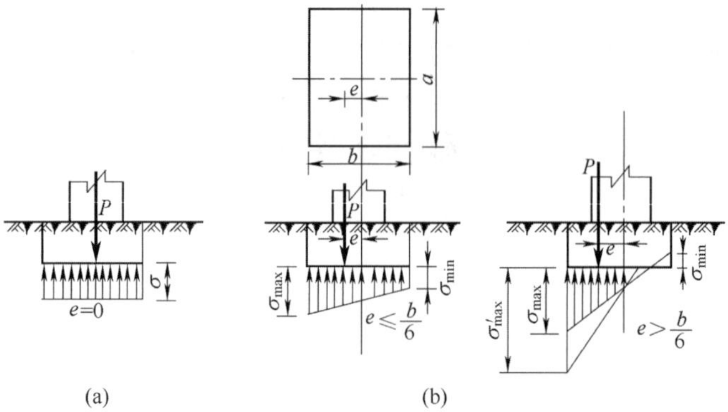

图 3.10　基底压应力分布近似计算

1. 中心受压基础

在中心荷载 P(kN)作用下,基底压应力为均匀分布如图 3.10(a)所示。设基础底面积为 $A(\mathrm{m}^2)$,则基底压应力 σ 为

$$\sigma=\frac{P}{A}\quad (\mathrm{kPa}) \tag{3.4}$$

注意,在基础设计中,应力符号的规定以压应力为正号。

对于条形基础,只需取 1 m 长度(叫 1 延长米)进行计算,此时 P 为 1 延长米上作用的荷载,A 为 1 延长米的基底面积,其值等于 $b\times1$,则基底压应力 σ 为

$$\sigma=\frac{P}{b}\quad (\mathrm{kPa}) \tag{3.5}$$

2. 偏心受压基础

偏心受压基础有单向偏心和双向偏心之分，这里只讲述单向偏心受压基础。

当基础荷载 P 作用在某一主形心轴上且对另一主形心轴有一偏心距 e 时，可将偏心荷载 P 的作用看作是在基底形心的中心荷载 P 和它对形心主轴的力矩 $M=Pe$ 的共同作用。今以铁路桥梁中常见的矩形和 T 形基础为例，说明其计算方法：

(1)矩形基础

基础边缘的基底压应力按材料力学中的公式进行计算，如图 3.11 所示，即

$$\begin{matrix}\sigma_{\max}\\ \sigma_{\min}\end{matrix}=\frac{P}{A}\pm\frac{M}{W}=\frac{P}{A}\pm\frac{Pe}{W}=\frac{P}{A}\left(1\pm\frac{6e}{b}\right) \tag{3.6}$$

式中　P——基底竖向荷载(kN)；

M——竖向荷载 P 对形心主轴偏心距 e 引起的力矩(kN · m)；

W——基底面积对 y 轴的截面抵抗矩(m^3)，即 $W=ab^2/6$。

从式(3.6)及图 3.11 中可以看出，基底压应力分布有三种情况：

①当 $e<b/6$ 时，$\sigma_{\min}$ 为正值，基底压应力按梯形分布；

②当 $e=b/6$ 时，$\sigma_{\min}$ 为零，基底压应力为三角形分布；

③当 $e>b/6$ 时，$\sigma_{\min}$ 为负值，表示基底一侧出现拉应力。

实际上，基底与地基之间不能传递拉应力而出现局部分离，受力面积有所减少，因此，基底压应力会重新分布，如图 3.12 所示。此时，用式(3.6)计算的基底压应力就和实际不符合，须按应力重分布后的情况进行计算。

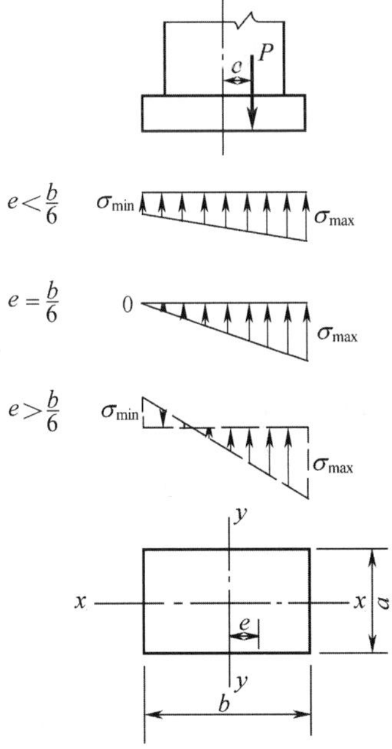

图 3.11　矩形基础单向偏心荷载作用下的基底压应力

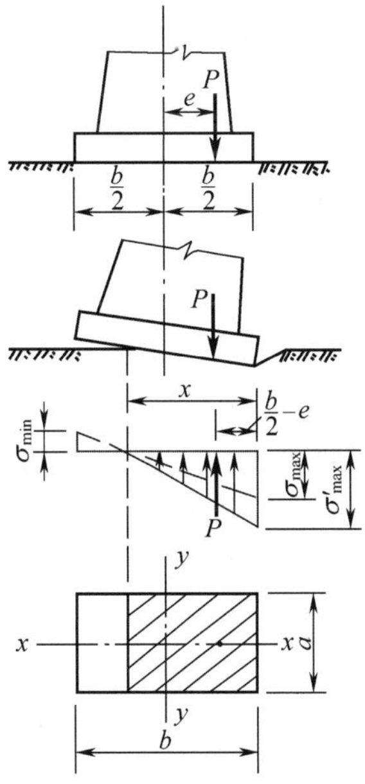

图 3.12　矩形基础单向偏心荷载作用下的基底压应力重分布

应力重分布后，假定压应力分布图形为三角形，设基底压应力分布宽度为 x，从图 3.12 可知，基底反力的合力 $P'=x\sigma'_{\max}a/2$ 的竖向作用线必通过三角形压应力图形的形心，按静力平衡

条件,基底反力的合力 P' 与荷载 P 的大小相等,方向相反,并作用在同一竖直线上,从而可得

$$\frac{x}{3}=\frac{b}{2}-e \quad 及 \quad P'=\frac{1}{2}x\sigma'_{\max}a=P$$

解上列两式,得

$$x=3\left(\frac{b}{2}-e\right) \tag{3.7}$$

$$\sigma_{\max}=\frac{2P}{3\left(\frac{b}{2}-e\right)a} \tag{3.8}$$

(2)T 形基础

按材料力学公式计算的基底压应力如图 3.13 所示。

$$\sigma_{\max}=\frac{P}{A}+\frac{Pe}{W_1} \tag{3.9}$$

$$\sigma_{\min}=\frac{P}{A}-\frac{Pe}{W_2} \tag{3.10}$$

式中　W_1,W_2——基底面积对 y 轴两边的截面抵抗矩,$W_1=I/t_1$,$W_2=I/t_2$,其中,I 为 T 形截面对 y 轴的惯性矩,t_1、t_2 分别为 y 轴到截面两边的距离。

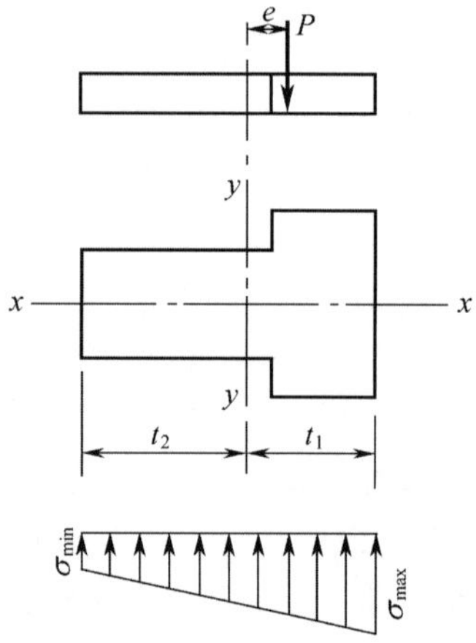

图 3.13　T 形基础偏心荷载作用下的基底压应力

应当注意:当用式(3.10)计算得的 $\sigma_{\min}$ 值为负值时,基底压应力应按应力重分布后的情况计算,其方法见有关铁路工程设计技术手册。

【例题 3.2】 有一矩形桥墩基础 $a=6.0$ m,$b=4.0$ m,受到沿 b 方向的单向竖直偏心荷载 $P=8\ 000$ kN的作用。试求:

(1)当偏心距 $e=0.40$ m时,基底最大压应力为多少?

(2)当偏心距 $e=0.80$ m时,基底最大压应力为多少?

【解】 基底面积　　$A=a\cdot b=6\times4=24.0\ (\text{m}^2)$

截面抵抗矩　　$W=\frac{1}{6}ab^2=\frac{1}{6}\times6\times4^2=16.0\ (\text{m}^3)$

(1)当 $e=0.40$ m 时

$$\begin{matrix}\sigma_{\max}\\ \sigma_{\min}\end{matrix}=\frac{P}{A}\pm\frac{M}{W}=\frac{8\ 000}{24}\pm\frac{8\ 000\times0.40}{16}=\begin{matrix}533\\133\end{matrix}\ (\text{kPa})$$

(2)当 $e=0.80$ m 时

$$\begin{matrix}\sigma_{\max}\\ \sigma_{\min}\end{matrix}=\frac{P}{A}\pm\frac{M}{W}=\frac{8\ 000}{24}\pm\frac{8\ 000\times0.80}{16}=\begin{matrix}733\\-67\end{matrix}\ (\text{kPa})$$

由于 $\sigma_{\min}$ 是负值,表示基底一侧出现拉应力,所以基底最大压应力应按应力重分布公式重新计算:

$$\sigma'_{\max}=\frac{2P}{3\times\left(\frac{b}{2}-e\right)a}=\frac{2\times8\ 000}{3\times\left(\frac{4}{2}-0.8\right)\times6.0}=741\ (\text{kPa})$$

3.2.3　基底附加压应力的计算

建筑物的基础底面总是要埋置在地面以下一定的深度，这个深度称为基础埋置深度，用 h 表示。

如图 3.14 所示，建筑物在建造前，距地面为 h 的基底处，原来就存在自重应力 γh，此自重应力 γh 称为基底处的原存应力，一般说来，原存应力是不会引起地基沉降的。

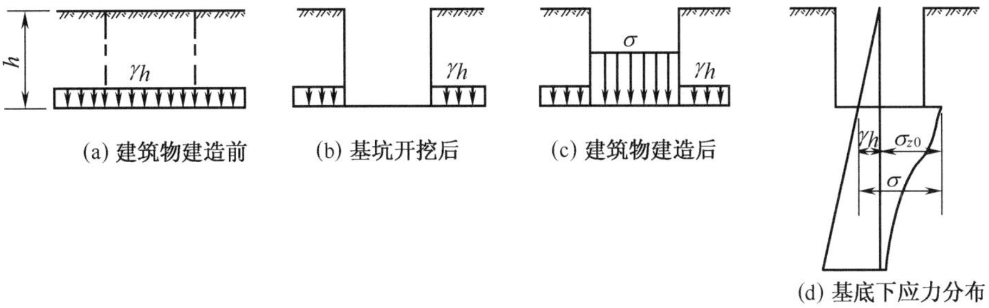

图 3.14　建筑物在建造过程中基底应力的变化

基底附加压力是指建筑物建成后使基础底面净增加的压力，又叫基底净加压力或基底附加压应力，以 σ_{z0} 表示。

当建造建筑物时，通常需先开挖基坑，这时，基底就卸除了自重应力 γh。而建筑物建造完成后，全部建筑物荷载就作用在基础底面上，基底压应力为 σ。显然，能使建筑物产生沉降的压应力，并不是基底压应力 σ，而是从其中扣去相应于原存压应力 γh 后的那部分压应力，即

$$\sigma_{z0}=\sigma-\gamma h \tag{3.11}$$

式中　σ_{z0}——基底附加压应力；

σ——基底压应力；

γ——基底以上土的天然容重(kN/m^3)，分层土采用加权平均容重；

h——基底埋藏深度(m)，一般由天然地面算起，若受水流冲刷时，由一般冲刷线算起。

任务 3.3　地基附加应力计算

由外荷载在地基中引起的应力称为地基附加应力(或称荷载应力)，用 σ_z 表示。σ_z 是以 σ_{z0} 为荷载按弹性理论求解的，计算附加应力时，假定地基土为均质、连续、各向同性的半无限线性变形体。实际上，地基土往往是分层的，各层土之间的性质差别较大，严格地说，上述假定与实际情况不一定相符。但当荷载不大，地基中的塑性变形区很小时，荷载与变形之间近似于直线关系。实践证明，用弹性理论计算的应力值与实测的结果出入不大，在工程中是允许的。

如果作用于地基面上的荷载是均匀满布的，例如大面积水平填土，则地基附加应力的分布不随深度而变化，即各个深度处的 σ_z 相等，其值等于满布荷载的强度，如图 3.15 所示。

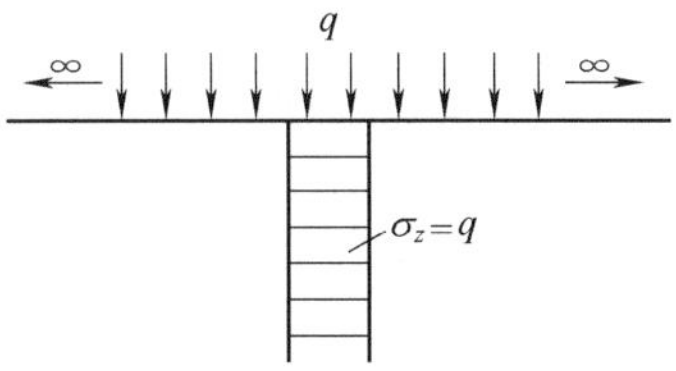

图 3.15　满布荷载时附加应力

由于建筑物的基础总是有限的，并且基底的形状各异，受力情况不同，因此，作用于地基面上的荷载(即基底压力)必然是具有不同形状和不同分布形式的局部荷载，

这种荷载所引起的地基附加应力要比均匀满布荷载的情况复杂得多。下面分别讨论不同面积、不同分布形式的局部荷载作用下,地基附加应力的计算。

3.3.1 竖直集中荷载作用下的地基附加应力计算

1. 计算公式

设在无限伸展的地面 O 点上,如图 3.16 所示,作用一竖向集中荷载 P(kN),试求土中任意一点 M 的竖向附加应力 σ_z(kPa)。法国的布辛纳斯克(Boussinesq)用弹性理论求得其解答为

$$\sigma_z=\frac{3P}{2\pi}\cdot\frac{z^3}{R^5} \tag{3.12}$$

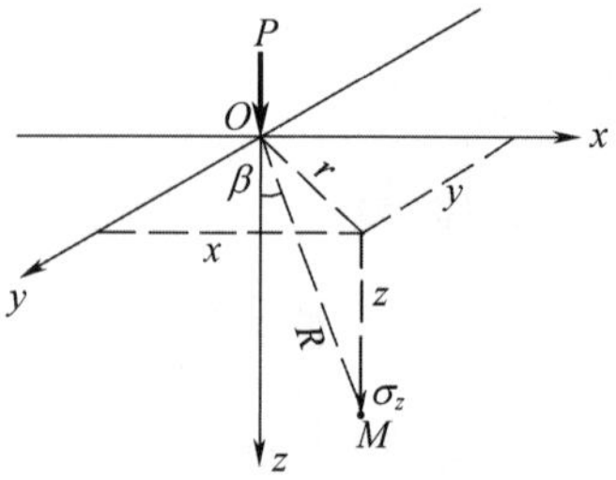

图 3.16 集中荷载 P 作用下土中附加应力

由图 3.16 可知:$R=\sqrt{r^2+z^2}$,式(3.12)可改写为

$$\sigma_z=\frac{3P}{2\pi z^2}\cdot\frac{1}{\left[1+\left(\frac{r}{z}\right)^2\right]^{\frac{5}{2}}}=\alpha_1\frac{P}{z^2}\quad(\text{kPa}) \tag{3.13}$$

式中 $\alpha_1=\frac{3}{2\pi}\cdot\frac{1}{\left[1+\left(\frac{r}{z}\right)^2\right]^{\frac{5}{2}}}$称为集中荷载竖向附加应力系数,其值可按比值 r/z 由表 3.1 查得。

表 3.1 集中荷载作用下的竖向附加应力系数

r/z	α_1	r/z	α_1	r/z	α_1	r/z	α_1
0.00	0.477 5	0.65	0.197 8	1.30	0.040 2	1.95	0.009 5
0.05	0.474 5	0.70	0.176 2	1.35	0.035 7	2.00	0.008 5
0.10	0.465 7	0.75	0.156 5	1.40	0.031 7	2.20	0.005 8
0.15	0.451 6	0.80	0.138 6	1.45	0.028 2	2.40	0.004 0
0.20	0.432 9	0.85	0.122 6	1.50	0.025 1	2.60	0.002 9
0.25	0.410 3	0.90	0.108 3	1.55	0.022 4	2.80	0.002 1
0.30	0.384 9	0.95	0.095 6	1.60	0.020 0	3.00	0.001 5
0.35	0.357 7	1.00	0.084 4	1.65	0.017 9	3.50	0.000 7
0.40	0.329 4	1.05	0.074 1	1.70	0.016 0	4.00	0.000 4
0.45	0.301 1	1.10	0.065 8	1.75	0.014 4	4.50	0.000 2
0.50	0.273 3	1.15	0.058 1	1.80	0.012 9	5.00	0.000 1
0.55	0.246 6	1.20	0.051 3	1.85	0.011 6		
0.60	0.221 4	1.25	0.045 4	1.90	0.010 5		

【例题 3.3】 作用于地面上 O 点的集中荷载 $P=500$ kN,试求:

(1)深度 $z=2$ m,水平距离 $r=0$、1、2、3 m处各点 σ_z 值;

(2)集中荷载作用线下 $\sigma_z=10$ kPa时的深度 z;

(3)深度 $z=1$、2、3、4 m处,$\sigma_z=10$ kPa的水平距离 r 值,并绘出等值线图。

【解】 (1)σ_z 值可列表 3.2 计算。

(2)集中荷载作用线下，$r=0$，$\frac{r}{z}=0$，查表3.1得$\alpha_1=0.4775$，再由式(3.13)$\sigma_z=\alpha_1\frac{P}{z^2}$算出：

$$z=\sqrt{\alpha_1\frac{P}{\sigma_z}}=\sqrt{0.4775\times\frac{500}{10}}=4.89(\text{m})$$

(3)已知σ_z、P、z值，可由式(3.13)算出α_1值，再按表3.1反查出相对应的r/z值，依其结果算出r值，列表3.3计算。

表3.2　σ_z值计算表

z/m	r/m	$\frac{r}{z}$	α_1	$\sigma_z=\alpha_1\frac{P}{z^2}$ /kPa
2	0	0	0.4775	$0.4775\times\frac{500}{2^2}=59.7$
2	1	0.5	0.2733	$0.2733\times\frac{500}{2^2}=34.2$
2	2	1.0	0.0844	$0.0844\times\frac{500}{2^2}=10.6$
2	3	1.5	0.0251	$0.0251\times\frac{500}{2^2}=3.1$

表3.3　r值计算表

z/m	$\alpha_1=\frac{\sigma_z z^2}{P}$	查表3.1得$\frac{r}{z}$	r/m
1	$10\times\frac{1^2}{500}=0.020$	1.600	$1.600\times1=1.60$
2	$10\times\frac{2^2}{500}=0.080$	1.022	$1.022\times2=2.04$
3	$10\times\frac{3^2}{500}=0.180$	0.691	$0.691\times3=2.07$
4	$10\times\frac{4^2}{500}=0.320$	0.417	$0.417\times4=1.67$

依上面计算结果，描点绘制$\sigma_z=10$ kPa的等值线图，如图3.17所示。

2. 土中应力的叠加

当地面上有两个及以上相邻的集中荷载作用时(图3.18)，在地面下某深度M点处的竖向附加应力，可先按式(3.13)分别计算，然后叠加，即

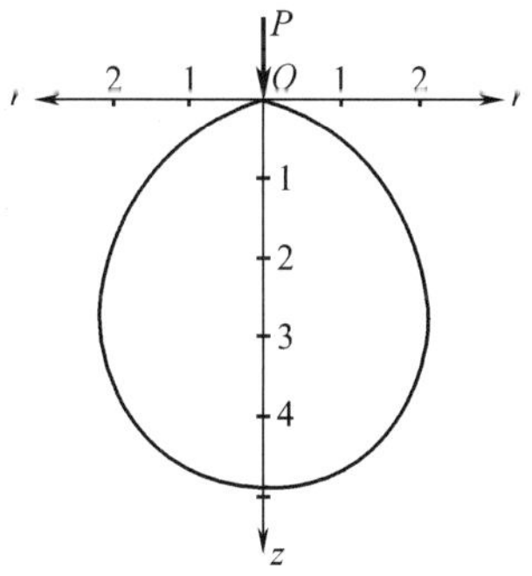

图3.17　例题3.3等值线图

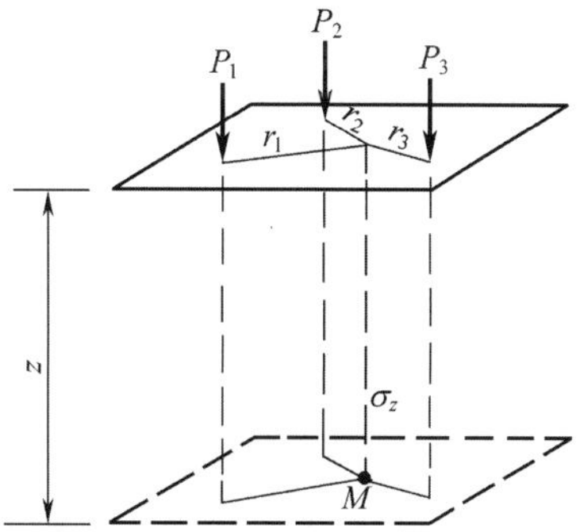

图3.18　多个集中荷载引起的附加应力

$$\sigma_z=\alpha_{11}\frac{P_1}{z^2}+\alpha_{12}\frac{P_2}{z^2}+\cdots=\sum_{i=1}^{n}\alpha_{1i}\frac{P_i}{z^2}\tag{3.14}$$

式中　α_{1i}——在集中荷载P_i作用下，深度z处M点上的竖向附加应力系数α_1。

当荷载在地面上呈不规则分布时，可把荷载分布平面划分成许多小块面积，将每一小块面积上分布的荷载近似用一集中荷载代替，这个集中荷载作用于该分布荷载的合力作用点处，然后利用式(3.14)进行计算。

应当注意，集中荷载的作用点至土中计算点的距离不宜小于$3b$(b为该小块面积的短边尺寸)，否则误差会过大。

3.3.2　面积荷载作用下的土中附加应力

1. 均质地基土中

(1)矩形面积受均布荷载作用下的土中竖向附加应力

①中心点下的应力

如图 3.19 所示,在矩形地面上作用着均布荷载 p(kPa)时,承载面积中心点下深度 z 处 M 点上的竖向附加应力为

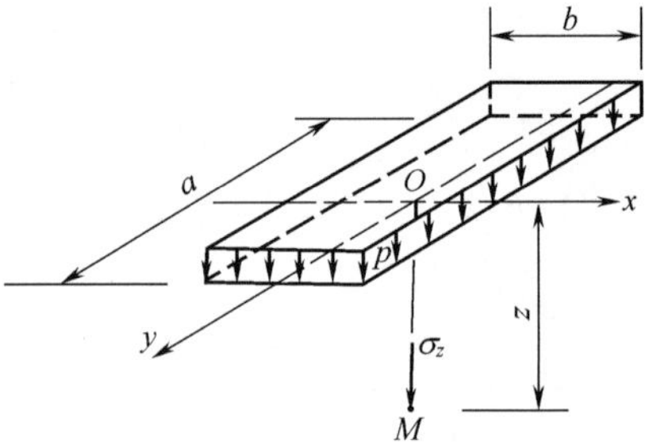

图 3.19　矩形面积均布荷载中心点下的附加应力

$$\sigma_z = \alpha_0 p \quad \text{(kPa)} \tag{3.15}$$

式中　α_0——矩形均布荷载中点附加应力系数,可根据比值 a/b、z/b 由表 3.4 查得,其中 a、b 分别为矩形面积的长边和短边,z 为荷载作用面到计算点 M 的深度。

表 3.4　矩形面积均布荷载中点下的竖向附加应力系数

z/b	矩形的长宽比 a/b												
	1	1.2	1.4	1.6	1.8	2	2.4	2.8	3.2	3.6	4	5	≥10
0	1.000	1.000	1.000	1.000	1.000	1.000	1.000	1.000	1.000	1.000	1.000	1.000	1.000
0.1	0.997	0.998	0.998	0.998	0.998	0.998	0.998	0.998	0.998	0.998	0.998	0.998	0.998
0.2	0.987	0.990	0.991	0.992	0.992	0.992	0.993	0.993	0.993	0.993	0.993	0.993	0.993
0.3	0.967	0.973	0.976	0.978	0.979	0.979	0.980	0.980	0.981	0.981	0.981	0.981	0.981
0.4	0.936	0.947	0.953	0.956	0.958	0.965	0.961	0.962	0.962	0.963	0.963	0.963	0.963
0.5	0.900	0.915	0.924	0.929	0.933	0.935	0.937	0.939	0.939	0.940	0.940	0.940	0.940
0.6	0.858	0.878	0.890	0.898	0.903	0.906	0.910	0.912	0.913	0.914	0.914	0.915	0.915
0.7	0.816	0.840	0.855	0.865	0.871	0.876	0.881	0.884	0.885	0.886	0.887	0.887	0.888
0.8	0.775	0.801	0.819	0.831	0.839	0.844	0.851	0.855	0.857	0.858	0.859	0.860	0.860
0.9	0.735	0.764	0.784	0.797	0.806	0.813	0.821	0.826	0.829	0.830	0.831	0.832	0.836
1.0	0.698	0.728	0.749	0.764	0.775	0.783	0.792	0.798	0.801	0.803	0.804	0.806	0.807
1.1	0.663	0.694	0.717	0.733	0.744	0.753	0.764	0.771	0.775	0.777	0.779	0.780	0.782
1.2	0.631	0.663	0.686	0.703	0.715	0.725	0.737	0.744	0.749	0.752	0.754	0.756	0.758
1.3	0.601	0.633	0.657	0.674	0.688	0.698	0.711	0.719	0.725	0.728	0.730	0.733	0.735
1.4	0.573	0.605	0.629	0.648	0.661	0.672	0.687	0.696	0.701	0.705	0.708	0.711	0.714
1.5	0.548	0.580	0.604	0.622	0.637	0.648	0.664	0.673	0.679	0.683	0.686	0.690	0.693
1.6	0.524	0.556	0.580	0.599	0.613	0.625	0.641	0.651	0.658	0.663	0.666	0.670	0.675
1.7	0.502	0.533	0.558	0.577	0.591	0.603	0.620	0.631	0.638	0.643	0.646	0.651	0.656
1.8	0.482	0.513	0.537	0.556	0.571	0.588	0.600	0.611	0.619	0.624	0.629	0.633	0.638
1.9	0.463	0.493	0.517	0.536	0.551	0.563	0.581	0.593	0.601	0.606	0.610	0.616	0.622
2.0	0.446	0.475	0.499	0.518	0.533	0.545	0.563	0.575	0.584	0.590	0.594	0.600	0.606
2.1	0.429	0.459	0.482	0.500	0.515	0.528	0.546	0.559	0.567	0.574	0.578	0.585	0.591
2.2	0.414	0.443	0.466	0.484	0.499	0.511	0.530	0.543	0.552	0.558	0.563	0.570	0.577
2.3	0.400	0.428	0.451	0.469	0.484	0.496	0.515	0.528	0.537	0.544	0.548	0.554	0.564

续上表

z/b	矩形的长宽比 a/b												
	1	1.2	1.4	1.6	1.8	2	2.4	2.8	3.2	3.6	4	5	≥10
2.4	0.387	0.414	0.436	0.454	0.469	0.481	0.500	0.513	0.523	0.530	0.535	0.543	0.551
2.5	0.374	0.401	0.423	0.441	0.455	0.468	0.486	0.500	0.509	0.516	0.522	0.530	0.539
2.6	0.362	0.389	0.410	0.428	0.442	0.473	0.473	0.487	0.496	0.504	0.509	0.518	0.528
2.7	0.351	0.377	0.398	0.416	0.430	0.461	0.461	0.474	0.484	0.492	0.497	0.506	0.517
2.8	0.341	0.366	0.387	0.404	0.418	0.449	0.449	0.463	0.472	0.480	0.486	0.495	0.506
2.9	0.331	0.356	0.377	0.393	0.407	0.438	0.438	0.451	0.461	0.469	0.475	0.485	0.496
3.0	0.322	0.346	0.366	0.383	0.397	0.409	0.429	0.441	0.451	0.459	0.465	0.474	0.487
3.1	0.313	0.337	0.357	0.373	0.387	0.398	0.417	0.430	0.440	0.448	0.454	0.464	0.477
3.2	0.305	0.328	0.348	0.364	0.377	0.389	0.407	0.420	0.431	0.439	0.445	0.455	0.468
3.3	0.297	0.320	0.339	0.355	0.368	0.379	0.397	0.411	0.421	0.429	0.436	0.446	0.460
3.4	0.289	0.312	0.331	0.346	0.359	0.371	0.388	0.402	0.412	0.420	0.427	0.437	0.452
3.5	0.282	0.304	0.323	0.338	0.351	0.362	0.380	0.393	0.403	0.412	0.418	0.429	0.444
3.6	0.276	0.297	0.315	0.330	0.343	0.354	0.372	0.385	0.395	0.403	0.410	0.421	0.436
3.7	0.269	0.290	0.308	0.323	0.335	0.346	0.364	0.377	0.387	0.395	0.402	0.413	0.429
3.8	0.263	0.284	0.301	0.316	0.328	0.339	0.356	0.369	0.379	0.388	0.394	0.405	0.422
3.9	0.257	0.277	0.294	0.309	0.321	0.332	0.349	0.362	0.372	0.380	0.387	0.398	0.415
4.0	0.251	0.271	0.288	0.302	0.311	0.325	0.342	0.355	0.365	0.373	0.379	0.391	0.408
4.1	0.246	0.265	0.282	0.296	0.308	0.318	0.335	0.348	0.358	0.366	0.372	0.384	0.402
4.2	0.241	0.260	0.276	0.290	0.302	0.312	0.328	0.341	0.352	0.359	0.366	0.377	0.396
4.3	0.236	0.255	0.270	0.284	0.296	0.306	0.322	0.335	0.345	0.353	0.359	0.371	0.390
4.4	0.231	0.250	0.265	0.278	0.290	0.300	0.316	0.329	0.339	0.347	0.353	0.365	0.384
4.5	0.226	0.245	0.260	0.273	0.285	0.294	0.310	0.323	0.333	0.341	0.347	0.359	0.378
4.6	0.222	0.240	0.255	0.268	0.279	0.289	0.305	0.317	0.327	0.335	0.341	0.353	0.373
4.7	0.218	0.235	0.250	0.263	0.274	0.284	0.299	0.312	0.321	0.329	0.336	0.347	0.367
4.8	0.214	0.231	0.245	0.258	0.269	0.279	0.294	0.306	0.316	0.324	0.330	0.342	0.362
4.9	0.210	0.227	0.241	0.253	0.265	0.274	0.289	0.301	0.311	0.319	0.325	0.337	0.357
5.0	0.206	0.223	0.237	0.249	0.260	0.269	0.284	0.296	0.306	0.313	0.320	0.332	0.352

②角点下的应力

如图3.20所示，在矩形地面上作用着均布荷载 p 时，承载面积角点下深度 z 处 M 点上的竖向附加应力为

$$\sigma_z=\alpha_d p \quad (\text{kPa}) \tag{3.16}$$

式中　α_d——矩形均布荷载角点附加应力系数，可根据比值 a/b、z/b 由表3.5查得。

③任意点下的应力(角点法)

矩形的地面上作用着均布荷载 p 时，承载面积任意点下深度 z 处 M 点上的竖向附加应力 σ_z，可以利用上述角点下的应力公式及叠加原理，或利用中点下的应力公式及叠加原理进行计算，前者称为角点法，后者称为中点法，二者原理相同，这里只介绍角点法。

荷载作用面上 N 点下深度 z 处 M 点上的竖向附加应力，依 N 点的不同相对位置，可有下列四种情况：

表 3.5　矩形面积均布荷载角点下的竖向附加应力系数 α_d

$\frac{z}{b}$	矩形基础长宽比 a/b																				
	1.0	1.2	1.4	1.6	1.8	2.0	2.2	2.4	2.6	2.8	3.0	3.2	3.4	3.6	3.8	4.0	5.0	6.0	7.0	8.0	9.0	10.0
0.0	0.250 0	0.250 0	0.250 0	0.250 0	0.250 0	0.250 0	0.250 0	0.250 0	0.250 0	0.250 0	0.250 0	0.250 0	0.250 0	0.250 0	0.250 0	0.250 0	0.250 0	0.250 0	0.250 0	0.250 0	0.250 0	0.250 0
0.2	0.248 6	0.248 9	0.249 0	0.249 1	0.249 1	0.249 1	0.249 2	0.249 2	0.249 2	0.249 2	0.249 2	0.249 2	0.249 2	0.249 2	0.249 2	0.249 2	0.249 2	0.249 2	0.249 2	0.249 2	0.249 2	0.249 2
0.4	0.240 1	0.242 0	0.242 9	0.243 4	0.243 9	0.243 9	0.244 0	0.244 1	0.244 2	0.244 2	0.244 2	0.244 3	0.244 3	0.244 3	0.244 3	0.244 3	0.244 3	0.244 3	0.244 3	0.244 3	0.244 3	0.244 3
0.6	0.222 9	0.227 5	0.230 0	0.231 5	0.232 4	0.232 9	0.233 3	0.233 5	0.233 7	0.233 8	0.233 9	0.234 0	0.234 0	0.234 1	0.234 1	0.234 1	0.234 2	0.234 2	0.234 2	0.234 2	0.234 2	0.234 2
0.8	0.199 9	0.207 5	0.212 0	0.214 7	0.216 5	0.217 6	0.218 3	0.218 8	0.219 2	0.219 4	0.219 6	0.219 8	0.219 9	0.219 9	0.220 0	0.220 0	0.220 2	0.220 2	0.220 2	0.220 2	0.220 2	0.220 2
1.0	0.175 2	0.185 1	0.191 1	0.195 5	0.198 1	0.199 9	0.201 2	0.202 0	0.202 6	0.203 1	0.203 4	0.203 7	0.203 9	0.204 0	0.204 1	0.204 2	0.204 4	0.204 5	0.204 5	0.204 6	0.204 6	0.204 6
1.2	0.151 6	0.162 6	0.170 5	0.175 8	0.179 3	0.181 8	0.183 6	0.184 9	0.185 8	0.186 5	0.187 0	0.187 3	0.187 6	0.187 8	0.188 0	0.188 2	0.188 5	0.188 7	0.188 8	0.188 8	0.188 8	0.188 8
1.4	0.130 8	0.142 3	0.150 8	0.156 9	0.161 3	0.164 4	0.166 7	0.168 5	0.169 6	0.170 5	0.171 2	0.171 8	0.172 2	0.172 5	0.172 8	0.173 0	0.173 5	0.173 8	0.173 9	0.173 9	0.173 9	0.174 0
1.6	0.112 3	0.124 1	0.132 9	0.139 6	0.144 5	0.148 2	0.150 9	0.153 0	0.154 5	0.155 7	0.156 7	0.157 4	0.158 0	0.158 4	0.158 7	0.159 0	0.159 8	0.160 1	0.160 2	0.160 3	0.160 4	0.160 4
1.8	0.096 9	0.108 3	0.117 2	0.124 1	0.129 4	0.133 4	0.136 5	0.138 9	0.140 8	0.142 3	0.143 4	0.144 3	0.145 0	0.145 5	0.146 0	0.146 3	0.147 4	0.147 8	0.148 0	0.148 1	0.148 2	0.148 2
2.0	0.084 0	0.094 7	0.103 4	0.110 3	0.115 8	0.120 2	0.123 6	0.126 3	0.128 4	0.130 0	0.131 4	0.132 4	0.133 2	0.133 9	0.134 5	0.135 0	0.136 3	0.136 8	0.137 1	0.137 2	0.137 3	0.137 4
2.2	0.073 2	0.083 2	0.091 7	0.098 4	0.103 9	0.108 4	0.112 0	0.114 9	0.117 2	0.119 1	0.120 5	0.121 8	0.122 7	0.123 5	0.124 2	0.124 8	0.126 4	0.127 1	0.127 4	0.127 6	0.127 7	0.127 7
2.4	0.064 2	0.073 4	0.081 3	0.087 9	0.093 4	0.097 9	0.101 6	0.104 7	0.107 1	0.109 2	0.110 8	0.112 2	0.113 3	0.114 2	0.115 0	0.115 6	0.117 5	0.118 4	0.118 8	0.119 0	0.119 1	0.119 2
2.6	0.056 6	0.065 1	0.072 5	0.078 8	0.084 2	0.088 7	0.094 2	0.095 5	0.098 1	0.100 3	0.102 0	0.103 5	0.104 7	0.105 8	0.106 6	0.107 3	0.109 5	0.110 6	0.111 1	0.111 3	0.111 5	0.111 6
2.8	0.050 2	0.058 0	0.064 9	0.070 9	0.076 1	0.080 5	0.084 2	0.087 5	0.090 0	0.092 3	0.094 2	0.095 7	0.097 0	0.098 2	0.099 1	0.099 9	0.102 4	0.103 6	0.104 1	0.104 5	0.104 7	0.104 8
3.0	0.044 7	0.051 9	0.058 3	0.064 0	0.069 0	0.073 2	0.076 9	0.080 1	0.082 8	0.085 1	0.087 0	0.088 7	0.090 1	0.091 3	0.092 3	0.093 1	0.095 9	0.097 3	0.098 0	0.098 3	0.098 6	0.098 7
3.2	0.040 1	0.046 7	0.052 6	0.058 0	0.062 7	0.066 8	0.070 4	0.073 5	0.076 2	0.078 6	0.080 6	0.082 3	0.083 8	0.085 0	0.086 1	0.087 0	0.090 0	0.091 6	0.092 3	0.092 8	0.093 0	0.093 3
3.4	0.036 1	0.042 1	0.047 7	0.052 7	0.057 1	0.061 1	0.064 6	0.067 7	0.070 4	0.072 7	0.074 7	0.076 5	0.078 0	0.079 3	0.080 4	0.081 4	0.084 7	0.086 4	0.087 3	0.087 7	0.088 0	0.088 2
3.6	0.032 6	0.038 2	0.043 3	0.048 0	0.052 3	0.056 1	0.059 4	0.062 4	0.065 1	0.067 4	0.069 4	0.071 2	0.072 8	0.074 1	0.075 3	0.076 3	0.079 9	0.081 6	0.082 6	0.083 2	0.083 5	0.083 7
3.8	0.029 6	0.034 8	0.039 5	0.043 9	0.047 9	0.051 6	0.054 8	0.057 7	0.060 3	0.062 6	0.064 6	0.066 4	0.068 0	0.069 4	0.070 6	0.071 7	0.075 3	0.077 3	0.078 4	0.079 0	0.079 4	0.079 6
4.0	0.027 0	0.031 8	0.036 2	0.040 3	0.044 1	0.047 4	0.050 7	0.053 5	0.056 0	0.058 8	0.060 3	0.062 0	0.063 6	0.065 0	0.066 3	0.067 4	0.071 2	0.073 3	0.074 5	0.075 2	0.075 6	0.075 8
4.2	0.024 7	0.029 1	0.033 3	0.037 1	0.040 7	0.043 9	0.046 9	0.049 6	0.052 1	0.054 3	0.056 3	0.058 1	0.059 6	0.061 0	0.062 3	0.063 4	0.067 4	0.069 6	0.070 9	0.071 6	0.072 1	0.072 4
4.4	0.022 7	0.026 8	0.030 6	0.034 3	0.037 6	0.040 7	0.043 6	0.046 2	0.048 5	0.050 7	0.052 7	0.054 4	0.056 0	0.057 4	0.058 6	0.059 7	0.063 9	0.066 2	0.067 6	0.068 4	0.068 9	0.069 2
4.6	0.020 9	0.024 7	0.028 3	0.031 7	0.034 8	0.037 8	0.040 5	0.043 0	0.045 3	0.047 4	0.049 3	0.051 0	0.052 6	0.054 0	0.055 3	0.056 4	0.060 6	0.063 0	0.064 4	0.065 4	0.065 9	0.066 3
4.8	0.019 3	0.022 9	0.026 2	0.029 4	0.032 4	0.035 2	0.037 8	0.040 2	0.042 4	0.044 4	0.046 3	0.048 0	0.049 5	0.050 9	0.052 2	0.053 3	0.057 6	0.060 1	0.061 6	0.062 6	0.063 1	0.063 5
5.0	0.017 9	0.021 2	0.024 3	0.027 4	0.030 2	0.032 8	0.035 8	0.037 6	0.039 7	0.041 7	0.043 5	0.045 1	0.046 6	0.048 0	0.049 3	0.050 4	0.054 7	0.057 3	0.058 9	0.059 9	0.060 8	0.081 0
6.0	0.012 7	0.015 1	0.017 4	0.019 6	0.021 8	0.023 8	0.025 7	0.027 6	0.029 3	0.031 0	0.032 5	0.034 0	0.035 3	0.036 6	0.037 7	0.038 8	0.043 1	0.046 0	0.047 9	0.049 1	0.050 0	0.050 6
7.0	0.009 4	0.011 2	0.013 0	0.014 7	0.016 4	0.018 0	0.019 5	0.021 0	0.022 4	0.023 8	0.025 1	0.026 3	0.027 5	0.028 6	0.029 6	0.030 6	0.034 6	0.037 6	0.039 6	0.041 1	0.042 1	0.042 8
8.0	0.007 3	0.008 7	0.010 1	0.011 4	0.012 7	0.014 0	0.015 3	0.016 5	0.017 6	0.018 7	0.019 8	0.020 9	0.021 9	0.022 8	0.023 7	0.024 0	0.028 3	0.031 1	0.033 2	0.034 8	0.035 9	0.036 7
9.0	0.005 8	0.006 9	0.008 0	0.009 1	0.010 2	0.011 2	0.012 2	0.013 2	0.014 2	0.015 2	0.016 1	0.016 9	0.017 8	0.018 6	0.019 4	0.020 2	0.023 5	0.026 2	0.028 2	0.029 8	0.031 0	0.031 9
10.0	0.004 7	0.005 6	0.006 5	0.007 4	0.008 3	0.009 2	0.010 0	0.010 9	0.011 7	0.012 5	0.013 2	0.014 0	0.014 7	0.015 4	0.016 2	0.016 7	0.019 8	0.022 2	0.024 2	0.025 8	0.027 0	0.028 0

a. N 点位于矩形承载面积的边界上，如图 3.21(a)所示。

这时，附加应力 σ_z 为两个矩形面积 $abeN$、$ecdN$ 角点下附加应力之和，即

$$\sigma_z = (\alpha_{d-abeN} + \alpha_{d-ecdN})p \tag{3.17}$$

式中　α_{d-abeN}，α_{d-ecdN}——小矩形面积 $abeN$、$ecdN$ 的角点附加应力系数。

以下的角点应力系数角标符号注法相同，不再说明。

b. N 点位于矩形承载面积内，如图 3.21(b)所示。

这时，附加应力为四个小矩形面积角点下附加应力之和，即

$$\sigma_z = (\alpha_{d-fagN} + \alpha_{d-gbeN} + \alpha_{d-echN} + \alpha_{d-hdfN})p \tag{3.18}$$

c. N 点位于矩形承载面积之外，但在一组对边延长线范围之内，如图 3.21(c)所示。

这时，附加应力为面积 $gbeN$、$echN$ 角点下应力之和，再减去面积 $gafN$、$fdhN$ 角点下的应力，即

$$\sigma_z = (\alpha_{d-gbeN} + \alpha_{d-echN} - \alpha_{d-gafN} - \alpha_{d-fdhN})p \tag{3.19}$$

d. N 点位于矩形承载面积之外，也不在任一组对边延长线范围之内，如图 3.21(d)所示。

这时，附加应力为面积 $echN$、$fagN$ 角点下应力之和，再减去面积 $ebgN$、$fdhN$ 角点下的应力，即

$$\sigma_z = (\alpha_{d-echN} - \alpha_{d-ebgN} - \alpha_{d-fdhN} + \alpha_{d-fagN})p \tag{3.20}$$

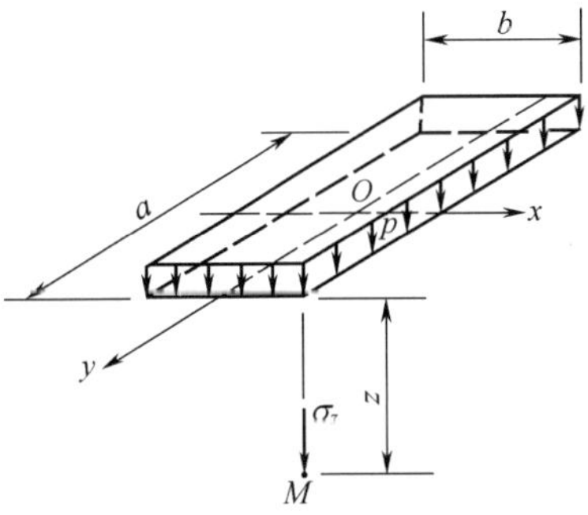

a—重新划分后矩形对应的长边；

b—重新划分后矩形对应的短边。

图 3.20　矩形面积均布荷载角点下的附加应力

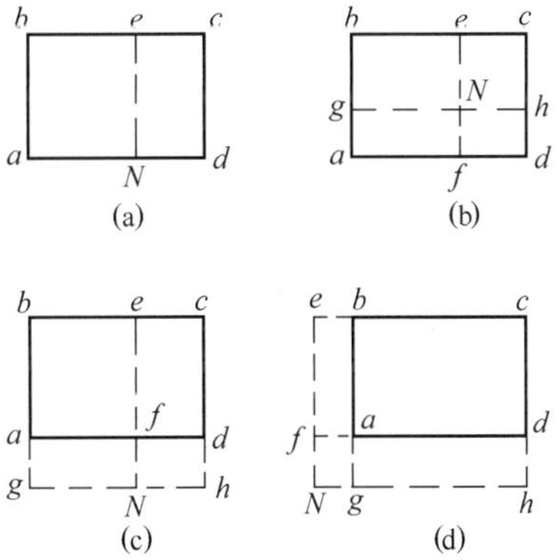

图 3.21　利用角点法计算附加应力

【例题 3.4】　地面上一矩形承载面积 $abcd$ 的长边 $l_a=6$ m，短边 $l_b=4$ m，如图 3.22 所示，其上作用的均布荷载 $p=300$ kPa，求矩形面积中心点 o、角点和矩形面积内外的 N、M 点下4 m深度处的竖向附加应力。

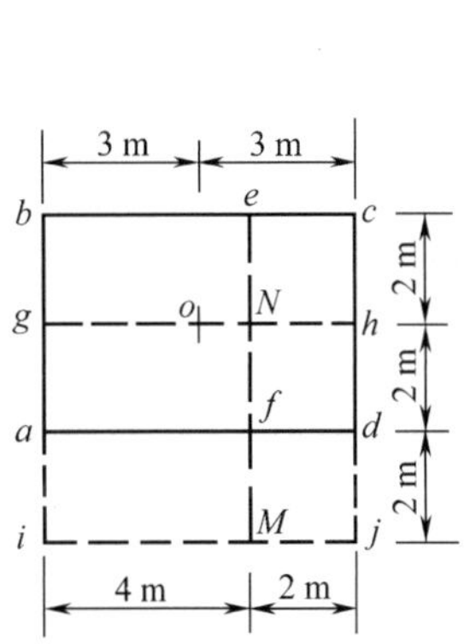

图 3.22　例题 3.4 图

【解】　①中心点 o 下4 m深度处的竖向附加应力

已知：$l_a=6$ m，$l_b=4$ m，$z=4$ m，$p=300$ kPa。按 $\dfrac{l_a}{l_b}=\dfrac{6}{4}=1.5$，$\dfrac{z}{l_b}=\dfrac{4}{4}=1$，查表 3.4，得 $\alpha_0=0.427\,5$，有

$$\sigma_z=\alpha_0 p=0.427\,5\times300=128\ (\text{kPa})$$

②角点下 4 m 深度处的竖向附加应力

已知:$l_a=6$ m,$l_b=4$ m,$z=4$ m,$p=300$ kPa。按$\frac{l_a}{l_b}=\frac{6}{4}=1.5$,$\frac{z}{l_b}=\frac{4}{4}=1$,查表 3.5,得 $\alpha_d=0.1933$,有

$$\sigma_z=\alpha_d p=0.1933\times300=58.0\ (\text{kPa})$$

③矩形承载面内 N 点下 4 m 深度处的竖向附加应力

将矩形面积 $abcd$ 划分成 4 小块矩形面积,按角点法列表 3.6 计算。

$$\begin{aligned}\sigma_z&=(\alpha_{d-\text{fagN}}+\alpha_{d-\text{gbeN}}+\alpha_{d-\text{echN}}+\alpha_{d-\text{hdfN}})p\\&=36.1+36.1+25.2+25.2=122.6\ (\text{kPa})\end{aligned}$$

表 3.6　N 点下 4 m 深度处的竖向附加应力

小矩形面积	l_a/m	l_b/m	z/m	l_a/l_b	z/l_b	α_d	p/kPa	$\alpha_d p$/kPa
fagN	4.0	2.0	4.0	2.0	2.0	0.120 2	300	36.1
gbeN	4.0	2.0	4.0	2.0	2.0	0.120 2	300	36.1
echN	2.0	2.0	4.0	1.0	2.0	0.084 0	300	25.2
hdfN	2.0	2.0	4.0	1.0	2.0	0.084 0	300	25.2

④矩形承载面积外 M 点下 4 m 深度处的竖向附加应力

将矩形面积 $abcd$ 按图 3.22 进行划分,再利用角点法列表 3.7 计算。

$$\begin{aligned}\sigma_z&=(\alpha_{d-\text{ibeM}}+\alpha_{d-\text{ecjM}}-\alpha_{d-\text{iafM}}-\alpha_{d-\text{fdjM}})p\\&=58.0+39.4-36.1-25.2=36.1\ (\text{kPa})\end{aligned}$$

表 3.7　M 点下 4 m 深度处的竖向附加应力

小矩形面积	l_a/m	l_b/m	z/m	l_a/l_b	z/l_b	α_d	p/kPa	$\alpha_d p$/kPa
ibeM	6.0	4.0	4.0	1.5	1.0	0.193 3	300	58.0
ecjM	6.0	2.0	4.0	3.0	2.0	0.131 4	300	39.4
iafM	4.0	2.0	4.0	2.0	2.0	0.120 2	300	36.1
fdjM	2.0	2.0	4.0	1.0	2.0	0.084 0	300	25.2

(2)条形面积受均布荷载作用下的土中竖向附加应力

在地面上,一均布荷载作用在宽度为 b,长度为无限长的条形面积上时,土中任意点 M 的竖向附加应力为

$$\sigma_z=\alpha_2 p \tag{3.21}$$

式中　α_2——条形面积均布荷载作用下的附加应力系数。

α_2 按比值 x/b、z/b 由表 3.8 查得,查表时应注意将坐标原点 O 设在荷载宽度的中点处,这样,z 轴就是荷载对称轴,如图 3.23 所示。

因而同一深度的附加应力均对称于 z 轴。即从 O 点向两边的 x 值,均取正值。

表 3.8　条形均布荷载下任意点的竖向附加应力系数 α_2

$\frac{z}{b}$	$\frac{x}{b}$										
	0.00	0.10	0.25	0.50	0.75	1.00	1.50	2.00	3.00	4.00	5.00
0.00	1.000	1.000	1.000	0.500	0.000	0.000	0.000	0.000	0.000	0.000	0.000
0.10	0.997	0.996	0.986	0.499	0.010	0.005	0.000	0.000	0.000	0.000	0.000
0.25	0.960	0.954	0.905	0.496	0.088	0.019	0.002	0.001	0.000	0.000	0.000

续上表

$\frac{z}{b}$	$\frac{x}{b}$										
	0.00	0.10	0.25	0.50	0.75	1.00	1.50	2.00	3.00	4.00	5.00
0.35	0.907	0.900	0.832	0.492	0.148	0.039	0.006	0.003	0.000	0.000	0.000
0.50	0.820	0.812	0.735	0.481	0.218	0.082	0.017	0.005	0.001	0.000	0.000
0.75	0.668	0.658	0.610	0.450	0.263	0.146	0.040	0.017	0.005	0.001	0.000
1.00	0.552	0.541	0.513	0.410	0.288	0.185	0.071	0.029	0.007	0.002	0.001
1.50	0.396	0.395	0.379	0.332	0.273	0.211	0.114	0.055	0.018	0.006	0.003
2.00	0.306	0.304	0.292	0.275	0.242	0.205	0.134	0.083	0.028	0.013	0.006
2.50	0.245	0.244	0.239	0.231	0.215	0.188	0.139	0.098	0.034	0.021	0.010
3.00	0.208	0.208	0.206	0.198	0.185	0.171	0.136	0.103	0.053	0.028	0.015
4.00	0.160	0.160	0.158	0.153	0.147	0.140	0.122	0.102	0.066	0.040	0.025
5.00	0.126	0.126	0.125	0.124	0.121	0.117	0.107	0.095	0.069	0.046	0.034

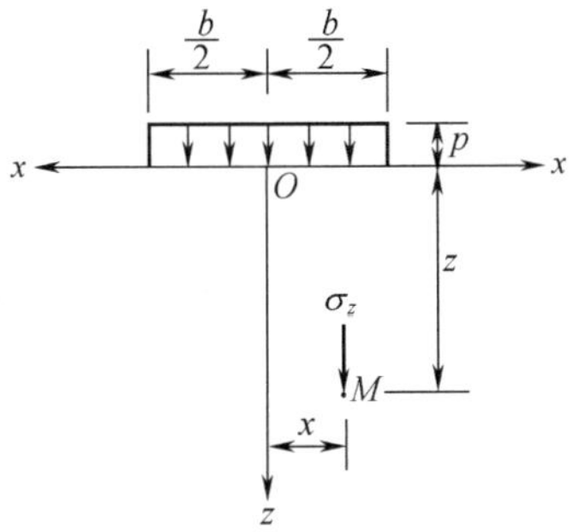

文本
土中竖向附加应力拓展

图 3.23　条形均布荷载下的土中应力

【例题 3.5】　地面上一条形承载面积宽度 $b=4$ m，其上作用的均布荷载 $p=200$ kPa，如图3.24所示。

求：①条形均布荷载宽度中点下深度为 0、3 m、6 m、9 m 处的土中竖向附加应力。

②在深度 $z=3$ m的平面上，距纵向竖直对称面 $x=0$、1 m、3 m、6 m处的土中竖向附加应力。

【解】　①条形均布荷载宽度中点下的土中竖向附加应力，列表 3.9 计算。

②深度 $z=3$ m 的平面上土中竖向附加应力，列表 3.10 计算。

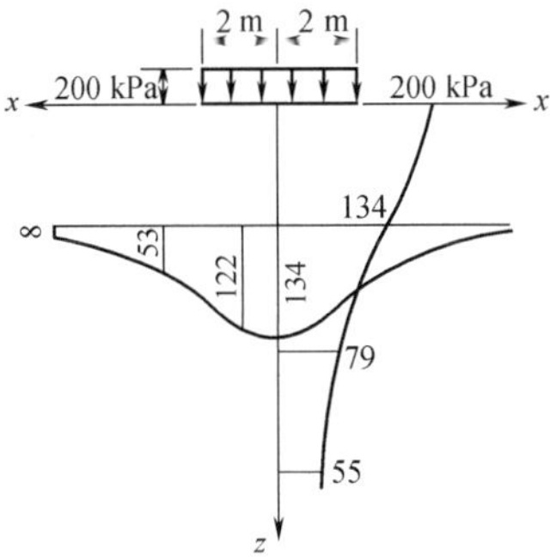

图 3.24　例题 3.5 图

表 3.9　条形均布荷载宽度中点下的土中竖向附加应力计算表

z/m	x/m	$\frac{z}{b}$	$\frac{x}{b}$	α_2	$\sigma_z=\alpha_2 p$/kPa
0	0	0	0	1.000	200
3	0	0.75	0	0.668	134
6	0	1.50	0	0.396	79
9	0	2.25	0	0.276	55

表 3.10　z=3 m 的平面上土中各点竖向附加应力计算表

z/m	x/m	$\frac{z}{b}$	$\frac{x}{b}$	α_2	$\sigma_z=\alpha_2 p$/kPa
3	0	0.75	0	0.668	134
3	1	0.75	0.25	0.610	122
3	3	0.75	0.75	0.263	53
3	6	0.75	1.50	0.040	8

2. 非均质地基土中

以上所述附加应力的计算，系假定地基为各向同性均质半无限线性变形体，但是实际上地基多为非均质的(或各向非同性的)。即使如此，在大多数情况下，若仍按上述方法求算，一般认为其所引起的误差是容许的。但在基础下不太深处存在岩层时，则误差较大，且偏于不安全，需另行考虑。

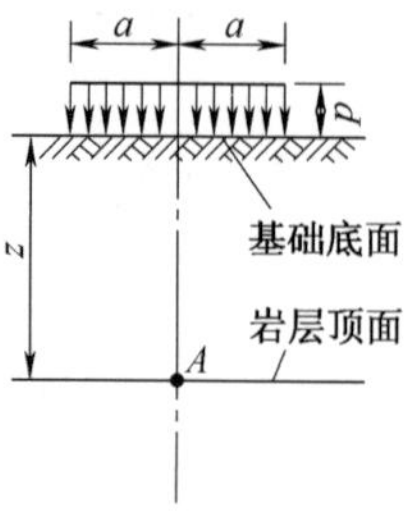

图 3.25　下卧层为不可压缩层

当下卧层为不可压缩的岩层时，在基础中心线上岩层顶面处(图 3.25 中 A 点)均布荷载 p 所引起的附加应力，可按式(3.22)计算。

$$\sigma_z=\alpha_4 p \tag{3.22}$$

式中　α_4——竖向附加应力系数。根据 a/b 和 z/b 由表 3.11 查得。

表 3.11　基础中线上岩层顶面处 A 点在竖向均布荷载作用下的附加应力系数 α_4

$\frac{z}{b}$	圆形(半径$=a$)	矩形(长边长为 $2a$,短边宽为 $2b$)				条形
		$\frac{a}{b}=1$	$\frac{a}{b}=2$	$\frac{a}{b}=3$	$\frac{a}{b}=10$	$\frac{a}{b}=\infty$
0	1.000	1.000	1.000	1.000	1.000	1.000
0.25	1.009	1.009	1.009	1.009	1.009	1.009
0.50	1.064	1.053	1.033	1.033	1.033	1.033
0.75	1.072	1.082	1.059	1.059	1.059	1.059
1.00	0.965	1.027	1.039	1.026	1.025	1.025
1.50	0.684	0.762	0.912	0.911	0.902	0.902
2.0	0.473	0.541	0.717	0.769	0.761	0.761
2.5	0.335	0.395	0.593	0.651	0.636	0.636
3.0	0.249	0.298	0.474	0.549	0.560	0.560
4.0	0.148	0.186	0.314	0.392	0.439	0.439
5.0	0.098	0.125	0.222	0.287	0.359	0.359
7.0	0.051	0.065	0.113	0.170	0.262	0.262
10.0	0.025	0.032	0.064	0.093	0.181	0.185
20.0	0.006	0.008	0.016	0.024	0.068	0.086
50.0	0.001	0.001	0.003	0.005	0.014	0.037
∞	0	0	0	0	0	0

3.3.3　软弱下卧层顶面应力的计算

当地基土由不同工程性质的土层组成时，直接承受建筑物基础的土层称为持力层，其下各土层称为下卧层。如果下卧层的强度低于持力层时，则将该下卧层称为软弱下卧层。

对于存在软弱下卧层的地基，在其上设计基础时，除按基底处持力层的强度初步选定基础底面尺寸外，还必须计算软弱下卧层顶面处的应力，要求作用在软弱下卧层顶面处的应力不超过它的容许承载力。

为了简化计算，在计算软弱下卧层顶面与基础形心竖向轴线相交处的附加应力及自重应力时，可叠加后进行检算，如图3.26所示。

$$\sigma_{h+z}=\gamma_{h+z}(h+z)+\alpha(\sigma_h-\gamma_h h)\leqslant[\sigma] \quad (3.23)$$

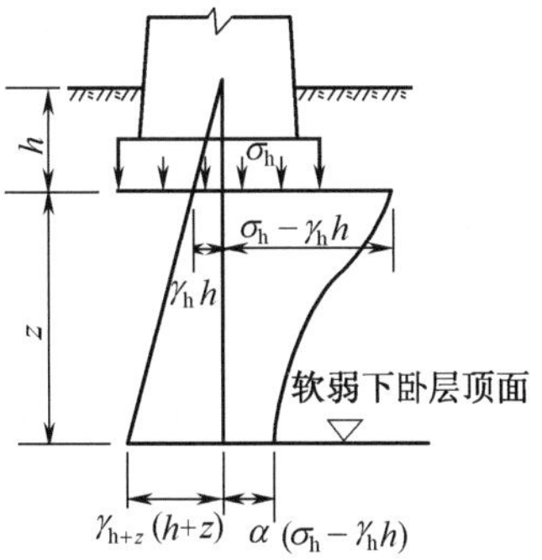

图 3.26　软弱下卧层顶面处的应力

式中　α——附加应力系数，对矩形和条形基础可查表 3.4，对圆形基础可查规范相关附加应力系数表；

γ_{h+z}——软弱下卧层顶面以上 $h+z$ 深度范围内各层土的换算容重（kN/m^3）；

γ_h——基底以上 h 深度范围内各层土的换算容重（kN/m^3）；

h——基底埋置深度（m）：当基础受水流冲刷时，通常由一般冲刷线算起；当不受水流冲刷时，由天然地面算起；如位于挖方内，则由开挖后的地面算起；

z——自基底至软弱下卧层顶面的距离（m）；

$[\sigma]$——软弱下卧层的地基容许承载力（kPa），其确定方法在项目 6 中介绍；

σ_h——基底压应力（kPa）：当$\frac{z}{b}>1\left(或\frac{z}{d}>1\right)$时，$\sigma_h$ 采用基底平均压应力；当$\frac{z}{b}\leqslant 1$（或$\frac{z}{d}\leqslant 1$）时，σ_h 按基底压应力图形采用距最大应力点 $b/4\sim b/3$（或 $d/4\sim d/3$）处的压应力（对于梯形图形前后端压应力差值较大时，可采用上述 $b/4$ 点处的压应力值，反之，则采用上述 $b/3$ 点处的压应力值），其中 b 为矩形基础的短边宽度（m），d 为基础的直径（m）。

【例题 3.6】　有一 4 m×6 m 的矩形基础，基底以上荷载（包括基础自重及基顶土重）P=8 000 kN，M=1 600 kN·m，基础埋深为3 m，地基土资料如图 3.27 所示。设已知基底持力层处的地基容许承载力$[\sigma]$=465 kPa，软弱下卧层顶面处的地基容许承载力$[\sigma]_{h+z}$=310 kPa，试检算基底及软弱下卧层顶面处的强度。

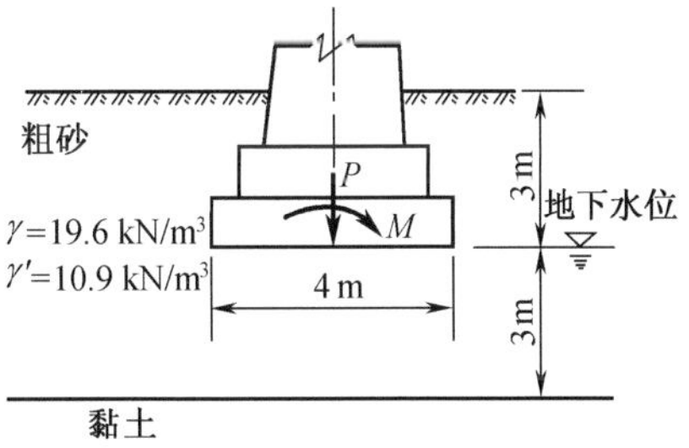

图 3.27　例题 3.8 图

【解】　(1)基底强度检算

$$\begin{matrix}\sigma_{max}\\ \sigma_{min}\end{matrix}=\frac{P}{A}\pm\frac{M}{W}=\frac{8\ 000}{6\times 4}\pm\frac{1\ 600}{\frac{1}{6}\times 6\times 4^2}=\begin{matrix}433\ (kPa)\\ 233\ (kPa)\end{matrix}$$

$$<[\sigma]=465\ kPa$$

所以基底强度安全。

(2)软弱下卧层顶面强度检算

矩形基底的尺寸 a=6 m，b=4 m，a/b=6/4=1.5。软弱下卧层在基底以下3 m，即 z=3 m，z/b=3/4=0.75。查表 3.4，得 α_0=0.582。因为 z/b=0.75<1，所以，σ_h=233+3/4(433−233)=383 (kPa)。

按式(3.23)得

$$\begin{aligned}\sigma&=\gamma_{h+z}(h+z)+\alpha(\sigma_h-\gamma_h h)=\gamma h+\gamma' z+\gamma_w z+\alpha_0(\sigma_h-\gamma h)\\&=19.6\times 3+10.9\times 3+10\times 3+0.582(383-19.6\times 3)\\&=121.5+188.7\approx 310(kPa)\end{aligned}$$

$\leqslant [\sigma]_{h+z} = 310\ \text{kPa}$

软弱下卧层强度安全。

文本

影响土中应力分布的因素分析

项目小结

本项目介绍土体中的应力计算方法,内容涉及土的自重应力计算、基底压应力的分布与计算和地基附加应力计算。通过本项目的学习,能够合理选择相关试验数据及荷载作用方式进行自重应力和附加应力计算;当地基土中存在软弱下卧层时,能够正确计算软弱下卧层顶面应力并对地基土强度是否满足要求做出正确判断。本项目的内容是后续各项目内容学习的基础。

项目训练

1. 计算不同土层中的自重应力。
2. 计算不同荷载情况下土中附加应力。
3. 计算软弱下卧层顶面应力,检算软弱下卧层强度。

复习思考题

3.1　为什么要计算土中应力?土中应力由哪几部分组成?

3.2　何谓土的自重应力?在不同土质条件的土层情况下,怎样计算任一深度处的自重应力?

3.3　何谓附加应力?它的分布规律怎样?

3.4　计算图3.28所示土层的自重应力,并绘出自重应力分布图。

3.5　计算图3.29所示土层的自重应力,并绘出自重应力分布图。

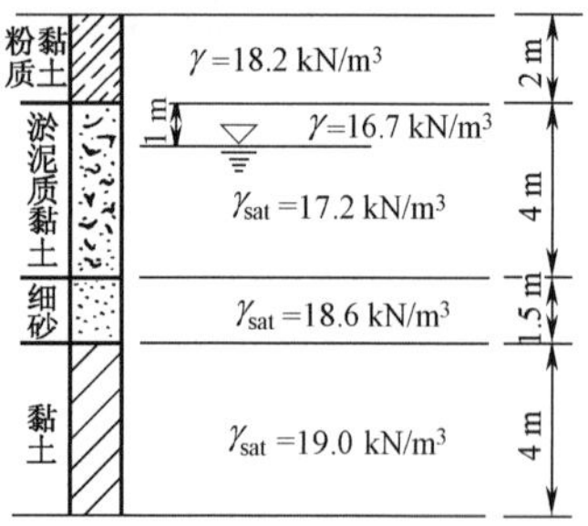

图3.28　题3.4图

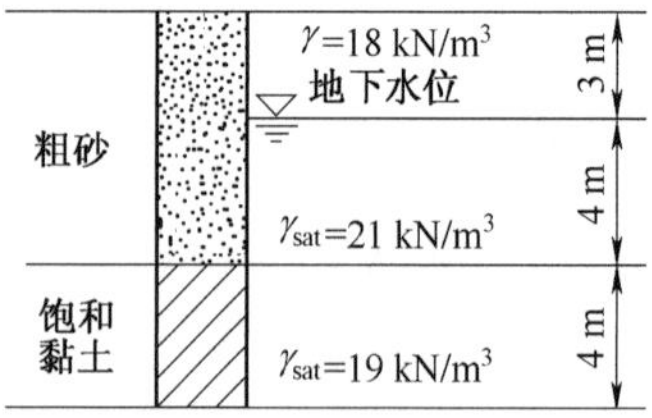

图3.29　题3.5图

3.6　设有一矩形桥墩基础,承受中心垂直荷载 $P = 12\ 000\ \text{kN}$,基底截面尺寸为 4 m×6 m,基础埋深 3 m,其他资料如图 3.30 所示。试计算基底中心下 2 m、4 m、6 m、8 m处的附加应力,并绘出附加应力分布图,8 m处的总应力是多少?

3.7　一矩形基础的底面尺寸为 5 m×8 m,其上荷载(包括基础自重)$P = 16\ 000\ \text{kN}$,基础埋置深度为3.5 m,地质资料如图 3.31 所示。已知基底处中砂层的地基容许承载力$[\sigma]=$

436 kPa，黏土层的地基容许承载力$[\sigma]=340$ kPa，试检算基底及软弱下卧层顶面处的强度是否安全。

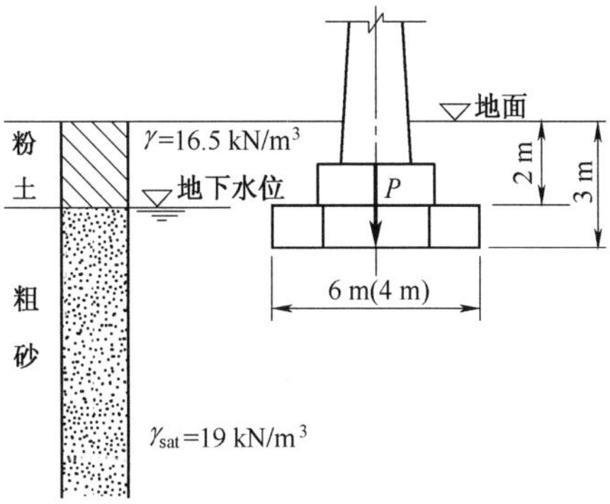

图 3.30　题 3.6 图

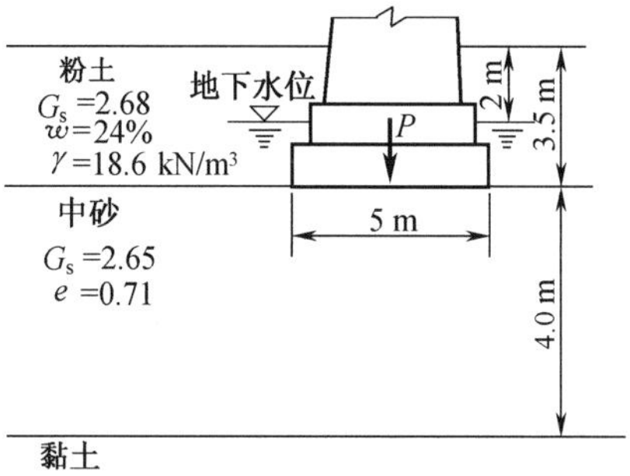

图 3.31　题 3.7 图

文本
项目3 思政案例

文本
项目3　PPT

文本
项目3　教案

文本
项目3　题库

项目 4　土的压缩性分析与地基变形计算

项目描述

鉴于土的组成特点，土体在外力作用下会产生变形，因此，作为建筑物地基的土体就会产生沉降。根据相关规范，在进行地基基础设计时，基础的总沉降量与沉降差在允许范围内时，可认为建筑物是安全的；当沉降过大，特别是沉降差较大时，就会影响建筑物的正常使用，严重时还可使建筑物开裂、倾斜，甚至倒塌。为此，作为工程技术人员，应掌握工程所涉及的土体的压缩变形特性。本项目介绍土的压缩试验、地基沉降量的计算方法及减小沉降危害的措施。

图片

项目4
思维导图

学习目标

1. 能力目标

(1)理解渗透固结的含义。

(2)掌握压缩试验方法。

(3)掌握地基沉降原因、类型、过程及计算方法。

2. 知识目标

(1)掌握土的压缩性质及压缩指标的概念及计算方法。

(2)了解压密定律的概念。

(3)掌握地基沉降量的计算方法。

3. 素质目标

(1)培养“工程报国”“工程兴国”的工程爱国思想。

(2)具备固结试验过程规范操作与试验数据精准分析的能力。

(3)具有地基沉降风险防控意识，树立以试验数据保障工程安全的理念。

相关案例：某九层框架建筑物墙体开裂与处理

1. 基本案情

某九层框架建筑物，建成不久后即发现墙体开裂，建筑物沉降最大达 58 cm，沉降呈中间大、两端小。进一步调查发现，该建筑物是一箱基基础上的框架结构，原场地中有 9.5～18.4 m 厚的软土层，此软土层表面为 3～8 m 的细砂层。设计者在细砂层面上回填砂石碾压密实，然后把碾压层作为箱基的持力层。在开始基础施工到装饰竣工完成的一年半中，基础最大沉降达 58 cm。由于沉降差较大，造成了上部结构产生裂缝。

2. 原因分析

该案例产生过大沉降并影响上部结构安全，其关键原因是对地基承载力的认识不够完整，即地基承载力应包含两层内容，一是地基强度稳定，二是地基变形在容许值范围内。地基承载力是取决于基础应力影响所涉及的受力范围，不仅仅是基础底部持力层土体承载力。该工程基础长×宽为60 m×20 m，其应力影响到地基下部的软土层，在上部结构荷载作用下软土产生固结沉降，随着时间的延续，沉降逐步发展，预计总沉降量将达 100 cm，目前沉降量约为总沉降量的 60%。由于沉降量过大，沉降不均匀，同时上部结构刚度也不均匀，从而在结构刚度突变处产生了裂缝。

由此案例可以看出，作为地基的土层，不仅要考虑持力层和下卧软弱土层的承载力，地基设计还应进行沉降验算，尤其是场地存在软弱土层的地基，必须要进行沉降验算，不仅要计算总沉降，还要计算可能出现的沉降差，同时对于有黏性土的地基，还要考虑地基沉降随时间的变化规律。

任务 4.1　土的压缩性认知与测试

土体在外力作用下总会产生变形，主要是竖向的压缩变形。因此，建造在土质地基上的工程建筑物也就会产生沉降。当沉降过大，特别是沉降差较大时，就会影响建筑物的正常使用，严重时还可使建筑物开裂、倾斜，甚至倒塌。工程实践表明，这类工程事故多数与地基基础质量有关，而地基基础又是属于地下隐蔽工程，常不易发现，而发现后又难于加固。因此，通常对位于较软弱土质地基上的建筑物，特别是大型或重要建筑物，在进行地基基础设计时，要根据正确可靠的地质勘测资料，计算工程建筑物基础的沉降量与基础不同部位或基础间的沉降差。如计算值在允许范围内，可认为建筑物是安全的，否则必须采取工程措施来加固地基和调整荷载的分布，或减小荷载，或增大基础埋深与基础底面尺寸，以满足工程建筑物对地基变形的要求。

4.1.1　土体压缩的基本概念

1. 土体压缩的形成

土在压力作用下体积减小的性质叫作土的压缩性。土体压缩的原因可能有以下三种：①土粒本身的压缩；②孔隙中水和气体的压缩；③水、空气所占据的孔隙体积的减小。

试验证明，土粒的压缩性极小，它远小于水的压缩性，既然我们可以认为水是不可压缩的，那就更可忽略土粒的压缩了。因此，土的压缩，即其体积的减小，可认为主要是由水、空气所占据的孔隙体积减小所造成的。由于土中孔隙体积由水、空气所占据，因而孔隙体积的减小，必须借土粒的移动和重新排列，水和空气部分地从空隙中被挤出，封闭气体被压缩，才能实现。此外，土粒的移动、靠拢及孔隙水的挤出，需要经历一定的时间才能完成，因而土的压缩变形也需要持续一定时间才能趋于稳定。

2. 渗透固结

对于饱和土，只有挤出孔隙水，孔隙体积才会减小。所以饱和土的压缩量等于孔隙中水被挤出的体积，由于水被挤出，使土变得紧密，这种过程叫作土的渗透固结，或称为主固结。除渗透固结的压缩外，还存在由于骨架(土粒)的蠕变引起的固结压缩，称它为次固结。目前，实用上都用渗透固结理论来研究饱和土的压缩变形过程。所谓“固结”是指土体随着土中孔隙水的消散而逐渐压缩的过程。也就是土体在外加压力作用下，孔隙内的水和空气徐徐排出而使土体受压缩的过程。

3. 两种压力

饱和土体受到外界压力作用时,孔隙中的一部分自由水将随时间而逐渐向外渗流(被挤出);原来全部由孔隙水承担的土中压力逐渐传递给土骨架一部分,剩下的部分仍由孔隙水承受。这种现象叫作骨架和孔隙水的压力分担作用。由骨架承受的压力叫作有效压力,它能使土骨架的形状和体积压密而变形,也能使土粒之间在有滑动趋势时产生摩擦,从而使土体具有一定的抗剪强度。另外,由孔隙水承受的压力叫作孔隙水压力。这种压力只能使每个土粒四周受到相同的压强,所以它既不改变土粒的体积,也不改变土粒的位置;它对土体既不能产生变形,也不能产生抗剪强度,因此孔隙水压力也叫作中性压力。当饱和土体仅受自重作用时,孔隙中的水只产生静水压力。这里所说的孔隙水压力,是指饱和土体在外界压力作用下所引起的、超过静水压力的那部分压力,也叫作超静水压力。下面用图 4.1 所示的渗压模型对土的受力情况再加以说明。

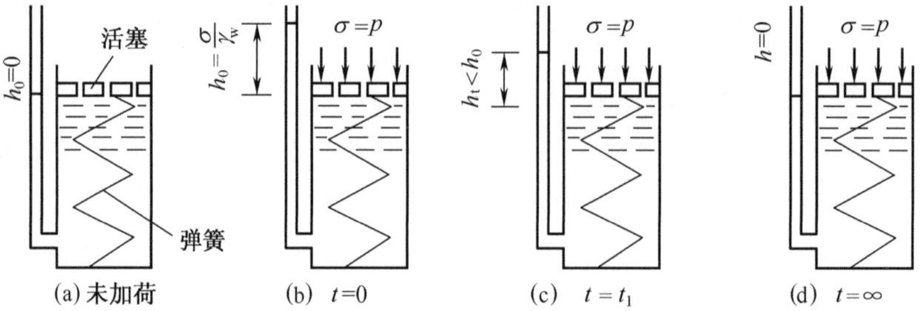

图 4.1 饱和黏性土渗透固结过程模型

模型是由弹簧和具有小孔的活塞组成的容器,容器中盛满水,容器的侧壁装有测压管,以显示容器内水的压力水头。模型中的带孔活塞、弹簧和水分别代表饱和土的排水通道、土骨架和孔隙水。活塞上无压力作用时(略去活塞重量),水和弹簧均未受力,测压管显示静水压力而无压力水头,如图 4.1(a)所示。试验开始,在活塞上刚加上均布压力 σ 的一瞬间($t=0$),容器中的水来不及从活塞小孔中排出,活塞未下降,弹簧无变形。测压管中显示出有超出静水位的压力水头 h_0,如图 4.1(b)所示,同时 h_0 与水的容重 γ_w 的乘积等于外加压力 σ,这说明加上的压力 σ 完全由活塞下面的水承担,即孔隙水承受的超静水压力 $u=\sigma$,而弹簧还未来得及受力,此时弹簧所受的压应力$\bar{\sigma}=0$。随着受压时间的延续,容器中的水在超静水压力作用下,开始通过活塞上的小孔向外排出,从而活塞下降并促使弹簧压缩而受力,这时($t=t_1$),测压管显示的压力水头也逐渐下降,如图 4.1(c)所示。说明水所承担的压力 u 在逐渐减少,而弹簧承担了水所减少的那部分压力。随着水不断排出,活塞继续下降,测压管的压力水头愈来愈小,而弹簧承受的压力则愈来愈大。当时间足够长($t=\infty$)时,测压管水头完全消失,如图4.1(d)所示,外加压力全部转移到弹簧上时,水便停止流动,活塞不再下降,弹簧也停止压缩,这时 $u=0$,$\bar{\sigma}=\sigma$,压缩过程也就完成,压缩变形达到该外加压力的最终数值。

由前面的原理及上述模型可以得出,饱和土中任一点的总压应力 σ 是该点有效压力$\bar{\sigma}$和超静水压力 u 之和,即

$$\sigma=\bar{\sigma}+u \tag{4.1}$$

4.1.2 压密定律及压缩模量

1. 压缩试验

(1)压缩过程

上面提到,土的压缩主要是由于在荷载作用下土中孔隙体积的减少。压缩试验的目的是确定荷载与土中孔隙体积改变量之间的关系。现将过程简述如下:

用环刀切取原状土样,将土样连同环刀放入图 4.2 所示的压缩仪(固结仪)中,土样上下应各垫一块透水石,使土样受压后孔隙水可自由排出。土样上的压力是通过加荷装置和活塞板施加的,加荷的顺序一般为使单位面积土样产生的压力 p=0.05 MPa、0.1 MPa、0.2 MPa、0.3 MPa、0.4 MPa。每次加载后,待土样变形停止,用测微计(百分表)测出已稳定的压缩变形量 ΔH_i,这时土样高度由原来的 H 缩小为 $h_i=H-\Delta H_i$,孔隙比也由原来的 e_0 变为 e_i,如图 4.3所示。然后再加下一级荷载,重复进行试验,测得各级压力作用下土样的压缩变形量和计算出相应的孔隙比。

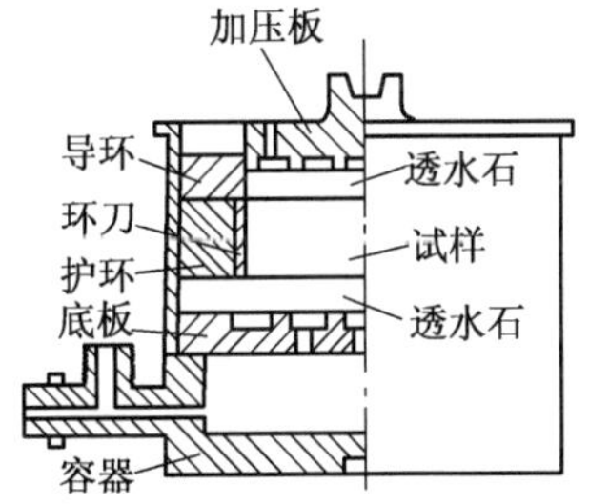

图 4.2 压缩仪

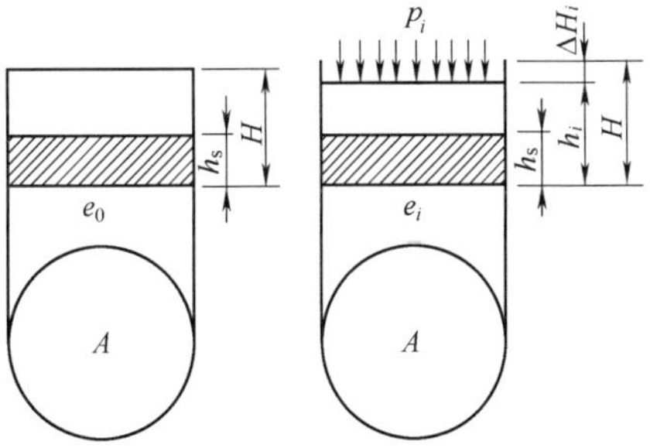

图 4.3 土样在压缩仪中的变形

(2)孔隙比计算

由前述可知,在各级压力作用下,可得到一系列的压缩变形量,其相应孔隙比的计算原理和方法如下:在试验过程中,由于土样受环刀及压缩仪刚劲的侧壁限制,压缩时不可能产生侧向膨胀,这种试验也叫作有侧限压缩试验。在这种情况下,压缩前后土样的横截面面积 A 是不变的,土样的压缩表现为高度的减少。又因压缩过程中假定土粒体积不变,故在压缩前后,土样中的土粒部分高度 h_s 也不改变,它可由土粒质量 m_s(将压缩试验后的土样烘干即可称得)及土粒容重 γ_s 算出,即 $h_s=\dfrac{m_s g}{A\gamma_s}$,当土样在 p_i 作用下,压缩变形稳定后,土样的高度由原来的 H 缩小为 $h_i=H-\Delta H_i$,土样的孔隙比也由原来的 e_0 变成与 p_i 作用下相应的孔隙比 e_i。

$$e_0=\frac{V_v}{V_s}=\frac{AH-Ah_s}{Ah_s}=\frac{H-h_s}{h_s} \tag{4.2}$$

$$e_i=\frac{h_i-h_s}{h_s}=\frac{h_i}{h_s}-1 \tag{4.3}$$

(3)压缩曲线

根据压缩试验的结果,以横坐标表示压力 p,以纵坐标表示孔隙比 e,绘制压力和孔隙比的关系曲线,称压缩曲线或 e-p 曲线,如图 4.4 所示。

土的压缩曲线可以反映土的压缩性质。图 4.5 表示两种土样 A 和 B 的压缩曲线,土样 A

的压缩曲线较陡，土样 B 的压缩曲线较平缓，在同一压力增量 Δp 的作用下，土样 A 的 Δe_A 变化较大，而土样 B 的 Δe_B 变化较小；所以土样 A 就比土样 B 的压缩变形大，土也较软，这说明压缩曲线的陡缓可表示土的压缩性的高低。

视频
土的压缩试验

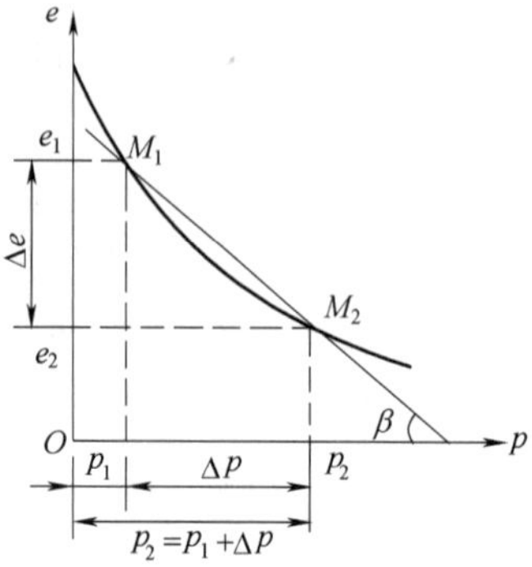

图 4.4　土的压缩曲线

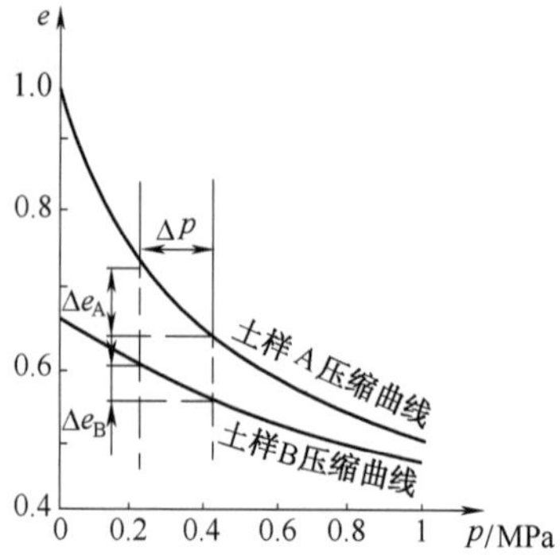

图 4.5　压缩曲线比较

在图 4.4 所示的压缩曲线中，当压力由 p_1 至 p_2 的变化范围不大时，可将压缩曲线上相应的一小段 M_1M_2 近似地用直线来代替。若 M_1 点的压力为 p_1，相应的孔隙比为 e_1，M_2 点的压力为 p_2，相应的孔隙比为 e_2，M_1M_2 段直线的坡度可用式(4.4)表示。

$$\alpha=\tan\beta=\frac{\Delta e}{\Delta p}=\frac{e_1-e_2}{p_2-p_1} \tag{4.4}$$

式(4.4)称为土的压密定律，它表示在压力变化不大时，土中孔隙比的变化与所加压力的变化成正比。其比例系数用符号 α 表示，称为压缩系数，单位是 MPa^{-1}。

(4)压缩系数

压缩系数表明在从 p_1 到 p_2 的压力段内，单位压力的增加所引起的土样孔隙比的减少，是反映土压缩性质的一个重要指标，其值愈大，土愈易压缩。

从图 4.4 可见，同一种土的压缩系数是随所取压力变化范围的不同而改变的。为了便于应用和比较，一般取 $p_1=0.1$ MPa到 $p_2=0.2$ MPa的压力范围确定土的压缩系数，用 $a_{0.1\sim0.2}$ 表示。根据压缩系数 $a_{0.1\sim0.2}$ 的大小，作为评价地基土压缩性的指标见表 4.1。

表 4.1　土的压缩性

土的压缩性分类	压缩系数 $a_{0.1\sim0.2}$/MPa	压缩模量 $E_{s(0.1\sim0.2)}$/MPa
高压缩性土	$a_{0.1\sim0.2}\geqslant0.5$	$E_{s(0.1\sim0.2)}<4$
中压缩性土	$0.1\leqslant a_{0.1\sim0.2}<0.5$	$4\leqslant E_{s(0.1\sim0.2)}\leqslant15$
低压缩性土	$a_{0.1\sim0.2}<0.1$	$E_{s(0.1\sim0.2)}>15$

高压缩性的地基土，在压力作用下的变形较大，必须注意检查地基的沉降是否满足容许值的要求。

【例题 4.1】 某土样的原始高度 $H=20$ mm，直径 $D=6.4$ cm，土粒容重 $\gamma_s=27$ kN/m³，试验后测得干土样质量 $m_s=91.2$ g，压缩试验结果见表 4.2。试计算压缩曲线资料，确定该土样的压缩系数并评定该土样的压缩性。

表 4.2　某土样压力和变形的关系

压力 p_i/MPa	0	0.05	0.1	0.2	0.3	0.4
土样压缩变形 ΔH_i/mm	0	0.924	1.308	1.884	2.284	2.562

【解】 土样面积

$$A=\frac{\pi D^2}{4}=\frac{3.14\times 6.4^2}{4}=32.2(\mathrm{cm}^2)=32.2\times 10^{-4}(\mathrm{m}^2)$$

土粒部分高度　$h_s=\frac{W_s}{A\gamma_s}=\frac{91.2\times 10\times 10^{-3}}{32.2\times 10^{-4}\times 27}=10.49\times 10^{-3}(\mathrm{m})=10.49(\mathrm{mm})$

天然孔隙比　$e_0=\frac{H-h_s}{h_s}=\frac{20-10.49}{10.49}=0.907$

其余计算结果见表 4.3。

表 4.3　各级压力下的相应孔隙比

压力 p_i/MPa	压缩变形 ΔH/mm	土样高度 $h_i=H-\Delta H$/mm	孔隙比 $e_i=\frac{h_i}{h_s}-1$
0	0	20	0.907
0.05	0.924	20−0.924=19.08	$\frac{19.08}{10.49}-1=0.819$
0.1	1.308	20−1.308=18.69	$\frac{18.69}{10.49}-1=0.782$
0.2	1.884	20−1.884=18.12	$\frac{18.12}{10.49}-1=0.727$
0.3	2.284	20−2.284−17.72	$\frac{17.72}{10.49}$ 1−0.689
0.4	2.562	20−2.562=17.44	$\frac{17.44}{10.49}-1=0.663$

根据计算结果可绘制压缩曲线。

土的压缩系数 $a_{0.1\sim0.2}=\frac{e_1-e_2}{p_2-p_1}=\frac{0.782-0.727}{0.2-0.1}=0.55\ \mathrm{MPa}^{-1}>0.5\ \mathrm{MPa}^{-1}$

由表 4.1 可知该土属于高压缩性土。

2. 土体压缩量的计算

压缩曲线不仅可确定土的压缩系数，而且可用来计算无侧向膨胀土层的压缩量。

设土样在均布压力 p_1 作用下的厚度为 h_1，体积为 V_1，孔隙比为 e_1；均布压力增加到 p_2 时，厚度压缩到 h_2，体积为 V_2，孔隙比为 e_2。根据图 4.6，土样的压缩量 Δs 可按以下关系式推出：

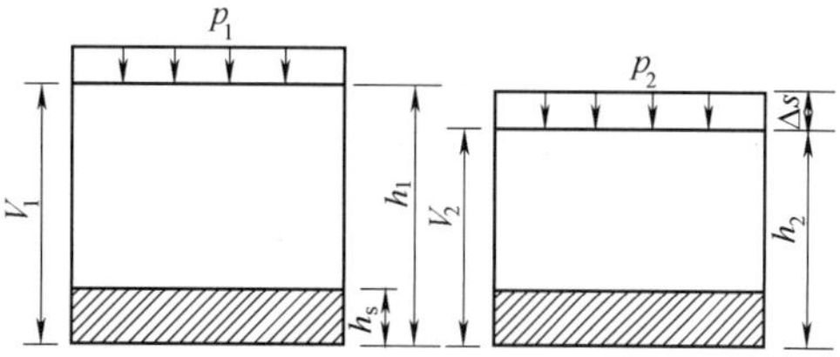

图 4.6　土样压缩量的计算

$$e_1=\frac{V_v}{V_s}=\frac{V_1-V_s}{V_s}=\frac{V_1}{V_s}-1$$

$$1+e_1=\frac{V_1}{V_s}$$

$$V_s=\frac{V_1}{1+e_1}=\frac{Ah_1}{1+e_1} \tag{4.5}$$

式中 A——土样的截面积,因无侧向膨胀,在压缩过程中,A 是不变的。同样可以得到:

$$e_2=\frac{V_2}{V_s}-1$$

$$V_s=\frac{V_2}{1+e_2}=\frac{Ah_2}{1+e_2}$$

$$\frac{Ah_1}{1+e_1}=\frac{Ah_2}{1+e_2}$$

$$h_2=h_1\,\frac{1+e_2}{1+e_1}$$

$$\Delta s=h_1-h_2=h_1-h_1\,\frac{1+e_2}{1+e_1}=h_1\left(1-\frac{1+e_2}{1+e_1}\right)$$

$$\Delta s=h_1\,\frac{e_1-e_2}{1+e_1} \tag{4.6}$$

通常在压缩曲线上按 p_1、p_2 可查出 e_1、e_2,又已知原来土样厚度 h_1,所以按式(4.6)可求出压缩量 Δs。

式(4.6)是求地基沉降量的基本公式,该式还可写成:

$$\frac{\Delta s}{h_1}=\frac{e_1-e_2}{1+e_1}$$

$$e_1-e_2=\frac{\Delta s}{h_1}(1+e_1)$$

$$e_2=e_1-\frac{\Delta s}{h_1}(1+e_1) \tag{4.7}$$

若已知土样的天然含水率 w、天然容重 γ 及土粒容重 γ_s,可求得原始孔隙比 e_0,从而式(4.7)可改写成:

$$e=e_0-\frac{s}{H}(1+e_0) \tag{4.8}$$

已知土样原始高度 H,又测得在压力 p 作用下的总变形量(压缩量)s,根据式(4.8)可求得相应的孔隙比 e,这样也可作出 e-p 曲线。另外,式(4.8)在具体计算中也常用到。

【例题 4.2】 已知粉质黏土的原始孔隙比 $e_0=0.92$,压缩试验前测得试样原始高度为 $H=20$ mm,在压力 $p_1=0.1$ MPa时,试样的总变形量为 $s=0.904$ mm,在压力 $p_2=0.2$ MPa时,试样的总变形量为 $s=1.504$ mm。试求压缩系数 $a_{0.1\sim0.2}$,并判定土的压缩性。

【解】 在式(4.8)中,$H=20$ mm,有

$$e_{0.1}=e_0-\frac{s}{H}(1+e_0)=0.92-\frac{0.904}{20}\times(1+0.92)=0.833$$

$$e_{0.2}=0.92-\frac{1.504}{20}\times(1+0.92)=0.776$$

用式(4.4)求压缩系数:

$$a_{0.1\sim0.2}=\frac{e_{0.1}-e_{0.2}}{p_2-p_1}=\frac{0.833-0.776}{0.2-0.1}=0.57\ \text{MPa}^{-1}>0.5\ \text{MPa}^{-1}$$

查表 4.1,可知土样为高压缩性的。

3. 压缩模量

在有侧限(无侧向膨胀)的条件下,土所受的压应力 σ_z 与相应的竖向应变 ε_z 的比值,叫作土的压缩模量 E_s,即

$$E_s=\frac{\sigma_z}{\varepsilon_z} \tag{4.9}$$

文本

压缩指数及土中应力历史对压缩的影响

在压缩试验中,试件高度为 h_1,当压力由 p_1 增至 p_2,相应的孔隙比就由 e_1 变为 e_2,沉降量为 Δs,这时 $\sigma_z=p_2-p_1$,$\varepsilon_z=\frac{\Delta s}{h_1}$,由式(4.8)可知,$\frac{\Delta s}{h_1}=\frac{e_1-e_2}{1+e_1}$,将这些关系式代入式(4.9)中,得

$$E_s=\frac{\sigma_z}{\varepsilon_z}=\frac{p_2-p_1}{\frac{\Delta s}{h_1}}=\frac{p_2-p_1}{\frac{e_1-e_2}{1+e_1}}=\frac{1+e_1}{\alpha} \tag{4.10}$$

式中,$\alpha=\frac{e_1-e_2}{p_2-p_1}$为压缩系数。

由式(4.9)可知,压缩模量 E_s 是在无侧向膨胀条件下产生单位竖向应变所需的压应力增加值。E_s 值愈大,则产生单位竖向应变的压应力增加值就愈大,就是说土愈不易压缩,E_s 愈小,则土就愈容易压缩。所以,E_s 也可用以表示土的压缩性,为了便于应用和比较,通常规定用 $p_1=0.1$ MPa,$p_2=0.2$ MPa时所得的 $E_{s(0.1\sim0.2)}$ 作为判断土的压缩性的另一指标。

$$E_{s(0.1\sim0.2)}=\frac{1+e_1}{a_{0.1\sim0.2}} \tag{4.11}$$

规范规定:$E_{s(0.1\sim0.2)}>15$ MPa 为低压缩性土;15 MPa$\geqslant E_{s(0.1\sim0.2)}\geqslant 4$ MPa 为中压缩性土;$E_{s(0.1\sim0.2)}<4$ MPa 为高压缩性土。

4. 回弹曲线与再加荷曲线

在压缩试验时,如果逐级加载后再逐级卸载,可以得到卸载过程中各级荷载和其对应的土样孔隙比的数据,并可绘出回弹曲线(膨胀曲线),如图 4.7 所示。压缩曲线 a 与卸荷时的回弹曲线 b 并不重合,这说明土并不是理想弹性体,在卸荷时,变形虽有部分恢复,但不能全部恢复,能恢复的部分称弹性变形,不能恢复的部分称为残余变形,一般说来,残余变形比弹性变形大。如果再重新加载,则又得再加荷曲线 c,再加荷曲线 c 与原来的压缩曲线 a 有连续的趋势。

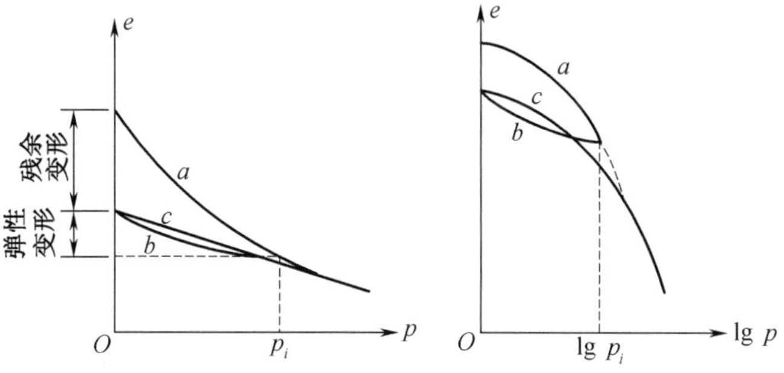

(a) e-p曲线　　(b) e-lg$p$曲线

图 4.7　土的加卸荷曲线

经过一次加载、卸载过程的土,它的孔隙比将会有很大的减小。所以,如果从地基中取原状土做压缩试验时,实际上已经经历了一个加卸荷过程(即卸去了土样在地基中所承受的原存

应力)。因此试验所得的压缩曲线,实际上是再加荷曲线,并不是初始加载的压缩曲线。在实际应用中,对其所造成的误差,应引起足够的重视。

如果加载、卸载重复进行,最后在所加压力段范围内,土的回弹曲线与再加荷曲线将趋于重合,再加荷所引起的变形便趋于全部是弹性变形。

4.1.3 土的侧压力系数与侧向膨胀系数

做有侧限压缩试验时,压缩仪中的土样在竖向压应力的作用下,由于受刚劲侧壁的限制,不能侧向膨胀,就使侧壁对土样作用有侧向压应力,很明显,竖向应力增大,侧向应力也随之增大,侧向压应力 σ_x 与竖向压应力 σ_z 的比值称为土的侧压力系数 ξ(或称静止土压力系数)。

$$\xi=\frac{\sigma_x}{\sigma_z} \tag{4.12}$$

土的侧压力系数与土的种类、土的物理性质、加载条件等有关,它可由试验测定。

在没有侧向限制的条件下,土承受竖向压应力作用时,将产生侧向膨胀,土的侧向膨胀应变 ε_x 与竖向压缩应变 ε_z 的比值称为土的侧向膨胀系数(或称泊松比)μ。土的侧向膨胀系数不易由试验方法直接测定,通常根据测定的土的侧压力系数 ξ,按材料力学原理求得

$$\xi=\frac{\mu}{1-\mu} \tag{4.13}$$

或

$$\mu=\frac{\xi}{1+\xi} \tag{4.14}$$

目前,由试验室测定土的侧压力系数值不普遍,在缺乏试验资料时,可参照表 4.4 选用 ξ 与 μ 值。

表 4.4 土的侧压力系数 ξ 及侧向膨胀系数 μ 的参考值

土的种类与状态		侧压力系数 ξ	侧向膨胀系数 μ
碎石类土		0.18～0.25	0.15～0.20
砂类土		0.25～0.33	0.20～0.25
粉土		0.33	0.25
粉质黏土	半干硬状态	0.33	0.25
	硬塑状态	0.43	0.30
	软塑或流塑状态	0.53	0.35
黏土	半干硬状态	0.33	0.25
	硬塑状态	0.53	0.35
	软塑或流塑状态	0.72	0.42

4.1.4 载荷试验与土的变形模量

在无侧向限制条件下,土在受压变形时产生的竖向压应力 σ_z 与竖向应变 ε_z 的比值称为变形模量 E_0,土的变形模量的定义与一般弹性材料的弹性模量相同。但由于土的变形中既有弹性变形又有残余变形,为了与弹性模量中只有弹性变形相区别而称为变形模量。土的变形模量可以通过现场试验或根据压缩模量来推算。

1. 载荷试验

载荷试验是在现场试坑中竖立荷载架,直接对其分级施加荷载,测定其在各级荷载作用下的沉降量。根据试验数据绘制荷载—沉降曲线(p-s 曲线)及每级荷载作用下的沉降—时间曲线(s-t 曲线),由此判定土的变形模量、地基承载力和土的变形特性等。

载荷试验的试坑应选在拟建基础附近,坑底应在所需了解土层的高程处,载荷板常用钢板或钢筋混凝土板,它的面积对于一般土层可采用0.25 m^2(0.5 m×0.5 m)或0.50 m^2(0.707 m×0.707 m);对于均质紧密土层可用0.10 m^2(0.32 m×0.32 m),对于软土层、人工填土等不应小于0.50 m^2。

加载方式可直接用荷重块或油压千斤顶加载,如图 4.8 所示。分级加载的第一级荷载(包括设备自重)应接近所卸除基坑土的有效自重应力,此时的沉降不予计算。以后每级荷载的增量可取预估极限荷载的 1/8～1/7;当极限荷载不易估计时,可按表 4.5 取值。施加每级荷载后,应每隔 5～15 min观测一次,直至沉降相对稳定为止。每级荷载作用下沉降相对稳定的标

准一般规定为连续 2 h 内 1h 的沉降量不大于0.1 mm，且每级荷载作用下的观测时间，对软土不应少于24 h，对一般黏性土不少于8 h，对较坚硬的土不少于4 h。如此逐级加载、观测，尽可能加载至地基土被破坏为止。

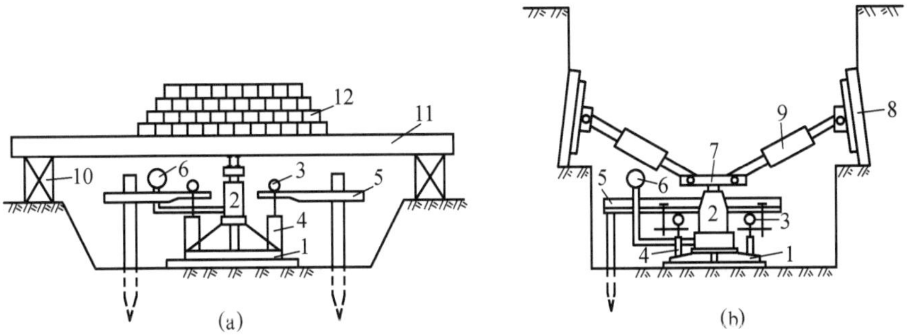

1—承压板；2—油压千斤顶；3—量表；4—量表支座；5—观测装置支架；
6—压力表；7—支承板；8—斜撑板；9—斜撑杆；10—枕木垛；11—钢梁；12—加载重物。

图 4.8　载荷试验装置

表 4.5　荷载增量取值

试验土层及特性	荷载增量/kPa
淤泥、流塑黏性土、松散砂土	<15
软塑黏性土、新近沉积黄土、稍密粉土与砂土	15～25
硬塑黏性土、新黄土(Q_4)、中密粉土与砂土	25～50
坚硬黏性土、密实粉土与砂土、老黄土、新黄土(Q_3)	50～100
碎石类土、软岩及风化岩	100～200

当出现下列现象之一时，可认为地基土已达到破坏阶段：

(1)载荷板周围土体有明显隆起(砂类土)或出现裂纹(黏性土)。

(2)荷载增加很小，但沉降量却急骤增大，即 p-s 曲线出现陡降现象。

(3)在荷载不变的情况下，24 h 内，沉降速率不能达到稳定标准。

(4)相对沉降值 $s'/b>0.1$(s'为实测沉降量，b 为载荷板宽度或直径)。

(5)当持力层土层坚硬，沉降量很小时，总加荷量已达到设计值的 2 倍以上。

最后应根据整理的资料绘制 p-s 曲线和每级荷载作用下的 s-t 曲线，如图 4.9 所示的形式。

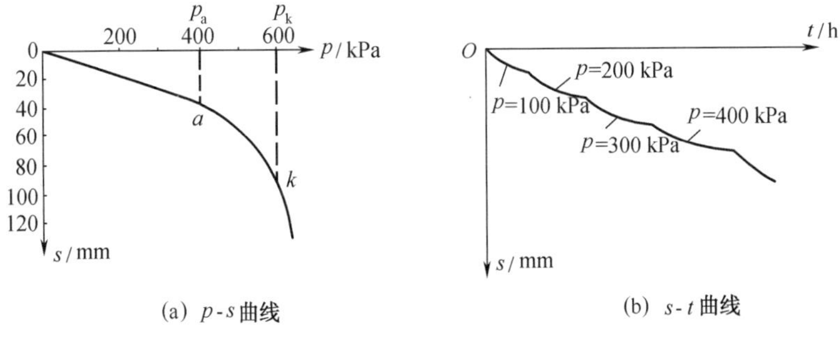

(a) p-s 曲线　　(b) s-t 曲线

图 4.9　载荷试验曲线

载荷试验的 p-s 曲线通常有几种类型,图 4.9(a)所示的是一种典型的 p-s 曲线。这种地基土从开始承受荷载到破坏,地基变形大致可分为三个阶段:第一阶段相当于 p-s 曲线上的 $0a$ 部分,这时的变形主要是由于土的压密所造成的,p 与 s 基本上成直线关系,所以称为直线变形阶段。在这个阶段中,地基内各点的剪应力都小于土的抗剪强度,地基处于稳定状态。第二阶段相当于 p-s 曲线上的 ak 部分,这时,地基土中的应力与沉降不再保持直线关系,地基的变形由两部分组成,一部分仍是由于土的压密所产生的变形,但其所占比例随荷载的增加而急剧减小,另一部分是由于局部土体(主要是载荷板下边缘部分的土体)内剪应力达到了土的极限抗剪强度后,引起土粒间相互错动的剪切位移(也就是塑性变形),使局部土体形成塑性变形区。随着荷载的增加,塑性变形区逐步向地基的纵深处发展,但尚未连成一片,这个阶段称为塑性变形阶段,也称为局部剪切阶段。第三阶段相当于 p-s 曲线 k 点以后的部分,当荷载到达 k 点的应力 p_k(极限荷载)时,地基土的变形主要由塑性变形的滑动所产生,这时塑性变形区已连成一片,形成一连续滑动面,土开始向侧面挤出。当荷载再增加少许,载荷板就会持续下沉,不能稳定,这时地基已完全破坏,丧失了稳定,这一阶段称为破坏阶段。

载荷试验是原位测试的一种方法,可避免因取样扰动等产生的误差,故比较接近实际。但由于载荷板的面积较小,其压力影响深度只有载荷板宽度的 2～3 倍,对影响深度以下的土层变形特性不能反映出来。而实际的基础宽度较载荷板要大一些,在相同荷载作用下,其影响深度也要大一些。如果在不深处存在软弱土层,根据地基面上的试验资料来确定其变形特性就不可靠。因此,当地基土在深度上是非均质土时,应考虑在不同深度上进行载荷试验或用不同大小的承压板进行载荷试验。

2. 变形模量

从上述载荷试验所得 p-s 曲线上可以看出,在一定荷载范围内,荷载 p 与其对应的沉降量呈线性关系,因而可以利用弹性力学公式导出均布面荷载作用下的地基沉降量公式为

$$s=\omega\frac{pb(1-\mu^2)}{E_0} \tag{4.15}$$

式中 s——地基沉降量(mm);

p——单位面积地基上的压力(MPa);

b——载荷板的宽度或直径(mm);

μ——侧向膨胀系数,可参考表 4.4 中的数据;

ω——与载荷板刚度、形状有关的系数,刚性方形板 $\omega=0.89$,刚性圆形板 $\omega=0.79$;

E_0——地基土的变形模量(MPa)。

式(4.15)经过变换,可得

$$E_0=\omega(1-\mu^2)b\frac{p}{s} \tag{4.16}$$

3. 变形模量与压缩模量的关系

变形模量与压缩模量在理论上有一定的关系。变形模量虽然可通过载荷试验来测定,但载荷试验历时长、费用大,而且还由于深层土的试验在技术上存在一定的困难,所以常常依靠室内试验取得的压缩模量资料来进行换算。

根据材料力学原理,E_0 与 E_s 之间的关系为

$$E_0=\left(1-\frac{2\mu^2}{1-\mu}\right)E_s \tag{4.17}$$

应当指出，式(4.17)求得的 E_0 有时与按载荷试验资料求得的 E_0 有较大的出入。因此在实用上，常根据实测资料为基础所建立的 E_0 与 E_s 的地区性经验系数 $K(K=E_0/E_s)$ 进行换算。

【例题 4.3】 利用例题 4.1 中的资料及已知土的侧向膨胀系数 $\mu=0.30$，求该土样的 $E_{s(0.1\sim0.2)}$ 及 E_0。

【解】 从例题 4.1 中，已知 $p_1=0.1$ MPa时的孔隙比 $e_1=0.782$，$a_{0.1\sim0.2}=0.55\ \text{MPa}^{-1}$，故

$$E_{s(0.1\sim0.2)}=\frac{1+e_1}{a_{0.1\sim0.2}}=\frac{1+0.782}{0.55}=3.24\ (\text{MPa})$$

所以该土为高压缩性土($E_{s(0.1\sim0.2)}=3.24\ \text{MPa}<4\ \text{MPa}$)。

土的变形模量为

$$E_0=\left(1-\frac{2\mu^2}{1-\mu}\right)E_{s(0.1\sim0.2)}=\left(1-\frac{2\times0.3^2}{1-0.3}\right)\times3.24=2.41\ (\text{MPa})$$

【例题 4.4】 某现场载荷试验，载荷板尺寸为 0.707 m×0.707 m，已知土的侧向膨胀系数 $\mu=0.30$，载荷试验结果见表 4.6，试绘出 p-s 曲线并确定土的变形模量。

表 4.6　载荷试验结果

荷载 p/kPa	0	100	200	300	400	500	600	700
沉降量 s/mm	0	9.2	18.0	26.9	35.9	52.7	91.3	264.0

【解】 绘 p-s 曲线，如图 4.9(a)所示。

从 p-s 曲线上可以看出，在荷载达到400 kPa以前，沉降量 s 与荷载 p 接近直线变形，在此直线段内任取一 p 值和与之对应的 s 值，代入式(4.16)中，今取 $p=400\ \text{kPa}=0.4\ \text{MPa}$，与之对应的 $s=35.9$ mm，故

$$E_0-\omega(1-\mu^2)b\frac{p}{s}=0.89\times(1-0.30^2)\times0.707\times\frac{0.4}{0.0359}=6.38\ (\text{MPa})$$

任务 4.2　地基沉降量计算

地基沉降(变形)一般包括瞬时沉降、固结沉降和次固结沉降。瞬时沉降是指加荷瞬时仅由土体的形状变化产生的沉降；固结沉降是由于土体排水压缩产生的沉降；次固结沉降是由土体骨架蠕变产生的沉降。

计算地基沉降量的目的是确定建筑物的最大沉降量、沉降差、倾斜或局部倾斜，判断其是否超出容许的范围，以便为建筑物设计时采取相应的措施提供依据，保证建筑物的安全。地基的变形是在可压缩地基上设计建筑物的最重要控制因素之一。

地基的沉降经过一定的时间才能达到完全稳定。对于砂类土的地基，由于渗透性较好，沉降稳定很快，所以在砂类土地基上的建筑物沉降往往在施工完毕后就近于完成。对一般黏性土地基，总要经过相当长的时间，几年、几十年甚至更久，其压缩过程才能结束。地基变形完全稳定时，地基表面的最大竖向变形就是基础的最终沉降量。

地基最终沉降量的计算方法有多种，主要采用分层总和法、按有关规范推荐的计算方法和弹性理论法等。下面介绍分层总和法。

天然地基土一般由性质不同的不均匀土层组成，并相互重叠。即使是均一土层，随着深度的

变化,土的某些物理力学指标也在改变。因此,计算地基沉降,最好把土层分成许多薄层,分别计算每个薄层的压缩变形量,最后叠加而成为总沉降量。这是一种近似计算法,称为分层总和法。

1. 分层总和法假定

(1)地基土是一个均匀、等向的半无限空间弹性体。在建筑物荷载作用下,土中的应力与应变成直线关系。这样,就可以应用弹性理论方法计算地基中的附加应力。

(2)根据基础中心点下土柱所受的附加应力 σ_z 进行计算,但得到的沉降量数值偏大。

(3)中心土柱被认为是无侧向膨胀的单轴受压土样,因中心轴周围的土柱也在同样约束条件下压缩,对中心土柱有一定约束作用。这样就可以应用侧限压缩试验的指标,但得到的沉降量数值偏小。可与上述情况互相补偿。

(4)一般地基的沉降量,等于基础底面中心下某一深度(受压层)范围内各土层的压缩量总和,理论上应计算至无限深度,但由于附加应力随深度而衰减,超过某一深度后的土层的沉降量就很小,可以忽略不计。当受压层下有软弱土层时,则应计算其沉降量。

2. 分层总和法的基本计算公式

(1)根据压缩曲线及压缩模量计算

地基总沉降量的计算通常采用分层总和法,这个方法是假设地基土受压后只产生竖向压缩,没有侧向膨胀,将基底以下压缩层范围内的土层划分为若干压缩性均一的水平薄层,如图 4.10所示,再按照基底形心下各薄层所受的应力情况及土样压缩试验资料,分别计算每一薄层的压缩量,它们的总和即为地基的总沉降量。

地基分成 n 薄层后,就可按式(4.6)计算第 i 薄层的压缩量。

$$\Delta s_i=\frac{e_{1i}-e_{2i}}{1+e_{1i}}h_i \tag{4.18}$$

式中　Δs_i——第 i 薄层的压缩量(mm);

h_i——第 i 薄层的厚度(mm);

e_{1i}——相应于第 i 薄层土的平均自重应力$\left[(\bar{\sigma}_{cz})_i=\dfrac{(\sigma_{cz})_{i-1}+(\sigma_{cz})_i}{2}\right]$时的初始孔隙比,可由该层土的压缩曲线图(图 4.11)中查得;

e_{2i}——相应于建造建筑物后,第 i 薄层土的平均总应力$\left[\text{即第 } i \text{ 薄层土中的平均自重应力加平均附加应力}(\bar{\sigma}_{cz})_i+(\bar{\sigma}_z)_i=\dfrac{(\sigma_{cz})_{i-1}+(\sigma_{cz})_i}{2}+\dfrac{(\sigma_z)_{i-1}+(\sigma_z)_i}{2}\right]$时土压缩后的孔隙比,也可由图 4.11 查得。

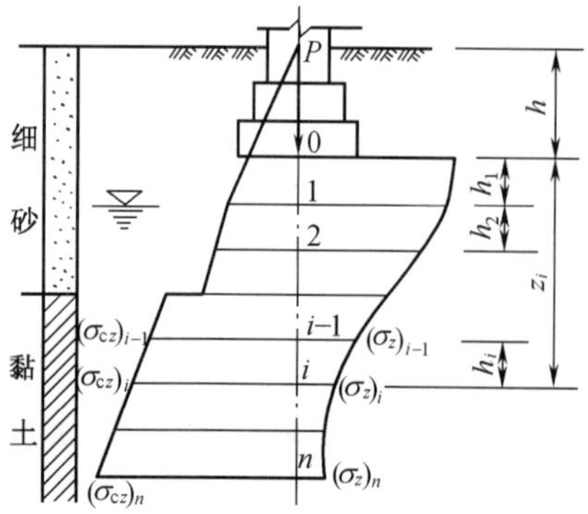

图 4.10　分层总和法计算地基沉降

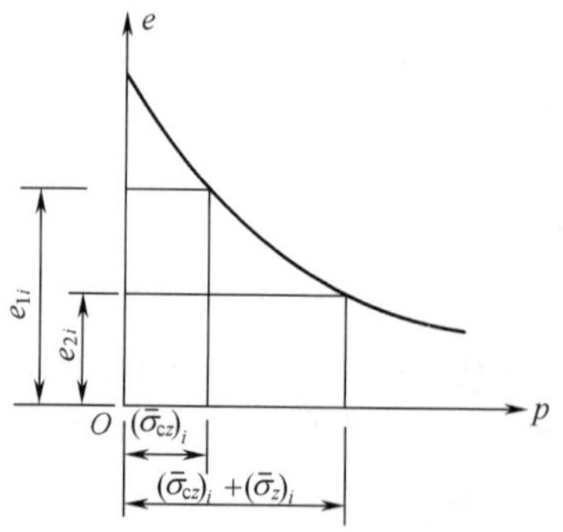

图 4.11　某土层的压缩曲线

同理，算出每个薄层土的压缩量，则各薄层土压缩量的总和即为地基的总沉降量：

$$s=\sum_{i=1}^{n}\Delta s_i=\sum_{i=1}^{n}\frac{e_{1i}-e_{2i}}{1+e_{1i}}h_i \tag{4.19}$$

式(4.19)中的 Δs 也可用压缩系数 α 来表达，因为

$$\alpha_i=\frac{e_{1i}-e_{2i}}{[(\bar{\sigma}_{cz})_i+(\bar{\sigma}_z)_i]-(\bar{\sigma}_{cz})_i}=\frac{e_{1i}-e_{2i}}{(\bar{\sigma}_z)_i}$$

所以，式(4.19)也可以写成

$$s=\sum_{i=1}^{n}\frac{\alpha_i(\bar{\sigma}_z)_i}{1+e_{1i}}h_i \tag{4.20}$$

如式(4.20)用压缩模量 E_s 来表达，可以用 $E_s=\dfrac{1+e_{1i}}{\alpha_i}$ 代入式(4.20)，得

$$s=\sum_{i=1}^{n}\frac{(\bar{\sigma}_z)_i}{E_{si}}h_i \tag{4.21}$$

《铁路桥涵地基和基础设计规范》(TB 10093—2017)规定，软土地基的总沉降量应乘以经验系数 1.3，即

$$s=1.3\sum_{i=1}^{n}\frac{e_{1i}-e_{2i}}{1+e_{1i}}h_i \tag{4.22}$$

(2)根据变形模量计算

当在现场做载荷试验，取得土的变形模量 E_0 值后，可将式(4.17)$E_0=E_s\left(1-\dfrac{2\mu^2}{1-\mu}\right)$代入式(4.21)中，得

$$s=\sum\left(1-\frac{2\mu^2}{1-\mu}\right)\frac{(\bar{\sigma}_z)_i}{E_{0i}}h_i=\sum_{i=1}^{n}\beta_i\frac{(\bar{\sigma}_z)_i}{E_{0i}}h_i \tag{4.23}$$

式中，$\beta_i=1-\dfrac{2\mu^2}{1-\mu}$为第 i 层土的$\dfrac{E_{0i}}{E_{si}}$的比值。在有地区性经验系数 K 时，可用 K 代替 β_i 值进行计算。

分层总和法的原理既简单又明了，它是目前国内外广泛采用的计算方法，其缺点是假设土是直线变形体且无侧向膨胀，这与实际情况不相符，而且没考虑地基受压历史对沉降的影响和深基础开挖时基坑土的回弹影响。另外，上部结构、基础、地基三者是协同工作的，分层总和法只考虑了地基的因素，这些都使计算结果形成一定的误差，所以此法尚有待改进。我国《建筑地基基础设计规范》根据地基土的 E_s 值，对该规范规定的计算总沉降量的公式引进一经验系数 Ψ_s，予以修正。

3. 分层总和法的几点规定

为使沉降量计算结果较为准确，应注意下列几点规定：

(1)地基中不同土层的界面应作为分层面。因为地下水位面上部、下部土的容重并不相同，所以，同一土层的地下水位面也应作为分层面。

(2)分层厚度愈薄，计算结果愈精确，但为简化计算工作量起见，分层厚度可采用 $h\leqslant 0.4b$

(b为基础短边长度)。

(3)一般情况下,地基沉降是由附加应力引起的,附加应力愈小,压缩变形也愈小,而附加应力是随深度的增加而减小的。当分层的深度达到某一数值时,该分层的压缩量就很小,可以忽略不计,通常把需要计算压缩量的土层叫作压缩层,压缩层的下限可定在地基附加应力与地基自重应力的比等于20%处,即$(\sigma_z)_n=0.2(\sigma_{cz})_n$处。当地基为压缩性高的软土时,则定在10%处,即$(\sigma_z)_n=0.1(\sigma_{cz})_n$处。

(4)基础沉降应按恒载计算,其工后沉降量不应超过表4.7、表4.8规定的限值。超静定结构相邻墩台沉降量之差除应满足表4.7、表4.8的规定外,尚应根据沉降差对结构产生的附加应力的影响确定。基础沉降计算值不含区域沉降。

按照《高速铁路设计规范》(TB 10621—2014)的规定,墩台基础的沉降应按恒载计算,其在恒载作用下产生的工后沉降量不应超过表4.7、表4.8中设计速度为250 km/h及以上规定的限值。特殊条件下无砟轨道桥梁无法满足沉降限值要求时,可采取预留调整措施的方式满足轨道平顺性要求。

表4.7　有砟轨道静定结构墩台基础工后沉降限值

设计速度	沉降类型	限值/mm
250 km/h及以上	墩台均匀沉降	30
	相邻墩台沉降差	15
200 km/h	墩台均匀沉降	50
	相邻墩台沉降差	20
160 km/h及以下	墩台均匀沉降	80
	相邻墩台沉降差	40

表4.8　无砟轨道静定结构墩台基础工后沉降限值

设计速度	沉降类型	限值/mm
250 km/h及以上	墩台均匀沉降	20
	相邻墩台沉降差	5
200 km/h及以下	墩台均匀沉降	20
	相邻墩台沉降差	10

(5)位于路涵过渡段范围的涵洞涵身工后沉降限值应与相邻过渡段工后沉降限值一致,不在过渡段范围内的涵洞涵身工后沉降限值不应大于100 mm。

4. 分层总和法计算地基沉降的步骤

今以按压缩曲线的计算方法,说明其计算步骤:

(1)将基底下的土层分成若干薄层。

(2)计算各分层面处土的自重应力$(\sigma_{cz})_i$(自重应力应自地面起算)及各分层的平均自重应力$(\bar{\sigma}_{cz})_i$,$(\bar{\sigma}_{cz})_i=\dfrac{(\sigma_{cz})_{i-1}+(\sigma_{cz})_i}{2}$。

(3)计算基础底面处的附加压应力σ_{z0}。

(4)计算基底形心下,各分层面处土中的附加应力$(\sigma_z)_i$及各分层的平均附加应力$(\bar{\sigma}_z)_i$,$(\bar{\sigma}_z)_i=\dfrac{(\sigma_z)_{i-1}+(\sigma_z)_i}{2}$。

(5)确定压缩层厚度。

(6)根据土层的压缩曲线资料,按各分层平均自重应力$(\bar{\sigma}_{cz})_i$和各分层平均自重应力加平均附加应力$(\bar{\sigma}_{cz})_i+(\bar{\sigma}_z)_i$值分别查出$e_{1i}$和$e_{2i}$。

(7)计算各分层压缩量 $\Delta s_i=\dfrac{e_{1i}-e_{2i}}{1+e_{1i}}h_i$，求得其总和，即为地基总沉降量。

【例题 4.5】 某桥墩基础，基底为矩形，$a=10$ m，$b=5$ m，基础埋深为3 m，受竖直中心荷载 $p=12\ 000$ kN，地基为粉质黏土和黏土层，地下水位在地面下5 m处，有关地质资料如图 4.12 所示，粉质黏土层和黏土层的压缩曲线资料列于表 4.9 中，试按分层总和法计算地基总沉降量。

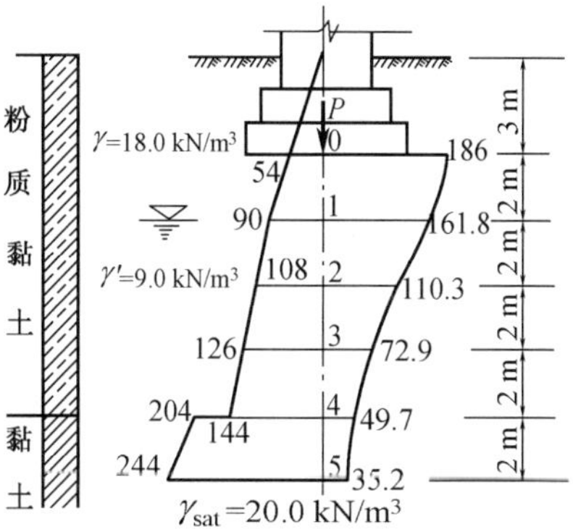

图 4.12　例 4.5 图(应力单位：kPa)

【解】 (1)将地基分层，根据地基土的天然层次及分层厚度不超过 $0.4b=0.4\times5=2$(m)的规定，分层厚度均取2 m。

(2)从原地面起计算各分层面处的自重应力及各分层的平均自重应力，列表于4.10中。

(3)计算基础底面处附加压应力：

基底压应力：　$$\sigma=\frac{P}{ab}=\frac{12\ 000}{10\times5}=240\ (\text{kPa})$$

基底附加压应力：　$$\sigma_{z0}=\sigma-\gamma h=240-18.0\times3=186.0\ (\text{kPa})$$

表 4.9　压缩曲线孔隙比 e 资料

土　名	荷载 p/kPa				
	0	50	100	200	300
粉质黏土	0.860	0.795	0.765	0.730	0.710
黏　土	0.825	0.770	0.740	0.707	0.695

表 4.10　自重应力计算

分层点编号	土的容重 γ_i/(kN/m³)	土层厚度 h_i/m	$\gamma_i h_i$/kPa	自重应力/kPa $(\sigma_{cz})_i=\sum\gamma_i h_i$	平均自重应力 $(\bar{\sigma}_{cz})_i$/kPa
原 地 面				0	
	18.0	3	54.0		—
基底　0				54.0	
	18.0	2	36.0		72.0
1				90.0	
	9.0	2	18.0		99.0
2				108.0	
	9.0	2	18.0		117.0
3				126.0	
	9.0	2	18.0		135.0
4				144.0 204.0	
	20.0	2	18+10×6=78 40		224.0
5				244.0	

(4)计算各分层面处的附加应力及各分层的平均附加应力，列于表 4.11 中。

(5)确定压缩层厚度：

分层点5处的自重应力及附加应力分别为：$(\sigma_{cz})_5=244$ kPa，$(\sigma_z)_5=35.2$ kPa，经比较 $\dfrac{(\sigma_z)_5}{(\sigma_{cz})_5}=\dfrac{35.2}{244}=0.144<0.2$，故压缩层厚度定为10 m。

(6)计算各分层的压缩量,列表于4.12中。

表4.11　附加应力计算

分层点编号	基底下距离 z/m	$\frac{a}{b}$	$\frac{z}{b}$	α_0	σ_{z0}/kPa	附加应力$(\sigma_z)_i$/kPa	平均附加应力$(\bar{\sigma}_z)_i$/kPa
基底0	0	$\frac{10}{5}=2$	0	1.000	186	186.0	
1	2	2	$\frac{2}{5}=0.4$	0.870	186	161.8	173.9
2	4	2	$\frac{4}{5}=0.8$	0.593	186	110.3	136.1
3	6	2	$\frac{6}{5}=1.2$	0.392	186	72.9	91.6
4	8	2	$\frac{8}{5}=1.6$	0.267	186	49.7	61.3
5	10	2	$\frac{10}{5}=2.0$	0.189	186	35.2	42.5

表4.12　各分层压缩量计算

分层编号	平均自重应力$(\bar{\sigma}_{cz})_i$/kPa	平均附加应力$(\bar{\sigma}_z)_i$/kPa	合应力$(\bar{\sigma}_{cz})_i+(\bar{\sigma}_z)_i$/kPa	e_{1i}	e_{2i}	$\frac{e_{1i}-e_{2i}}{1+e_{1i}}$	土层厚h_i/mm	$\Delta s_i=\frac{e_{1i}-e_{2i}}{1+e_{1i}}h_i$/mm
0—1	72.0	173.9	246	0.782	0.721	0.034 2	2 000	68.4
1—2	99.0	136.1	235	0.766	0.723	0.024 3	2 000	48.6
2—3	117.0	91.6	209	0.759	0.728	0.017 6	2 000	35.2
3—4	135.0	61.3	196	0.753	0.731	0.012 5	2 000	25.0
4—5	224.0	42.5	267	0.704	0.699	0.002 9	2 000	5.8

文本

地基沉降随时间变化的计算

(7)计算总沉降量:

$$s=\sum_{i=1}^{5}\Delta s_i=68.4+48.6+35.2+25.0+5.8=183\ (\text{mm})$$

任务4.3　地基容许沉降量确定与减小沉降危害的措施

沉降计算的目的是预测建筑物建成后基础的沉降量(包括差异沉降)会不会太大,是否超过建筑物安全和正常使用所容许的数值。如果计算结果表明基础的沉降量有可能超出容许值,那就要改变基础设计,并考虑采取一些工程措施以尽量减小基础沉降可能给建筑物造成的危害。

4.3.1　容许沉降量

地基容许沉降量的确定比较困难,因为这牵涉到上部结构、基础、地基之间的相互作用问题,而结构类型、材料性质及地基土的性状又是多种多样的,同时,除了从结构安全的角度考虑之外,尚应满足建筑物的使用功能、生产工艺及人们心理感觉等方面的要求。目前,确定地基容许沉降量主要有两种途径:一是理论分析法,二是经验统计法。

理论分析法的实质是进行结构与地基相互作用分析，计算上部结构中由于地基差异沉降可能引起的次应力或拉应变，然后在保证次应力或拉应变不超出结构承受能力的前提下，综合考虑其他方面的要求，确定地基容许沉降量。这方面的理论分析研究工作虽然已有相当大的进展，但仍存在不少困难，如结构和构件的形状、地基土的本构关系、土的参数及现场的边界条件等都不容易确定。因此，从工程实用角度，目前主要还是依靠经验统计法。

经验统计法是对大量的各类已建建筑物进行沉降观测和使用状况调查，然后结合地基地质情况，分类归纳整理，提出容许沉降量控制值。

因此，为了保证建筑物正常使用，不发生裂缝、倾斜，甚至破坏，必须使地基变形值不大于地基容许变形值。

根据地基变形特征，地基容许变形分为下列四种：

(1)沉降量(mm)——多指基础中心的沉降量。如沉降量过大，会影响到建筑物的正常使用。例如桥梁地基沉降量过大，会使线路轨面高程不够，影响线路正常使用。因此，目前在沉降量较大的软土地区常用沉降量作为建筑物变形的控制指标之一，同时，在建筑物建成以后，对重要及大型建筑物做沉降观测。

(2)沉降差(mm)——指同一建筑物相邻两个基础沉降量的差值。沉降差过大，会使上部结构产生附加应力，超过限度则建筑物发生开裂、倾斜，甚至破坏。

(3)倾斜(‰)——指单独基础倾斜方向两端点的沉降差与其距离的比值。对水塔、烟囱、高墩台等，以倾斜作为控制指标。

(4)局部倾斜(‰)——指砖石承重结构沿纵墙 6～10 m 长度内，基础两点的沉降差与其距离的比值。通常砖石承重结构由局部倾斜控制。

4.3.2　减小沉降危害的措施

实践表明，绝对沉降量愈大，沉降差往往愈大。因此，为减小地基沉降对建筑物可能造成的危害，除采取措施尽量减小沉降差外，还应设法尽可能减小基础的绝对沉降量。

目前，对可能出现过大沉降或沉降差的情况，通常从以下几个方面采取措施。

1. 减小沉降量的措施

(1)外因方面的措施

地基沉降由附加应力引起，如减小基础底面的附加压应力 σ_{z0}，则可相应减小地基沉降。由基底附加压应力 $\sigma_{z0}=\sigma-\gamma h$ 可知，减小 σ_{z0} 可采取以下两种措施：

①上部结构采用轻质材料，则可减小基础底面的接触压力 σ；

②当地基中无软弱下卧层时，可加大基础埋深 h。

(2)内因方面措施

地基产生沉降的内因是：地基土由三相组成，固体颗粒之间存在孔隙，在外荷作用下孔隙发生压缩，导致产生沉降。因此，为减小地基的沉降量，在修造建筑物之前，可预先对地基进行加固处理。根据地基土的性质、厚度，结合上部结构特点和场地周围环境，可分别采用机械压密、强力夯实、换土垫层、加载预压、砂桩挤密、振冲及化学加固等人工地基的措施，必要时，还可以采用桩基础等深基础。

2. 减小沉降差的措施

(1)设计中尽量使上部荷载中心受压，均匀分布。

(2)遇高低层相差悬殊或地基软硬突变等情况,可合理设置沉降缝。

(3)增加上部结构对地基不均匀沉降的调整作用。如设置封闭圈梁与构造柱,加强上部结构的刚度;将超静定结构改为静定结构,以加大对不均匀沉降的适应性。

(4)妥善安排施工顺序。例如,建筑物高、重部位沉降大,先施工;拱桥先做成三铰拱,并可预留拱度。

(5)人工补救措施。当建筑物已发生严重的不均匀沉降时,可采取人工挽救措施。如杭州市某运输公司 6 层营业楼,由于北侧新建 5 层楼的附加应力扩散作用,使运输公司 6 层楼北倾,两楼顶部相撞。为此,在运输公司 6 层楼南侧采用水枪冲地基土的方法,将北侧 6 层楼纠正过来。

以上措施,有的是设法减小地基沉降量,尤其是差异沉降量;有的是设法提高上部结构对沉降和差异沉降的适应能力。设计时,应从具体工程情况出发,因地制宜,选用合理、有效、经济的一种或几种措施。

项目小结

本项目主要介绍土的压缩性分析与地基变形计算。内容涉及土的压缩性与测试方法、地基沉降量计算、地基容许沉降量确定与减小沉降危害的措施。通过本项目的学习,掌握土的压缩性指标及测试方法、用分层总和法计算地基沉降量的方法,为后续内容的学习打下基础。

项目训练

1. 进行土的压缩试验,测试土的压缩性指标。

2. 选择典型地基土案例,用分层总和法计算地基沉降量,并根据沉降量值及建筑物对沉降的要求,提出减小沉降的措施。

复习思考题

4.1　土体的压缩如何形成?

4.2　什么是渗透固结?

4.3　如何根据压缩曲线比较两种土的压缩性?

4.4　如何用压缩模量判断土的压缩性?

4.5　某土样原始高度 $h_0=20$ mm,直径 $d=64$ mm,已知土粒容重 $\gamma_s=26.7$ kN/m^3,试验后,测得土样干重 $W_s=0.870$ N,压缩试验的结果见表 4.13。试计算压缩曲线资料,并绘制 e-p 曲线,确定该土样的压缩系数 $a_{0.1\sim0.2}$ 及压缩模量 $E_{s(0.1\sim0.2)}$,并评定压缩性。

表 4.13　题 4.5 压缩试验结果

荷载 p/kPa	0	50	100	200	300	400
压缩量 Δs/mm	0	0.903	1.287	1.865	2.262	2.541

4.6　一土层厚为 2 m,若已知建筑物建造前该土层上作用的平均自重应力为 20 kPa,建筑物建造完成后,作用在该土层上的平均总应力增至 280 kPa,该土层的压缩试验资料同

习题 4.5,求该土层的压缩量。

4.7　已知一土样厚为 30 mm,原始孔隙比 $e=0.765$,当荷载为 0.1 MPa 时,$e_1=0.707$,在 0.1～0.2 MPa 荷载段内的压缩系数 $a_{0.1\sim0.2}=0.24\ \text{MPa}^{-1}$,求:

(1)土样的无侧向膨胀压缩模量 $E_{s(0.1\sim0.2)}$;

(2)当荷载为 0.2 MPa 时,土样的总变形量;

(3)当荷载由 0.1 MPa 增至 0.2 MPa 时,土样的压缩量。

4.8　某跨线桥桥墩基础的基底为矩形,长边为 $a=12$ m,短边为 $b=5$ m,基础埋深为 4 m,受竖直中心荷载 $P=16\ 200$ kN 的作用,地基为中砂和黏土层,有关地质资料如图 4.13 所示。中砂和黏土层的压缩曲线孔隙比 e 资料见表 4.14,试用分层总和法计算地基的总沉降量。

表 4.14　题 4.8 压缩曲线孔隙比 e 资料

土　名	p/kPa					
	0	50	100	200	300	350
中　砂	0.605	0.575	0.562	0.550	0.545	0.542
黏　土	0.880	0.815	0.790	0.755	0.740	0.735

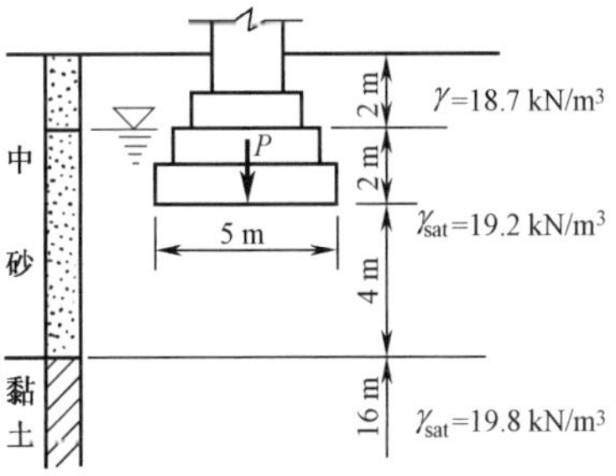

图 4.13　习题 4.8 图

文本
项目4 思政案例

文本
项目4　PPT

文本
项目4　教案

文本
项目4　题库

项目 5　土的抗剪强度分析

项目描述

土的抗剪强度是地基在工程结构物荷载(包括静、动荷载的各种组合)作用下保持稳定的能力。若地基承载力不能满足要求,在结构物荷载作用下,地基将会产生局部或整体剪切破坏、震动液化,影响工程结构物的安全与正常使用,严重的会导致工程结构物的破坏。因此,在本项目中主要介绍与工程设计与施工有关的土的抗剪强度的概念及抗剪强度指标的测试方法、土的极限平衡条件、防止砂类土震动液化的方法。

学习目标

图片

项目5
思维导图

1. 能力目标

(1)熟练应用直剪仪测定土的抗剪强度指标。

(2)能够根据建筑物施工速度和地基土的工程特性正确选择试验排水方式及土的抗剪强度指标。

2. 知识目标

(1)理解抗剪强度的定义、影响抗剪强度的因素、土的极限平衡条件。

(2)掌握库仑定律和土的抗剪强度指标的测定方法。

(3)了解砂类土震动液化机理,掌握防止砂类土震动液化的方法。

3. 素质目标

(1)提高学生对国家命运的关注度,以精品工程捍卫国家荣誉及维护国家利益。

(2)具有追求极致的职业品质,规范操作剪切试验、精准测试抗剪强度指标。

(3)具有工程安全防护和团队协作意识,树立以试验数据保障工程安全的理念。

相关案例:加拿大特朗斯康谷仓

加拿大特朗斯康谷仓平面呈矩形,长 59.44 m,宽 23.47 m,高 31.00 m,容积 36 368 m^3。谷仓为圆筒仓,每排 13 个圆筒仓,共 5 排。谷仓的基础为钢筋混凝土筏基,厚61 cm,基础埋深 3.66 m。

谷仓于 1911 年开始施工,1913 年秋完工。谷仓自重 20 000 t,相当于装满谷物后满载总重量的 42.5%。1913 年 9 月起往谷仓装谷物,力求使谷物均匀分布。10 月,当谷仓装谷物 31 822 m^3时,发现谷仓 1 h 内垂直沉降竟达 30.5 cm。结构物向西倾斜,并在 24 h 内谷仓倾倒,倾斜度离垂线达 26°53′。谷仓西端下沉 7.32 m,东端上抬 1.52 m,如图 5.1 所示。

1913 年 10 月 18 日谷仓倾倒后,上部钢筋混凝土筒仓坚如磐石,仅有极少的表面裂缝。谷仓地基土事先未进行调查研究,依据邻近结构物基槽开挖的试验结果,计算的地基承载力为

352 kPa，并应用到此谷仓。1952 年经勘察试验与计算，谷仓地基实际承载力为 193.8～276.6 kPa，远小于谷仓破坏时发生的压力 329.4 kPa，因此，谷仓地基因超载发生剪切破坏而滑动。事后在谷仓下面做了 70 多个支撑于基岩上的混凝土墩，使用 388 个 50 t 千斤顶及支撑系统，才把仓体逐渐纠正过来，但其位置却比原来降低了 4 m。

图 5.1　特朗斯康谷仓倾斜

由此案例可以看出，作为地基的土层，一定要准确掌握土的各项指标，尤其是抗剪强度指标。在上部建筑物荷载确定后，应在地基所在现场测出其承载力，否则即使上部结构坚如磐石，而地基强度不足就会产生剪切破坏，建筑物也不能正常使用。因此，在建筑物设计、施工前，应了解地基土的强度，可能产生的破坏方式和破坏原因，掌握地基土抗剪强度的意义和确定方法。

任务 5.1　土的抗剪强度和破坏理论认知

任何材料在受到外力作用后，都会产生一定变形，当材料应力达到某一特定值时，变形会突然出现质的变化，如有的出现断裂，材料应力随之下降，有的变形形成塑流，材料应力虽不增加，但变形速率加快且不停止等，这些现象都可以说是材料的破坏。这时，材料应力所达到的临界值，也就是材料刚刚开始破坏时的应力，可称为材料的强度或极限强度。所以有关材料的强度理论，也可称之为破坏理论。

土是一种三相介质的堆积体，与一般固体材料不同，总的说来，它不能承受拉力，但能承受一定的剪力和压力。在一般工作条件下，土的破坏形态是剪切破坏，所以把土的强度称为抗剪强度。土的剪坏形式也是多种多样的，有的表现为脆裂，破坏时形成明显剪裂面，如紧密砂土和干硬黏土等，有的表现为塑流，即剪应变随剪应力发展到一定阶段时，应力不增加而应变继续增大，形成流动状，如软塑黏土等。土的破坏标准，将根据土的性质和工程情况而定：如对于剪裂破坏，一般用剪切过程中剪切面上剪应力的最大值作为土的破坏应力或剪切强度；如为塑流状破坏，一般剪切变形很大，对于那些对变形不甚敏感的工程，可以用最大剪应力作为破坏应力；至于对变形要求较严的工程，过大的变形已不容许，这时往往按最大容许变形来确定抗剪强度值。总的说来，土的强度往往以应力的某种函数形式来表达，由于函数形式不同，从而形成不同的强度理论。对于土来说，强度理论有很多，但目前比较简单而又比较符合实际的是莫尔—库仑强度理论。

土体的破坏通常都是剪切破坏，例如路堤的边坡太陡时，要发生滑坡，如图 5.2 所示。滑坡就是边坡上的一部分土体相对于另一部分发生剪切破坏。地基土受过大的荷载作用时,也会出现部分土体沿着某一滑动面挤出,导致建筑物严重下陷,甚至倾倒,如图 5.3 所示。土体中滑动面的产生就是由于滑动面上的剪应力达到土的抗剪强度所引起的。

图 5.2 路堤边坡破坏

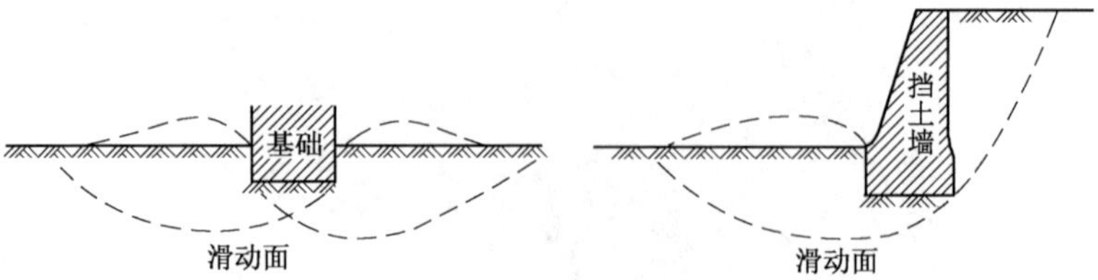

图 5.3 地基土剪切破坏

土的抗剪强度指土体抵抗剪切破坏的极限能力,其数值等于剪切破坏时滑动面上的剪应力,抗剪强度是土的主要力学性质之一。土是否达到剪切破坏状态,除了决定于它本身的性质外,还与所受的应力组合密切相关。这种破坏时的应力组合关系就称为破坏准则。土的破坏准则是一个十分复杂的问题,可以说,目前还没有一个被认为能完全适用于土的理想的破坏准则。

土的抗剪强度,首先决定于它本身的基本性质,那就是土的组成、土的状态和土的结构,这些性质又与它形成的环境和应力历史等因素有关;其次还决定于它当前所受的应力状态。要认识土的抗剪强度的实质,需要开展对土的微观结构的研究。目前已能够通过电子显微镜、X 射线的透视和衍射、差热分析、CT 法、压汞法和气体吸附法等新技术研究土的物质成分、颗粒形状、排列、接触和连接方式,从而阐明强度的实质。

5.1.1 土的抗剪强度

1. 土的抗剪强度的基本规律——库仑定律

1776 年,库仑在研究土的抗剪强度规律时通过对砂土的一系列剪切试验,后来又通过对黏性土的多次剪切试验,先后提出了砂土与黏性土抗剪强度的表达式为

黏性土 $$\tau_f=\sigma\tan\varphi+c \tag{5.1}$$

砂土 $$\tau_f=\sigma\tan\varphi \tag{5.2}$$

式中 τ_f——土的抗剪强度(kPa);

σ——作用在剪切面上的法向应力(kPa);

φ——土的内摩擦角(°);

c——土的黏聚力(kPa)。

式(5.1)与式(5.2)分别表示黏性土、砂土的抗剪强度规律,统称为库仑定律。

上述两式的关系也可用图 5.4 表示。该图所表示的 τ_f-σ 关系是通过对黏性土与砂土作剪切试验得出的,常称为库仑线;它表示了土的抗剪强度随剪切面上铅直压力的加大而增长的现象。

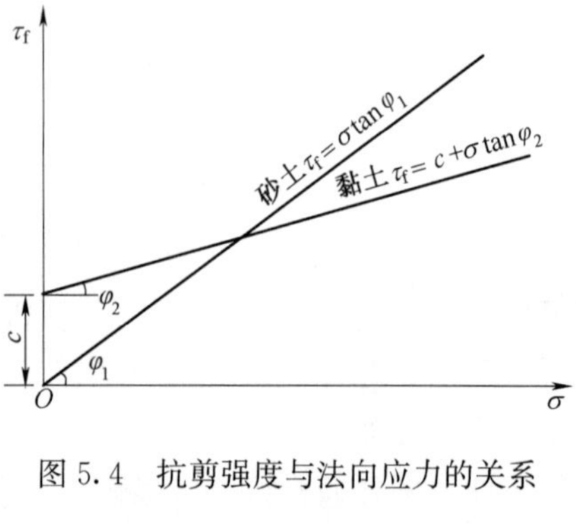

图 5.4 抗剪强度与法向应力的关系

试验表明,在法向应力变化不大的范围内,关

系曲线 τ_f-σ 是一条直线。对于黏性土，该关系曲线在纵轴上有一个截距 c，其斜截方式如式(5.1)。对于无黏性土（砂土），关系曲线通过原点，截距 $c=0$，即无黏聚力，如式(5.2)。

2. 抗剪强度指标与主要影响因素

(1)土的抗剪强度指标 φ、c

φ 和 c，实际上只是表达 σ-τ_f 关系中试验成果的两个数学参数。从物理意义来说，在不同的法向应力作用下，土的内摩擦角 φ 和黏聚力 c 也不可能是常数。因此，即使是同一种土，其 φ、c 值也不是常数，它们均随试验方法和土样的试验条件（如排水条件）等的不同而发生变化，所以只有在一定条件下才可认为土的 φ、c 值为常量。

土的 φ、c 值大小反映了土的抗剪强度的高低。$\tan\varphi$ 为土的内摩擦系数，$\sigma\tan\varphi$ 则为土的内摩擦力。它是存在于土体内部的摩擦力，通常由两部分组成，一是剪切面上颗粒与颗粒接触面上所产生的摩擦力；另一部分则是由颗粒之间的相互嵌入和联结作用产生的咬合力。一般土愈密实，颗粒愈粗，其 φ 值也愈大；反之，土的内摩擦角 φ 值就较小。

黏聚力 c 是由于黏土颗粒之间的胶结作用、结合水膜及分子引力作用等形成的。土的颗粒愈细小，塑性愈大、愈紧密，其黏聚力也就愈大。

(2)影响土的抗剪强度的因素

影响土的抗剪强度的因素是多方面的，主要的有下述几个方面：

①土粒的矿物成分、形状、颗粒大小与颗粒级配

土粒大，形状不规则，表面粗糙及颗粒级配良好的土，由于其内摩擦力大，抗剪强度也高。黏土矿物成分中的微晶高岭石（土）含量越多时，黏聚力越大。土中胶结物的成分及含量对土的抗剪强度也有影响。

②土的密度

土的初始密度愈大，土粒间接触较紧，土粒表面摩擦力和咬合力也愈大，剪切试验时需要克服这些力的剪力也愈大。黏性土的紧密程度对黏聚力 c 值也有影响。

③含水率

土中含水率的多少，对土抗剪强度的影响十分明显。土中含水率大时，会降低土粒表面上的摩擦力，使土的内摩擦角 φ 值减小；黏性土含水率增高时，会使结合水膜加厚，因而也就降低了黏聚力。

④土体结构的扰动情况

黏性土的天然结构如果被破坏时，黏性土的抗剪强度将会显著下降，因原状土的抗剪强度高于同密度和同含水率的重塑土。所以施工时要注意保持黏性土的天然结构不被破坏，特别是开挖基槽更应保持持力层的原状结构，不扰动。

⑤有效应力

从有效应力原理可知，土中某点所受的总应力等于该点的有效应力与孔隙水压力之和，随着孔隙水压力的消散，有效应力的增加，致使土体受到压缩，土的密度增大，使土的 φ、c 值变大，抗剪强度增高。

5.1.2　土的强度理论（极限平衡条件）

库仑定律反映了 $\tau_f=f(\sigma)$ 的关系，要了解土的抗剪强度，就必须先要知道剪切面上的法向应力 σ，就是说需要分析土中的应力状态。

不同材料有其各自的破坏形式，对于土体来说，它的主要破坏形式就是剪切破坏。库仑定

律中就是以剪切破坏作为土的强度破坏。为了进一步研究土的强度理论,莫尔强度理论是较为适合的,它是最大剪力理论。该理论认为:材料发生破坏主要是由于某一截面上的剪应力达到一定的限度所致,但材料破坏也和该受剪截面上的法向应力有关,这一点在库仑定律中已充分反映出来。

土体中某点任意平面上的剪应力如果等于该平面上土的抗剪强度时,表明该点的任意平面土体已处于极限平衡状态。此时的应力状态与土的抗剪强度之间的关系就是土的极限平衡条件。由此可知:土中某一剪切面上的极限平衡状态的条件式为

$$\tau=\tau_f=\sigma\tan\varphi+c \tag{5.3}$$

1. 土中某点的应力状态

在自重与荷载作用下的土体(如地基)中任意一点的应力状态,属于空间应力问题,任一点的应力状态是由 6 个应力分量来确定的。即对于某一点,需要知道 6 个应力分量(即 3 个正压应力与 3 个剪应力)才能确定该点的应力状态。对于平面应力问题,只需知道 3 个应力分量 σ_z、σ_x 和 $\tau(\tau=\tau_{zx}=\tau_{xz})$,即可确定一点的应力状态。

另外,对于土中任意一点,所受的应力随所取平面的方向不同而发生变化。但可以证明,在所有的平面中必有一组平面上的剪应力为零。该平面上因无剪应力,故应为主应力平面,其作用于平面上的法向应力则是主应力。对于空间应力问题,有 σ_1、σ_2 和 σ_3 三个主应力,对于平面应力问题只有 σ_1 与 σ_3 两个主应力,即不考虑中间主应力 σ_2,只考虑最大主应力 σ_1 与最小主应力 σ_3。

现以平面应力问题为例。当土中任一点的应力 σ_z、σ_x 和 τ 为已知时,由材料力学可知,主应力可以由下面的应力转换关系得出:

$$\begin{matrix}\sigma_1\\\sigma_3\end{matrix}=\frac{\sigma_z+\sigma_x}{2}\pm\sqrt{\left(\frac{\sigma_z-\sigma_x}{2}\right)^2+\tau^2}$$

主应力平面与任意平面间的夹角可由下式得出:

$$\alpha=\frac{1}{2}\arctan\left(\frac{2\tau}{\sigma_z-\sigma_x}\right)$$

关于夹角 α 的转动方向应与莫尔应力圆图上的一致。

由上述可知,土中任一点的应力可以用该点主应力平面上的最大主应力 σ_1 与最小主应力 σ_3 表示。因此,为了简化计算,土中任一点的强度条件常用该点的最大、最小主应力之间的关系来表示。下面将对平面应力问题中土中任一点的应力状态进行讨论。图 5.5 表示在地基土体中任取一个微小单元土体,受到最大、最小主应力作用的情况。

现取与大主应力作用面成 α 夹角的截面 mn,则 mn 斜面上作用的法向应力 σ 与剪应力 τ 可根据所取微小三角棱柱体的静力平衡条件求出。其表达式为

$$\sigma=\frac{\sigma_1+\sigma_3}{2}+\frac{\sigma_1-\sigma_3}{2}\cos 2\alpha \tag{5.4}$$

$$\tau=\frac{\sigma_1-\sigma_3}{2}\sin 2\alpha \tag{5.5}$$

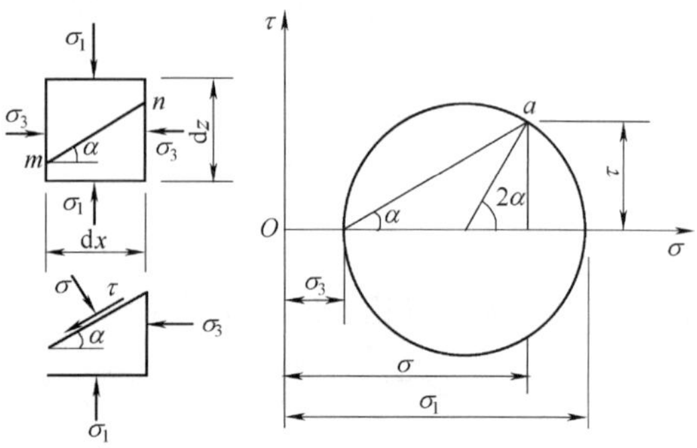

图 5.5 土体中微分单元体的应力状态

微单元土体上作用的大小主应力的数值与作用方向均随其所在的位置而变。在已知

最大主应力 σ_1 与最小主应力 σ_3 的条件下，某一斜截面 mn 上的法向应力 σ 与剪应力 τ 仅与该斜面的倾角 α 有关。若将式(5.4)移项后两端平方，再与式(5.5)的两端平方后分别相加，即得

$$\left(\sigma-\frac{\sigma_1+\sigma_3}{2}\right)^2+\tau^2=\left(\frac{\sigma_1-\sigma_3}{2}\right)^2 \tag{5.6}$$

不难看出式(5.6)是一个圆的方程式。在 σ-τ 的坐标系中如取圆心为(a、b)，半径为 r 画圆$\left(\text{如图 5.5 所示，其中 } a=\frac{\sigma_1+\sigma_3}{2}\right.$为圆心在 σ 轴上的坐标，圆心在 τ 轴上的坐标 $b=0$，圆的半径 $\left.r=\frac{\sigma_1-\sigma_3}{2}\right)$，由此画出的圆即称为莫尔应力圆。

从莫尔应力圆上沿逆时针方向取 2α 角的点 a(图 5.5)，a 点的横坐标代表 σ，其纵坐标代表 τ，则莫尔应力圆上每一点的纵、横坐标分别表示土体中相应点与大主应力平面成 α 斜角的 mn 平面上的法向应力 σ 与剪应力 τ。显然当土体中任一点只要已知其大小主应力 σ_1 与 σ_3 时，便可用莫尔应力圆求出该点不同斜面上的法向应力 σ 与剪应力 τ。因此，应用莫尔应力圆可以很方便地表示出土体中任一点的应力状态。

2. 土的极限平衡状态及条件式

(1)土的极限平衡状态

前已述及，土的强度破坏就是指土的剪切破坏。因此，只要把土中任一点的应力状态与该处土的抗剪强度相比较，就可以研究该点的平衡状态。现设有一个微单元土体，在任一对主应力作用下，这个微单元土体内任一截面上的剪应力 τ 如小于该截面上土的抗剪强度 τ_f(即 $\tau<\tau_f$)时，表示这个微小土体处于稳定平衡状态；如该截面上的剪应力 τ 等于土的抗剪强度(即$\tau=\tau_f$)时，则表示这个微单元土体处于极限平衡状态；当剪应力 τ 大于截面上土的抗剪强度(即 $\tau>\tau_f$)时，则土体因产生剪切破坏而丧失稳定。由此可见，可用代表土中某点应力状态所画的莫尔应力圆，与该土的库仑线的相对关系就可以判定其所处的应力状态，故称为莫尔—库仑原理，如图 5.6 所示。图中圆 1 位于库仑线的下方，表示土中某点任一截面的土体都处于稳定平衡状态；图中的圆 2 与库仑线正好相切于 a 点，表示微单元土体已达到极限平衡状态；图中的圆 3 与莫尔应力圆相割，表示微元土体已经破坏。因为土体已经破坏，实际上圆 3 是不可能画出的，而是理想的情况。

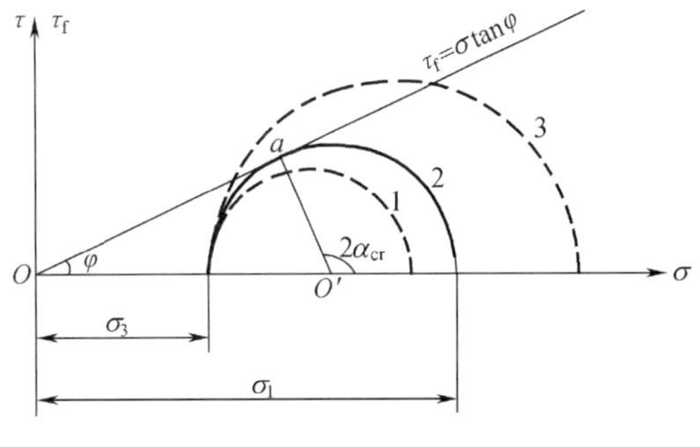

1—未达到极限平衡状态；2—处于极限平衡状态；
3—超过(理论上)极限平衡状态。

图 5.6　砂类土应力圆与抗剪强度线关系

(2)土的极限平衡条件式

土体中某点达到极限平衡状态时，其微单元土体上所作用的最大主应力 σ_1 与最小主应力 σ_3 及土的抗剪强度指标 φ、c 值之间的关系式，即称为土的极限平衡条件式。可用莫尔应力圆与库仑强度线相切的几何关系推得。

当土中某点处于极限平衡状态时，莫尔圆上一对切点所代表的一对截面，即为剪切破坏面，如图 5.7 所示。由图 5.7 所示的几何关系可知：

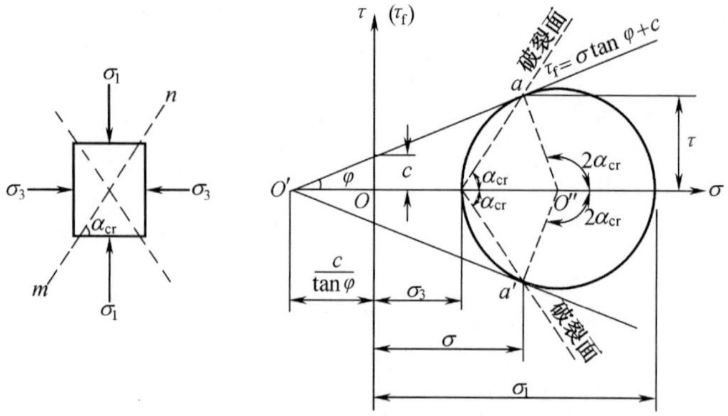

图 5.7　黏性土中某点处于极限平衡状态时应力圆与抗剪强度线关系

$$\sin\varphi=\frac{\sigma_1-\sigma_3}{\sigma_1+\sigma_3+2c\cdot\cot\varphi} \tag{5.7}$$

或改写为

$$\sigma_1\sin\varphi+\sigma_3\sin\varphi+2c\cdot\cos\varphi=\sigma_1-\sigma_3$$

经过转换后又可改写成

$$\sigma_1(1-\sin\varphi)=\sigma_3(1+\sin\varphi)+2c\cdot\cos\varphi$$

或

$$\sigma_1=\sigma_3\frac{1+\sin\varphi}{1-\sin\varphi}+2c\frac{\cos\varphi}{1-\sin\varphi} \tag{5.8}$$

因为

$$\frac{1+\sin\varphi}{1-\sin\varphi}=\frac{\sin 90^\circ+\sin\varphi}{\sin 90^\circ-\sin\varphi}=\frac{2\sin\left(45^\circ+\frac{\varphi}{2}\right)\cos\left(45^\circ-\frac{\varphi}{2}\right)}{2\sin\left(45^\circ-\frac{\varphi}{2}\right)\cos\left(45^\circ+\frac{\varphi}{2}\right)}$$

$$=\frac{\sin^2\left(45^\circ+\frac{\varphi}{2}\right)}{\cos^2\left(45^\circ+\frac{\varphi}{2}\right)}=\tan^2\left(45^\circ+\frac{\varphi}{2}\right)$$

及

$$\frac{\cos\varphi}{1-\sin\varphi}=\sqrt{\left(\frac{\cos\varphi}{1-\sin\varphi}\right)^2}=\sqrt{\frac{1-\sin^2\varphi}{(1-\sin\varphi)^2}}=\sqrt{\frac{1+\sin\varphi}{1-\sin\varphi}}=\tan\left(45^\circ+\frac{\varphi}{2}\right)$$

故式(5.8)可化简为

$$\sigma_1=\sigma_3\tan^2\left(45^\circ+\frac{\varphi}{2}\right)+2c\tan\left(45^\circ+\frac{\varphi}{2}\right) \tag{5.9}$$

或

$$\sigma_3=\sigma_1\tan^2\left(45^\circ-\frac{\varphi}{2}\right)-2c\tan\left(45^\circ-\frac{\varphi}{2}\right) \tag{5.10}$$

以上所得出的关系式为黏性土的关系式。对砂土,可认为黏聚力 $c=0$,则可得出砂土中某点的极限平衡条件方程式为

$$\sigma_1=\sigma_3\tan^2\left(45^\circ+\frac{\varphi}{2}\right) \tag{5.11}$$

$$\sigma_3=\sigma_1\tan^2\left(45^\circ-\frac{\varphi}{2}\right) \tag{5.12}$$

式(5.9)～式(5.12)可以用来验算土体中某点是否已达到极限平衡状态。

土体中某点处于极限平衡状态时，其破裂面与最大主应力 σ_1 作用平面间的夹角 α_{cr} 可由图 5.6的几何关系得出：

$$2\alpha_{cr}=\pm(90^\circ+\varphi)$$

所以

$$\alpha_{cr}=\pm\left(45^\circ+\frac{\varphi}{2}\right) \tag{5.13}$$

由此可知，剪切破坏面的位置是发生在与大主应力平面成 $\left(45^\circ+\frac{\varphi}{2}\right)$ 夹角的斜面上。

综上所述，莫尔—库仑关于土的抗剪强度理论可以归纳为以下几点：

①土体的抗剪强度随受剪切面上法向应力数值大小的不同而不同，即法向应力增大时，土的抗剪强度也随之增大；

②土体强度破坏是由于土体在荷载作用下，土中某点剪切面上的剪应力达到或超过了土的抗剪强度所致，发生的条件是库仑线与莫尔应力圆相切；

③土体的剪切破坏面不发生在剪应力最大的斜面上，即 $\alpha=45^\circ$ 的斜面上，而是发生在与大主应力平面成 $\alpha_{cr}=45^\circ+\varphi/2$ 夹角的斜面上。

应当指出，土的抗剪强度线不一定都呈直线形状，特别是当剪切面上的法向应力 σ 变化范围很大时，常呈曲线形状，在这种情况下就不能再用库仑强度公式来概括。通常将这种曲线称为土的抗剪强度包线。

【例题 5.1】 已知某砂类土的内摩擦角 $\varphi-36^\circ52'$。当土中某点的最大主应力 $\sigma_1=360$ kPa，最小主应力 $\sigma_3=90$ kPa时，该点处于极限平衡状态。试求这一点的最大剪应力、破裂面与最大主应力作用面的夹角及破裂面上的剪应力和法向应力。

【解】 由式(5.5)可知，当 $\alpha=45^\circ$ 时，剪应力最大。所以最大剪应力为

$$\tau_{max}=\frac{1}{2}(\sigma_1-\sigma_3)\sin 90^\circ=\frac{1}{2}\times(360-90)=135\ (\text{kPa})$$

破裂面与最大主应力作用面间的夹角为

$$\alpha_{cr}=\pm\left[45^\circ+\frac{\varphi}{2}\right]=\pm\left(45^\circ+\frac{36^\circ52'}{2}\right)=\pm 63^\circ26'$$

破裂面上的剪应力为

$$\tau=\frac{1}{2}(\sigma_1-\sigma_3)\sin 2\alpha_{cr}=\frac{1}{2}\times(360-90)\times\sin(2\times63^\circ26')=108\ (\text{kPa})$$

破裂面上的法向应力根据式(5.4)为

$$\begin{aligned}\sigma&=\frac{1}{2}(\sigma_1+\sigma_3)+\frac{1}{2}(\sigma_1-\sigma_3)\cos 2\alpha_{cr}\\&=\frac{1}{2}\times(360+90)+\frac{1}{2}\times(360-90)\times\cos(2\times63^\circ26')=144\ (\text{kPa})\end{aligned}$$

此点的应力圆和抗剪强度线如图 5.8 所示。

【例题 5.2】 已知某黏性土地基的内摩擦角 $\varphi=26^\circ$，黏聚力 $c=20$ kPa。当土中某点达到极限平衡状态时，该点的最大主应力 $\sigma_1=450$ kPa。试求：

(1)此时该点的最小主应力 σ_3，并绘应力圆；

(2)破裂面与最大主应力作用面间的夹角、破裂面上的剪应力和相应的抗剪强度；

(3)最大剪应力和最大剪应力作用面上的抗剪强度。

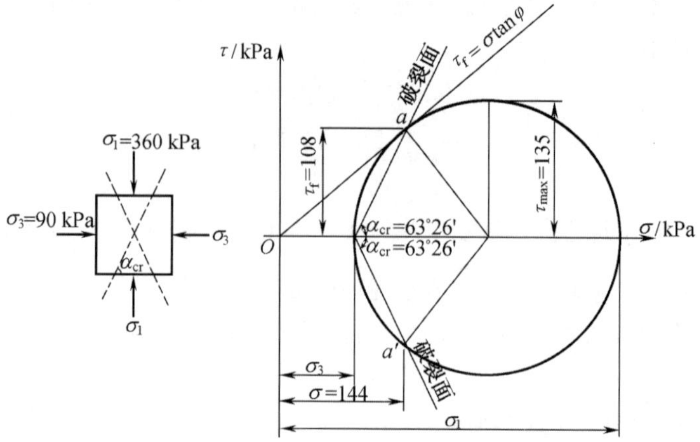

图 5.8　例题 5.1 的应力圆和抗剪强度线

【解】 (1)由式(5.10),得

$$\sigma_3=\sigma_1\tan^2\left(45°-\frac{\varphi}{2}\right)-2c\tan\left(45°-\frac{\varphi}{2}\right)$$
$$=450\times\tan^2\left(45°-\frac{26°}{2}\right)-2c\tan\left(45°-\frac{26°}{2}\right)$$
$$=150\ (\text{kPa})$$

绘出应力圆如图 5.9 所示。

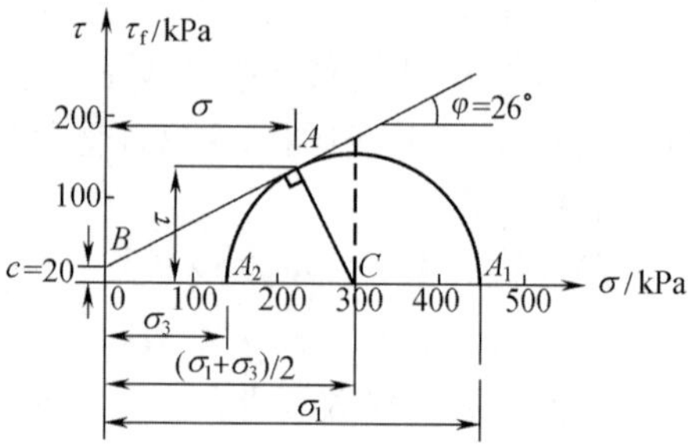

图 5.9　例题 5.2 的应力圆和抗剪强度线

(2)破裂面与最大主应力作用面间的夹角,应等于$\frac{1}{2}\angle ACA_1$,即

$$\alpha_{cr}=\pm\frac{1}{2}(90°+\varphi)=\pm\left(45°+\frac{\varphi}{2}\right)=\pm\left(45°+\frac{26°}{2}\right)=\pm58°$$

破裂面上的剪应力可按式(5.5)求得:

$$\tau=\frac{\sigma_1-\sigma_3}{2}\sin2\alpha_{cr}=\frac{1}{2}\times(450-150)\times\sin(2\times58°)=135\ (\text{kPa})$$

破裂面上的法向应力可按式(5.4)求得:

$$\sigma=\frac{\sigma_1+\sigma_3}{2}+\frac{\sigma_1-\sigma_3}{2}\cos2\alpha_{cr}$$
$$=\frac{1}{2}\times(450+150)+\frac{1}{2}\times(450-150)\times\cos(2\times58°)=234\ (\text{kPa})$$

相应的抗剪强度可按式(5.3)求得:

$$\tau=\tau_f=\sigma\tan\varphi+c=234\times\tan26°+20=134\ (\text{kPa})$$

(3)从图 5.9 可看出 $\alpha=45°$时剪应力最大,$\tau_{max}=\frac{1}{2}(\sigma_1-\sigma_3)=\frac{1}{2}\times(450-150)=150$ (kPa);此截面上的法向应力 $\sigma=\frac{1}{2}(\sigma_1+\sigma_3)=\frac{1}{2}\times(450+150)=300$ (kPa);相应的抗剪强度 $\tau_f=\sigma\tan\varphi+c=300\times\tan26°+20=166$ (kPa),即在最大剪应力的作用面上,有 $\tau_f=166$ kPa$>$150 kPa$=\tau_{max}$。

从上述两例可看出,土的抗剪强度与一般固体材料的抗剪强度不同,即土的抗剪强度不是常量而是与法向应力成正比变化的变量。因此，土体的破裂面一般并不在最大剪应力作用的截面上，而在 $\tau=\tau_f$ 的截面上。

任务5.2　土的抗剪强度试验

工程上，为了测定土的抗剪强度，必须做土的抗剪强度试验，通常称为剪切试验，其目的是确定土的抗剪强度指标。室内试验的仪器常用直剪仪、三轴压缩仪与无侧限压缩仪等。

5.2.1　直剪试验

直剪试验使用的仪器称为直剪仪。直剪仪有应力式和应变式两种。应变式直剪仪是等速推动剪力盒使之发生错动；应力式直剪仪是分级施加水平剪力于剪力盒使之发生错动。目前我国普遍使用应变式直剪仪。图5.10为应变式直剪仪装置的示意图。直剪仪由固定的上盒和可以移动的下盒组成，土样放置于上下盒之间。根据直剪试验类型，土样上下面分别放上不透水板或滤纸和一块透水板（以便于使土样中的水排出）。

试验时先在土样上施加强度为 σ 的垂直压力，然后，通过等速前进的轮轴施加水平剪力推动下盒向前移动，使土样在上盒与下盒之间发生剪切变形（错动）而发生剪切破坏。

土样的剪切变形，用位于剪力盒一侧的测力计及水平位移计测量。根据土样的剪切变形读数与测力计系数便可计算出土的抗剪强度 τ_f 数值（τ_f 等于变形读数与测力计系数之乘积），由 σ 和 τ_f 便可绘制如图5.4所示的关系曲线。

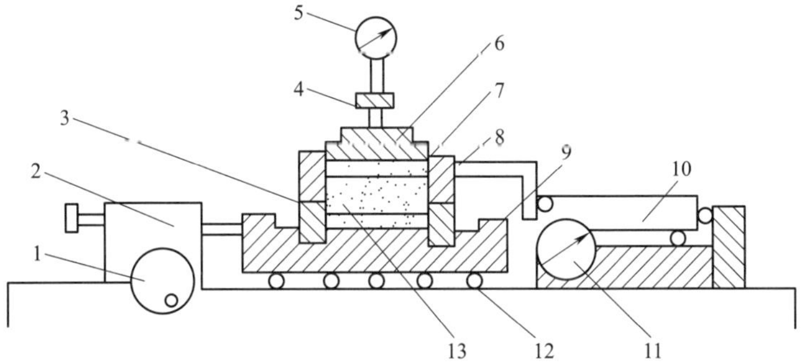

视频

土的直剪试验

1—剪切传动装置；2—推动器；3—下盒；4—垂直加压框架；5—垂直位移计；6—传压板；7—透水板；8—上盒；9—储水盒；10—测力计；11—水平位移计；12—滚珠；13—试样。

图5.10　应变控制式直剪仪示意

直剪仪是最先用来测定土的抗剪强度指标的一种仪器。由于此仪器构造简单，土样制备和试验操作方便，造价低，故现在仍为一般工程试验的常用仪器。但该仪器也存在一些缺点：如人为的固定剪切面在上下盒的接触面处，因而不能反映土体的实际软弱剪切面；在剪切过程中由于土样受剪面积逐渐减小，使垂直应力发生偏心，剪应力不能保持均匀分布；试验时不能严格控制土样的排水条件，也无法测定其孔隙水压力等。

5.2.2　三轴剪切试验

三轴剪切试验使用的仪器称为三轴剪切仪（又称三轴压缩仪）。此种仪器的核心部分是受压室,它的构造如图 5.11 所示;另外,还有轴压系统,即三轴剪切仪的主机台,用以对土样施加轴向压力;侧压系统通过液压(通常是水)对土样施加周围压力;孔隙水测读系统,用以测量土样孔隙水压力及其在试验过程中的变化。

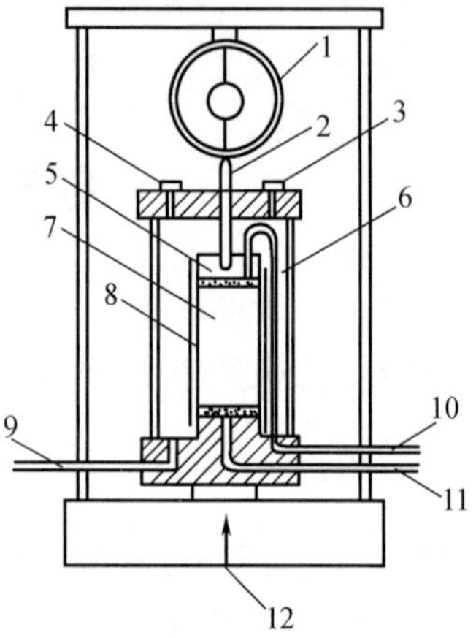

1—量力环;2—活塞;3—进水孔;
4—排水孔;5—试样帽;6—受压室;
7—试样;8—橡皮膜;9—接周围压力控制系统;
10—接排水管;11—接孔隙水压力系统;
12—接轴向加压控制系统。

图 5.11　三轴剪切仪

试验用的土样为正圆柱形,常用试样的高度与直径之比为 2~2.5(一般直径 $d>3.50$ cm,常用 3.50 cm、3.91 cm、6.18 cm 和 10.10 cm)。将试样套在乳胶膜内,置放在压力室的底座上,然后向压力室压入液体,使土样在各个方向上受到相同的周围压力(即 σ_3),此时试样中不受剪力。再通过轴向加压设备对试样逐级施加垂直压力 $\Delta\sigma_1$,此时试样中将产生剪应力。在某一周围压力 σ_3 作用下,垂直压力为 σ_1,故 $\sigma_1=\sigma_3+\Delta\sigma_1$,不断增大 $\Delta\sigma_1$,直至使试样剪坏。其破坏面发生在与大主应力作用面成 $\alpha_{cr}=45°+\varphi/2$ 的夹角处。用 σ_1 与 σ_3 可绘得一个极限应力圆。如对同一种土取 3~4 个试样,分别在不同的周围压力 σ_3 作用下将试样剪破,用相应的 σ_1,便可绘制出几个不同的极限应力圆。据此作这些圆的公切线,即为库仑线,如图 5.12 所示。从图上便可确定试样的内摩擦角 φ 与黏聚力 c 值,亦可用极限平衡条件方程式计算得出 φ 与 c 值。

关于三轴剪切试验的优点主要在于:可供在复杂应力情况下研究土的抗剪强度特性;还可根据工程实际需要,严格控制试样中孔隙水的排出,并能较准确地测定土样在剪切过程中孔隙水压力的变化,从而可以定量地得到试样中有效应力的变化情况。但是三轴剪切仪也存在一些缺点:如仪器设备和试样制备都较复杂;试样上下端受刚性板的影响;对于水平土层的试样(夹软弱层),剪切破坏面常不是软弱面。此外,目前使用的三轴剪切仪,土的中间主应力 σ_2 等于小主应力 σ_3,属于轴对称应力状态,将其成果用于平面问题或空间问题的研究时,也有不符合实际的情况。

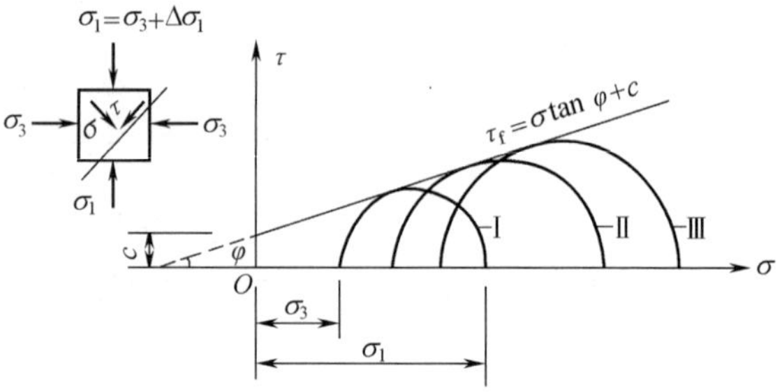

图 5.12　三轴压缩试验成果

5.2.3　无侧限抗压强度试验

无侧限抗压强度试验是只对试样(正圆柱体)施加垂直压力,不施加周围压力,即 $\sigma_3=0$,实际上是三轴剪切试验的一个特例。试验时由于试样侧向不受限制,可以任意变形,故称为无侧限抗压强度试验。这种试验只适用于黏性土,特别适用于饱和软黏土。仪器设备如图 5.13(a) 所示。

试验时试样侧向不受力且不排水,只施加垂直轴向压力使试样剪破。试样在剪破时所受的最大压力即为土的无侧限抗压强度 q_u，相当于三轴剪切仪进行 $\sigma_3=0$ 和不排水试验。因 $\sigma_3=0$，故总应力圆切于坐标原点，如图 5.13(b)所示。

根据无侧限压缩仪对于饱和黏土进行不排水剪切试验的结果，强度线接近一条水平线，如图 5.13(b)所示。当内摩擦角 $\varphi=0$ 时，则土的抗剪强度为

$$\tau_f=c=\frac{q_u}{2} \tag{5.14}$$

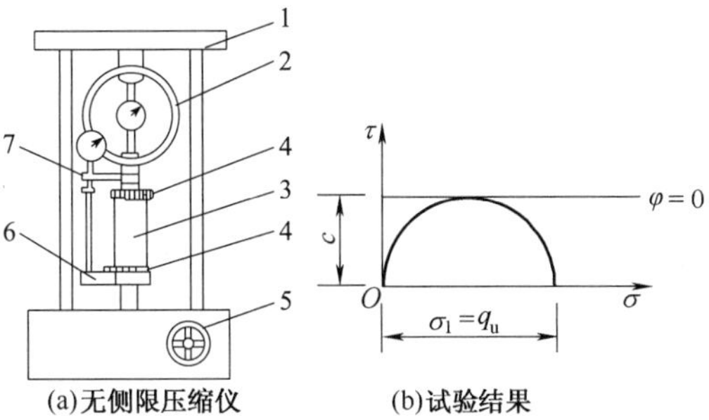

1—轴向加荷架；2—轴向测力计；3—试样；4—上、下传压板；5—手轮或电动转轮；6—升降板；7—轴向位移计。

图 5.13　无侧限抗压强度试验

5.2.4　十字板剪切试验

十字板剪切试验方法适用现场原位测定饱和软黏土的不排水抗剪强度及灵敏度等参数。它无须钻孔取得原状土样，从而使土少受扰动，试验时土的排水条件、受力状态等与实际条件十分接近，因而特别适用于难于取样和高灵敏度的饱和软黏土。对饱和黏土进行十字板剪切试验，相当于不排水的剪切试验。

十字板剪切仪的构造如图 5.14 所示。主要部件为十字板头、传感器轴杆、施加扭力设备和测力装置。十字板剪切试验的工作原理是：使用时将十字板插入土中待测的天然土层高程处，在地面上施加扭转力矩于杆身，带动十字板旋转，使十字板头的四翼矩形片旋转时与土体间形成圆柱表面形状的剪切面(图 5.15)。通过量力设备测出最大扭转力矩 M_{max}，据此计算抗剪强度。由图 5.15 可知土的抗扭力矩由两部分组成。

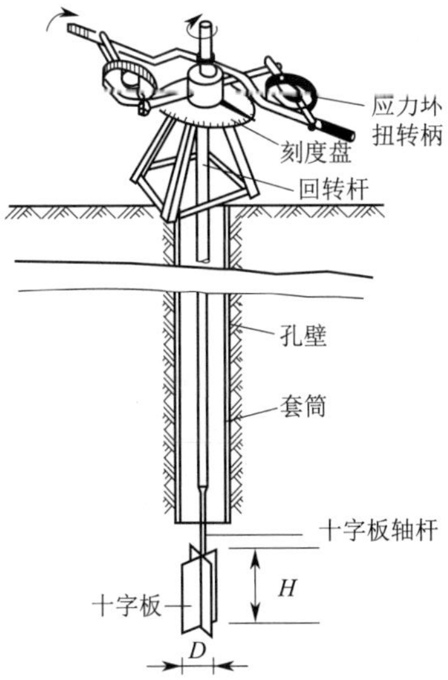

图 5.14　十字板剪切仪

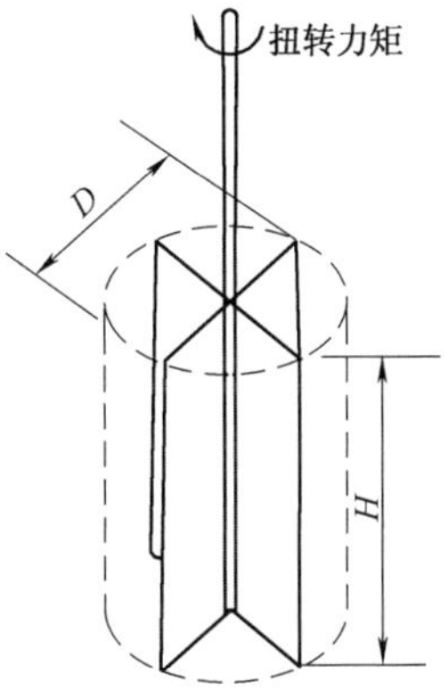

图 5.15　十字板剪力试验

1. 圆柱形土体侧面上的抗扭力矩

$$M_1=\tau_f\left(\pi DH\frac{D}{2}\right) \tag{5.15}$$

式中　D——圆柱直径，即十字板宽度；

H——十字板的高度;

τ_f——土的抗剪强度。

2. 圆柱形土体上下两个受剪切面上的抵抗力矩

$$M_2=\tau_f\left(\frac{\pi}{4}D^2\times 2\times\frac{D}{3}\right) \tag{5.16}$$

式中 $D/3$——力臂值,合力作用在圆半径的 2/3 处(距圆心)。

$$M_{max}=M_1+M_2=\tau_f\left(\frac{\pi HD^2}{2}+\frac{\pi D^2}{2}\times\frac{D}{3}\right)$$

所以

$$\tau_f=\frac{M_{max}}{\frac{\pi D^2}{2}\left(H+\frac{D}{3}\right)} \tag{5.17}$$

由于饱和软黏土在不排水情况下剪切时,$\varphi=0$,所以这种剪切试验方法所得的土的抗剪强度与室内无侧限压缩试验一样,即土的抗剪强度等于土的黏聚力 c。

十字板剪切试验结果理论上应与无侧限抗压强度试验相当(甚至略小),但事实上十字板剪切试验结果往往比无侧限抗压强度值偏高,这可能与土样扰动较少有关。除土的各向异性外,土的成层性,十字板的尺寸、形状、高径比、旋转速率等因素都对十字板剪切试验结果有影响。此外,十字板剪切面上的应力条件十分复杂,十字剪切不是简单沿着一个面产生,而是存在着一个具有一定厚度的剪切区域。因此,十字板剪切的 c 值与原状土室内的不排水剪切试验结果有一定的差别。

任务 5.3 不同排水条件的强度指标及测定

5.3.1 总应力法与有效应力法强度指标

总应力法是用试样剪切面上的总应力来表达土的抗剪强度的方法。在总应力法中,孔隙水压力对土的抗剪强度的影响,是通过在试验过程中控制土样的排水条件来实现的。根据排水条件不同,用直剪仪对土样进行剪切试验时,按土样固结和剪切时是否允许排水可分为快剪、固结快剪与慢剪三种。这样测得的强度指标称为土的总应力强度指标。总应力法的抗剪强度表达式,也就是库仑定律的抗剪强度表达式,即 $\tau_f=\sigma\tan\varphi+c$。从总应力法中可以看出,对于同一种土,施加相同的总应力时,土的抗剪强度并不相同,而是随着排水条件的不同而发生变化。

在饱和黏土中,由于孔隙水压力的存在以及对土抗剪强度的影响,常采用三轴压缩仪来测定土的抗剪强度指标。因为土的抗剪强度是随土中孔隙水压力的逐渐消散,有效应力的逐渐增大而加大的,因此可知土的抗剪强度不是由剪切面上的总法向应力决定,而是取决于剪切面上所受的有效法向应力。有效应力法的抗剪强度表达式为

$$\tau_f=\sigma'\tan\varphi'+c'=(\sigma-u)\tan\varphi'+c' \tag{5.18}$$

式中 σ'——剪切面上的有效应力(kPa);

σ——剪切面上的总法向应力(kPa);

u——土样中的孔隙水压力(kPa);

φ'——土的有效内摩擦角(°);

c'——土的有效黏聚力(kPa)。

常规三轴压缩试验通常有三种:即不固结不排水,简称不排水剪;固结不排水剪;固结排

水剪，简称排水剪。与直剪仪一样，对同一种土样采用不同的排水条件与剪切方法，所得出的土的抗剪强度也是不同的。

5.3.2　不同排水条件的试验方法

在测定土的抗剪强度指标时，应该紧密结合工程实际来选择试验方法，如施工期的长短、加荷速率、土的性质和排水条件，以及工程使用过程中的荷载变化情况与土样原来的固结程度等。不管是采用直剪仪还是采用三轴压缩仪测定土的抗剪强度指标，均有三种特定的剪切试验方法供选用。

(1)不排水剪(快剪)：指在整个试验过程中，不让土样排水固结(即不使孔隙水压力消散)。采用直剪试验时，由于不易控制排水，故在施加垂直压力后应立即施加水平剪力，并使土样在3～5 min内剪破，由于剪切过程时间较短，故称为快剪。若是采用三轴剪切试验，则应自始至终都关闭排水阀门，使土样不能排水。由不排水剪试验测得的抗剪强度指标用 τ_u、φ_u 和 c_u 表示。

(2)排水剪(慢剪)：指在试验的全过程中，使土样充分排水固结(即使孔隙水压力完全消散)。如用直剪试验，待土样在垂直压力作用下充分排水固结后，再缓慢地施加水平剪力，在剪切过程中让土样排水固结，直至土被剪破。由于剪切所需要的时间较长，故称为慢剪。强度指标用 τ_d、φ_d 和 c_d 表示。如采用三轴剪切试验，无论在施加周围压力和竖向压力时，均需打开排水阀门，并以充分时间让土样排水固结。

(3)固结不排水剪(固结快剪)：采用直剪试验，使土样在垂直压力作用下完全固结后，再施加水平剪力，在3～5 min内将土样剪破，故称为固结快剪。如采用三轴剪切试验，在施加周围压力时，打开排水阀门，使土样排水固结后，再关排水阀门，施加垂直压力，使土样在不排水条件下剪破。由此测得的强度指标用 τ_{cu}、φ_{cu} 和 c_{cu} 表示。

以上三种试验方法，对同一种土样测出的抗剪强度和抗剪强度指标都不相同：$\tau_d>\tau_{cu}>\tau_u$；$\varphi_d>\varphi_{cu}>\varphi_u$；$c_d>c_{cu}>c_u$。

5.3.3　剪切试验方法的分析与选用

1. 剪切试验方法的分析

上面已经讲过可用直剪仪通过快剪、慢剪和固结快剪三种特定的试验方法，粗略地模拟地基土体、路堤堤身或边坡土体的固结情况。但直剪试验最突出的缺点是不能准确地控制排水条件和测得孔隙水压力的变化情况。直剪试验中通过快和慢的剪切速率来解决土样的排水条件问题，与实际情况有较大的差别。下面将三种直剪试验方法与相应的三种三轴剪切试验方法进行简要的比较分析。

(1)慢剪与排水剪试验

直剪仪的慢剪试验与三轴压缩仪的排水剪试验，由于试验的全过程中试样中没有孔隙水压力，所施加的应力就为有效应力，所以两种试验方法的排水条件相同。除仪器本身的性能与误差外，两种试验的结果基本相同。因施加的应力是有效应力，所得出的强度指标 φ_d、c_d 基本上等于有效应力强度指标 φ'、c'。

(2)快剪与不排水剪切试验

直剪仪的快剪试验与三轴压缩仪的不排水剪切试验结果的差别主要取决于土样的渗透性，对于渗透性很大的土，直剪的快剪试验可以相当于三轴压缩仪的排水剪试验，因为在规定的剪切时间内(快剪)，土样中的水可以通过各种缝隙排出，使土样达到固结的程度，这一点已为某些试验所证实。

(3)固结快剪与固结不排水剪

直剪仪的固结快剪与三轴压缩仪的固结不排水剪试验,因为土样在垂直压力作用下都已达到完全固结的程度,在剪应力作用下土样的固结排水条件类似于直剪仪的快剪与三轴压缩仪的不排水剪。

综上所述,对于透水性很大的砂类土的快剪、固结快剪的试验成果接近于排水剪;对于透水性很小的黏土,用直剪试验的三种试验方法,与用三轴压缩仪三种试验方法,它们各自相应的成果比较接近;对于中等透水性的土样(如粉质黏土)用直剪试验与三轴压缩仪试验的成果有差别。

2. 工程中试验方法的选用

经过前面对有效应力方法的分析,以及三种特定的抗剪强度试验方法的介绍,对如何结合工程特点选用相应的试验方法就比较明确了。现简单归纳如下:

(1)当工程需要采用有效应力进行设计时,应该使用有效抗剪强度指标。有效抗剪强度指标可用直剪的慢剪试验和三轴的排水剪试验测得。使用有效应力和有效强度指标进行工程设计,概念明确,指标比较稳定,是一种比较合理的方法。但由于土中的孔隙水压力很难测准,这给工程应用带来一定困难。

(2)三轴剪切试验中的不排水剪,相应于所施加的外力全部都由孔隙水承担,土样保持初始应力状态。固结不排水的固结应力即为有效应力,而固结后施加的轴向应力使土样产生了孔隙水压力。当工程中实际存在的应力状态与上述两种情况相符合时,采用不排水与固结不排水试验指标才是合理的,否则将是近似的。

试验方法的具体选用,应该紧密结合工程实际,考虑土体的受力情况、应力分布以及排水条件等因素,选用适合的试验方法与抗剪强度指标。例如当地基为不易排水的饱和软黏土,施工期又较短时,可选用不排水或快剪试验的抗剪强度指标;反之当地基容易排水固结,如砂类土地基,而施工期又比较长时,可选用固结排水剪或慢剪试验的强度指标;当建筑物完工后很久,荷载又突然增大,如水闸完工后挡水的情况,可采用固结不排水剪或固结快剪试验的抗剪强度指标。又如总应力法分析土坝坝体的稳定时,施工期可采用不饱和快剪试验的强度指标,运用期间可采用饱和固结快剪试验的强度指标。当分析浸水路堤水位骤然下降的边坡稳定性时,也可采用饱和固结快剪的强度指标。

文本

抗震设防烈度与设计基本地震加速度值的对应关系

任务 5.4 砂类土的震动液化分析

饱和砂类土在震动时完全丧失抗剪强度而呈现类似液体状态的现象,叫作砂类土的震动液化。地震、车辆行驶、机器震动、打桩及爆破等,都可能引起饱和砂类土的液化,其中又以地震引起的大面积砂类土液化的危害性最大,经常造成工程场地的整体失稳。因此引起国内外工程界普遍重视。

5.4.1 砂类土震动液化的危害

饱和砂类土液化造成的灾害主要有:

(1) 喷砂冒水。土体液化过程中,伴随着孔压上升出现喷水冒砂现象,因为地震发生时,在砂类土中会产生很大的孔隙水压力,砂、水混合物在覆盖层比较薄弱的地方或地震形成的裂缝中喷出,造成河床、渠道等淤塞。2003 年 2 月 24 日 10 时 03 分 42 秒,新疆巴楚—伽师地区发生 6.8 级地震,而且是发生在人口密集的冲积平原地区,由于该地区地下水埋深浅,土质疏松(地基下广泛分布粉砂、细砂),导致地震中“喷水冒砂”的震害现象十分显著。汶川地震液化场地喷砂类型对比我国以往发生的地震液化喷砂类型明显丰富,喷砂类型包括:粉砂、细砂、中砂、粗砂、砾石,甚至卵石,使土体失去承载力,加重了灾区房屋的破坏程度。

(2)震陷。饱水疏松的砂因震动而变密,地面也随之而下沉。强震还可使城市建筑物和基础设施的地基失效而丧失使用功能。强烈的地震有时会产生地面倾斜、软土震陷、地面沉降和地表破裂等地震地质现象,这些现象使建筑物和基础设施丧失使用功能或被毁坏,造成重大损失。1999 年 9 月 21 日凌晨,7.3 级强烈地震发生在台湾集集镇,是台湾 20 世纪末期发生最大的地震,地震导致地层下陷,房屋倾斜、倒塌。

(3)滑坡。由于下伏砂层或敏感黏土层震动液化和流动,可引起大规模滑坡。如 1964 年阿拉斯加地震,安克雷奇市就因敏感黏土层中的砂层透镜体液化而产生大滑坡。这类滑坡可以产生在极缓,甚至水平场地。2008 年 5 月 12 日汶川大地震引发了 15 000 多次地表移动,仅岷江干流、支流由于山体滑坡,造成重大地质灾害 2 172 处,其中滑坡 910 处。

(4)地基失稳。随着粒间有效正应力的降低,地基土层的承载能力也迅速下降,甚至砂体呈悬浮状态使地基的承载能力完全丧失。建于这类地基上的建筑物就会产生强烈沉陷、倾倒以至倒塌。例如,日本新潟 1964 年的地震引起的砂土液化,由于地基失效使建筑物倒塌 2 130 所,严重破坏 6 200 所,轻微破坏 31 000 所,有一公寓陷入土中,并以 80°角倾倒。

5.4.2　砂类土震动液化的机理和影响因素

1. 砂类土震动液化的机理

研究砂类土震动液化的机理,即研究砂类土在震动时呈现类似液体状态的内在原因。有效应力法抗剪强度线的一般表达式为式(5.18)。

对于砂类土,因 $c'=0$,故有

$$\tau_f=\sigma'\tan\varphi'=(\sigma-u)\tan\varphi' \tag{5.19}$$

在震动作用下,砂类土有振密的趋势。这种快速的振密趋势使孔隙水压力 u 逐步上升,有效应力 $\bar{\sigma}=\sigma-u$ 逐渐减小。当孔隙水压力 u 与总应力 σ 相等时,有效应力就等于零,没有内聚力的砂类土其抗剪强度完全丧失,处于没有抵抗外荷载能力的类似液体的状态,这就是砂类土震动液化的机理。

2. 影响液化的主要因素

(1)土的类型。黏性土由于有黏聚力 c,即使孔隙水压力等于总应力,抗剪强度也不会等于零,因而不具备液化的内在条件。粒径很粗的砂类土,由于渗透性很好,孔隙水压力非常容易消散,在周期荷载作用下,孔隙水压力不易积累增长,因而一般也不会液化。但在没有黏聚力或黏聚力相当小时,处于地下水位以下的粉细砂或粉土,由于渗透系数较小,在周期荷载作用下,孔隙水一时来不及排出,因而孔隙水压力不断积累,最终使抗剪强度完全丧失。所以,土的粒径大小是影响液化的一个重要因素。研究表明,平均粒径 $d_{50}=0.050\sim0.150$ mm的粉细砂最易液化。级配不良的砂比级配良好的砂容易液化。

(2)土的密度。砂类土在剪切过程中会发生体积变化。密实的砂类土在剪切时体积膨胀的现象称为剪胀性,松散的砂类土在剪切时体积收缩的现象称为剪缩性。当砂类土具有剪胀性时,剪切过程中土内产生负的孔隙水压力,土的抗剪强度增大,因此土不会液化。当砂类土具有剪缩性时,剪切过程中孔隙水压力会逐步增长积累,最终将使抗剪强度完全丧失。根据地震调查,认为相对密度大于 0.55 的砂,在 7 度地震区一般不会液化,相对密度大于 0.70 时,则在 8 度地震区一般不会液化。

(3)有效覆盖压力。孔隙水压力等于总应力是产生液化的必要条件。有效覆盖压力越大,总应力也越大,则在其他条件相同时越不易发生液化。

表 5.1 是在不同烈度地震区进行广泛试验,初步得出的判断砂类土发生液化的界限值。

表 5.1　判断砂类土发生液化的界限值

划界指标	地震烈度		
	7 度	8 度	9 度
平均粒径 d_{50}/mm	0.02～0.10	0.02～0.20	0.015～0.5
相对密度 D_r	<0.55～0.60	<0.70～0.75	<0.80～0.90
有效覆盖压力$\bar{\sigma}$/kPa	<98.1	<147.2	<196.2

5.4.3　判定砂类土液化可能性的方法

判定砂类土液化可能性的方法较多,下面介绍两种。

1.《铁路工程抗震设计规范》判定方法

《铁路工程抗震设计规范》(GB 50111—2006)规定,对设计烈度为 7 度,在地面以下15 m内,设计烈度为 8 度或 9 度,在地面以下20 m内有可能液化土层的地段,应使用标准贯入法或静力触探法进行试验,并结合场地的工程地质和水文地质条件进行综合分析,判定在地震时是否液化。

(1)标准贯入试验法

当实测标准贯入锤击数 N 值小于液化临界标准贯入锤击数 N_{cr}时,应判为液化土。N_{cr}应按式(5.20)计算。

$$N_{cr}=N_0\alpha_1\alpha_2\alpha_3\alpha_4 \tag{5.20}$$

式中　N_0——当标准贯入试验点的深度 $d_s=3$ m,地下水埋藏深度 $d_w=2$ m,上覆非液化土层的厚度 $d_u=2$ m 以及 α_4 为 1 时土层的液化临界标准贯入锤击数,应按表 5.2 取值;

α_1——d_w 的修正系数,其值为 $\alpha_1=1-0.065(d_w-2)$,当地面常年有水且地下水有水力联系时,$d_w=0$;

α_2——d_s 的修正系数,其值为 $\alpha_2=0.52+0.175d_s-0.005d_s^2$;

α_3——d_u 的修正系数,其值为 $\alpha_3=1-0.05(d_u-2)$,对于深基础,取 α_3 为 1;

α_4——黏粒质量百分比 p_c 的修正系数,$\alpha_4=1-0.17\sqrt{p_c}$,$\alpha_4$ 也可按表 5.3 取值。

表 5.2　临界标准贯入锤击数 N_0 值

特征周期分区	地震动峰值加速度				
	0.1g	0.15g	0.2g	0.3g	0.4g
一区	6	8	10	13	16
二区、三区	8	10	12	15	18

注:(1)《中国地震动参数区划图》中将特征周期分为三个区,即第二类(中硬)场地特征周期为 0.35 的地区为第一区,特征周期为 0.40 的地区为第二区,特征周期为 0.45 的地区为第三区。

(2)g 为重力加速度。

表 5.3　α_4 值参考表

土　性	砂　土	粉　土	
		塑性指数 $I_p\leqslant7$	塑性指数 $7<I_p\leqslant10$
α_4 值	1.0	0.6	0.45

(2)单桥探头静力触探试验法

当实测计算的贯入阻力 p_{sca} 值小于液化临界贯入阻力 p'_s 值时，应判为液化土。

p'_s 值应按式(5.21)计算。

$$p'_s = p_{s0}\alpha_1\alpha_3 \tag{5.21}$$

式中　p_{s0}——当 $d_w=2$ m、$d_u=2$ m 时砂类土的液化临界贯入阻力(MPa)，按表 5.4 取值；

α_1，α_3——与式(5.20)中的 α_1 和 α_3 相同。

表 5.4　临界贯入阻力 P_{s0}

A_g	0.1g	0.15g	0.2g	0.3g	0.4g
p_{s0}/MPa	5	6	11.5	13	18

注：g 为重力加速度。

p_{sca} 应按下列规定取值：

①当砂类土层厚度大于 1 m 时，应取该层贯入阻力 p'_s(MPa)的平均值作为该层的 p_{sca} 值；当砂类土层厚度小于 1 m，且上、下土层为贯入阻力 p'_s 值较小的土层时，应取上、下土层贯入阻力值的较大者作为该层的 p_{sca} 值；

②砂类土层厚度较大，按力学性质和 p'_s 值可明显分层时，应分别计算各分层的平均贯入阻力 p'_s 作为 p_{sca}，分层进行判别。

《铁路工程抗震设计规范》还规定，对地质年代属于上更新统及其以前年代的饱和砂类土、粉土，可不考虑液化的影响。还有一些其他情况，也可不考虑液化的影响，本书从略。

2. 界限指标法

界限指标法，即利用表 5.1 判定砂类土液化的可能性。表中的 d_{50} 和 D_r 应通过试验测定，有效覆盖压力 $\bar{\sigma}$ 为地基中第一层砂类土顶面以上土的自重应力(kPa)，用式(5.22)计算。

$$\bar{\sigma} = (d_s - d_w)\gamma' + d_w\gamma \tag{5.22}$$

式中　d_s——地表至第一层砂类土顶面的距离(m)；

d_w——地下水埋藏深度(m)；

γ——地下水位以上各土层的加权平均天然容重(kN/m³)；

γ'——地下水位以下至第一层砂类土顶面各土层的加权平均浮容重(kN/m³)。

5.4.4　防止震动液化的措施

对可能发生液化的砂土层一般可采用避开、开挖和加固等工程措施。当可能发生液化的范围不大时，可根据具体情况改变工程的位置，或挖除砂土层；当可能发生液化的范围较大较深时，一般只能采取加固措施，如人工加密砂土层、围封、桩基和盖重等。加密是增大砂层的密实度；围封是用板桩把可能发生液化的范围包围起来；桩基是将建筑物支承在可能发生液化的砂层以下的坚实土层上；盖重是在可液化的砂层地面上堆放重物。上述方法如果使用合理，可起到防止砂土液化带来的危害。

项目小结

本项目主要介绍土的抗剪强度分析方法，内容涉及土的抗剪强度的定义与极限平衡条件、库仑定律、不同条件下土的抗剪强度指标的测定方法及砂类土震动液化的判定方法。通过本项目的学习,掌握土的抗剪强度对工程的意义和抗剪强度指标的测定方法,为确定地基承载力、有效进行地基处理和基础埋深确定等内容的学习做铺垫。

项目训练

1. 进行土的直剪试验,测试土的抗剪强度指标。
2. 根据建筑物施工速度和地基土的工程特性,正确选择试验排水方式及抗剪强度指标。
3. 根据土的特性,判断是否会产生震动液化并选择合适的施工方法。

复习思考题

5.1 土体被剪坏的实质是什么?同一种土的抗剪强度是不是一个定值?

5.2 什么是抗剪强度线?黏性土和无黏性土的抗剪强度规律有什么不同?

5.3 砂土震动液化有哪些危害?影响液化的主要因素是什么?

5.4 在平面问题上,砂类土中一点的大小主应力分别为 500 kPa 和 180 kPa,内摩擦角 $\varphi=36°$,问:

(1)该点的最大剪应力是多少?最大剪应力作用面上的法向应力是多少?

(2)此点是否已达到极限平衡状态?为什么?

(3)如果此点未达到极限平衡状态,那么当保持大主应力不变,而改变小主应力的大小,在达到极限平衡状态时,小主应力应为多少?

5.5 设有一干砂样放在直接剪切仪的剪切盒中,剪切盒的断面积为 60 cm^2。在砂样上作用一大小为 900 N 的竖直荷载,然后作水平剪切。当水平推力为 300 N 时,砂样开始被剪坏。试求当竖直荷载为 1 800 N 时,应使用多大的水平推力,砂样才能被剪坏?该砂样的内摩擦角为多大?并求此时的大小主应力和方向。

5.6 如果在上题的剪切盒中放入一黏土样,并在与上题相同的竖直荷载和水平推力作用下(即竖直荷载为 900 N,水平推力为 300 N)土样被剪坏。问:当竖直荷载增大(大于 900 N)时,哪一个土样(黏土样或砂样)的抗剪强度大些?

5.7 慢剪、快剪和固结快剪的试验控制条件是什么?如同一种土样分别采用上述三种试验方法,所测出的抗剪强度指标是否相同?为什么?

5.8 某砂层处于设计烈度为 7 度的地震区。做标准贯入试验时,试验点的深度为 6 m,地下水埋藏深度为 3 m,上覆非液化土层的厚度为 4 m,实测标准贯入击数 $N=14$ 次,问此砂层是否可能液化?

文本 项目5 思政案例

文本 项目5 PPT

文本 项目5 教案

文本 项目5 题库

项目 6　天然地基容许承载力确定

项目描述

地基承载力是工程建筑物设计与施工的主要依据，若地基承载力不能满足要求，工程建筑物将产生一系列问题(地基的剪切破坏、过大的沉降量和沉降差、工程结构物的破坏)。因此，正确确定各类工程结构物的地基承载力，才能保证工程结构物的安全与正常使用。本项目主要论述与工程设计与施工有关的天然地基容许承载力的确定方法。

图片

项目6
思维导图

学习目标

1. 能力目标

(1)了解地基的破坏形态，理解地基承载力的概念。

(2)能按《铁路桥涵地基和基础设计规范》中方法确定地基承载力。

(3)能够用触探法确定地基承载力。

2. 知识目标

(1)了解地基的破坏形态，理解地基承载力的概念。

(2)掌握按《铁路桥涵地基和基础设计规范》确定地基承载力的方法。

(3)了解常用的利用原位测试法确定地基承载力的原理，能够用触探法确定地基承载力。

3. 素质目标

(1)具有敬业精神、良好的职业道德和较高的政治思想品德。

(2)以严谨求实的工作作风，确保地基承载力数据测试的规范性和可靠性。

(3)通过地基承载力计算，培养学生工匠精神和安全风险预判能力。

相关案例：某教学楼软土地基承载力工程实例

1. 工程简介

某教学楼为框架结构，首层层高 4.2 m，2～6 层层高均为 3.6 m；部分为二层，首层为阶梯教室，二层为图书馆，层高均为 3.6 m。地基大部分为浅埋的硬塑黏土，地基承载力 200 kPa；教室部分约有 1/3 的地基为淤泥质黏土，地基承载力仅 80 kPa；黏土层下为微风化灰岩，埋深6～8 m。

2. 基础选型

根据岩土勘察资料，硬塑黏土为良好的持力层；淤泥质黏土承载力低，不经处理无法作为持力层;灰岩承载力高,可作为良好的桩端持力层。由于6层教室荷载较大,又无法以淤泥质黏土为持力层,所以初步选择以灰岩为桩端持力层,采用人工挖孔灌注桩,以充分利用灰岩的承载力。阶梯教室、图书馆仅两层,竖向荷载较小,由于是大跨结构,柱脚弯矩较大,故选择以硬塑黏土为持力层,采用柱下独立基础,利用独立基础进行抗弯设计。两者层数不同,荷载不同,持力层不同,基础形式也不同,在两者之间设置了沉降缝,将两者完全分开。

由此案例可以看出,地基土的类型不同,其承载力也不同。结合上部建筑物荷载类型及大小,地基基础设计时应进行方案比选,尤其是同一建筑物上部荷载有差异、场地地基的承载力不同时,必须结合上部结构和地基情况进行相应的设计。

任务6.1　地基的破坏形态分析

6.1.1　地基承载力及地基容许承载力的概念

地基承载力(即地基强度),是指在能满足强度及稳定的要求时,地基土单位面积上容许承受的最大压力。地基的承载力有极限承载力与容许承载力之分。地基濒临破坏时的承载力称为极限承载力;有足够的安全度保证地基不破坏,且能保证建筑物的沉降量不超过容许值的承载力称为地基容许承载力。设计建筑物时不能采用地基的极限承载力,而应采用容许承载力。

6.1.2　影响地基承载力的几种因素

(1)地基土的堆积年代。地基土的成岩过程是和堆积年代密切相关的。在天然状态下,地基土的堆积年代愈久,成岩作用程度愈高,其承载力也较大,反之,则较小。

(2)地基土的成因。不同成因的土具有不同的承载力。对同一类土,一般说冲、洪积成因土的承载力要比坡积、残积成因的土大一些。

(3)土的物理力学性质。地基土的物理力学性质指标是影响承载力高低的直接因素。不同物理力学性质的土,具有不同的承载能力。

(4)地下水。土的容重的大小对承载力有一定的影响,当土受到地下水的浮托作用时,土的容重就要减小,承载力也就降低。

(5)建筑物性质。建筑物的结构形式、整体刚度及使用要求不同,则对容许沉降的要求也不同,因而对承载力的选取也应有所不同。

(6)建筑物基础。基础尺寸及埋深大小对承载力也有影响。

6.1.3　地基土的变形阶段

一般地说,地基土在建筑物荷载作用下产生的变形,可分为三个阶段(图6.1):

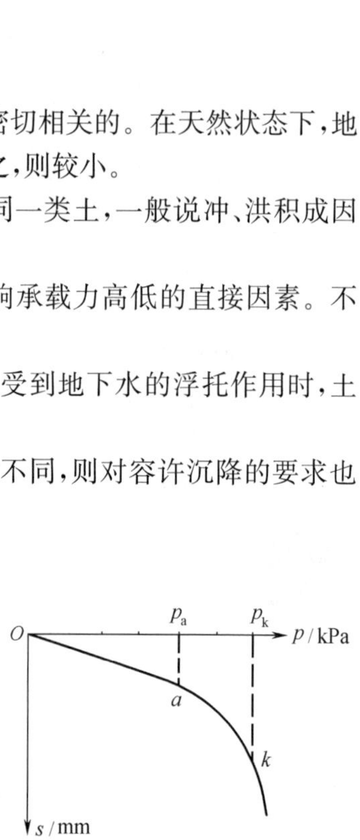

图6.1　建筑物荷载与地基变形的关系

第一阶段是地基土的压密阶段,相当于 p-s 曲线上的 $0a$ 段。荷载与变形的关系,基本上是直线关系,在这一阶段中,地基主要是压缩变形(即土内孔隙减少,土粒靠拢挤紧)。

第二阶段是局部剪切阶段,相当于 p-s 曲线上的 ak 段,荷载与变形的关系,已是曲线关系了。由于荷载逐步增大,地基内除了压缩变形外，基础边缘区应力已达到极限平衡状态，土体开始发生剪切破坏，形成塑性变形。因此这一阶段的变形，由压缩变形和局部区域的塑性变形两者组成。

第三阶段是破坏阶段，相当于 p-s 曲线上的 k 点以后部分。当荷载继续增大时，地基内的塑性变形区不断扩大，最后形成滑动面，地基土或向一侧滑动，或向四周隆起，建筑物遭到破坏。p-s 曲线则表现为曲度急剧增大。

6.1.4　地基的破坏形态

地基破坏的形式是多种多样的，大体上可分成三种形态。

1. 整体剪切破坏

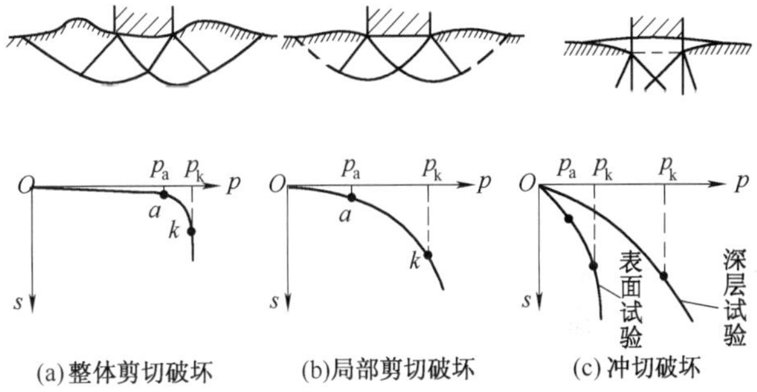

图 6.2　地基破坏形式

当地基为密实的砂土，基础埋置很浅时，在逐级加载过程中，开始几级荷载形成的基底压力 p 小于 p_a，如图 6.2(a)所示，其荷载—沉降曲线为一直线段，可看作地基处于弹性变形阶段。当基底压力达到 p_a 时，基底两端点达到极限平衡并开始产生塑性变形，故 p_a 叫作临塑荷载，但整个地基仍处于弹性变形阶段。当 $p>p_a$ 时，基底塑性变形区的剪切破坏区从两端点逐步扩大，塑性区以外仍然是弹性区，整个地基处于弹塑性混合状态。随着荷载增加，塑性区也相应扩大，地基沉降量不断增加，反映在 p-s 曲线上，即为一曲线段。当基底压力达到某一特定值 p_k 时，基底剪切破坏面与地面连通，形成一弧形滑动面，地基土沿此滑动面从基底一侧或两侧大量挤出，整个地基将失去稳定，形成破坏状态，这就是第三个阶段——破坏阶段，这样的破坏叫整体剪切破坏，相对应的 p_k 叫极限荷载。

对于饱和黏土地基，在基础浅埋而且荷载急速增加的条件下，极易造成整体剪切破坏。

2. 局部剪切破坏

当地基为一般黏性土或中密砂土，基础埋置较浅时，在荷载逐步增加的初始阶段，基础沉降随荷载大致成比例地下沉，荷载—沉降曲线为一直线段，如图 6.2(b)所示，说明整个地基尚处在弹性变形阶段。当基底压力继续增加时，基础沉降已不是线性增加了，进入到曲线段内，说明基底以下土体已出现剪切破坏区。当荷载达到某一特定值后，荷载—沉降曲线的梯度已不随荷载增加而增加，而是保持某常数，这个特定压力值，称为极限压力 p_k。这时地基中的剪切面仅延伸到一定位置而中断，没有延伸到地表面。图 6.2(b)中所示的基底下面的实线剪切面，即为实际破裂面，虚线仅表示剪裂面的延展趋势，并非实际破裂面。基础两侧土没有挤出现象，地表只有微量的隆起。当压力超过 p_k 时，剪切面仍不会延伸到地表，其结果是塑性变形不断向四周及深层发展，这样的地基破坏，称为局部剪切破坏。当发生局部剪切破坏时，地基垂直变形是很大的，其数值随基础的埋深而增加。例如在中密砂层上作用有表面荷载时，极限压力的相对下沉量(为下沉量与基础宽度之比，即 s/b)在 10%以上，随着埋深的增加，相对下沉量将相应地提高，一般可达 20%～30%。

当基础埋深较大时，无论是砂性土或黏性土地基，最常见的破坏形态就是局部剪切破坏。

3. 冲切破坏

当地基为松砂(或其他松散结构的土)时,不论基础是置于地表或具有一定埋深,随着荷载的增加,基础下面的松砂逐步被压密,而且压密区逐渐向深层扩展,基础也随之切入土中,因此在基础边缘形成的剪切破裂面垂直地向下发展,如图 6.2(c)所示。基底压力很少向四周传播,基础边缘以外的土基本上不受到侧向挤压,地面不会产生隆起现象。图 6.2(c)中的荷载—沉降曲线,对于表面荷载可能还有一小段起始的直线段,但在基础有一定埋深时,一开始就是曲线段。曲线梯度随基底压力而渐增,当基础荷载—沉降曲线的平均下沉梯度接近常数且出现不规则的下沉时的压力可当作极限压力 p_k,随后的曲线将是不光滑的曲线。

从荷载—沉降曲线可知,当基底压力达到 p_k 时,其下沉量将比其他两种破坏形态更大。

以上三种破坏状态,除第一种在理论上有较多的研究外,第二种和第三种在理论上不但没有定量的阐述,就是在定性上也研究得不完善。因此,作为建筑物地基,很少选择在松砂或其他松散结构的土层上,所以第三种破坏在工程中很少遇到,可不予研究。但第二种破坏状态在天然地基中是常出现的,只是理论工作还未跟上。为建筑设计需要,往往近似地当作第一种破坏状态看待,再补充一些经验修正。

关于第一种破坏状态,由于土的多相性和各向不均匀性,基底形状又很不规则,给理论工作带来很大困难,目前只好做些简化计算。

任务 6.2　按《铁路桥涵地基和基础设计规范》确定地基容许承载力

6.2.1　按《铁路桥涵地基和基础设计规范》提供的经验数据和经验公式确定地基容许承载力

•文本

地基荷载种类简介

地基荷载种类简介

按照《铁路桥涵地基和基础设计规范》的规定,对于常用结构形式基础的桥涵地基,如果地质情况比较简单(地基土比较均匀或水平成层),可以采用《铁路桥涵地基和基础设计规范》中提供的经验数据和经验公式来确定地基容许承载力。

《铁路桥涵地基和基础设计规范》中提供的各类地基土的承载力,是根据载荷试验与土的物理力学性质指标的对比资料及国内的实践经验,并参照国内外其他规范综合考虑编制的,具有一定的普遍性。在一般情况下,按《铁路桥涵地基和基础设计规范》确定的地基容许承载力来设计桥涵的常用结构形式的基础,地基的强度和稳定性将能得到保证,同时沉降量也在容许范围内。

《铁路桥涵地基和基础设计规范》首先提供了各类地基土的基本承载力 σ_0。地基的基本承载力系指地质简单的一般桥涵地基,当基础的宽度 $b \leqslant 2$ m,埋置深度 $h \leqslant 3$ m 时的地基容许承载力(基础的宽度 b,对于矩形基础为短边宽度,对于圆形或正多边形基础为 $\sqrt{F}$,F 为基础的底面积)。当 $b>2$ m 或 $h>3$ m 时,《铁路桥涵地基和基础设计规范》还提供了考虑宽度和深度修正的地基容许承载力的计算公式。

1. 地基土基本承载力 σ_0 的确定

查《铁路桥涵地基和基础设计规范》提供的基本承载力数据时,必须先从现场取土样并做试验,取得按《铁路桥涵地基和基础设计规范》对地基土分类和查基本承载力表所需的物理力学性质(或物理状态)指标数据,然后按所定的土的类别和有关的指标数据,在相应的表中查出其基本承载力 σ_0。当 $b \leqslant 2$ m 且 $h \leqslant 3$ m 时,查得的 σ_0 即为地基基本承载力。

(1)岩石地基的基本承载力

岩石地基的承载力与岩石的矿物成分、成因、年代、岩体构造、裂隙发育程度和水对岩体的影响等因素有关。各种因素影响的轻重程度视具体情况而异,然而这些因素影响的结果,可以归纳为岩石类别和节理发育程度这两个方面。因此,《铁路桥涵地基和基础设计规范》根据这两个方面的指标提供了岩石地基的基本承载力表,见表6.1。这个表主要是根据试验资料并参考国内外有关规范和经验提出的。

表6.1　岩石地基的基本承载力 σ_0　单位:kPa

岩石类别	节理发育程度		
	节理很发育	节理发育	节理不发育或较发育
	节理间距/mm		
	2～200	200～400	>400
硬质岩	1 500～2 000	2 000～3 000	>3 000
软质岩	800～1 000	1 000～1 500	1 500～3 000
软　岩	500～800	700～1 000	900～1 200
极软岩	200～300	300～400	400～500

注:裂隙张开或有泥质填充时,应取低值。

(2)碎石类土地基的基本承载力

碎石类土地基的承载力和颗粒大小、含量、密实程度、成因、岩性和充填物性质等因素有关。碎石类土是根据颗粒大小和含量定名的。另据试验资料的统计分析,在影响碎石类土承载力的诸因素中,密实程度是一个具有共性的因素。因此,《铁路桥涵地基和基础设计规范》根据碎石类土的名称和密实程度,提供了碎石类土地基的基本承载力表,见表6.2。

表6.2　碎石类土地基的基本承载力 σ_0　单位:kPa

土的名称	密度程度			
	松　散	稍　密	中　密	密　实
卵石土、粗圆砾土	300～500	500～650	600～1 000	1 000～1 200
碎石土、粗角砾土	200～400	400～550	550～800	800～1 000
细圆砾土	200～300	300～400	400～600	600～850
细角砾土	200～300	300～400	400～500	500～700

注:(1)半胶结的碎石类土可按密实的同类土的 σ_0 值提高10%～30%。

(2)由硬质岩块组成,充填砂类土时用高值;由软质岩块组成,充填黏性土时用低值。

(3)自然界中很少见松散的碎石类土,其密实程度判定为松散时应慎重。

(4)漂石土、块石土的基本承载力值可参照卵石土、碎石土 σ_0 值适当提高。

(3)砂类土地基的基本承载力

《铁路桥涵地基和基础设计规范》所提供的砂类土地基基本承载力表,是根据目前国内各地砂类土地基承载力的经验数值,结合铁路的实践经验,查阅国外规范及与理论公式计算结果进行分析对比,并考虑试验资料的统计计算结果提出的,见表6.3。

表 6.3　砂类土地基基本承载力 σ_0　单位:kPa

土名	湿度	密实程度			
		松散	稍密	中密	密实
砾砂、粗砂	与湿度无关	200	370	430	550
中砂	与湿度无关	150	330	370	450
细砂	稍湿或潮湿	100	230	270	350
	饱和	—	190	210	300
粉砂	稍湿或潮湿	—	190	210	300
	饱和	—	90	110	200

(4)粉土地基的基本承载力

本次《铁路桥涵地基和基础设计规范》修订资料主要来源于铁路桥梁地基可靠度原始资料中的黏性土部分,从大量的黏性土原始资料中将 $I_p \leqslant 10$ 的粉土单分出来,独立编制粉土地基的基本承载力表。粉土的基本承载力与其天然孔隙比和天然含水率有关。通过统计计算得出粉土地基的基本承载力,见表 6.4。

表 6.4　粉土地基的基本承载力 σ_0　单位:kPa

天然孔隙比 e	天然含水率 w/%						
	10	15	20	25	30	35	40
0.5	400	380	(355)	—	—	—	—
0.6	300	290	280	(270)	—	—	—
0.7	250	235	225	215	(205)	—	—
0.8	200	190	180	170	165	—	—
0.9	160	150	145	140	130	(125)	—
1.0	130	125	120	115	110	105	(100)

注:(1)表中括号内数值用于内插取值。

(2)在湖、塘、沟、谷与河漫滩地段的粉土以及新近沉积的粉土,应根据当地经验取值。

(5)黏性土地基的基本承载力

黏性土的类型很多。有经过水流或山洪搬运而沉积的冲、洪积黏性土,也有基岩风化而成且未经搬运的残积黏性土。同是冲、洪积黏性土,由于生成年代的不同,其物理力学性质也不完全一致。因此,黏性土地基的基本承载力不能笼统地按同一的物理力学性质(或物理状态)指标来确定,而应根据具体情况。采用不同的指标来编制基本承载力表。

①Q_4 冲、洪积黏性土地基的基本承载力

《铁路桥涵地基和基础设计规范》提供的 Q_4 冲、洪积黏性土地基基本承载力表,是以我国各地大量的载荷试验资料为依据编制的,见表 6.5。制表时选用液性指数 I_L 和孔隙比 e 作为确定基本承载力的指标,是因为物理性质(状态)指标试验简单,便于应用,且据此二指标确定 σ_0 尚能符合实际。只要取回土样,测出其天然含水率、密度、土粒相对密度、液限和塑限,就可求出 I_L 和 e,从表 6.5 中查出基本承载力。

表 6.5 Q_4 冲、洪积黏性土地基基本承载力 σ_0 单位:kPa

天然孔隙比 e	液性指数 I_L												
	0	0.1	0.2	0.3	0.4	0.5	0.6	0.7	0.8	0.9	1.0	1.1	1.2
0.5	450	440	430	420	400	380	350	310	270	240	220	—	—
0.6	420	410	400	380	360	340	310	280	250	220	200	180	—
0.7	400	370	350	330	310	290	270	240	220	190	170	160	150
0.8	380	330	300	280	260	240	230	210	180	160	150	140	130
0.9	320	280	260	240	220	210	190	180	160	140	130	120	100
1.0	250	230	220	210	190	170	160	150	140	120	110	—	—
1.1	—	—	160	150	140	130	120	110	100	90	—	—	—

注:土中含有粒径大于 2 mm 的颗粒且按质量计占全部质量的 30%以上时,σ_0 可酌情提高。

②Q_3 及其以前冲、洪积黏性土地基的基本承载力

试验资料的分析结果表明,Q_3 及其以前冲、洪积黏性土的承载力主要与其压缩模量 E_s 有关,《铁路桥涵地基和基础设计规范》提供的这类黏性土地基的基本承载力见表 6.6。

表 6.6 Q_3 及其以前冲、洪积黏性土地基基本承载力 σ_0

压缩模量 E_s/MPa	10	15	20	25	30	35	40
σ_0/kPa	380	430	470	510	550	580	620

注:(1)压缩模量为对应于 0.1~0.2 MPa 压力段的压缩模量。

(2)当压缩模量小于 10 MPa 时,其基本承载力可按表 6.5 确定。

③残积黏性土地基的基本承载力

试验资料的分析结果表明,残积黏性土的承载力和 Q_3 及以前冲、洪积黏性土的承载力一样,主要与其压缩模量 E_s 有关。《铁路桥涵地基和基础设计规范》提供的残积黏性土地基的基本承载力见表 6.7。

表 6.7 残积黏性土地基的基本承载力 σ_0

压缩模量 E_s/MPa	4	6	8	10	12	14	16	18	20
σ_0/kPa	190	220	250	270	290	310	320	330	340

注:本表适用于西南地区碳酸盐类岩层的残积红土,其他地区可参照使用。

(6)新黄土(Q_4、Q_3)地基的基本承载力

新黄土包括湿陷性和非湿陷性黄土。《铁路桥涵地基和基础设计规范》提供的新黄土(Q_4、Q_3)地基的基本承载力见表 6.8。

表 6.8 新黄土(Q_4、Q_3)地基的基本承载力 σ_0 单位:kPa

液限 w_L	孔隙比 e	天然含水率 w/%						
		5	10	15	20	25	30	35
24	0.7	—	230	190	150	110	—	—
	0.9	240	200	160	125	85	(50)	—
	1.1	210	170	130	100	60	(20)	—
	1.3	180	140	100	70	40	—	—

续上表

液限 w_L	孔隙比 e	天然含水率 w/%						
		5	10	15	20	25	30	35
28	0.7	280	260	230	190	150	110	—
	0.9	260	240	200	160	125	85	—
	1.1	240	210	170	140	100	60	
	1.3	220	180	140	110	70	40	—
32	0.7	—	280	260	230	180	150	—
	0.9	—	260	240	200	150	125	—
	1.1	—	240	210	170	130	100	60
	1.3	—	220	180	140	100	70	40

注:(1)非饱和 Q_3 新黄土,当 $0.85<e<0.95$ 时,σ_0 值可提高 10%。

(2)本表不适用于坡积、崩积和人工堆积等黄土。

(3)表中括号内数值用于内插取值。

(4)液限含水率试验采用圆锥仪法,圆锥仪总质量 76 g,入土深度 10 mm。

(7)老黄土(Q_1、Q_2)地基的基本承载力

《铁路桥涵地基和基础设计规范》提供的老黄土(Q_1、Q_2)地基的基本承载力见表 6.9。

表 6.9 老黄土(Q_1、Q_2)地基的基本承载力 σ_0 单位:kPa

w/w_L	$e<0.7$	$0.7\leqslant e<0.8$	$0.8\leqslant e<0.9$	$e\geqslant 0.9$
<0.6	700	600	500	400
0.6~0.8	500	400	300	250
>0.8	400	300	250	200

注:(1)老黄土黏聚力小于 50 kPa,内摩擦角小于 25°,σ_0 应降低 20%左右。

(2)液限含水率试验采用圆锥仪法,圆锥仪总质量 76 g,入土深度 10 mm。

(8)多年冻土地基的基本承载力

影响多年冻土承载力的主要因素有颗粒成分、含水率和地温。在地温和含水率相同的情况下,一般是碎石类土的承载力最大,砂类土的次之,黏性土的最小。冻土的强度一般随含水率的增大而提高,至刚达到饱和状态时出现最大值,含水率再增大时强度减小,直至接近冰的强度。试验和工程实践还证明,冻土的承载力随着地温降低而增大。《铁路桥涵地基和基础设计规范》提供的多年冻土地基的基本承载力见表 6.10。

表 6.10 多年冻土基本承载力 σ_0 单位:kPa

序号	土 名	基础底面的月平均最高土温/℃					
		−0.5	−1.0	−1.5	−2.0	−2.5	−3.5
1	块石土、卵石土、碎石土、粗圆砾土、粗角砾土	800	950	1 100	1 250	1 380	1 650
2	细圆砾土、细角砾土、砾砂、粗砂、中砂	600	750	900	1 050	1 180	1 450
3	细砂、粉砂	450	550	650	750	830	1 000
4	粉土	400	450	550	650	710	850

续上表

序号	土　　名	基础底面的月平均最高土温/℃					
		−0.5	−1.0	−1.5	−2.0	−2.5	−3.5
5	粉质黏土、黏土	350	400	450	500	560	700
6	饱冰冻土	250	300	350	400	450	550

注：(1)本表序号 1～5 类的地基基本承载力适用于少冰冻土、多冰冻土，当地基为富冰冻土时，表列数值应降低 20%。
(2)含土冰层的承载力应实测确定。
(3)基础置于饱冰冻土的土层上时，基础底面应敷设厚度不小于 0.20～0.30 m 的砂垫层。

【例题 6.1】 某砂类土地基土样的试验结果见表 6.11，试确定此地基的基本承载力。

表 6.11　例题 6.1 表

物理性质指标	天然容重 $\gamma/(\mathrm{kN/m^3})$	18.9	筛分质量/g	>2 mm	85
	土粒容重 $\gamma/(\mathrm{kN/m^3})$	26.5		2～0.5 mm	215
	天然含水率 w/%	20		0.5～0.25 mm	154
	最大孔隙比 e_{max}	0.76		0.25～0.075 mm	302
	最小孔隙比 e_{min}	0.56		<0.075 mm	244

【解】 (1)确定土的名称

土样的总质量为

$$85+215+154+302+244=1\ 000(\mathrm{g})$$

粒径大于 2 mm 的颗粒占总质量的百分数为

$$\frac{85}{1\ 000}\times100\%=8.5\%<50\%$$

此土样为砂类土。

粒径大于 0.5 mm 的颗粒占总质量的百分数为

$$\frac{85+215}{1\ 000}\times100\%=30\%<50\%$$

粒径大于 0.25 mm 的颗粒占总质量的百分数为

$$\frac{85+215+154}{1\ 000}\times100\%=45.4\%<50\%$$

粒径大于 0.075 mm 的颗粒占总质量的百分数为

$$\frac{85+215+154+302}{1\ 000}\times100\%=75.6\%>50\%$$

从以上计算结果可看出，大于 0.075 mm 的颗粒占总质量的百分数为 75.6%，超过 50%。查表 1.15，可知此土样为粉砂。

(2)确定土的密实程度

计算土的天然孔隙比

$$e=\frac{\gamma_s(1+w)}{\gamma}-1=\frac{26.5\times(1+0.2)}{18.9}-1=0.68$$

计算土的相对密度

$$D_r=\frac{e_{max}-e}{e_{max}-e_{min}}=\frac{0.76-0.68}{0.76-0.56}=\frac{0.08}{0.20}=0.40$$

查表 1.6,因 $0.4 \geqslant D_r > 0.33$,可知此土样是稍密的。

(3)确定土的潮湿程度

$$S_r = \frac{\gamma_s w}{\gamma_w e} = \frac{26.5 \times 0.2}{10 \times 0.68} \times 100\% = 78\%$$

查表 1.10,因 $50\% < S_r < 80\%$,可知此土样是潮湿的。

(4)确定土的基本承载力

以上已确定此土样是潮湿稍密的粉砂,查表 6.3,得 $\sigma_0 = 190$ kPa。

2. 地基容许承载力$[\sigma]$的确定

当基础的宽度 $b > 2$ m,基础底面的埋置深度 $h > 3$ m 时,地基容许承载力$[\sigma]$等于基本承载力 σ_0 加上按宽度、深度修正的影响值,其计算的经验公式为

$$[\sigma] = \sigma_0 + k_1 \gamma_1 (b-2) + k_2 \gamma_2 (h-3) \tag{6.1}$$

式中 $[\sigma]$——地基容许承载力(kPa);

σ_0——地基的基本承载力(kPa);

b——基础底面的最小边宽度(m):当 b 小于 2 m 时,b 取 2 m;当 b 大于 10 m 时,b 取 10 m;圆形或正多边形基础为 $\sqrt{F}$,F 为基础的底面积;

h——基础底面的埋置深度(m),自天然地面起算,有水流冲刷时自一般冲刷线起算;位于挖方内,由开挖后地面算起;h 小于 3 m 时,取 h 等于 3 m,h/b 大于 4 时,h 取 $4b$;

γ_1——基底持力层土的天然容重(kN/m^3),如持力层在水面以下且透水时应采用浮容重;

γ_2——基底以上土层的加权平均容重(kN/m^3),换算时若持力层在水面以下且透水时,在基底以上水中部分土(不论其是否透水)的容重应采用浮容重,如持力层不透水时,则基底以上水中部分土(不论其是否透水)的容重应采用饱和容重;

k_1, k_2——宽度、深土修正系数,按持力层土的类别查表 6.12。

表 6.12 宽度、深度修正系数

系数	土的类别																		
	黏性土				粉土	黄土		砂类土								碎石类土			
	Q_4 的冲、洪积土		Q_3 及其以前的冲、洪积土	残积土		新黄土	老黄土	粉砂		细砂		中砂		砾砂、粗砂		碎石、圆砾、角砾		卵石	
	$I_L < 0.5$	$I_L \geqslant 0.5$						稍、中密	密实	稍、中密	密实	稍、中密	密实	稍、中密	密实	稍、中密	密实	稍、中密	密实
k_1	0	0	0	0	0	0	0	1	1.2	1.5	2	2	3	3	4	3	4	3	4
k_2	2.5	1.5	2.5	1.5	1.5	1.5	1.5	2	2.5	3	4	4	5.5	5	6	5	6	6	10

注:(1)节理不发育或较发育的岩石不作宽深修正;节理发育或很发育的岩石,k_1、k_2 可采用碎类石土的系数;对已风化成砂、土状的岩石,则按砂类土、黏性土的系数。

(2)稍松状态的砂类土和松散状态的碎石类土,k_1、k_2 值可采用表列稍、中密值的 50%。

(3)冻土的 k_1、k_2 均取 0。

分析式(6.1)可知,其由三部分组成:

(1)基本承载力 σ_0,可从表 6.1 至表 6.10 查得。

(2)$k_1 \gamma_1 (b-2)$是基础宽度 $b > 2$ m 时地基承载力的增加值。从图 6.3 可看出,当地基承受压力发生挤出破坏时,$b > 2$ m 的基础所挤出土体的体积和重量都比 $b = 2$ m 时大,挤出所遇的阻力也增

加。因此，基础愈宽，挤出就愈困难，地基承载力就比 $b=2$ m 时有所增加。增加值与基础宽度的增大值 $(b-2)$、反映基底挤出土体重量的容重 γ_1 和反映基底土抗剪强度的系数 k_1 三者有关。

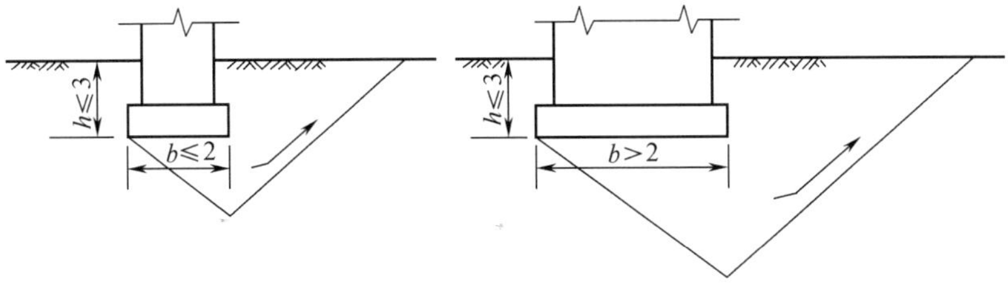

图 6.3　不同基础宽度对地基承载力影响的对比示意(单位:m)

(3) $k_2\gamma_2(h-3)$ 是基础底面埋置深度 $h>3$ m 时地基容许承载力的增加值。从图 6.4 可看出，当 $h>3$ m 时，相当于在 $h=3$ m 的基础周围地面上有 $\gamma_2(h-3)$ 的超载作用，基底下的滑动土体在挤出过程中，要增加克服超载作用的阻力，所以地基承载力有所增加。系数 k_2 与基底挤出土的抗剪强度有关。

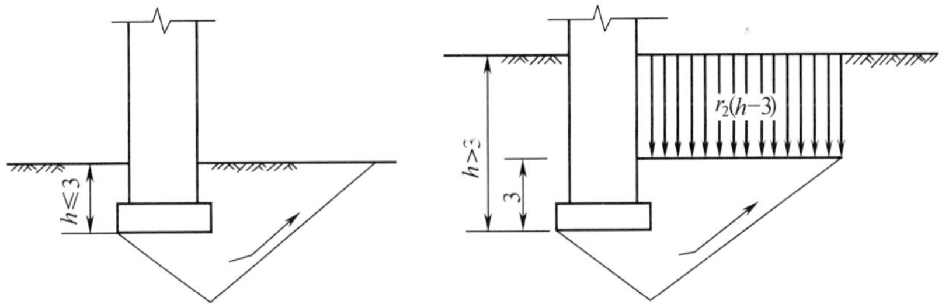

图 6.4　不同基础埋深对地基承载力影响的对比示意(单位:m)

式(6.1)是根据浅基础的地基强度理论概念建立的，它只有在 $h/b\leqslant 4$ 时才适用。从式(6.1)还可看出，b 值愈大对强度愈有利，但若 b 过大，地基压力的影响深度也相应增加，沉降量也增大。为了避免沉降量过大，对 $b>2$ m 时地基承载力的增加值应有所限制。所以《铁路桥涵地基和基础设计规范》规定，当 $b>10$ m 用式(6.1)计算 $[\sigma]$ 时，应取 $b=10$ m。

对于节理不发育或较发育的岩石，可不作宽深修正，对于节理发育或很发育的岩石，可采用碎石类土的修正系数，对于已风化成砂、土状的岩石，可参照采用砂类土、黏性土的修正系数。对于稍松状态的砂类土和松散状态的碎石类土，k_1 和 k_2 可采用表 6.12 中与中密状态对应的修正系数的 50%。冻土地基承载力的宽度、深度修正问题，尚待研究解决，目前在计算中暂取 $k_1=k_2=0$。

在确定地基容许承载力时，《铁路桥涵地基和基础设计规范》还规定：

(1)墩台建在水中，基底土为不透水层，常水位至一般冲刷线每高 1 m，容许承载力可增加 10 kPa。这是因为基底土为不透水层时，常水位至一般冲刷线的高度 h_w 内水的重量 $\gamma_w h_w$ 就压在不透水的基底面土层上，即增加了基础周围的超载，因此 $[\sigma]$ 可提高。

(2)计算基底应力时，如不仅考虑了主力(如恒载和活载)的作用，而且还考虑了附加力(如制动力和风力等)的作用，则地基容许承载力可提高 20%。因为主力和附加力同时作用且同处于最大值的概率很小，而且达到这种最不利组合时，使基底产生的最大压应力也是局部的和短时间的，所以 $[\sigma]$ 可适当提高。

(3)对于既有桥墩台的地基土，因在多年运营中已被压密，其基本承载力可适当提高，但提高值不超过 25%。

综合上述三点,若计算基底应力时考虑了主力和附加力的作用,且地基土为不透水层,而常水位至一般冲刷线的高度为 h_w(h_w 也可能等于 0)时,则地基容许承载力$[\sigma]_{主+附}$的公式可表达为

$$[\sigma]_{主+附}=1.2\times[k_0\sigma_0+k_1\gamma_1(b-2)+k_2\gamma_2(h-3)+10h_w] \quad (\text{kPa}) \tag{6.2}$$

式中 k_0——系数,对于非既有桥墩台地基土,$k_0=1.0$,对于既有桥墩台地基土,$1.0\leqslant k_0\leqslant 1.25$,其具体数值可根据实际情况酌定。

其他符号的意义同前。

最后还应说明,天然地层是千变万化的。《铁路桥涵地基和基础设计规范》提供的基本承载力表和容许承载力的计算公式,虽然是根据大量试验资料和实践经验并参照国内外其他规范综合考虑编制的,但也只能代表一般地基土的平均承载力,而不能代表任何复杂情况下的地基承载力。因此,《铁路桥涵地基和基础设计规范》规定,对于地质和结构复杂(如静不定结构)的桥涵,容许承载力宜经原位测试确定;对建于非岩石地基上的静不定结构桥涵、一些特殊土(如软土、湿陷性黄土等等)地基上的桥梁基础等,还应检算地基沉降。

【例题 6.2】 某圆形基础底面的直径为 4 m,基础埋深 $h=5$ m,地基土为中密的粗砂,基底以上土和持力层土的容重均为 $\gamma=18$ kN/m³,仅受主力的作用,求地基容许承载力。

【解】 (1)确定基本承载力

查表 6.3,中密粗砂的基本承载力 $\sigma_0=430$ kPa。

(2)确定地基容许承载力

对于圆形基础,$b=\sqrt{F}=\sqrt{\dfrac{\pi\times4^2}{4}}=3.54\text{ m}>2\text{ m}$。又已知 $h=5$ m,且 $h/b=5/3.54=1.41<4$,所以可以作宽度、深度修正。

查表 6.12,对于中密的粗砂,$k_1=3$,$k_2=5$,据式(6.1)可得地基容许承载力为:

$$\begin{aligned}[\sigma]&=\sigma_0+k_1\gamma_1(b-2)+k_2\gamma_2(h-3)\\&=430+3\times18\times(3.54-2)+5\times18\times(5-3)=693(\text{kPa})\end{aligned}$$

【例题 6.3】 一矩形桥墩基础,基底短边 $b=4.0$ m,地基土为 Q_4 冲积黏性土,地质及其他有关资料见图 6.5,仅受主力的作用,试确定地基容许承载力。

【解】 (1)求基本承载力 σ_0

液性指数 $$I_L=\frac{w-w_p}{w_L-w_p}=\frac{26-19}{37-19}=0.39<0.50$$

地基土处于硬塑状态。

孔隙比 $$e=\frac{\gamma_s(1+w)}{\gamma}-1=\frac{27\times(1+0.26)}{20}-1=0.70$$

根据 $I_L=0.39$ 和 $e=0.70$,查表 6.5,得基本承载力 $\sigma_0=312$ kPa。

(2)求容许承载力$[\sigma]$

已知 $b=4>2$ m,从图 6.5 可看出 $h=4>3$ m,$h/b=4/4=1<4$,应考虑按式(6.1)作宽、深修正。

查表 6.12,对于 $I_L<0.5$ 的 Q_4 冲、洪积黏性土,$k_1=0$,$k_2=2.5$。

又地基土的塑性指数 $I_p=w_L-w_p=37-19=18$,查表 1.12,知地基土为黏土。处于硬塑状态的黏土是不透水的。因此,基底以上土的容重 γ_1 和基底以下土的容重 γ_2 都应采用饱和

容重。图 6.5 所示的地基常在水下，其容重 $\gamma=20\ \text{kN/m}^3$，即饱和容重。

由式(6.1)得

$$[\sigma]=\sigma_0+k_1\gamma_1(b-2)+k_2\gamma_2(h-3)$$
$$=312+0+2.5\times20\times(4-3)=362(\text{kPa})$$

由于基底土不透水，常水位至一般冲刷线的高度为 2 m，所以容许承载力可增加 $10\times2=20$ (kPa)，即

$$[\sigma]=362+20=382(\text{kPa})$$

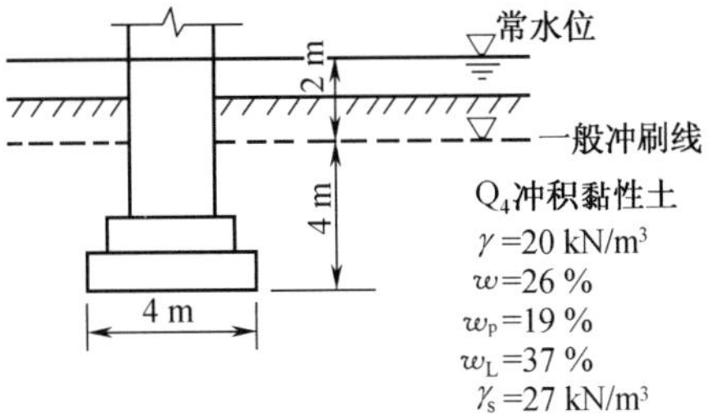

图 6.5　例题 6.3 图

【例题 6.4】 一矩形桥墩基础，基底长边 $a=6.6$ m，短边 $b=6.0$ m，在主力和附加力同时作用时，基底最大压应力 $\sigma_{\max}=382$ kPa，最小压应力 $\sigma_{\min}=122$ kPa，地质剖面图和有关资料如图 6.6 所示。试检算地基强度。

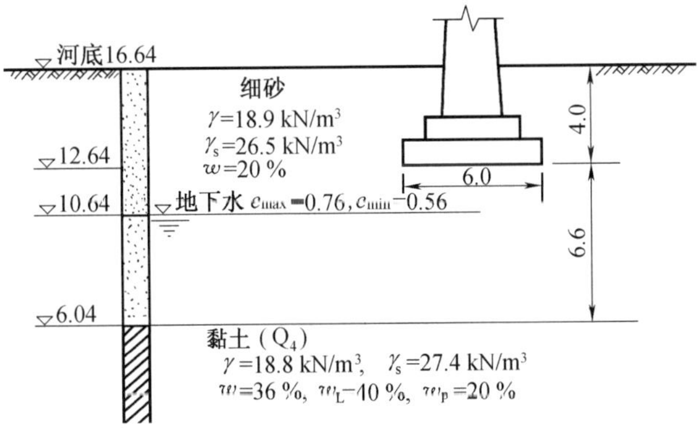

图 6.6　例题 6.4 图

【解】 (1)求持力层的地基容许承载力

持力层是细砂，其孔隙比 e 为

$$e=\frac{\gamma_s(1+w)}{\gamma}-1=\frac{26.5\times(1+0.2)}{18.9}-1=0.68$$

相对密实度 D_r 为

$$D_r=\frac{e_{\max}-e}{e_{\max}-e_{\min}}=\frac{0.76-0.68}{0.76-0.56}=\frac{0.08}{0.20}=0.40$$

查表 1.6，知此细砂是稍密的。

因持力层在地下水位以上，可认为细砂是潮湿或稍湿的，查表 6.3，得 $\sigma_0=230$ kPa。查表 6.12，得 $k_1=1.5$，$k_2=3$。

由式(6.2)，可求得地基容许承载力

$$[\sigma]_{主+附}=1.2\times[\sigma_0+k_1\gamma_1(b-2)+k_2\gamma_2(h-3)]$$
$$=1.2\times[230+1.5\times18.9\times(6-2)+3\times18.9\times(4-3)]$$
$$=480(\text{kPa})$$

(2)持力层的强度检算

已知在主力和附加力同时作用下，基底最大压应力 $\sigma_{\max}=382$ kPa，现持力层的地基容许

承载力$[\sigma]_{主+附}=480\ \text{kPa}>382\ \text{kPa}$,故持力层强度足够。

(3)求软弱下卧层的容许承载力

从图6.6可看出,下卧层有两层,即:水下的中密细砂和Q_4黏土。查表6.3,水下(饱和的)稍密细砂的基本承载力$\sigma_0=190\ \text{kPa}$,和持力层的σ_0相差不大,且持力层的强度还有一定富余,估计问题不大,故下面仅检算黏土层的强度。

黏土层的液性指数I_L为

$$I_L=\frac{w-w_p}{w_L-w_p}=\frac{36-20}{40-20}=0.8$$

查表1.13,知此黏土层处于软塑状态。

黏土层的孔隙比e为

$$e=\frac{\gamma_s(1+w)}{\gamma}-1=\frac{27.4\times(1+0.36)}{18.8}-1=0.98$$

根据$I_L=0.8$和$e=0.98$查表6.5,得基本承载力$\sigma_0=144\ \text{kPa}$。

软弱下卧层的容许承载力仍可按式(6.1)或式(6.2)计算。计算时,式中的b可偏于安全地仍采用基础短边宽度$b=6.0\ \text{m}$,式中的埋深h则为地面(或一般冲刷线)至软弱下卧层顶面距离,在本例中为$4+6.6=10.6$(m)。查表6.12,对于$I_L=0.8>0.5$的Q_4黏土,$k_1=0$,$k_2=1.5$,γ_1和γ_2分别为软弱下卧层顶面以下和以上土的容重。软弱下卧层为软塑黏土,w接近w_L,但仍假定其为不透水的,则γ_1为黏土的天然容重,$\gamma_1=18.8\ \text{kN/m}^3$。软弱下卧层顶面以上有两层土:一层是厚6 m的水上稍密细砂,天然容重$\gamma=18.9\ \text{kN/m}^3$;另一层是厚4.6 m的水下稍密细砂。因假设黏土层是不透水的,故γ_2应等于水上稍密细砂的天然容重和水下稍密细砂的饱和容重的换算平均值。

现计算水下稍密细砂的饱和容重γ_{sat}:

稍密细砂的孔隙比为

$$e=\frac{\gamma_s(1+w)}{\gamma}-1=\frac{26.5\times(1+0.2)}{18.9}-1=0.68$$

$$\gamma_{sat}=\frac{\gamma_s+e\gamma_w}{1+e}=\frac{26.5+0.68\times10}{1+0.68}=19.8(\text{kN/m}^3)$$

软弱下卧层顶面以上两层土的换算容重γ_2为

$$\gamma_2=\frac{19.8\times4.6+18.9\times6}{4.6+6}=19.3(\text{kN/m}^3)$$

软弱下卧层的地基容许承载力为

$$\begin{aligned}[\sigma]_{主+附}&=1.2\times[\sigma_0+k_1\gamma_1(b-2)+k_2\gamma_2(h-3)]\\&=1.2\times[144+0+1.5\times19.3\times(10.6-3)]=437(\text{kPa})\end{aligned}$$

(4)软弱下卧层的强度检算

软弱下卧层顶面的应力按式(3.23)计算,即

$$\sigma=\gamma_{h+z}(h+z)+\alpha(\sigma_h-\gamma_h h)$$

已知软弱下卧层顶面至基底的距离$z=6.6$ m,至地面的距离$(h+z)=4+6.6=10.6$(m)。在$(h+z)$范围内土的换算容重已算得为19.3 kN/m^3。故土的自重应力

$$\sigma_{cz}=\gamma_{h+z}(h+z)=19.3\times10.6=204.6(\text{kPa})$$

又$z=6.6$ m,$b=6.0$ m,$z/b=6.6/6=1.1>1$,故σ_h采用基底平均压应力,即

$$\sigma_h=\frac{1}{2}(\sigma_{max}+\sigma_{min})=\frac{1}{2}\times(382+122)=252(\text{kPa})$$

据 $z/b=1.1$ 和 $a/b=6.6/6=1.1$，查表 3.4，得 $\alpha=0.315$。又基底以上土的容重为 18.9 kN/m³，故附加应力 $\sigma_z=\alpha(\sigma_h-\gamma_h h)=0.315\times(252-18.9\times4)=55.6(\text{kPa})$。

作用在软弱下卧层顶面的应力为

$$\sigma=204.6+55.6=260.2(\text{kPa})<437(\text{kPa})=[\sigma]_{主+附}$$

软弱下卧层的强度足够。

6.2.2　软土地基的容许承载力

为了保证在软土地基上的铁路桥涵建筑物安全和正常使用，软土地基的容许承载力应该是反映稳定和变形这两方面要求的综合指标。《铁路桥涵地基和基础设计规范》从这两方面的要求出发，规定了计算软土地基容许承载力的公式。

1. 理论公式

$$[\sigma]=5.14c_u\frac{1}{m}+\gamma_2 h \tag{6.3}$$

式中　$[\sigma]$——地基容许承载力(kPa)；

m——安全系数，可视软土的灵敏度及建筑物对变形的要求等因素选用，一般取 $m=1.5\sim2.5$；

c_u——快剪(不固结不排水试验)抗剪强度(kPa)，根据库仑定律，快剪的抗剪强度 $\tau_u=\sigma\tan\varphi_u+c_u$，对于软土，可认为 $\varphi_u=0$，故抗剪强度，$\tau_u=c_u$；

γ_2，h——与式(6.1)的 γ_2、h 意义相同。

2. 对于小桥和涵洞的软土地基，其容许承载力计算公式

$$[\sigma]=\sigma_0+\gamma_2(h-3) \tag{6.4}$$

式中　σ_0——软土地基的基本承载力，可从表 6.13 中查出。

表 6.13　软土地基的基本承载力 σ_0

天然含水率 w/%	36	40	45	50	55	65	75
σ_0/kPa	100	90	80	70	60	50	40

式(6.4)实际上是式(6.1)的简捷实用公式，取式(6.1)中的 $k_1=0$，$k_2=1$，即得式(6.4)。

最后应指出，软土地基上的桥涵建筑物，常常由地基变形条件控制设计。因此《铁路桥涵地基和基础设计规范》规定，对这类建筑物除检算地基强度外，一般还应再检算地基沉降。

任务 6.3　用触探法确定地基容许承载力

触探是将一种金属的探头压入或打入(统称贯入)土层中，根据贯入时的阻力或贯入一定深度的锤击数来划分土层及确定其物理力学性质的一种工程地质勘探方法和原位测试手段。按贯入方式的不同，触探分为静力触探和动力触探。采用静力压入方式的叫静力触探，采用落锤打入方式的叫动力触探。显然，贯入阻力大或贯入一定深度需要的锤击数多，就说明土的抗剪强度高，地基承载力大，即贯入阻力或锤击数与地基承载力之间存在一定关系。

本任务的主要内容，就是根据《原位测试规程》介绍用触探法确定地基容许承载力。

6.3.1 静力触探法

1. 静力触探及其用途

静力触探是采用静力触探仪,通过液压千斤顶或其他机械方式,将具有一定规格和功用的探头以规定的速率贯入土中,量测贯入过程中土对探头的阻力乃至孔隙水压力等触探参数,根据这些触探参数,可以:

(1)划分土层,确定土层名称及其潮湿程度;

(2)确定天然地基的基本承载力,评估土的几种物理力学指标和饱和土的固结特性;

(3)选择桩尖持力层,预估单桩承载力(见项目 10 之任务 10.2);

(4)判别砂类土、粉土和粉质黏土液化的可能性(见项目 5 之任务 5.4);

(5)探查场地土层的均匀性和地下洞室的埋藏深度,检验人工素填土的密实程度和地基改良效果。

2. 静力触探的适用范围

我国目前使用的静力触探仪,其勘探深度一般为 15～30 m,在软土地区可达 50 m 以上。适用于勘探一般黏性土(Q_4)、老黏性土(Q_1～Q_3)、砂类土、软土(Q_4)和新黄土(Q_4、Q_3),也适用于冲填土、细粒素填土及碎石、卵砾石含量小于 20%的土层,不适用于碎石类土和冻土。对于泥炭、红土及膨胀土等其他特殊土类,在对其取得实践经验后,也可使用。

3. 静力触探仪和触探参数简介

静力触探仪主要由探头、贯入主机、探杆、电缆和数据采集仪等组成。图 6.7 是一种静力触探仪的示意图。静力触探的探头,按其功用的不同,可分为单桥探头、双桥探头和孔压探头三种。单桥探头系指在国内广泛使用的综合型探头,其测得的触探参数习惯称为比贯入阻力(简称为贯入阻力,用 p_s 表示),用静力触探方法确定地基的基本承载力,一般均使用单桥探头;双桥探头可同时测得锥尖阻力(q_c,简称端阻)和侧壁摩阻力(f_s,简称侧阻),用静力触探方法确定桩基础的单桩承载力时要使用双桥探头;孔压探头尚可测得贯入时饱和土的孔隙水压力及探头停止贯入后孔隙水压力随时间而变化的数据。图 6.8 是单桥探头的工作原理示意图。从图6.7和图 6.8 可看出,探头是一个圆锥体(锥角为 60°),其内部贴有电阻丝片,用电缆将电阻丝片和电阻应变仪连接。触探时,通过电阻应变仪读出相应的微应变,并算出贯入阻力(单桥探头)或端阻、侧阻和侧阻与端阻的比值(双桥探头);对于孔压探头,除可算出端阻、侧阻和侧阻与端阻的比值外,还可算出孔隙水压力等触探参数,然后就可绘出触探参数曲线(各触探参数与贯入深度的关系曲线)。图 6.9 是根据整理后的单桥探头触探参数绘出的贯入阻力 p_s 随贯入深度而变化的曲线,图中的符号$\overline{p}_s$ 是指某土层的平均贯入阻力。

4. 静力触探确定地基容许承载力

静力触探确定地基基本承载力时,应注意综合考虑场地的工程地质条件及建筑物的特点。无地区使用经验可循时,可根据土层类别和比贯入阻力 p_s 按《原位测试规程》提供的基本承载力表(表 6.14)确定相应土层的基本承载力。

当地基基本承载力用于设计时,应进行基础宽度和埋置深度的修正。当基础底面的宽度 $b>2$ m,基础底面的埋置深度 $h>3$ m,且 $h/b\leqslant 4$ 时,地基容许承载力等于按表 6.14 计算出的基本承载力 σ_0 加上按宽度、深度修正的影响值,即按式(6.1)计算,但修正系数 k_1 和 k_2 应按表 6.15 确定。

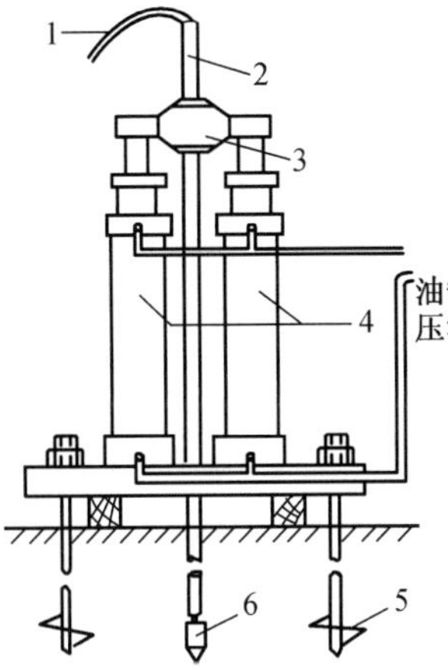

1—应变仪电缆;2—钻杆;3—卡杆器;
4—油压千斤顶;5—地锚;6—探头。

图 6.7　静力触探仪

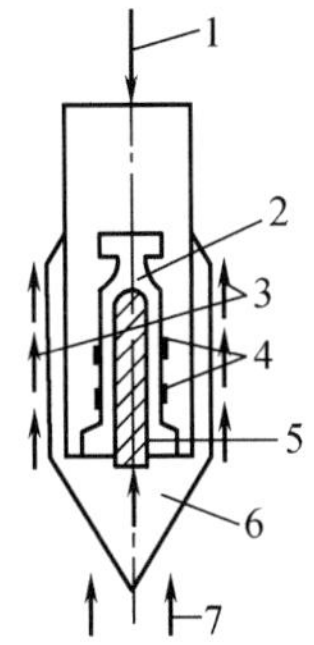

1—贯入力;2—空心柱;3—侧壁摩阻力;
4—电阻丝片;5—顶柱;6—外套筒;7—锥尖阻力。

图 6.8　单桥探头工作原理

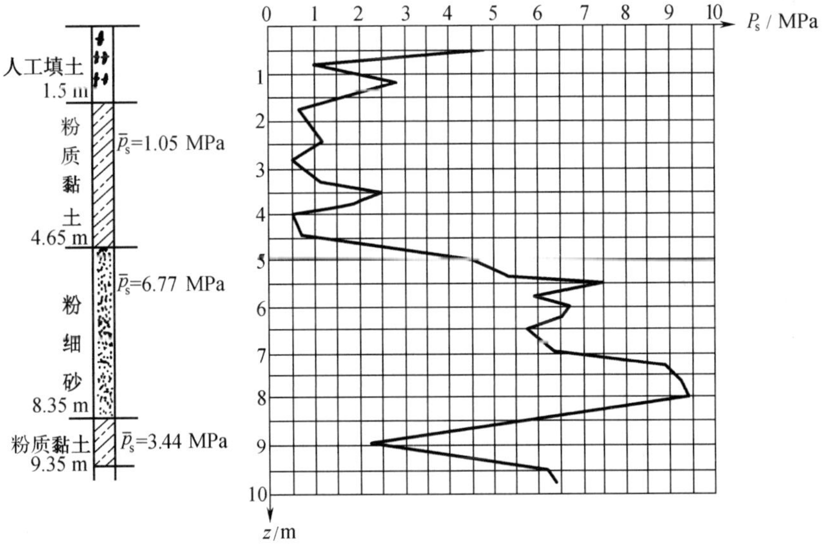

图 6.9　静力触探单桥探头的贯入阻力曲线

表 6.14　天然地基基本承载力(σ_0)算式

土层名称		σ_0/kPa	p_s 值域/kPa
黏性土(Q_1～Q_3)		$\sigma_0=0.1p_s$	2 700～6 000
黏性土(Q_4)		$\sigma_0=5.8\sqrt{p_s}-46$	≤6 000
软　土		$\sigma_0=0.112p_s+5$	85～800
砂土及粉土		$\sigma_0=0.89p_s^{0.63}+14.4$	≤24 000
新黄土(Q_4、Q_3)	东南带	$\sigma_0=0.05p_s+65$	500～5 000
	西北带	$\sigma_0=0.05p_s+35$	650～5 500
	北部边缘带	$\sigma_0=0.04p_s+40$	1 000～6 500

表 6.15　基础宽度修正系数 k_1 和深度修正系数 k_2

修正系数	土层名称	p_s/kPa							
		<800	800～2 000	2 000～3 000	3 000～5 000	5 000～10 000	10 000～14 000	14 000～20 000	>20 000
k_1	黏性土、粉土、砂类土	0				1	2	3	4
	新黄土（Q_4、Q_3）	0							
k_2	黏性土	0	1	2	3	4	—	—	—
	砂类土、粉土	0	1	1.5	2	3	4	5	6
	新黄土（Q_4、Q_3）	0	0	1	1.5	2	—	—	—

综上所述，静力触探是一种正在发展中的地质勘探方法和原位测试手段。虽然用这种方法来确定地基容许承载力和土的一些物理力学指标等多数属于经验方法，对于重要工程和在缺乏静力触探使用经验的地区，还必须与钻探取样试验或其他测试手段配合使用，但其优越性是显著的，因而在国内外均已得到较广泛的使用。最后再次强调，静力触探所获得的各触探参数，都和土层的成因、沉积环境、地质历史、土的矿物成分等土质特点有关。而我国幅员辽阔，不同地区同一类土的土质特点不可能完全一样，所以静力触探的应用常带有明显的地区性特点。只有在区域工程地质条件清楚或有使用静力触探经验的地区，静力触探才可单独使用。

6.3.2　动力触探法

动力触探是指利用一定的锤击能量，将带圆锥形探头的探杆打入土中，根据贯入土中规定深度所需的锤击数，判定地基土的力学性质的一种原位测试手段。

《原位测试规程》介绍的动力触探设备类型和规格见表 6.16，其中轻型动力触探用于确定 Q_4 冲、洪积黏性土地基的基本承载力，重型和特重型动力触探主要用于确定中砂、粗砂、砾砂和碎石类土地基的基本承载力。动力触探还可用于查明地层在垂直和水平方向的均匀程度和确定桩基持力层，还可用于判定圆砾土和卵石土的变形模量。此外，前已介绍，用重型动力触探设备作标准贯入试验，还可以确定砂类土的相对密实度和判定地基土震动液化的可能性。

动力触探划分土层并定名时，应与其他勘探测试手段相合；确定地基承载力或变形模量时，动力触探孔数应根据场地大小、建筑物等级及土层均匀程度综合考虑，但同一场地应不少于 3 孔。

表 6.16　动力触探设备类型和规格

类型及代号	重锤质量/kg	重锤落距/cm	探头截面积/cm^2	探杆外径/mm	动力触探击数	
					符号	单位
轻型	10±0.2	50±2	13	25	N_{10}	击/30 cm
重型	63.5±0.5	76±2	43	42、50	$N_{63.5}$	击/10 cm
特重型	120±1.0	100±2	43	50	N_{120}	击/10 cm

根据轻型动力触探实测击数平均值$\overline{N}_{10}$，可按表 6.17 确定 Q_4 冲、洪积黏性土地基的基本承载力。

表 6.17　Q_4 冲、洪积黏性土地基的基本承载力

$\overline{N}_{10}$/(击/30 cm)	15	20	25	30
σ_0/kPa	100	140	180	220

注：本表适用贯入深度范围为小于 4 m。表内数据可以线性内插。

冲积、洪积成因的中砂～砾砂土地基和碎石类土地基的基本承载力 σ_0，当贯入深度小于 20 m 时，可根据场地土层的 $\overline{N}_{63.5}$ 按表 6.18 确定。

表 6.18　中砂～砾砂土、碎石类土 $\boldsymbol{\sigma_0}$ 值　　单位：kPa

$\overline{N}_{63.5}$/(击/10 cm)	3	4	5	6	7	8	9	10	12	14
中砂～砾砂土	120	150	180	220	260	300	340	380	—	—
碎石类土	140	170	200	240	280	320	360	400	480	540
$\overline{N}_{63.5}$/(击/10 cm)	16	18	20	22	24	26	28	30	35	40
碎石类土	600	660	720	780	830	870	900	930	970	1 000

基本承载力用于设计时，应进行基础宽度及埋置深度的修正。修正公式应符合现行《铁路桥涵地基和基础设计规范》(TB 10093—2017)中有关规定，公式中的修正系数可根据地基土的$\overline{N}_{63.5}$按表 6.19 和表 6.20 确定。

表 6.19　宽度、深度修正系数

<table>
<tr><th rowspan="4">系数</th><th colspan="16">土的类型</th></tr>
<tr><th colspan="4">黏性土</th><th colspan="8">砂类土</th><th colspan="4">碎石类土</th></tr>
<tr><th colspan="2">Q_4 的冲、洪积土</th><th rowspan="2">Q_3 及以前的冲、洪积土</th><th rowspan="2">残积土</th><th colspan="2">粉砂</th><th colspan="2">细砂</th><th colspan="2">中砂</th><th colspan="2">砾砂粗砂</th><th colspan="2">碎石土、圆砾土、角砾土</th><th colspan="2">卵石土</th></tr>
<tr><th>I_L<0.5</th><th>$I_L \geq 0.5$</th><th>中密</th><th>密实</th><th>中密</th><th>密实</th><th>中密</th><th>密实</th><th>中密</th><th>密实</th><th>稍密、中密</th><th>密实</th><th>稍密、中密</th><th>密实</th></tr>
<tr><td>k_1</td><td>0</td><td>0</td><td>0</td><td>0</td><td>1</td><td>1.2</td><td>1.5</td><td>2</td><td>2</td><td>3</td><td>3</td><td>4</td><td>3</td><td>4</td><td>3</td><td>4</td></tr>
<tr><td>k_2</td><td>2.5</td><td>1.5</td><td>2.5</td><td>1.5</td><td>2</td><td>2.5</td><td>3</td><td>4</td><td colspan="8">按表 6.20 取值</td></tr>
</table>

注：(1)节理发育或很发育的风化岩石，k_1、k_2 可参照碎石类土的修正系数，但对已风化成砂、土状者，则取用砂类土、黏性土的修正系数。

(2)稍密状态的砂类土和松散状态的碎石类土，k_1、k_2 值可采用表列中密值的 50%。

(3)冻土的 $k_1=0$，$k_2=0$。

表 6.20　中砂～碎石类土深度修正系数

$\overline{N}_{63.5}$	≤4	4～6	6～10	10～15	15～20	20～25	25～32	32～40	>40
k_2	1	2	3	4	5	6	7	8	9

动力触探作为一种原位测试手段，我国已有多部门将其列入规范，测试及数据采集向标准化和自动化过渡。今后将会开发出有更合适的动力触探设备，并提出能正确地反映客观实际的经验公式和编辑更完善的规范。

项目小结

文本

确定地基容许承载力方法比较

本项目主要介绍天然地基容许承载力的确定方法,内容涉及地基的破坏形态分析、按《铁路桥涵地基和基础设计规范》确定地基容许承载力和用触探去确定地基容许承载力。通过本项目的学习,掌握按《铁路桥涵地基和基础设计规范》确定地基容许承载力的方法,为后续内容的学习打下基础。

关于地基的临塑荷载、临界荷载和极限荷载概念及计算方法参考拓展知识二维码相关内容。

项目训练

1. 掌握不同情况下地基承载力的概念。
2. 根据相应规范确定天然地基承载力。
3. 根据原位测试方法确定天然地基承载力。

复习思考题

6.1　什么是地基土的基本承载力和地基土的容许承载力?有哪几种确定方法?各适用于何种条件?

6.2　影响地基承载力的主要因素有哪些?

6.3　为什么要验算软弱下卧层的强度?其具体要求是什么?

6.4　某黏性土地基的土样试验数据见表6.21,试确定其基本承载力并定出土的名称。

表6.21　题6.4试验数据表

土粒相对密度 G_s	土的密度 ρ/(g/cm³)	天然含水率 w/%	液限 w_L/%	塑限 w_p/%
2.63	1.87	35.2	45.0	27.5

6.5　某粗砂地基的土样试验数据和最大、最小孔隙比见表6.22,试确定其基本承载力。

表6.22　题6.5试验数据表

土粒相对密度 G_s	土的密度 ρ/(g/cm³)	天然含水率 w/%	最小孔隙比 e_{min}	最大孔隙比 e_{max}
2.60	1.95	23	0.475	0.850

6.6　某桥墩基础为一矩形(长8.0 m,宽5.0 m),如图6.10所示,试计算此细砂地层的容许承载力。

6.7　某桥墩基础为矩形,长 a=8.0 m,宽 b=6.25 m,基础下地基土层情况如图6.11所示,基础埋置深度 h=5.0 m,作用于基底的竖向荷载 P=17 200 kN,偏心距 e=0.9 m,主力与附加力同时作用时基底最大压应力 σ_{max}=641.2 kPa,最小压应力 σ_{min}=46.8 kPa。试验算其持力层和软弱下卧层的强度。

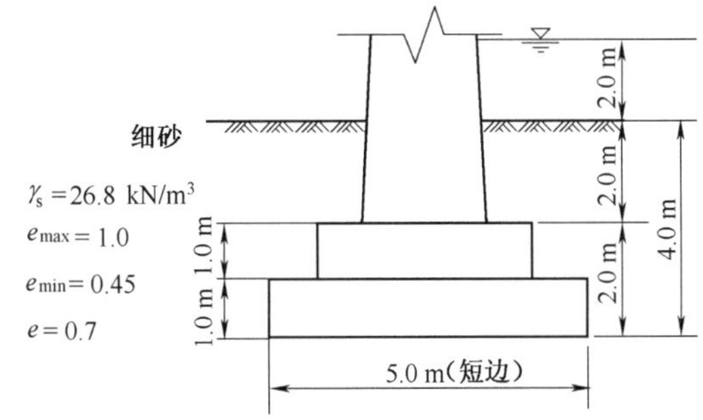

图 6.10　题 6.6 图

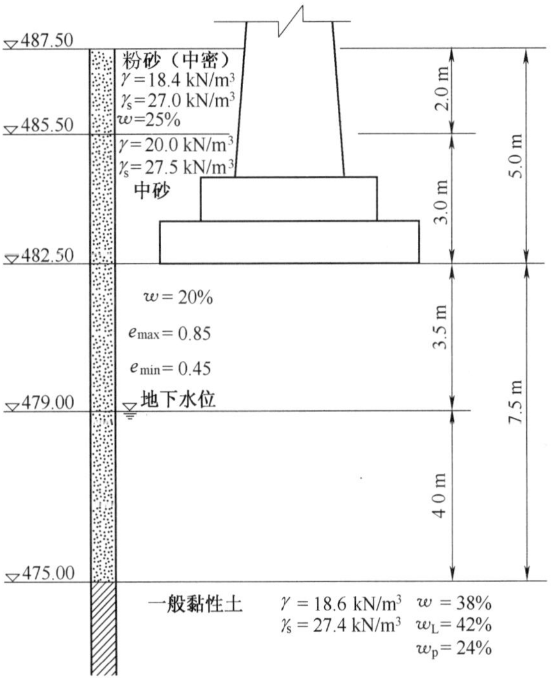

图 6.11　题 6.7 图

项目 7　土压力计算

项目描述

土压力即土体作用于挡土结构物上的侧压力。挡土结构物通常包括边坡挡土墙、桥台、码头板桩墙和基坑护壁墙等。研究土压力主要是研究挡土结构物所受土压力的大小和分布规律，并据以确定挡土结构物的形式和尺寸。土压力是土力学研究的一项重要内容。

图片

项目7
思维导图

学习目标

1. 能力目标

(1)能根据实际情况，简化计算各种情况下的土压力。

(2)清楚经典理论的误差；清楚两种土压力计算理论的区别。

2. 知识目标

(1)理解三种土压力的概念及产生条件。

(2)应用朗金土压力公式进行主动土压力和被动土压力的计算。

(3)应用库仑土压力公式进行主动土压力和被动土压力的计算。

3. 素质目标

(1)培养学生工程强国意识，具有工程规范意识与实践转化能力。

(2)具有工程安全责任意识，确保正确选择土压力计算方法和精准的数据计算。

相关案例：伦敦铁路挡土墙

1905 年，英国修建铁路通过伦敦附近的威伯列地区。当地有一座山坡，比铁路路面高出约 17 m。为节约土方开挖量，拟修建一座挡土墙，支挡山坡土体。

挡土墙采用重力式混凝土结构，墙高为 9.5 m，最大厚度约 4.6 m，混凝土的扶壁长为 3 m，间距 18.3 m。采用挡土墙支挡后，土坡开挖成 1∶3 的缓坡，如图 7.1 所示。

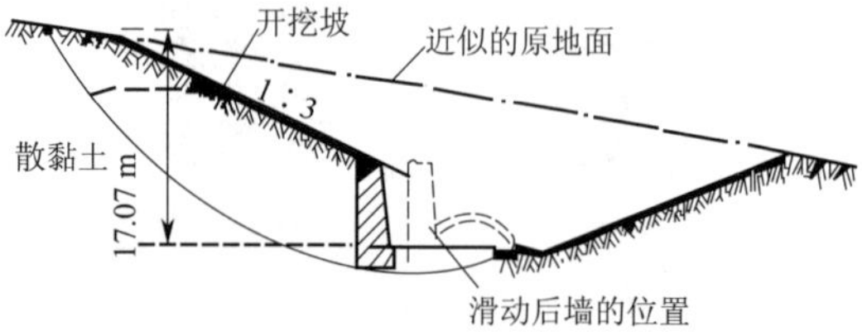

图 7.1　英国伦敦铁路挡土墙滑动示意

此铁路建成通车正常使用了 13 年。1918 年，人们注意到这座挡土墙向前移动了。不久以后,此挡土墙在半小时内向前滑移达 6.1 m,移滑范围长达 162 m,历史上罕见。挡土墙大规模滑移形成的巨大推力将铁轨推走,造成长时期交通中断。

当地山坡土质为均质的伦敦黏土。此种伦敦黏土具有一种特性,即在长期荷载作用下,黏土的黏聚力 c 会降低,即土的强度下降。当土坡中的抗滑阻力小于滑动力时,即可发生土坡大滑动,推动土坡前沿的挡土墙向前滑移。

此外,南京郊区江南水泥厂挡土墙,因栖霞山于 1975 年夏发生大滑坡而滑倒。欧洲梯塞河支流公路桥边墩,在洪水后因作用在边墩上的水压力增加,同时土的强度降低,导致边墩滑动,同时桥面折断。

由此案例可以看出,土压力在挡土墙、桥台等结构物的设计施工中是一个主要的影响因素,只有对土压力类型分析清楚,计算边界条件和计算方法选取得当,才能正确确定不同边界条件下的土压力大小、方向、分布规律,才能确定合理的设计施工参数。

任务 7.1　土压力分类

斜坡土体超过其极限坡度时,土体将丧失稳定,发生滑坡或坍塌。在修建桥隧、路基工程时经常需要建造各种挡土结构物,如挡土墙、桥台、隧道的边墙及临时支撑结构等,这些结构物都承受土的侧向压力。所谓"土压力"就是指挡土结构物背后填土对结构物所产生的侧向压力。因此,土压力就成为这些结构物的主要设计荷载。

要正确设计各种挡土结构物,使其达到既安全又经济的原则,最关键的问题是应较准确地计算出作用在这些结构物上土压力的大小、方向和压力分布情况等。因此学习和掌握在一般情况下土压力的变化规律及计算方法,具有重要的实际意义。

土压力的计算是一个比较复杂的问题,它涉及挡土墙、墙后填土和地基三者之间的相互作用。因此土压力的大小不仅与挡土墙的高度、墙背的倾斜坡度、粗糙程度及填土的物理力学性质、填土面的形状和顶部的荷载情况有关,而且还与挡土墙的刚度、位移方向、位移量大小有关。因此在计算土压力时若把上述诸多因素都考虑进去,就会变得十分复杂,甚至不可能。所以,现有的土压力计算方法都是建立在各种不同假定的基础上,这些假定一方面能避免计算过于繁杂,另一方面还要保证计算结果有一定的可靠性。

由于土体的应力应变不同,因而土对结构物的侧压力也不同,按其产生的条件和作用,墙背上的土压力可分为:静止土压力、主动土压力和被动土压力三种类型。

7.1.1　静止土压力

当结构物在土压力的作用下,墙身不产生任何位移、转动或弯曲变形,墙后土体因墙背的侧限作用而处于弹性平衡状态,此时墙后土体作用于墙背上的土压力称为静止土压力,用 E_0 表示,如图 7.2所示。

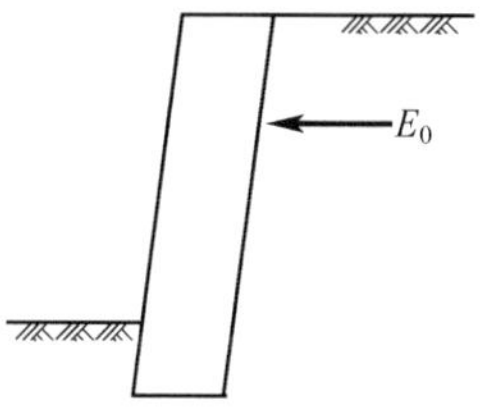

图 7.2　静止土压力

7.1.2　主动土压力

挡土墙在土压力作用下,向前产生微小位移[图 7.3(a)]或因墙基的前部变形较大而引起墙身向前有一微小转动时,作用在墙背上的土压力从静止土压力数值逐渐减小,土体将出现向下滑动的趋势，这时土体中逐渐增大的抗剪力将抵抗这一滑动的产生，当土的抗剪强度充分发挥时，土压力减至最小值，土体处于主动极限平衡状态，这时的土压力称为主动土压力，以 E_a 表示。

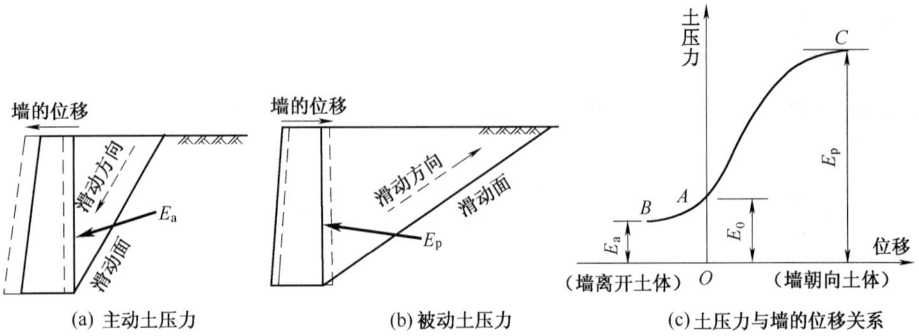

图 7.3　产生主动或被动土压力与位移的情况

7.1.3　被动土压力

如果挡土墙在外力作用下，逐渐向后(指向填土)移动或转动挤压填土[图 7.3(b)]，作用在墙背上的土压力从静止土压力值逐渐增大(这是由于墙背土体剪切阻抗作用发挥所造成的)，当土的抗剪强度充分发挥时，土压力增至最大值，土体处于被动极限平衡状态，这时的土压力称为被动土压力，以 E_p 表示。

综合上述分析可知，由于挡土墙位移的方向不同，土压力的大小亦不同，根据试验资料得到墙的位移和土压力的关系如图 7.3(c)所示。从中可以看到，在相同条件下三种土压力的大小为：$E_a<E_0<E_p$。

挡土墙达到主动土压力的位移量为墙高 H 的 0.05%～0.133%，达到被动土压力所需要的位移量为墙高 H 的 2%～5%。

影响土压力的因素很多，在实际工程设计中究竟采用哪一种土压力作为计算依据，就要根据挡土结构的工作条件(即位移的可能性)和结构物的重要性来决定。一般桥墩台和挡土墙均采用主动土压力计算，拱桥桥台理论上可用被动土压力计算，但由于产生被动土压力时要有很大的位移，这在重要的桥梁结构中是不容许的，所以铁路拱桥桥台以往仍按主动土压力计算。在箱形桥、某些地下结构(如地下室外墙、船闸边墙等)的水平土压力和考虑桥台滑动稳定时的台前土压力可采用静止土压力来计算。总之，静止土压力和被动土压力一般用得较少，而主动土压力用得最多。

目前常用的土压力理论为库仑理论及朗金理论。库仑在 1773 年提出的“滑动”土楔极限平衡理论，其方法简单，概念明确，能适用于各种复杂情况，实践证明误差不大，这也是《铁路桥涵设计规范》(TB 10002—2017)将它作为计算土体侧向压力的主要依据。朗金于 1857 年根据土中一点应力的极限平衡条件来确定土压力强度和破裂面方向，理论虽较严密，但只考虑了简单的边界条件，在应用上受到较大的限制。

任务 7.2　朗金土压力理论认知与计算

7.2.1　基本概念

朗金理论是从半无限土体的极限平衡应力状态出发的，假定墙是刚性的，墙背竖直而光滑，即不考虑墙背与填土之间的摩擦力，墙后填土面为无限延伸的平面。墙背假想为这种半无限体中的一个竖直平面，现从墙后填土面以下任一深度 z 处 M 点取一单元土柱进行分析。

若土柱不发生位移，半无限土体处于弹性平衡时的应力状态，可用图 7.4(c)中应力圆 A_0 表示，此时应力圆 A_0 位于抗剪强度线以下。当土体由于某种原因(如开挖基坑)在水平方向产生侧向膨胀而伸展时，图 7.4(a)中的 ab 平面移至 a_1b_1 位置，可以设想，土柱底面的应力 σ_z 保持不变，由于侧向土体开始松弛，因而水平应力 σ_x 逐渐减小，达到主动极限平衡时，土体开始沿着与水平面成$(45°+\varphi/2)$角的破裂面向下滑动，此时 M 点的应力状态可用图 7.4(c)中的应力圆 A_a 表示，这时应力圆 A_a 与抗剪强度线相切，M 点的最大主应力 $\sigma_1=\sigma_z=\gamma z$，最小主应力 $\sigma_3=\sigma_x=e_a$。

同理，当土体在水平方向受挤而压缩时，图 7.4(b)中的 ab 平面移到 a_2b_2 的位置，σ_z 仍保持不变，σ_x 则由于土体被挤压而逐渐增大，达到被动极限平衡状态时，土体开始产生沿着与水平面成$(45°-\varphi/2)$角的破裂面向上滑动，这时 M 点的应力状态可用图 7.4(c)中 A_p 应力圆表示，这时应力圆 A_p 与抗剪强度线相切，M 点的最大主应力 $\sigma_1=\sigma_x=e_p$，最小主应力 $\sigma_3=\sigma_z=\gamma z$。

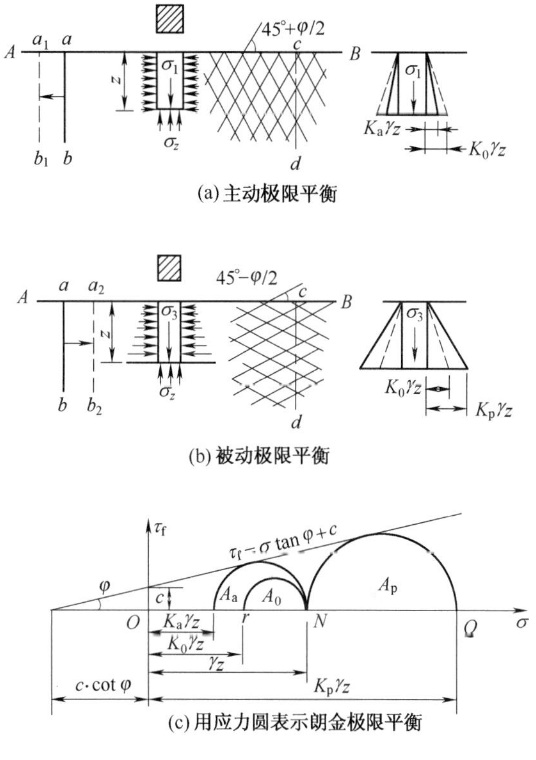

图 7.4　半无限土体的朗金极限平衡状态

朗金理论所求的土压力，就是指地面为平面的土中竖直面上的压力。朗金认为，作用在竖直墙背上的土压力强度，就是达到极限平衡(主动或被动状态)的半无限土体中任一竖直截面上的应力。土压力的方向与地面平行。

7.2.2　简单情况下的土压力计算

简单情况是指墙背竖直(即墙背与竖直面的倾斜角 $\theta=0°$)，填土面水平(即填土面与水平面的倾斜角 $\alpha=0°$)，墙背光滑，不计墙背与土之间的摩擦力(即墙背与填土之间的摩擦角 $\delta=0°$)。

1. 主动土压力

当挡土墙向前(离开填土)移动或转动达到主动极限平衡状态出现破裂面时，任一深度处

所受竖直应力 γz 为最大主应力 σ_1，水平应力 σ_x 为最小主应力 σ_3，也就是该深度处作用在墙背上的主动土压力强度 e_a，如图 7.5(a)所示。

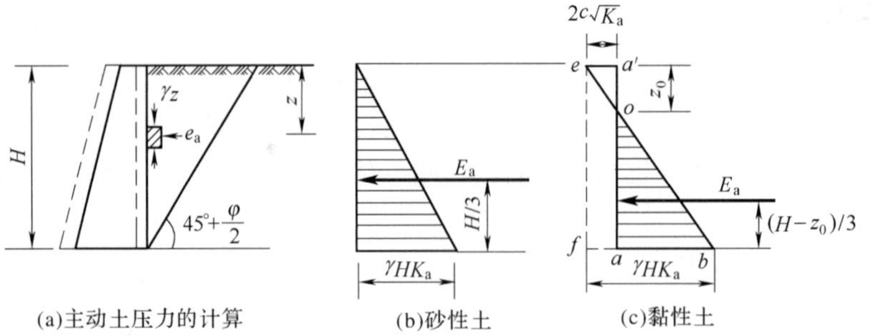

图 7.5　主动土压力强度分布

根据土的强度理论，当土体中某点处于极限平衡时，最大主应力与最小主应力之间的关系应满足如下关系：

(1)砂性土

$$e_a=\gamma z\tan^2\left(45°-\frac{\varphi}{2}\right)=\gamma zK_a \tag{7.1}$$

式中　K_a——朗金主动土压力系数，见表 7.1。

表 7.1　朗金土压力系数

φ	$K_a=\tan^2\left(45°-\frac{\varphi}{2}\right)$	$K_p=\tan^2\left(45°+\frac{\varphi}{2}\right)$	φ	$K_a=\tan^2\left(45°-\frac{\varphi}{2}\right)$	$K_p=\tan^2\left(45°+\frac{\varphi}{2}\right)$
10°	0.704	1.42	28°	0.361	2.77
11°	0.679	1.47	29°	0.347	2.88
12°	0.656	1.52	30°	0.333	3.00
13°	0.632	1.57	31°	0.321	3.12
14°	0.610	1.64	32°	0.307	3.25
15°	0.588	1.69	33°	0.295	3.39
16°	0.568	1.76	34°	0.283	3.54
17°	0.548	1.82	35°	0.270	3.69
18°	0.528	1.89	36°	0.260	3.85
19°	0.508	1.96	37°	0.248	4.02
20°	0.490	2.04	38°	0.238	4.20
21°	0.472	2.12	39°	0.227	4.39
22°	0.455	2.20	40°	0.217	4.60
23°	0.438	2.28	41°	0.208	4.82
24°	0.421	2.37	42°	0.198	5.04
25°	0.406	2.46	43°	0.189	5.29
26°	0.391	2.56	44°	0.180	5.55
27°	0.376	2.66	45°	0.171	5.83

从式(7.1)可知 e_a 与 z 成正比，沿墙高的压力强度分布呈三角形，如图 7.5(b)所示，其总主动土压力(取单位墙长计算，以下计算中都取单位墙长)为压力强度图形的面积。

$$E_a=\frac{1}{2}\gamma H^2 K_a \tag{7.2}$$

E_a 的作用点通过压力强度图的形心，距墙底 $H/3$ 处，方向为水平，破裂面与最大主应力作用平面(水平面)间的夹角为 $45°+\varphi/2$。

(2)黏性土

$$e_a=\gamma z\tan^2\left(45°-\frac{\varphi}{2}\right)-2c\tan\left(45°-\frac{\varphi}{2}\right)=\gamma zK_a-2c\sqrt{K_a} \tag{7.3}$$

式中　c——填土的黏聚力(kPa)；

φ——填土的内摩擦角(°)，由试验确定。

从式(7.3)可知，黏性土的主动土压力强度由两部分组成：一部分是由土体自重引起的侧压力强度 γzK_a，另一部分则是由黏聚力所引起的负(反向)侧压力强度 $2c\sqrt{K_a}$，两部分叠加的结果如图 7.5(c)所示。从压力强度图中看到：$oa'e$ 是负值，对墙背产生拉力，实际上是不存在的，即在 z_0 深度内没有土压力，$\gamma z_0 K_a-2c\sqrt{K_a}=0$。所以

$$z_0=\frac{2c}{\gamma\sqrt{K_a}} \tag{7.4}$$

这就是许多陡峭的黏土坡不需支撑而能直立不坍塌的原因。因此黏性土的侧压力强度图形仅是 abo 部分，其总压力为

$$E_a=\frac{1}{2}(H-z_0)(\gamma HK_a-2c\sqrt{K_a})$$

或

$$E_a=\frac{1}{2}\gamma H^2K_a-2cH\sqrt{K_a}+\frac{2c^2}{\gamma} \tag{7.5}$$

E_a 的作用点通过三角形分布图 abo 的形心，即作用在离墙底$(H-z_0)/3$ 处。

2. 被动土压力

当挡土墙向后(挤向填土)移动或转动，达到被动极限平衡状态出现破裂面时，则土中的竖向应力 γz 变为最小主应力 σ_3，而水平应力为最大主应力 σ_1，也就是作用在墙背上的被动土压力强度 e_p，如图 7.6(a)所示。

(1)砂性土

$$e_p=\sigma_1=\gamma z\tan^2\left(45°+\frac{\varphi}{2}\right)=\gamma zK_p \tag{7.6}$$

式中　K_p——朗金被动土压力系数，见表 7.1，其侧压力分布如图 7.6(b)所示，总被动土压力为

$$E_p=\frac{1}{2}\gamma H^2K_p \tag{7.7}$$

作用点为距墙底 $H/3$ 处，方向水平，破裂面与最小主应力作用平面(水平面)成 $45°-\varphi/2$。

(2)黏性土

$$e_p=\gamma zK_p+2c\sqrt{K_p} \tag{7.8}$$

由式(7.8)中可以看到，黏性土的被动土压力强度亦分别由土的自重和黏聚力两部分所引起的，叠加后的侧压力强度为梯形分布，如图 7.6(c)所示。总被动土压力为

$$E_p=\frac{1}{2}\gamma H^2K_p+2cH\sqrt{K_p} \tag{7.9}$$

合力作用点通过压力强度图的形心在墙背上的投影点,距墙底的距离为

$$z_x=\frac{H}{3}\cdot\frac{\gamma HK_p+6c\sqrt{K_p}}{\gamma HK_p+4c\sqrt{K_p}} \tag{7.10}$$

方向水平,破裂面位置与水平面成 $45°-\varphi/2$。

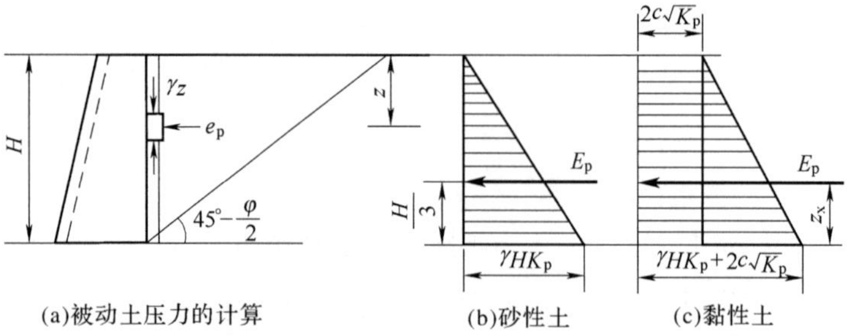

图 7.6　被动土压力强度分布

7.2.3　斜坡地面的土压力计算

当墙背竖直且光滑(即 $\theta=0°$,$\delta=0°$)时,填土面倾斜与水平面成 α 角,这种情况同样可按朗金极限平衡状态下的强度理论计算,如图 7.7(a)所示,其公式如下:

主动土压力

$$E_a=\frac{\gamma H^2}{2}\cos\alpha\frac{\cos\alpha-\sqrt{\cos^2\alpha-\cos^2\varphi}}{\cos\alpha+\sqrt{\cos^2\alpha-\cos^2\varphi}}=\frac{1}{2}\gamma H^2K_a' \tag{7.11}$$

被动土压力

$$E_p=\frac{\gamma H^2}{2}\cos\alpha\frac{\cos\alpha+\sqrt{\cos^2\alpha-\cos^2\varphi}}{\cos\alpha-\sqrt{\cos^2\alpha-\cos^2\varphi}}=\frac{1}{2}\gamma H^2K_p' \tag{7.12}$$

式中

$$\begin{matrix}K_a'\\K_p'\end{matrix}=\cos\alpha\frac{\cos\alpha\mp\sqrt{\cos^2\alpha-\cos^2\varphi}}{\cos\alpha\mp\sqrt{\cos^2\alpha-\cos^2\varphi}} \tag{7.13}$$

土压力方向可假定平行于填土面,与水平面成 α 角。至于沿墙高分布的土压力强度,可按总压力对墙高 H 的一次微分求得。

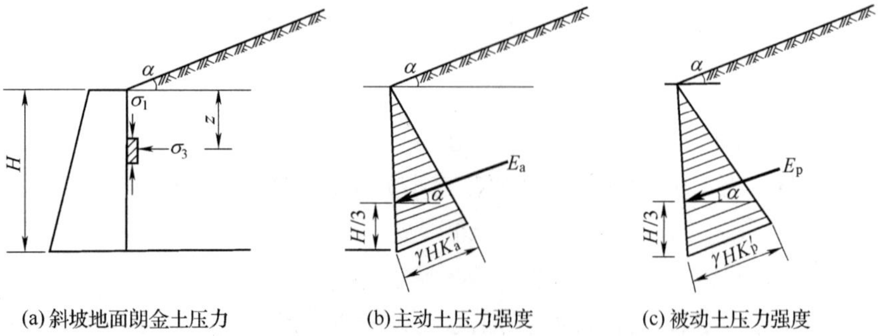

图 7.7　斜坡地面土压力

主动土压力强度 $e_a=\dfrac{dE_a}{dH}=\dfrac{d}{dH}\left(\dfrac{1}{2}\gamma H^2K'_a\right)=\gamma HK'_a$

被动土压力强度 $e_p=\dfrac{dE_p}{dH}=\dfrac{d}{dH}\left(\dfrac{1}{2}\gamma H^2K'_p\right)=\gamma HK'_p$

压力强度公式与前面的形式相同，其侧压力的分布也随深度呈三角形，如图 7.7(b)、(c)所示。

7.2.4 计算示例

【例题 7.1】 某挡土墙高 $H=6$ m，墙背光滑、竖直，填土面水平。墙后回填黏性土，其物理力学性质指标为：$\gamma=18.5\ \text{kN/m}^3$，$c=12$ kPa，$\varphi=20°$，$\delta=0°$，试求主动、被动土压力强度及总压力的大小、方向、作用点位置及压力分布图。

【解】 按 $\varphi=20°$ 由表 7.1 查得：$K_a=0.49$，$K_p=2.04$。

(1)计算主动土压力

土压力强度由式(7.3)求得

$$e_a=\gamma H\tan^2\left(45°-\frac{\varphi}{2}\right)-2c\tan\left(45°-\frac{\varphi}{2}\right)$$
$$=18.5\times6\times0.49-2\times12\times0.7=37.6(\text{kPa})$$

地表处的强度 $e_{a0}=-2c\tan\left(45°-\dfrac{\varphi}{2}\right)=-2\times12\times\sqrt{0.49}=-16.8(\text{kPa})$

不承受土压力的临界高度由式(7.4)得

$$z_0=\frac{2c}{\gamma\sqrt{K_a}}=\frac{2\times12}{18.5\times0.7}=1.85(\text{m})$$

按比例绘制的土压力强度图如图 7.8(a)所示。单位长度上的总压力由式(7.5)得

$$E_a=\frac{1}{2}\gamma H^2K_a-2cH\sqrt{K_a}+\frac{2c^2}{\gamma}$$
$$=\frac{1}{2}\times18.5\times6^2\times0.49-2\times12\times6\times0.7+\frac{2\times12^2}{18.5}=78(\text{kN/m})$$

或由压力强度图形面积求总压力：

$$E_a=\frac{1}{2}(H-z_0)e_a=\frac{1}{2}\times(6-1.85)\times37.6=78(\text{kN/m})$$

合力作用点距墙底的距离：$z_x=\dfrac{H-z_0}{3}=\dfrac{6-1.85}{3}=1.38(\text{m})$

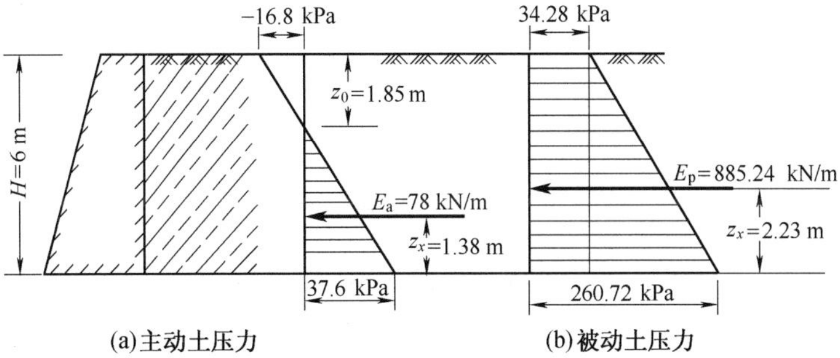

图 7.8 黏性土土压力计算

(2)计算被动土压力

土压力强度由式(7.8)求得

$$e_p = \gamma H K_p + 2c\sqrt{K_p} = 18.5\times6\times2.04 + 2\times12\sqrt{2.04} = 260.72(\text{kPa})$$

总被动土压力由式(7.9)求得

$$\begin{aligned} E_p &= \frac{1}{2}\gamma H^2 K_p + 2cH\sqrt{K_p} \\ &= \frac{1}{2}\times18.5\times6^2\times2.04 + 2\times12\times6\times1.43 = 885.24(\text{kN/m}) \end{aligned}$$

合力作用点距墙底的距离由式(7.10)求得

$$z_x = \frac{H}{3}\times\frac{\gamma H K_p + 6c\sqrt{K_p}}{\gamma H K_p + 4c\sqrt{K_p}} = \frac{6}{3}\times\frac{18.5\times6\times2.04 + 6\times12\times1.43}{18.5\times6\times2.04 + 4\times12\times1.43} = 2\times\frac{329.4}{295.1} = 2.23(\text{m})$$

因为 $\delta=0$,所以土压力方向均为水平方向,被动土压力强度分布图如图 7.8(b)所示。

任务 7.3　库仑土压力理论认知与计算

朗金土压力理论一般适用于墙背竖直而光滑的简单情况,但在工程实践中,墙背往往是倾斜而粗糙的,为了使挡土墙的断面设计得经济合理,必须考虑墙背与填土之间的摩擦力,在这种情况下就要用库仑理论来计算土压力了。

7.3.1　基本原理

当挡土结构向前或向后移动时,墙后活动楔体将沿墙背和填土中某一滑动面发生滑动,在开始滑动的瞬间楔体处于极限平衡状态。考虑作用在楔体上各力的平衡条件而求出土压力的原理叫楔体极限平衡理论。库仑在分析土压力时假定:

(1)挡土墙后的填土是砂类土(土中只有摩擦力,没有黏聚力)。

(2)墙后填土中发生的破裂面是通过墙踵的平面。

(3)挡土墙和滑动楔体均为刚体,在外力作用下挡土墙无挠曲等变形,楔体无压缩或膨胀变形。

7.3.2　主动土压力计算

如图 7.9(a)所示,AB 为挡土墙墙背,墙背与竖直面的夹角为 θ。当墙身向前平移或转动,使墙后土体沿某一破裂面将要向下向前滑动时,滑动楔体 ABC 处于主动极限平衡状态。此时作用于滑动楔体上的力有:

(1)滑动楔体的自重 G,它等于楔体 ABC 的体积乘以填土容重 γ,只要破裂面位置的破裂角 β(破裂面与竖直面的夹角)确定,G 的大小就是已知数,其方向为竖直向下,作用线通过滑动楔体的重心。

(2)破裂面 BC 以下部分的土体对楔体的反力 R,其大小未知但方向是已知的,因土楔要沿 BC 面下滑时,除了 BC 面以下部分对土楔有与 BC 面成法向的支承力外,还有在 BC 面上阻止下滑的向上的内摩擦力,所以反力 R 与破裂面法线之间的夹角等于土的内摩擦角 φ,并位于法线下侧。

(3)墙背对于滑动楔体的反力 E_a,它的方向与墙背法线成 δ 角(墙背与填土间的摩擦角),

因为楔体下滑时，墙背除了有法向支承力外，还有阻止楔体下滑的向上的摩擦力，所以 E_a 与墙背法线成 δ 角，并偏于法线下侧。

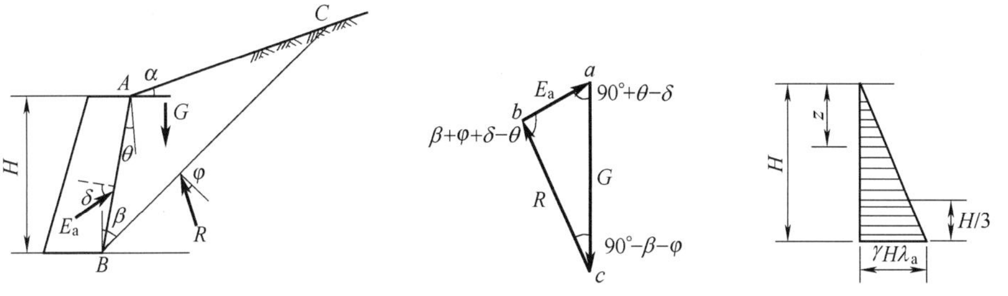

(a)滑动楔体的作用力　(b)力三角形　(c)土压力强度分布

图 7.9　库仑主动土压力的计算

滑动楔体在以上三力作用下处于极限平衡状态，因此必然构成一个闭合的力三角形，如图 7.9(b)所示，在力三角形 abc 中，$\angle a=90°+\theta-\delta$，$\angle c=90°-\beta-\varphi$，$\angle b=180°-\angle a-\angle c=\beta+\varphi+\delta-\theta$。

按以上力三角形的条件，根据正弦定理可以得到

$$E_a=G\frac{\sin(90°-\beta-\varphi)}{\sin(\beta+\varphi+\delta-\theta)} \tag{7.14}$$

当边界条件确定后，将所求得的 G 和 β 值代入式(7.14)中，即可得到主动土压力的数值：

$$E_a=\frac{1}{2}\gamma H^2\frac{\cos(\theta+\alpha)\sin(\beta-\theta)}{\cos^2\theta\cos(\beta+\alpha)}\cdot\frac{\cos(\beta+\varphi)}{\sin(\beta+\varphi+\delta-\theta)}$$

从上式可得到主动土压力系数的表达式：

$$\lambda_a=\frac{(1-\tan\theta\tan\alpha)(\tan\beta-\tan\theta)}{1-\tan\beta\tan\alpha}\cdot\frac{\cos(\beta+\varphi)}{\sin(\beta+\varphi+\delta-\theta)} \tag{7.15}$$

$$E_a=\frac{1}{2}\gamma H^2\lambda_a \tag{7.16}$$

由式(7.16)看到 E_a 与墙高的平方成正比，为求得离墙顶任意深度 z 的主动土压力强度 e_a，可将 E_a 对 z 求一次微分即可得到

$$e_a=\frac{dE_a}{dz}=\frac{d}{dz}\left(\frac{1}{2}\gamma z^2\lambda_a\right)=\gamma z\lambda_a \tag{7.17}$$

其侧压力分布仍是随墙高呈三角形线性变化，如图 7.9(c)所示。注意该分布图只表示压力强度大小，不代表方向。E_a 的作用点距墙底 $H/3$ 处，方向与墙背法线呈 δ 角。

对仰斜墙背 θ 角为正，对俯斜墙背 θ 角为负。

采取上述方法还可求出各种边界条件下的主动土压力计算公式，也可从相关手册中查得这些公式。为使用方便，现给出破裂角 β 的正切函数表达式。

$$\tan\beta=\frac{-\tan\alpha-\tan\varphi_2\pm\sqrt{(\tan\varphi_2+\cot\varphi_1)[\tan\varphi_2+\tan(\theta+\alpha)]}}{1-\tan\varphi_2\tan\alpha\pm\tan\alpha\sqrt{(\tan\varphi_2+\cot\varphi_1)[\tan\varphi_2+\tan(\theta+\alpha)]}} \tag{7.18}$$

其中 $\varphi_1=\varphi-\alpha$，$\varphi_2=\varphi+\delta-\theta-\alpha$。

【例题 7.2】 某挡土墙高 $H=5$ m，仰斜墙背倾斜度为 5∶1，填土地面倾斜为 1∶3，墙后回填砂性土，其物理力学性质指标为 $\gamma=18$ kN/m^3，$\varphi=30°$，$\delta=\frac{\varphi}{2}$。试求作用在墙背

上的主动土压力大小，土压力强度分布图，破裂面位置及合力的方向、作用点。

【解】 (1)由式(7.18)求破裂角：

$$\tan\beta=\frac{-\tan\alpha-\tan\varphi_2\pm\sqrt{(\tan\varphi_2+\cot\varphi_1)[\tan\varphi_2+\tan(\theta+\alpha)]}}{1-\tan\varphi_2\tan\alpha\pm\tan\alpha\sqrt{(\tan\varphi_2+\cot\varphi_1)[\tan\varphi_2+\tan(\theta+\alpha)]}}$$

$$\theta=\arctan\frac{1}{5}=11°19',\alpha=\arctan\frac{1}{3}=18°26',\ \varphi_1=\varphi-\alpha=11°34'$$

$$\varphi_2=\varphi+\delta-\theta-\alpha=15°15'$$

$$\tan\beta=\frac{-0.3333-0.2726+\sqrt{(0.2726+4.886)[0.2726+0.5716]}}{1-0.2726\times0.333+0.333\sqrt{(0.2726+4.886)[0.2726+0.5716]}}$$
$$=0.9276$$

$$\beta=42°51'$$

(2)由式(7.15)求主动土压力系数：

$$\lambda_a=\frac{(1-\tan\theta\tan\alpha)(\tan\beta-\tan\theta)}{1-\tan\beta\tan\alpha}\cdot\frac{\cos(\beta+\varphi)}{\sin(\beta+\varphi+\delta-\theta)}$$
$$=\frac{(1-0.3333\times0.200)(0.9276-0.200)}{1-0.9276\times0.3333}\times\frac{0.29487}{0.9725}$$
$$=0.2981$$

(3)由式(7.17)计算土压力强度：

$$e_a=\gamma z\lambda_a=18\times5\times0.2981=26.83(\text{kPa})$$

(4)绘主动土压力强度图，如图 7.10 所示。

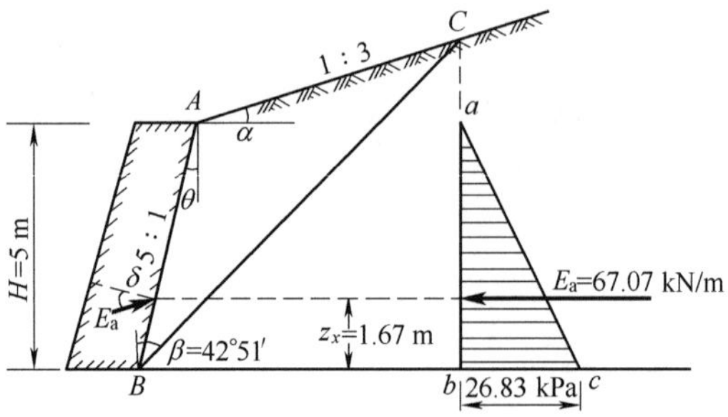

图 7.10　主动土压力计算

(5)由式(7.16)求单位长度上的总主动土压力：

$$E_a=\frac{1}{2}\gamma H^2\lambda_a=\frac{1}{2}\times18\times5^2\times0.2981=67.07(\text{kN/m})$$

(6)求合力的作用位置及方向

E_a 的着力点离底边的垂直距离 $z_x=H/3=5/3=1.67$(m)，方向与墙背法线夹的角 δ 为 15°。

以上所计算的主动土压力都是指挡土结构由顶面算起全部高度范围内的土压力。若要计算其中某一部分高度范围内的土压力时，可按下述方法进行。如要计算图 7.11(a)中的 CD 段。首先按式(7.17)计算要求范围内的土压力强度，即

$$e_{a1}=\gamma h'\lambda_a$$

$$e_{a2}=\gamma(h'+h)\lambda_a$$

然后再求压力强度图形的面积,得总的主动土压力为

$$E_a=\frac{1}{2}\gamma h(h+2h')\lambda_a \tag{7.19}$$

最后求压力强度图的形心(按力学中梯形图形心公式)即为着力点的位置,其到底边的垂直距离为

$$z_x=\frac{\sum F\cdot Y}{\sum F}=\frac{h}{3}\cdot\frac{e_{a2}+2e_{a1}}{e_{a1}+e_{a2}}=\frac{h}{3}\cdot\frac{h+3h'}{h+2h'} \tag{7.20}$$

式中　h'——地面至计算部分顶面的高度;

h——计算部分的有效高度。

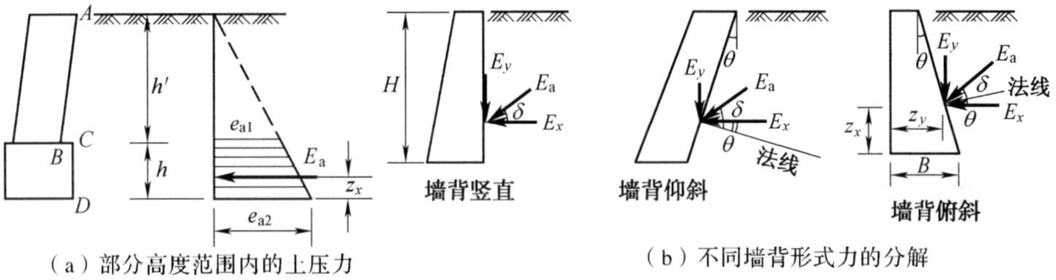

(a)部分高度范围内的土压力　(b)不同墙背形式力的分解

图 7.11　部分高度范围内的土压力及其力的分解

为了在检算挡土结构时便于应用,常将主动土压力 E_a 分解为水平分力 E_x 和竖直分力 E_y。图 7.11(b)所示为常见的三种墙背形式(填土面均水平),当墙背仰斜时

$$\left.\begin{aligned}E_x&=E_a\cos(\delta-\theta)=\frac{1}{2}\gamma H^2\lambda_a\cos(\delta-\theta)\\E_y&=E_a\sin(\delta-\theta)=\frac{1}{2}\gamma H^2\lambda_a\sin(\delta-\theta)=E_x\tan(\delta-\theta)\end{aligned}\right\} \tag{7.21a}$$

当墙背俯斜时

$$\left.\begin{aligned}E_x&=E_a\cos(\delta+\theta)=\frac{1}{2}\gamma H^2\lambda_a\cos(\delta+\theta)\\E_y&=E_a\sin(\delta+\theta)=\frac{1}{2}\gamma H^2\lambda_a\cos(\delta+\theta)=E_x\tan(\delta+\theta)\end{aligned}\right\} \tag{7.21b}$$

当墙背竖直时

$$\left.\begin{aligned}E_x&=E_a\cos\delta=\frac{1}{2}\gamma H^2\lambda_a\cos\delta\\E_y&=E_a\sin\delta=\frac{1}{2}\gamma H^2\lambda_a\sin\delta=E_x\tan\delta\end{aligned}\right\} \tag{7.21c}$$

注意:θ 在计算分力时取绝对值,距墙底的竖直力臂为 z_x,水平力臂为 z_y。

7.3.3　被动土压力计算

当挡土结构在外力作用下,向后挤压填土,最终使滑动土楔沿墙背 AB 和滑动面 AC 向上滑动时,在破坏瞬间,滑动土楔 ABC 处于被动极限平衡状态,此时在土楔自重 G、滑动面对楔体的反力 R 和墙对楔体的反力 E_p 作用下维持平衡,由于土楔是向上滑动的,因此 R 和 E_p 都

偏离各自作用面法线的上侧方向,如图 7.12 所示。

由于假设的滑动面位置 β 角不同,所计算的 E_p 值也不同。所以在被动极限平衡状态下,作用于墙背上的土压力应该是各 E_p 值中的最小值,因为最危险的滑动面是发生在所受阻力为最小的地方,也只有这样的滑动面才最容易向上推动。按求主动土压力的原理和方法,可求得被动土压力(单位长度上)的计算公式。

$$\left.\begin{aligned}E_p&=\frac{1}{2}\gamma H^2\lambda_p\\ e_p&=\gamma\cdot z\lambda_p\end{aligned}\right\}\tag{7.22}$$

式中　λ_p——被动土压力系数,其值 $\lambda_p=\dfrac{\cos^2(\varphi-\theta)}{\cos^2\theta\cos(\delta+\theta)\left[1-\sqrt{\dfrac{\sin(\varphi+\delta)\sin(\varphi+\alpha)}{\cos(\delta+\theta)\cos(\theta+\alpha)}}\right]^2}$;

　　E_p——总被动土压力;

　　e_p——被动土压力强度。

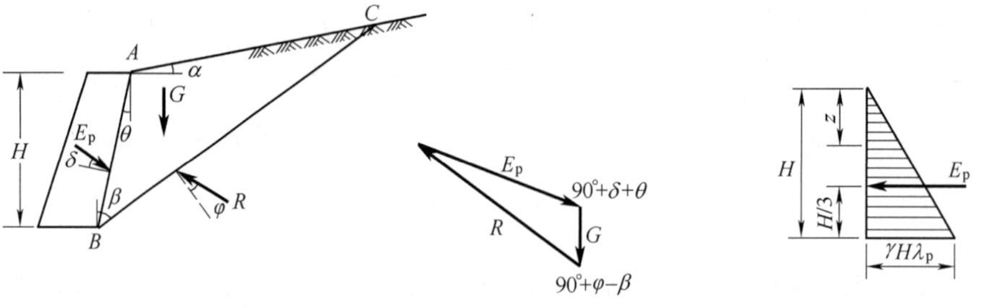

(a)滑动楔体的作用力　　(b)力三角形　　(c)土压力强度分析

图 7.12　库仑被动土压力的计算

被动土压力的强度分布、合力作用位置与主动土压力相同,E_p 的作用方向与墙背法线成 δ 角,其他符号意义同前,被动土压力强度分布如图 7.12(c)所示。

文本

常见情况下土压力的计算

项目小结

本项目主要介绍土压力计算方法,内容涉及土压力概念和分类、朗金土压力理论与计算方法、库仑土压力理论与计算方法,将常见情况下土压力的计算作为拓展内容,供学有余力的同学及工程技术人员学习、参考。通过本项目的学习,能够按挡土结构的位移方向、大小、土体所处的三种极限平衡状态及边界条件正确计算各种土压力。这部分内容主要应用在支挡结构设计中。

项目训练

1. 已知填土的 $\gamma=20\ \mathrm{kN/m^3}$,$\varphi=28°$,墙与土之间 $\delta=0°$,墙背垂直,填土水平。墙高 6 m,按朗金土压力理论计算主动、被动土压力。

2. 某挡土墙,高 4 m,墙背垂直光滑,墙后填土水平,填土为黏性土,$\gamma=18\ \mathrm{kN/m^3}$,$\varphi=36°$,$c=10$ kPa,$\delta=0°$,按库仑土压力理论计算作用在墙上的主动土压力和被动土压力。

复习思考题

7.1　朗金土压力公式与库仑土压力公式导出时考虑的方法有何不同？这两个公式各有哪些优缺点？

7.2　朗金、库仑土压力的理论基础是什么？有哪些假设条件，各自的适用范围、影响因素是什么？存在哪些问题？

7.3　某挡土墙高 $H=5$ m，墙背竖直光滑，墙后填砂性土，地表面水平，填土容重 $\gamma=18$ kN/m^3，内摩擦角 $\varphi=40°$，黏聚力 $c=0$，填土与墙背间的摩擦角 $\delta=0°$。试按朗金土压力理论分别计算静止土压力 E_0、主动土压力 E_a 和被动土压力 E_p 在单位长度上的大小及作用方向。

7.4　如图 7.13 所示的四种挡土墙。已知：$H=5$ m，$\gamma=19$ kN/m^3，$\varphi=40°$，$\delta=\varphi/2$，试按库仑土压力理论计算作用于墙背上的主动土压力 E_a 的大小、方向和作用点，同时计算 E_x、E_y 及 λ_a，最后列表比较四种挡土墙的 E_a、E_x、E_y、λ_a 值，并分析其原因。

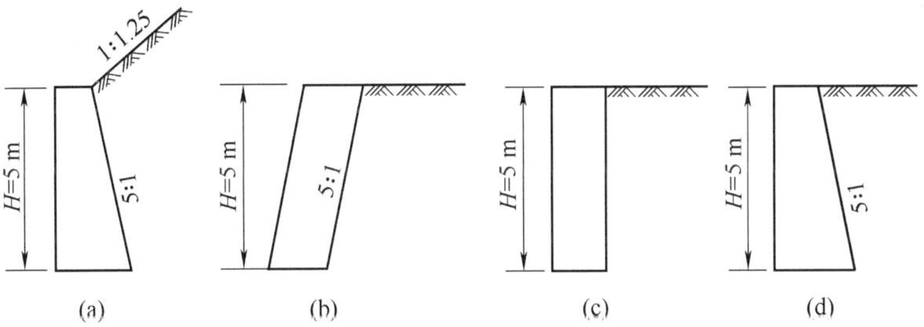

图 7.13　题 7.4 图

7.5　挡土墙高 $H=10$ m，填土水平，墙背垂直，填土性质：$\gamma=17.5$ kN/m^3，内摩擦角 $\varphi=30°$，黏聚力 $c=0$。填土与墙背的摩擦角 $\delta=15°$，试按库仑土压力理论计算主动土压力值，并确定土压力的作用点和作用方向。

7.6　某挡土墙高 $H=5$ m，墙背倾角 $\theta=10°$（俯斜墙背），填土面与水平面的夹角 $\alpha=10°$，填土与墙背的摩擦角 $\delta=15°$，填土性质：$\gamma=19$ kN/m^3，内摩擦角 $\varphi=30°$，黏聚力 $c=0$。试按库仑土压力理论求主动土压力数值。

文本　项目7 思政案例

文本　项目7　PPT

文本　项目7　教案

文本　项目7　题库

项目 8　地基与基础概述

项目描述

本项目是学习地基与基础部分的开篇引导知识，通过本项目的学习，能够识别铁路桥梁常用不同类型的基础，了解基础设计的依据、步骤和原则要求，熟悉基础上的荷载类型与特点，能够确定基础的埋置深度。

学习目标

图片

项目8　思维导图

1. 能力目标

(1)能够正确理解地基与基础的概念，能够根据不同的工程条件选用相应类型的基础。

(2)能够根据荷载的性质和发生概率对基础上的荷载进行分类。

(3)能够通过查阅技术资料和设计规范，确定基础的埋置深度。

(4)能够简要描述基础设计的依据、步骤和原则要求。

2. 知识目标

(1)熟悉地基与基础的特点，熟悉铁路桥梁基础的类型。

(2)了解基础设计的依据、步骤和原则要求。

(3)掌握确定基础埋置深度的因素和设计规范的要求。

(4)熟悉基础上的荷载类型与特点。

3. 素质目标

具有严谨的工作作风，能够根据桥梁实际情况灵活运用规范进行相关数据选择。

相关案例：鹦鹉洲长江大桥主桥基础类型与施工方案

武汉鹦鹉洲长江大桥位于武汉市中心城区，主桥是世界上第一座三塔四跨悬索桥。大桥北接汉阳的鹦鹉大道，南连武昌的复兴路。主桥长度 2 150 m，桥跨布置：200 m＋850 m＋850 m＋200 m。从汉阳至武昌方向，依次设置为北锚碇、1 号墩、2 号墩、3 号墩、南锚碇。本桥设计基准期为 100 年，设计行车速度为 60 km/h，双向 8 车道。北锚碇采用沉井基础，南锚碇采用地下连续墙基础，三个塔柱均采用钻孔灌注桩基础。各基础地层情况与基础类型及施工方案如下：

1. 北锚碇沉井基础

北锚碇位于北岸大堤外，表面覆盖有 5～6 m 杂填土，其下为粉砂、细砂、砾砂、圆砾土，周围百米范围内有高层建筑、长江大堤，对地基变形敏感，所以北锚碇基础采用“带孔圆环＋十字撑”新型沉井结构，沉井高 43 m，共分 8 节，底节为钢壳混凝土结构，高 6 m；其余节段为钢筋混凝土结构(C30 混凝土)，沉井封底混凝土厚 10 m。

施工中主要采取了以下方案：

(1)在沉井外 10 m 范围处，设置圆形地下连续墙(墙厚 0.8 m，顶高程＋21 m，刃脚高程－34 m，比沉井刃脚低 10 m)作为施工阶段的防护结构，主要有 2 个作用：延长地下水通道，减小施工中沉井内水位变化对周围地下水系的影响；沉井下沉过程中，使沉井对周围土体的影响范围限制在地下连续墙以内。

(2)北锚碇处地表杂填土承载力低，无法满足承载沉井底节所需的 250 kPa 地基承载力要求，在拼装钢壳前采用水泥搅拌桩方案进行地基处理。

2. 1 号墩桩基础

1 号墩位于北岸大堤岸脚处，由上至下依次为粉质黏土、粉土、粉砂、细砂；1 号墩承台顶高程＋12 m，底高程＋6.5 m，平面布置为哑铃型(28 m×67 m)，44 根钻孔桩(直径 2 m，摩擦桩)，桩底高程－68.5 m。1 号墩采取先筑岛施工钻孔桩后设置钢板桩围堰施工承台的总体施工方案。

3. 2 号墩桩基础

2 号墩位于江中潜州上，覆盖层为粉砂和中砂(厚 16.2～19.8 m)，其下为微风化生物碎屑灰岩(岩面倾斜)。2 号墩承台顶高程＋7.5 m，底高程＋1 m，平面尺寸 34 m×70 m，其下为 39 根直径 2.8 m 钻孔桩(柱桩)，桩底高程－39 m 附近。2 号墩基础施工采用先下放双壁钢围堰再在其上搭设钻孔平台进行施工的总体施工方案。

4. 3 号墩桩基础

3 号墩位于南岸大堤岸脚处，覆盖层为粉质黏土、其下为微风化白云质灰岩；3 号墩承台顶高程＋12 m，底高程＋6 m，平面尺寸 34 m×70 m，20 根直径 2.8 m 钻孔桩(柱桩)，桩底高程－15～－22 m。3 号墩基础施工采用先搭设钻孔平台进行钻孔桩施工，然后设置围堰进行承台施工的方案。

5. 南锚碇地下连续墙基础

南锚碇位于南岸大堤外，覆盖层厚 25.5～28.3 m，从上至下地层为杂填土、软塑粉质黏土、粉砂；覆盖层下方为白云质灰岩，岩面高程－2.84～0.8 m；岩面总体起伏不大，强风化层不发育，中风化层发育一般，微风化层岩质硬。南锚碇基础由嵌岩地下连续墙、内衬和填芯混凝土组成。地下连续墙(直径 68 m，壁厚 1.5 m)作为防水结构，在地连墙周围设置自凝灰浆防水帷幕(直径 88 m，壁厚 0.8 m，顶高程＋22 m，墙底嵌入岩层 0.5～1.0 m)。施工中，液压抓斗边挖掘边向槽孔内注入自凝灰浆原浆，直至预定深度。

由此案例可以看出，如何正确选择桥梁基础类型，首先要分析桥梁墩台所处位置的工程地质和水文地质条件及上部荷载条件，进而选择合适的基础类型。同时，根据相关行业规范，针对不同的基础形式和水文地质条件，有针对性地采用不同的施工方案。

文本

其他行业基础工程规范

任务8.1　地基与桥梁基础的分类

8.1.1　地基与基础的概念

任何结构物都建造在一定的地层上,结构物的全部荷载都由它下面的地层来承担。直接支承基础并承受结构物作用的地层称为地基,将结构所承受的荷载传递至地基上的构造物称为基础。桥梁上部结构为桥跨结构,下部结构包括桥墩、桥台及其基础,相互关系如图8.1所示。

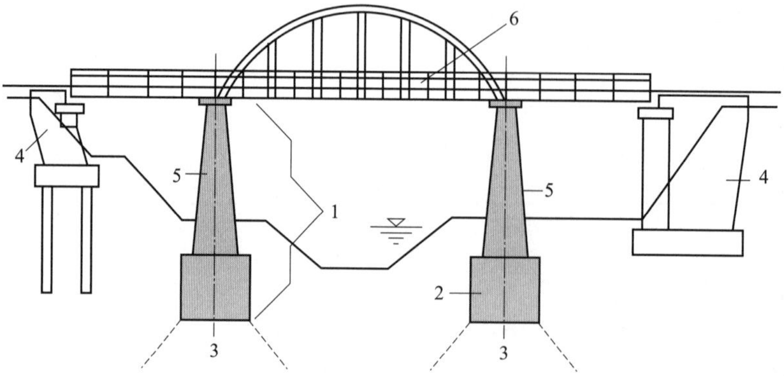

1—下部结构;2—基础;3—地基;4—桥台;5—桥墩;6—上部结构。

图8.1　桥梁结构各部立面示意

地基与基础承受上部结构与自重构成的竖直荷载作用,承受风力、制动力、流水压力、船筏冲撞力、地震力等产生的水平荷载作用,还受高程差异、荷载偏心产生的力矩和扭矩、特殊条件下的上拔力作用等。在这些荷载作用下,地基与基础本身将产生附加的应力和变形。为了保证结构物的使用与安全,地基与基础必须具有足够的强度和稳定性,变形也应在允许范围内。根据地层变化情况、上部结构的要求、荷载特点和施工技术水平,可采用不同类型的地基和基础。

地基根据其是否经过加固处理分为天然地基和人工地基两大类。凡在未加固过的天然土层上直接修筑基础的地基,称为天然地基。天然地基是最简单经济的地基,因此在一般情况下,应尽量采用天然地基。天然地层土质过于软弱或有不良工程地质问题时,需经过人工加固处理后才能修筑基础,这种经过加固处理后的地基称为人工地基。

桥梁基础是桥梁最下部的结构。它直接坐落在岩石或土地基上,其顶端连接桥墩或桥台,合称为桥梁下部结构。桥梁基础的作用是承受上部结构传来的全部荷载,并把上部结构荷载和下部结构荷载传递给地基。与一般建筑物基础相比,桥梁基础埋置较深,在水中修建基础,不仅场地狭窄,施工不便,还经常遇到汛期威胁及漂流物的撞击。在施工过程中如遇到水下障碍,还需进行潜水作业。桥梁基础施工一般工期长,技术复杂,易出事故,一旦出现问题,补救也不大容易,同时工程量大,造价常常占到整个桥梁造价的一半。故桥梁基础的修建,在整个桥梁工程中占有很重要的地位,因此,要求设计、施工时,认真对待基础工程,做到精心设计、精心施工,一定按设计和施工规范要求把好质量关。

8.1.2　基础的类型

铁路桥梁基础根据其结构形式和施工方法分为明挖基础、桩基础、管柱基础、沉井基础和地下连续墙基础等。

1. 明挖基础

采用露天敞坑放坡开挖，然后在地基上用块石或混凝土砌筑而成的实体基础称为明挖基础，如图 8.2 所示。明挖基础的埋置深度较其他类型基础浅，故为浅基础。在地下水位较高或松软地层放坡开挖有困难时，可使用支撑或喷射混凝土护壁来保证基坑开挖。明挖基础的构造简单，适用于地质条件较好的工程。明挖基础通常有两种结构形式：一种是使用圬工砌体材料砌筑的刚性扩大基础，另一种是使用钢筋混凝土材料浇筑的柔性基础。

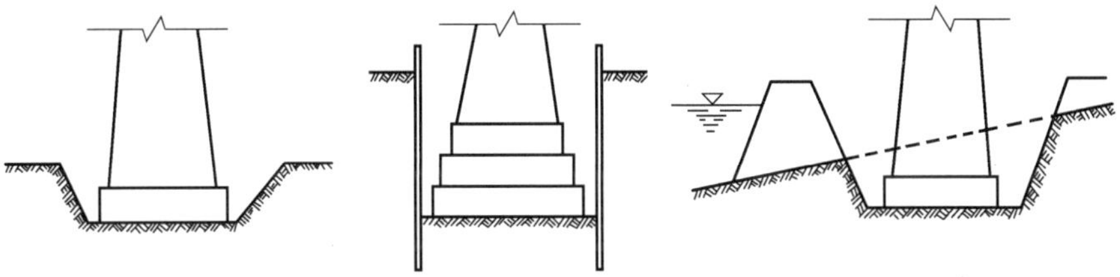

(a)　　(b)　　(c)

图 8.2　明挖基础

文本
基础延伸

在陆地开挖基坑，将视基坑深浅、土质好坏和地下水位高低等因素，来判断是否采用坑壁支持结构；在水中开挖则应先筑围堰。

明挖基础适用于浅层土较坚实，且水流冲刷不严重的浅水地区。由于它的构造简单，埋深浅，施工容易，加上可以就地取材，故造价低廉，广泛用于中小桥涵及旱桥。赵州桥就是在粉质黏土地基上采用了明挖基础。

2. 桩基础

当地基上部土层松软、承载力较低或河床冲刷深度较大，须将基础埋置较深时，如果采用明挖基础，则基坑太深，土方开挖数量大，同时，施工也很不方便，在这种情况下，常采用桩基础或沉井基础。

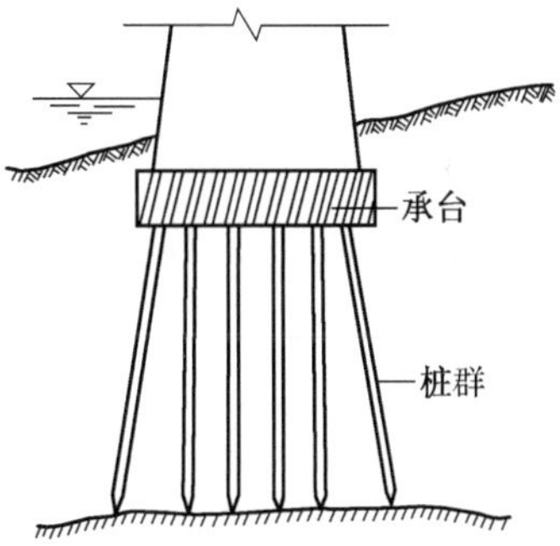

图 8.3　桩基础

桩基础是指将刚度、强度较高，并具有一定长度的杆形构件——桩，打入或设置在较松软的土基中，桩的上部与承台板(梁)联结所构成的基础，如图 8.3 所示。上部结构的荷载通过承台分配到各桩头，再通过桩身及桩端把力传递到周围土及桩端深层土中，故属于深基础。在所有深基础中，桩基础的结构最轻，施工机械化程度较高，施工进度较快，是一种较经济的基础。

3. 管柱基础

管柱基础是由管柱群和钢筋混凝土承台组成的基础，是桥梁的一种深基础，如图 8.4 所示。管柱由钢管节、钢筋混凝土管节或预应力混凝土管节拼接而成，用振动打桩结合高压射水方法沉入土层中。管柱外形类似管桩，其区别在于：管柱一般直径较大，最下端一节制成开口状,在一般情况下,靠专门设备强迫振动或扭动,并辅以管内排土而下沉,如落于基岩,可以通过凿岩使之锚固于岩盘;而管桩直径一般较小,桩尖制成闭合端,常用打桩机具打入土中,一般较难通过硬层或障碍,更不能锚固于基岩。大型管柱的外形又类似圆形沉井,但沉井主要是靠自重下沉,其壁较厚,而管柱是靠外力强迫下沉,其壁较薄。管柱基础的结构形式和受力状态类似桩基础,故其设计和计算原理与桩基础相同。

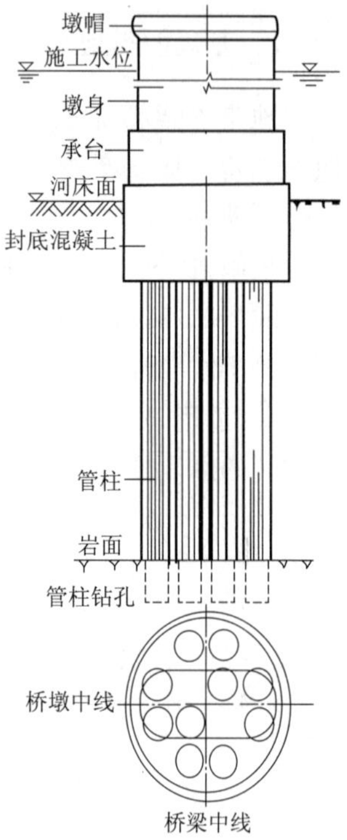

图 8.4 管柱基础

管柱适宜使用的条件为:①深水;②岩面不平;③冲刷深度可能达到岩面;④岩面下有溶洞,管柱须穿透后放置在坚实岩层;⑤风化岩面不易用低压射水及吸渣清除;⑥采用高桩承台构造有显著优点,但必须有足够的强度和刚度,例如大跨度梁下的支墩;⑦河床有很厚的砂质覆盖层。

管柱不适宜使用的条件为:①黏土覆盖层厚;②岩面埋藏极深;③岩体破碎。

管柱基础的缺点有:①机具设备性能要求很高,用电量大;②钻岩进度不快。但近年发展了大直径旋转钻岩机,情况已有了较大改善。

管柱基础的施工不受水位、河床岩层性质和形状的限制,全部作业均可在水面以上进行。管柱基础的承载力较大,沉降较小,施工工期较短,造价较低,技术经济效果均很显著。

管柱基础出现于 20 世纪 50 年代,1955—1957 年中国首次在武汉长江大桥工程中使用。此后,在南京长江大桥、南昌赣江公路铁路桥、武汉钢铁公司的江心取水泵站等工程上都使用了管柱基础。20 世纪 60～70 年代欧美一些国家在桥梁工程上使用了预应力混凝土管柱基础和钢管柱基础。

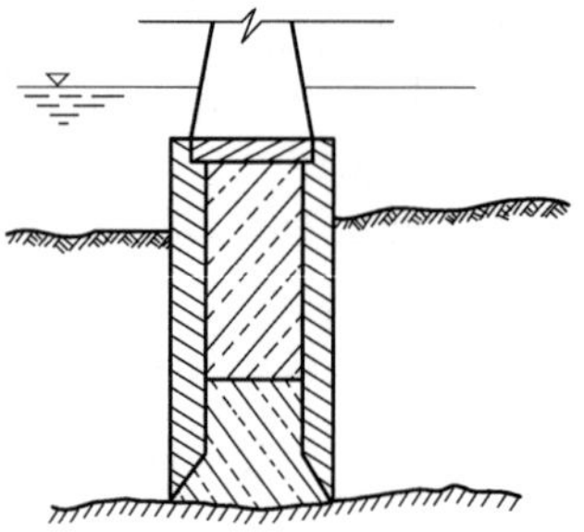
图 8.5 沉井基础

4. 沉井基础

沉井一般是在墩位所在的地面上或筑岛面上建造的井筒状结构物,如图 8.5 所示。通过在井孔内取土,借助自重的作用,克服土对井壁的摩擦力而沉入土中。当第一节(底节)井筒快没入土中时,再接筑第二节(中间节)井筒,这样一直接筑、下沉至设计位置(最后接筑的一节沉井通常称为顶节),然后再经封底、井内填充、修筑顶盖,即成为沉井基础。

沉井是深埋和深水基础的常用形式,既宜于水上施工,也便于陆上工作。它既是施工过程中的中介临时结构,又是完成的基础内直接传力的组成部分。它的刚性大,稳定性好,与桩基相比,在荷载作用下变位甚微,具有较好的抗震性能,尤其适用于对基础承载力要求较高,对基础变位敏感的桥梁,如大跨度悬索桥、拱桥、连续梁桥等。

5. 地下连续墙基础

地下连续墙是通过专用的成槽机械,沿着深基础或地下建筑物的周边,在泥浆护壁的情况下,分段开挖出具有一定宽度与深度的沟槽,在槽内放置钢筋笼,用导管浇灌水下混凝土,筑成一段钢筋混凝土墙段,然后各墙段以特定的接头方法相互连接,形成一条连续的钢筋混凝土墙体。

地下连续墙施工时,一般先修筑导墙,导墙起到导向和防止机械碰坏槽壁的作用,是保证地下连续墙位置准确和成槽质量的关键因素。地下连续墙的厚度一般为 450～800 mm,长度按设计不限,每个单元槽段的长度一般为 4～7 m,墙体深度可达几十米。

地下连续墙具有防渗、止水、承重、挡土、抗滑等作用,适用于深基坑开挖和地下建筑的临时性和永久性的挡土围护结构;用于地下水位以下的截水和防渗;可作为承受上部建筑的永久性荷载兼有挡土墙和承重基础的作用;由于对邻近地基和建筑物的影响小,所以适合在城市建筑密集、人流多和管线多的地方施工。

桥梁基础除了上述几种类型外,还可根据不同地质和水文条件而采用一些组合型基础结构。例如南京长江大桥正桥 2 号墩要通过约 30 m 的深水和 40 m 厚的覆盖层,施工中采用了钢沉井加管柱的组合基础。该组合基础能充分发挥沉井和管柱各自的特点,用浮式钢沉井代替管柱基础中的钢板桩围堰,以解决围堰过高、钢板桩太长、抽水太深和管柱长细比不当、桥墩位移超限等问题;用管柱代替部分沉井嵌入岩层,减小沉井高度,以解决缺乏深水沉井施工的手段、难以纠正偏斜位移、不易保证岩面与井底密贴等问题。再如衡广复线南段某大桥在广州北郊跨越流溪河,大桥位于溶岩特别发育地带,覆盖层不稳定,一定深度的溶岩也不稳定。由于桥址难以避开溶岩地层,采用了沉井加冲孔桩组合基础。

基础根据其埋置深度及施工复杂程度分为浅基础和深基础。

将埋置深度较浅(一般在数米以内),一般可用比较简单的施工方法修筑的基础称为浅基础。由于浅层土质不良,需将基础置于较深的良好土层上,且施工较复杂(一般要用特殊的施工方法和设备)的基础称为深基础。采用深基础时要求的设备多、工期长、费用高,施工也较困难,但在浅基础不能满足设计要求时,亦只得采用深基础。但这种“深”“浅”的划分不是绝对的,有时地质条件较好且地下水位较低,明挖基础挖深可达 10 m 以上;反之,当地质条件较差且有水不宜明挖时,也有埋深不足 5 m 的沉井基础。

基础又可根据其施工作业和场地布置分为陆上基础、浅水基础和深水基础。

陆上基础的平面位置及场地安排较自由,但进入土体施工时应有围护土壁的措施,深到地下水面时则应有水下施工的工艺和结构要求。

浅水基础是在水较浅的情况下,采用人工填土筑岛、围堰内抽水、轻便栈桥或以上方法的结合,以便在水上开辟工作场地的基础类型。

深水基础一般指水较深,浅水基础施工的方法难以使用,而必须使用施工驳船、浮式机械、自浮结构等组成工作平台,提供施工场地及条件才能进行工作的基础类型。

此外基础还可根据其建筑材料分为石砌基础、混凝土(包括片石混凝土)基础、钢筋混凝土基础、预应力混凝土基础和钢基础等类型。

通常,在进行建筑物设计时,有三种地基基础设计方案可供比选,即天然地基上的浅基础、天然地基上的深基础以及人工地基上的浅基础。原则上应先考虑天然地基上的浅平基是否可行,因为其施工简单、造价低。

任务 8.2　基础设计

8.2.1　桥梁墩台基础的设计原则

桥梁基础的设计应保证基础具有足够的强度、稳定性和耐久性。具体应满足以下要求:

(1)基础本身的强度不得超限。

(2)地基土的强度不得超限(指持力层的强度,如基底下不太深的位置有软弱下卧层时,尚应检算此软弱下卧层的强度)。

(3)基础倾斜不得过大,即应检算基底合力的偏心距。

(4)基础不得倾倒及滑走,即应检算其倾覆和滑动稳定性。

(5)基础要耐久可靠,这主要靠建筑材料和埋置深度来保证。

(6)必要时检算基础的沉降或沉降差,因为过大的沉降或沉降差会影响结构物的正常使用,甚至破坏上部结构,要特别注意那些对沉降差很敏感的超静定结构,如连续梁、拱桥等。当墩身很高时,需要检算墩、台顶的水平位移。

(7)当墩、台修筑在较陡的土坡上或桥台筑于软土上且台后填土较高时,还应检算墩台连同土坡或路基沿滑动弧面的滑动稳定性。

8.2.2 桥梁墩台基础设计的原始依据

1. 桥址水文

(1)根据有代表性年份自年初至年底的水位高程曲线,设计水中墩台及基础时,可通过计算确定:①应采用的最高设计水位;②通航水位,即本河段通行最大船舶时的容许最高水位;③可能遭遇的最低水位;④施工期间内可能遇到的最高水位和最低水位及它们可能延续的时间。

(2)根据桥轴线附近的历年河床冲淤变化图、河床地质断面图、河段平面等深线图、邻近桥址水文站历年的水文观测记录,通过计算或辅以水工试验,得出各墩位的各种冲刷深度。

(3)由估算或水工模拟试验,得出施工各阶段桥位相应的冲刷深度和可能产生的河底地形变化。

(4)结合气象资料,决定设计冰厚、流冰水位及时间。

2. 桥址地质

(1)利用河床地质平面图研究桥址附近的地质构造。

(2)利用墩台纵横地质剖面图及岩芯柱状图资料,了解墩位台址处岩面高差、岩面平整程度、各层岩土物理性能、地下水升降情况及永久冻结层高程等。

3. 技术要求

(1)衔接线路的平面图及纵断面图。

(2)拟建的上部结构概况。

(3)各种荷载的大小、方位与着力点。

8.2.3 桥梁墩台基础设计的一般步骤

(1)根据航行水位加净空或最高水位加泄洪要求决定最低的梁底高程。

(2)根据上部结构及引桥、引道布置决定适合的轨底高程或路面高程。

(3)根据上部结构支座布置及最高水位高程决定墩台顶高程(一般不允许受浪、潮侵袭,墩台顶帽以上应留出至少 0.5～1.0 m 的干燥地带)。

(4)根据最低水位决定重型墩台的基础顶面高程,或墩身与底板等的分界线,墩身扩大部分一般不露出水面,应低于最低水位 0.5 m。如采用高桩承台等轻型结构,低水位将决定防护设施范围,保证万一发生流冰、船只撞墩时的墩身安全。

(5)根据冲刷线或地面高程决定基础底面高程。基础顶面不宜高出最低水位,如地面高于最低水位，且不受冲刷时，则不宜高出地面。基础底面应在最大冲刷线以下一定深度及冻结线以下一定深度。

(6)根据地质条件和地基承载力决定深平基础的底面高程或桩类基础的贯入深度。

(7)陆上基础不受水文影响，但有桥下通行净空要求时，应满足通行要求。

(8)根据荷载及施工条件，决定基础结构形式、尺寸及采用的施工方法。但是条件与结构问题是互为因果的，将通过方案比选、反复研讨来择优选用。

(9)在基础形式、轮廓尺寸选定后，可进行内力分析计算并绘制详图。

基础工程的造价在全桥造价中占有相当大的比重，故对于基础的设计施工要予以特别的重视。一般情况下，满足要求的基础方案不止一个，因此需要从技术、经济和施工方法等方面综合比较，择优选用。在选择基础结构形式时，应遵循的原则是先从浅基础考虑，因埋置浅，可明挖基坑，施工既简便又快捷，质量也容易保证。但如果有水且很深时，水抽不干则无法施工，此时才考虑桩基础或沉井基础等深基础。

桥涵基础类型及适应条件见表 8.1，可供参考。

表 8.1　桥涵基础类型及适应条件

<table>
<tr><th colspan="2">基础类型</th><th>适应条件</th></tr>
<tr><td colspan="2">明挖基础</td><td>1. 天然地基稳定，且有支承外部荷载的足够强度；
2. 基础埋置不深，且开挖后不影响其他建筑物的安全；
3. 桥涵处平时无水或虽有地表、地下水，但水量不大，施工中能改沟(河)及防护抽水</td></tr>
<tr><td rowspan="5">桩基础</td><td>打入桩</td><td>适用于中密、稍松的砂类土和可塑黏性土地层</td></tr>
<tr><td>振动下沉桩</td><td>适用于砂类土、黏性土和碎石类土地层</td></tr>
<tr><td>桩尖爆扩桩</td><td>适用于可塑黏性土，中密、密实的砂类土，砂夹卵石土地层</td></tr>
<tr><td>钻孔灌注桩</td><td>适用于各类土层及岩层，但用于软土、淤泥和可能发生流砂的地层时，钻孔易于坍塌，在确定使用前应先作施工工艺试验</td></tr>
<tr><td>挖孔灌注桩</td><td>适用于无地下水或仅有少量地下水，且不易坍塌的土层</td></tr>
<tr><td rowspan="3">沉井基础</td><td>圆形沉井</td><td rowspan="3">1. 上部荷载较大，基础需要埋置较深，桥址处有常年流水或地下水位较高，排水抽水困难；
2. 有较大的承载面积和刚度，能承受较大的抗挠力矩，可以穿过不同深度覆盖层，将基底置于承载力较大的土层或岩面上避免坑壁支护；
3. 需查明通过层是否有坚硬障碍物，应防止因基底层不均匀造成沉井倾斜</td></tr>
<tr><td>矩形沉井</td></tr>
<tr><td>圆端形沉井</td></tr>
<tr><td rowspan="3">管柱基础</td><td>钢筋混凝土管柱</td><td rowspan="3">较适用于深水，无很厚覆盖层及岩面起伏的地层条件，底端可支撑于较密实的土层或嵌固于坚实、新鲜岩层内</td></tr>
<tr><td>预应力混凝土管柱</td></tr>
<tr><td>钢管柱</td></tr>
</table>

任务 8.3　基础上的荷载计算

在检算基础是否符合设计要求时，必须先计算作用于基底上的合力，此合力由作用于基底以上的各种荷载所组成。

荷载按其性质和发生概率划分为主力、附加力和特殊力三类。主力是经常作用的荷载；附加力不是经常发生的荷载，或者其最大值发生概率较小；特殊力是暂时的或者属于灾害性的荷载,发生的概率是极小的。

《铁路桥涵设计规范》(TB 10002—2017)对桥涵荷载分类和组合的规定见表 8.2。2017 年版的规范相对 2005 年版修订改变较大,混凝土收缩和徐变的影响列为恒载,因混凝土的收缩和徐变是必然产生的,其作用也是长期的,尤其对钢构、拱等超静定结构有显著影响,此外还将基础变位的影响也列为恒载;公路活载改为公路(城市道路)活载,包括车辆和行人在内,并应考虑公路(城市道路)桥面布满人群或车辆两种情况;长钢轨纵向作用力(伸缩力、挠曲力和断轨力)由主力活载移至特殊荷载,荷载不与其他附加力组合。

表 8.2　桥涵荷载

荷载分类		荷载名称	荷载分类	荷载名称
主力	恒载	结构构件及附属设备自重 预加力 混凝土收缩和徐变的影响 土压力 静水压力及水浮力 基础变位的影响	附加力	制动力或牵引力 支座摩阻力 风力 流水压力 冰压力 温度变化的作用 冻胀力 波浪力
	活载	列车竖向静活载 公路(城市道路)活载 列车竖向动力作用 离心力 横向摇摆力 活载土压力 人行道人行荷载 气动力	特殊荷载	列车脱轨荷载 船只或排筏的撞击力 汽车撞击力 施工临时荷载 地震力 长钢轨纵向作用力(伸缩力、挠曲力和断轨力)

注:(1)如杆件的主要用途为承受某种附加力,则在计算此杆件时,该附加力应按主力考虑。

(2)流水压力不与冰压力组合,两者也不与制动力或牵引力组合。

(3)船只或排筏的撞击力、汽车撞击力,只计算其中的一种荷载与主力相组合,不与其他附加力组合。

(4)列车脱轨荷载只与主力中恒载组合,不与主力中活载和其他附加力组合。

(5)地震力与其他荷载的组合应符合现行《铁路工程抗震设计规范》(GB 50111)的相关规定。

(6)无缝线路纵向作用力不参与常规组合,其与其他荷载的组合按《铁路桥涵设计规范》(TB 10002—2017)第 4.3.13 条的相关规定执行。

8.3.1 主　　力

主力包括恒载和活载两部分。

1. 恒载

(1)结构自重

桥跨自重(包括梁部结构、线路材料、人行道等)、墩台自重、基础及基顶上覆土自重等均为结构自重。检算基底应力和偏心时,一般按常水位(包括地表水或地下水)考虑,计算基础台阶顶面至一般冲刷线的土重;检算稳定性时,应按设计洪水频率水位(即高水位)考虑,计算基础台阶顶面至局部冲刷线的土重。

(2)水浮力

在河中的墩台，其基底下的持力层若为透水性土时，则基础要承受向上的水浮力，水浮力大小可由结构浸水部分体积求出。《铁路桥涵设计规范》(TB 10002—2017)规定：位于碎石土、砂土、粉土等透水地基上的墩台，检算稳定性时应考虑设计洪水频率水位的水浮力；计算基底应力或基底偏心时仅考虑常水位(包括地表水或地下水)的水浮力。检算墩台身截面或检算位于黏性土上的基础，以及检算岩石(破碎、裂隙严重者除外)上的基础且基础混凝土与岩石接触良好时，均不考虑水浮力。位于粉质黏土和其他地基上的墩台，不能确定持力层是否透水时，应分别按透水与不透水两种情况检算基底应力或基底偏心而取其不利者。

(3)土压力

桥台承受台后填土土压力、锥体填土土压力及台后滑动土楔(也称破坏棱体)上活载所引起的土压力(简称活载土压力)。台后填土土压力、锥体填土土压力，可按库仑楔体极限平衡理论推导的主动土压力计算，公式见《铁路桥涵设计规范》附录 A。

活载土压力的计算是将活载压力强度 q (kPa)换算成与填土容重相同的当量均布土层，也就是将均布活载 q 换算成等效厚度为 $h_{活}$ ($h_{活} = q/\gamma$)的土体进行计算。

在计算滑动稳定时，墩台前侧不受冲刷部分土的侧压力可按静止土压力计算，公式见《铁路桥涵设计规范》附录 B。

(4)预加力

预加力是对预应力结构而言的。

(5)混凝土收缩和徐变的影响

对于刚架、拱等超静定结构，预应力混凝土结构、结合梁等，应考虑混凝土收缩和徐变的影响，而涵洞可不考虑。

2. 活载

列车活载虽然不像恒载那样时刻作用于桥梁结构，但通过车辆是建造桥梁的目的，故活载与恒载一样，并列为主要荷载，它包括以下几种：

(1)列车竖向静活载

2016 年，我国铁路部门修订了桥涵结构设计中应用了多年的“中一活载”列车荷载图式，颁布了新的《铁路列车荷载图式》(TB/T 3466—2016)，对高速铁路、城际铁路、客货共线铁路和重载铁路的列车荷载图式进行了如表 8.3 所示的规定。铁路桥涵结构设计中列车竖向静活载计算的荷载图式根据线路类型按表 8.3 选用。

表 8.3　铁路列车荷载图式

线路类型	图式名称	荷载图式	
		普通荷载	特种荷载
高速铁路	ZK	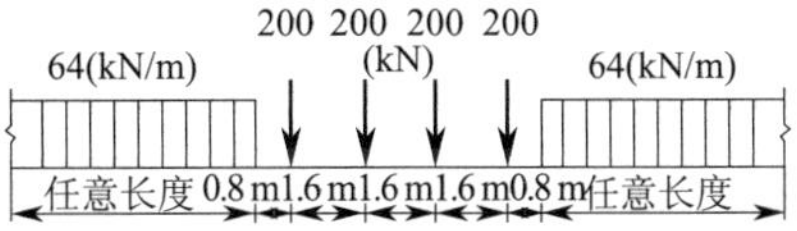	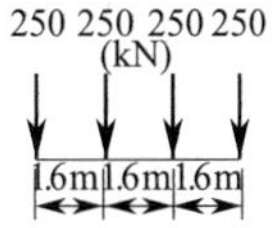
城际铁路	ZC	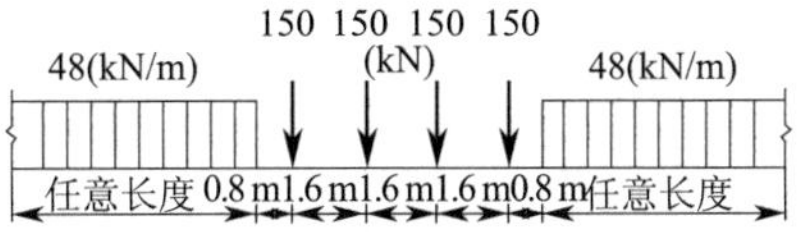	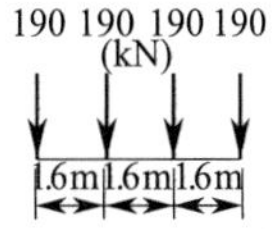

续上表

<table>
<tr><td rowspan="2">线路类型</td><td rowspan="2">图式名称</td><td colspan="2">荷载图式</td></tr>
<tr><td>普通荷载</td><td>特种荷载</td></tr>
<tr><td>客货共线铁路</td><td>ZKH</td><td>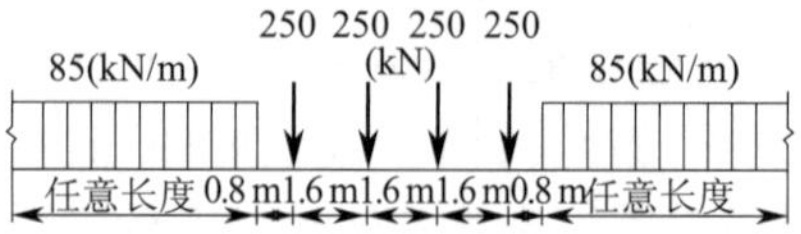
</td><td>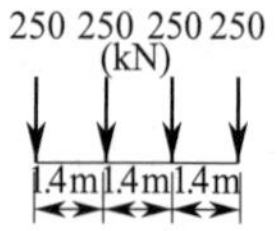
</td></tr>
<tr><td>重载铁路</td><td>ZH</td><td>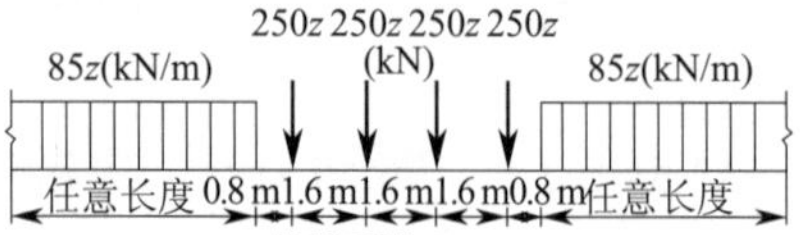

(荷载系数$z\geqslant1.0$)</td><td>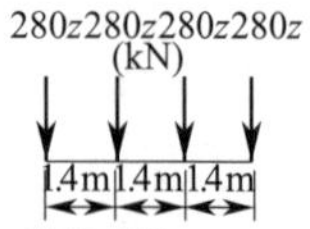

(荷载系数$z\geqslant1.0$)</td></tr>
</table>

一般可能产生最不利情况的列车位置有如下几种，在检算纵向(顺桥方向)时为：二孔满载(水平力即制动力最大，而竖向合力接近最大)；二孔重载(墩上的竖向合力最大，而水平力可能亦为最大者)；一孔重载(水平力最大，且支座反力亦最大)；一孔轻载(水平力最大，而支座反力最小)。在检算横向(横桥方向)时为：二孔满载(产生大水平力如风力或列车横向摇摆力和最大竖向合力)；二孔空车(产生大水平力和小竖向合力)；桥上无车(产生更大风水平力和更小竖向力)。

总之，列车位置的截取标准是：水平力要最大；检算基底压力时竖向合力要最大；检算偏心、倾覆稳定、滑动稳定时，竖向合力要最小。加载时可由计算图式中任意截取或采用特种活载，均以产生最不利情况为准。空车的竖向活载按 10 kN/m 计算。

(2)公路活载

桥梁为铁路、公路两用时，尚应考虑公路活载，其值按交通运输部现行《公路工程技术标准》(JTG B01—2014)、《城市桥梁设计规范(2019 年版)》(CJJ 11—2011)规定的全部活载的75%计算，但对仅承受公路(城市道路)活载的构件，应按公路(城市道路)全部活载计算。

(3)列车竖向动力作用

列车竖向活载包括列车竖向动力作用时，该列车竖向活载等于列车竖向静活载乘以动力系数$(1+\mu)$，其动力系数的计算见《铁路桥涵设计规范》(TB 10002—2017)。实体墩台、基础计算可不考虑动力作用。

(4)离心力

桥梁在曲线上时，应考虑列车竖向静活载产生的离心力。对于客货共线铁路离心力作用高度应按水平向外作用于轨顶以上 2 m 处计算，高速铁路、城际铁路离心力作用高度应按水平向外作用于轨顶以上 1.8 m 处计算，重载铁路离心力作用高度应按水平向外作用于轨顶以上 2.4 m 处计算。计算公式可详见《铁路桥涵设计规范》(TB 10002—2017)。

(5)横向摇摆力

横向摇摆力作为一个集中荷载取最不利位置，以水平方向垂直线路中心线作用于钢轨顶面。横向摇摆力按表 8.4 取值。

表 8.4　横向摇摆力计算取值表

设计标准	重载铁路	客货共线铁路	高速铁路	城际铁路
摇摆力/kN	$100z$	100	80	60

注：重载铁路列车横向摇摆力折减系数 z 的取值与重载铁路荷载系数一致。

多线桥梁可只计算任一线上的横向摇摆力；客货共线铁路、重载铁路空车时应考虑横向摇摆力。

(6)列车活载所产生的土压力

列车静活载在桥台背后破坏棱体上引起的侧向土压力可按库仑主动土压力计算，列车静活载可换算为当量均布土层厚度计算，见《铁路桥涵设计规范》(TB 10002—2017)附录 A。

(7)人行道荷载

铁路桥梁上的人行道以通行巡道和维修人员为主，有时需放置钢轨、轨枕和工具等。设计主梁时，人行道的竖向静活载不与列车活载同时计算。

(8)气动力

气动力是指由驶过列车引起的气动压力和气动吸力，气动力应分为水平气动力 q_h 和垂直气动力 q_v，气动力的计算见《铁路桥涵设计规范》(TB 10002—2017)。

(9)无缝线路长钢轨的纵向力

桥梁因温度变化而伸缩，因列车荷载作用而发生挠曲，桥梁的这种变形又受到轨道结构的约束，又因桥梁上无缝线路的连续性使桥梁变形时钢轨产生两种纵向水平力，分别称为伸缩力和挠曲力，同时两种力也反作用于梁，并传递到支座和墩台上。

铺设无缝线路的桥梁，桥梁设计时应考虑无缝线路长钢轨的纵向力作用。无缝线路纵向力计算应符合《铁路桥涵设计规范》(TB 10002—2017)的规定。

8.3.2　附加荷载

附加荷载是指非经常性作用的荷载，多为水平方向，有如下几种：

1. 制动力或牵引力

制动力或牵引力应按计算长度内列车竖向静活载的 10%计算。但当它与离心力或列车竖向动力作用同时计算时，制动力或牵引力应按计算长度内列车竖向静活载的 7%计算。

重载铁路制动力或牵引力作用在轨顶以上 2.4 m 处，其他标准铁路制动力或牵引力作用在轨顶以上 2.0 m 处。当计算桥墩台时移至支座中心处，计算台顶及刚构桥梁墩台时移至轨底，均不计移动作用点所产生的竖向力或力矩。采用特种活载时，不计算制动力或牵引力。

简支梁传到墩台上的纵向水平力数值应按下列规定计算：固定支座为全孔制动力或牵引力的 100%；滑动支座为全孔制动力或牵引力的 50%；滚动支座为全孔制动力或牵引力的 25%；在一个桥墩上安设固定支座及活动支座时，应按上述数值相加。但对于不等跨梁，则不应大于其中较大跨的固定支座的纵向水平力；对于等跨梁，不应大于其中一跨的固定支座的纵向水平力。

2. 支座摩阻力

连续结构桥墩及基础应计算恒载作用下支座摩阻力作用。

3. 风力

作用于桥梁上的风力等于风荷载强度 W 乘以受风面积。风荷载强度及受风面积应按下列规定计算：

(1)作用在桥梁上的风荷载强度 W 按式(8.1)计算。

$$W=K_1K_2K_3W_0 \tag{8.1}$$

式中　W——风荷载强度(Pa)；

W_0——基本风压值(Pa)，$W_0=v^2/1.6$，系按平坦空旷地面，离地面 20 m 高，频率 1/100 的 10 min 平均最大风速 v(m/s)计算确定；一般情况下 W_0 可按《铁路桥涵设计规范》附录 D“全国基本风压分布图”并通过实地调查核实后采用；

K_1——风载体形系数,桥墩见表 8.5,其他构件为 1.3;

K_2——风压高度变化系数,见表 8.6,风压随离地面或常水位的高度而异,除特别高墩个别计算外,为简化计算,全桥均取轨顶高度处的风压值;

K_3——地形、地理条件系数,见表 8.7。

表 8.5　桥墩风载体形系数 K_1

序　号	截　面　形　状		长宽比值	体形系数 K_1
1	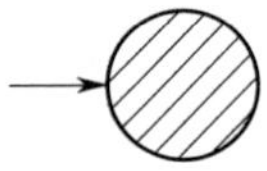	圆形截面	—	0.8
2	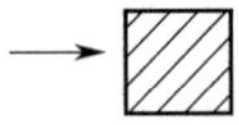	与风向平行的正方形截面	—	1.4
3	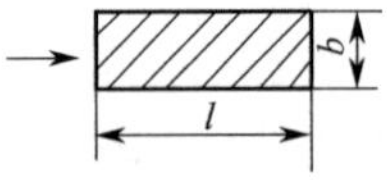	短边迎风的矩形截面	$l/b\leqslant1.5$	1.2
			$l/b>1.5$	0.9
4	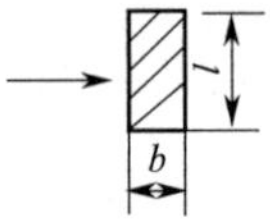	长边迎风的矩形截面	$l/b\leqslant1.5$	1.4
			$l/b>1.5$	1.3
5	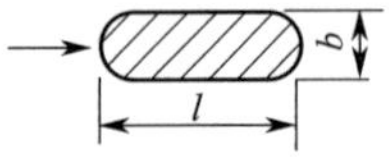	短边迎风的圆端形截面	$l/b\geqslant1.5$	0.3
6	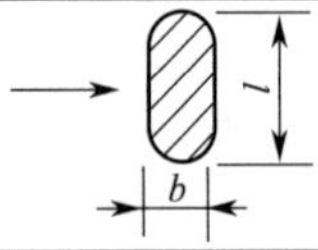	长边迎风的圆端形截面	$l/b\leqslant1.5$	0.8
			$l/b>1.5$	1.1

表 8.6　风压高度变化系数 K_2

离地面或常水位高度/m	≤20	30	40	50	60	70	80	90	100
K_2	1.00	1.13	1.22	1.30	1.37	1.42	1.47	1.52	1.56

(2)桥上有车时,风荷载强度采用 $0.8W$,并不大于 1 250 Pa;桥上无车时按 W 计算。作用在桥梁上的风力等于单位风压 W 乘以受风面积,横向风力的受风面积应按结构理论轮廓面积乘以系数计算,见表 8.8。列车横桥向受风面积按 3 m 高的长方带计算,其作用点在轨顶以上 2 m高度处。标准设计的风压强度,有车时 $W=800K_1K_2$,并不大于 1 250 Pa;无车时 $W=1\ 400K_1K_2$。

表 8.7　地形、地理条件系数 K_3

地形、地理情况	K_3
一般平坦空旷地区	1.0
城市、林区盆地和有障碍物挡风时	0.85～0.90
山岭、峡谷、垭口、风口区、湖面和水库	1.15～1.30
特殊风口区	按实际调查或观测资料计算

表 8.8　横向受风面积系数表

钢桁梁及钢塔架	0.4
钢拱两弦间的面积	0.5
桁拱下弦中心线与系杆间的面积或上弦中心线与桥面系间的面积	0.2
整片的桥跨结构	1.0

纵向风力与横向风力计算方法相同。对于列车、桥面系和各类上承梁，所受的纵向风力不予计算；对于下承桁梁和塔架顺桥向风荷载强度，应按其所受横向风荷载强度的 40%计算。

4. 流水压力

作用于桥墩上的流水压力可按式(8.2)计算：

$$P=KA\frac{\gamma_{w}v^{2}}{2g_{n}} \tag{8.2}$$

式中 P——流水压力(kN)；

A——桥墩阻水面积(m^2)，通常计算至一般冲刷线处；

γ_w——水的容重，一般采用 10 kN/m^3；

g_n——标准自由落体重力加速度(m/s^2)；

v——计算时采用的流速(m/s)；检算稳定性时采用设计频率水位的流速；计算基底应力或基底偏心时采用常水位的流速；

K——桥墩形状系数，见表 8.9。

表 8.9 桥墩形状系数表 *K*

截面形状	方 形	长边平行于水流之矩形	圆 形	尖端形	圆端形
K	1.47	1.33	0.73	0.67	0.60

流水压力的分布假定为倒三角形，其合力的作用点位于水位线以下 1/3 水深处。

5. 冰压力

流水压力、冰压力不同时计算，两者也不与制动力或牵引力同时计算。位于有冰凌的河流和水库中的桥墩台，应根据当地冰凌的具体条件及墩台的结构形式，考虑河流流冰产生的动压力、风和水流作用于大面积冰层产生的静压力等冰荷载的作用。

6. 温度变化的影响

桥涵结构与构件应计算均匀温差和日照温差引起的变形和应力。刚架、拱桥等超静定结构、预应力混凝土结构、结合梁等，应考虑混凝土收缩的影响，涵洞可不考虑。

7. 冻胀力

严寒地区桥梁基础位于冻胀、强冻胀土中时，将受到切向冻胀力的作用，其计算及检算见《铁路桥涵地基和基础设计规范》(TB 10093—2017)附录 G。

8. 波浪力

波浪力应按现行《港口与航道水文规范》(JTS 145—2015)的有关规定计算。

8.3.3 特殊荷载

特殊荷载指某些出现概率极小的荷载，如船只或排筏撞击力、地震力以及仅在某一段时间才出现的荷载，如施工荷载。

位于通航河流中的桥梁墩台，设计时应考虑船只或排筏撞击作用，计算公式详见《铁路桥涵设计规范》。桥墩有可能受到汽车撞击时，应考虑汽车的撞击力，撞击力顺行车方向应采用 1 000 kN，横行车方向应采用 500 kN，两个等效力不同时考虑，撞击力作用于行车道以上 1.20 m处。地震力作用应按现行《铁路工程抗震设计规范》(GB 50111—2006)的规定计算。

施工荷载是指结构物在就地建造或安装时，尚应考虑作用在其上的荷载(包括自重、人群、架桥机、风载、吊机或其他机具的荷载，以及拱桥建造过程中承受的单侧推力等)。在构件制造、运送、装吊时亦应考虑作用于构件上的临时荷载。计算施工荷载时，可视具体情况分别采用各自有关的安全系数。

以上各种荷载并不同时全部作用在结构物上，对结构物的强度、刚度或稳定性的影响也不相同。在桥梁设计中，应对每一项要求选取导致结构物出现最不利情况的荷载进行检算，称之为最不利荷载组合。例如检算桥墩基底要求的承载力时，应选取导致桥墩基底产生最大应力的各项荷载组合起来进行计算；当检算基底稳定性时，则应选取导致桥墩承受最大水平力而竖向力为最小的各项荷载组合。不同要求的最不利荷载组合一般不能直接判断出来，须选取可能出现的不同荷载组合通过计算确定。在进行荷载组合时应注意如下原则：

(1)只考虑主力加附加力或主力加特殊荷载。不考虑主力加附加力加特殊荷载这种组合方式，因为它们同时出现的概率是非常小的。

(2)主力与附加力组合时，只考虑主力与一个方向(顺桥向或横桥向)的附加力相组合。

(3)对某一检算项目应选取相应的最不利荷载组合。最不利荷载组合可依该检算项目的检算公式作分析和选取。

任务 8.4　基础埋置深度确定

8.4.1　基础埋置深度

基础的埋置深度是指基础底面至天然地面(无冲刷时)或局部冲刷线(有冲刷时)的距离，如图 8.6 所示。确定基础的埋置深度是基础设计中的重要内容之一，它既关系到结构建成后的牢固、稳定及正常使用问题，也关系到基础类型的选择、施工方法和施工期限的确定。

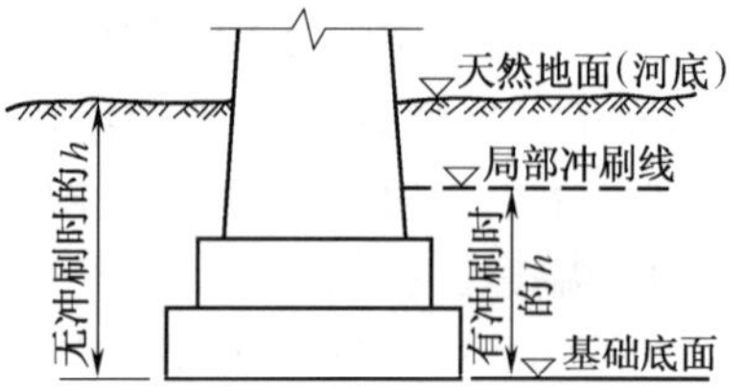

图 8.6　基础埋置深度

8.4.2　基础埋置深度的确定

确定基础的埋置深度主要从两方面考虑：一是从保证持力层不受外界破坏因素的影响考虑，基础埋深最小不得小于按各种破坏因素而定的最小埋深(最小埋深见后述)。二是从满足各项力学检算的要求考虑，在最小埋深以下的各土层中找一个埋得比较浅、压缩性较低、强度较高的土层(即容许承载力较大的土层)作为持力层。在地基比较复杂的情况下，可作为持力层的土层不止一个，需经技术、经济、施工等方面的综合比较，选出一个最佳方案。

1. 考虑持力层稳定的基础埋深

地表土层受气候、湿度变化的影响及雨水的冲蚀，会产生风化作用，另外，动植物多在地表土层内活动生长，也会破坏地表土层的结构。因此，地表土层的性质不稳定时，不宜作为持力层。为了保证持力层的稳定，《铁路桥涵地基和基础设计规范》规定，在无冲刷处或设有铺砌防冲刷时，基础底面埋置深度应在地面以下不小于 2 m。

2. 考虑水流对河床的冲刷作用时的基础埋深

在有水流的河床上修建墩台，必须考虑洪水对河床的冲刷作用。

一般冲刷。建桥以后，桥下的过水断面积一般会比建桥前减小，为排泄同样大小的流量，桥下水流速度势必增大，致使桥下产生冲刷，这种由于建桥而引起的在桥下河床全宽范围内的普遍冲刷，称为一般冲刷。

局部冲刷。由于桥墩阻水而引起的水流冲刷和涡流作用，在桥墩周围形成的河床局部变形，称为局部冲刷。

为防止墩台基底下的土层被水流冲刷淘空致使墩台倒塌，《铁路桥涵地基和基础设计规范》规定，有冲刷处的墩台基底，应在最大冲刷(一般冲刷和局部冲刷之和)线以下不小于下列安全值：对于一般桥梁，安全值为 2 m 加冲刷总深度的 10%；对于技术复杂、修复困难或重要的特大桥(或大桥)，安全值为 3 m 加冲刷总深度的 10%，见表 8.10。

对于不易冲刷磨损的岩石，墩台基础应嵌入基本岩层不少于 0.25～0.5 m(视岩层抗冲刷性能而定)。嵌入风化、破碎、易冲刷磨损岩层应按未嵌入岩层计。

表 8.10　基底埋置安全值

冲刷总深度/m			0	5	10	15	20
安全值/m	一般桥梁		2.0	2.5	3.0	3.5	4.0
	技术复杂、修复困难或重要的特大桥	设计流量	3.0	3.5	4.0	4.5	5.0
		检算流量	1.5	1.8	2.0	2.3	2.5

注：冲刷总深度为自河床面算起的一般冲刷深度与局部冲刷深度之和。

3. 考虑寒冷地区地基土季节性冻胀时的基础埋深

(1)季节性冻土基础埋深要求

季节性冻土是指冬季冻结春季融化的土层。在寒冷地区，应考虑由于季节性冻结和融化对地基引起的冻胀影响。产生冻胀的原因是由于冬季气温下降，当地面下一定深度内土的温度达到冷冻温度时，土空隙中的水分开始冻结，体积增大，使土体产生一定的膨胀；对于冻胀性土，如气温在较长时间内保持在冻胀温度以下，水分能从未冻胀区迁移，引起地基冻胀和隆起。土在冻结时隆起，冻胀力甚大，而解冻时土发生沉陷，土的结构性质发生变化，致使建于其上的结构物遭到破坏。季节性冻土的冻胀等级划分见《铁路桥涵地基和基础设计规范》附录 A。

自地表而至冻结层底的厚度称冻结深度，冻结线即当地最大冻结深度线。土的标准冻结深度系指地表无积雪和草皮覆盖时实测最大冻深的平均值。我国北方各地的冻结深度大致如下：满洲里 2.6 m、齐齐哈尔 2.4 m、佳木斯或哈尔滨 2.2 m、牡丹江 2.0 m、长春 1.7 m、沈阳 1.2 m、锦州 1.1 m、太原 1.0 m、北京 0.8～1.0 m、大连 0.7 m、天津 0.5～0.7 m、济南 0.5 m。

为避免冻害影响，《铁路桥涵地基和基础设计规范》规定：对于冻胀、强冻胀和特强冻胀土，墩台基底埋置深度应在冻结线以下不小于 0.25 m，同时满足冻胀力计算的要求；对于弱冻胀土，基底埋置深度应不小于冻结深度；基底埋置深度不满足要求，但无基础冻害出现时，可暂缓处理。

涵洞基础设置在冻胀地基土上时应符合下列规定：涵洞出入口和自两端洞口向内各 2 m 范围内的基底埋置深度，冻胀、强冻胀和特强冻胀土，应在冻结线以下不小于 0.25 m，弱冻胀土应不小于冻结深度；涵洞中间部分的基底埋深可根据地区经验确定；严寒地区，当涵洞中间部分的埋深与洞口埋深相差较大时，其连接处应设置过渡段；冻结较深的地区，可将基底至冻结线下 0.25 m 的地基进行处理。地基处理时，一般采用粗颗粒土换填，粗颗粒土包括碎石、砾砂、粗砂、中砂，但其中粉黏粒含量应小于或等于 15%，或粒径小于 0.1 mm 的颗粒应小于或等于 25%。

(2)多年冻土基础埋深要求

多年冻土是指冻结状态持续两年或两年以上的土层。多年冻土按照冻土融化时的下沉特征可分为不融沉、弱融沉、融沉、强融沉和融陷五类,多年冻土的分类和融沉性分级见《铁路桥涵地基和基础设计规范》附录A。

多年冻土地区桥涵基底的埋置深度,主要根据地基设计原则和稳定人为上限深度而定。

①采用保持冻结原则进行设计时,要求桥梁的明挖基础底面埋于稳定人为上限以下不小于1 m,涵洞的基础及桩基的底面埋于稳定人为上限以下不小于0.25 m,桩基埋于稳定人为上限以下不小于4 m。埋深按规范规定的计算公式计算确定。

②采用容许融化原则进行设计时,基底埋置深度可根据地基土的冻胀类别按季节性冻土地区对桥涵基础埋深的规定办理,同时还应考虑地基容许承载力和容许沉降量不得超过规定值。

满足上述规定所确定的基础埋深称为最小埋深。合适的持力层应在最小埋深以下的各土层中寻找。

在覆盖土层较薄的岩石地基中,可不受最小埋深的限制,将基础修建在清除风化层后的新鲜岩面上。如遇岩石风化层很厚,难以全部清除时,则其埋置深度应视岩石的风化程度及其相应的地基容许承载力来确定。对于风化严重和抗冲刷性能较差的岩石,应按具体情况适当加大埋置深度。当基岩表面倾斜时,应避免将基础的一部分置于岩层上而另一部分置于土层上,以防基础由于不均匀沉降而倾斜或破裂。如基岩面倾斜较大时,基底可做成台阶形。

墩台明挖基础顶面不宜高出最低水位,地面高于最低水位且不受冲刷时,则基础顶面不宜高出地面。

项目小结

本项目主要是地基与基础概述,内容涉及地基与桥梁基础的分类、基础的设计原则确定、作用于基础上的荷载分析和基础的埋置深度确定方法。通过本项目的学习,掌握基础概念与分类方法、作用于基础上的荷载分析和不同条件下基础的埋置深度确定方法。本部分内容是项目9～项目11的基础。

项目训练

1. 根据上部荷载情况及工程地质和水文条件选择基础类型。
2. 根据基础所在地点的技术资料和设计规范确定基础的埋置深度。

复习思考题

8.1　何谓地基?何谓天然地基?何谓人工地基?

8.2　何谓基础?常用的桥梁基础有哪几种?

8.3　简述地基与基础的关系。

8.4　何谓浅基础?何谓深基础?

8.5　何谓陆上基础？何谓浅水基础？何谓深水基础？

8.6　桥梁基础的设计原则有哪些？

8.7　作用在桥梁基础上的荷载分为哪几类？

8.8　何谓施工荷载？

8.9　最不利荷载组合的含义是什么？

8.10　何谓基础的埋置深度？何谓最小埋深？如何确定基础的埋置深度？

文本
项目8 思政案例

文本
项目8　PPT

文本
项目8　教案

文本
项目8　题库

项目 9　天然地基上的浅基础施工

项目描述

本项目系统地学习天然地基上的浅基础设计和施工。通过学习，熟悉浅基础常用类型及适用条件，熟悉刚性扩大基础的设计，掌握陆地、水中浅基础的施工方法和要求。

学习目标

图片

项目9　思维导图

1. 能力目标

(1)能够区分刚性基础与柔性基础，能够列举浅基础的常见形式及其特点。

(2)了解刚性扩大基础设计的内容。

(3)能够根据基坑地质条件选择确定基坑支护的办法。

(4)能够进行基坑渗水量估算；能够根据基坑实际情况选择确定基坑排水的方式。

(5)能够根据水文地质条件、基础的埋深和平面尺寸、材料和机具供应情况选择并确定合理的围堰方式。

(6)能够填写“施工记录及质量检查签证表”。

2. 知识目标

(1)掌握刚性基础与柔性基础的区别，熟悉浅基础常用类型及适用条件。

(2)了解刚性扩大基础设计的步骤，熟悉《铁路桥涵地基和基础设计规范》(TB 10093—2017)对刚性扩大基础检算的具体要求。

(3)掌握陆地基坑的开挖及支护施工方法和要求。

(4)掌握基坑渗水量的估算方法，熟悉基坑排水的施工方法和要求。

(5)掌握围堰的类型和适用条件，熟悉钢板桩围堰的结构与施工方法。

(6)熟悉明挖基础基底检查的内容，了解基底处理的方法。

(7)熟悉相关规范规程对基础砌筑的有关规定。

3. 素质目标

(1)养成综合思考问题的习惯。

(2)能够主动查阅相关规范等技术资料，养成自学的能力。

(3)具备安全施工意识。

相关案例：明挖深水基础土袋围堰施工技术

1. 工程概况

赣龙铁路 18 标段苏家坡大桥位于福建省上杭县古田镇境内，全长 252.5 m，为 1—24+6—32+1—24 m 后张法预应力混凝土简支梁桥，共 7 墩 2 台。该桥 5 号墩位于水中，下游

21 m处有一拦水坝及水渠供苏家坡1号发电站发电使用。桥墩轴线方向与水流方向成38°夹角，墩基坑右前角距右侧山坡仅11.5 m。4号、6号墩紧靠岸边，4号墩基础为钻孔桩基础，5号墩为空心桥墩、明挖基础。6号墩原设计为明挖基础，后经变更为钻孔桩基础。5号墩基础申请变更为钻孔桩基础未获得批准，后变更为实心桥墩，基础设计方案为钢板桩围堰施工。最高墩为5号墩，高34 m，全桥位于直线上，为9.4‰的纵坡。

2. 水中基础施工方案的比选

5号墩水中基础安排在11月中旬至12月的枯水季节期间进行施工，清除河床淤泥后水深为4.6 m，基底至水面高度为8.6 m。因为河床狭窄，并且5号墩下游有水渠供给发电使用，在基础施工过程中不得影响水电站的正常发电。根据实际情况，比选了以下三种方案。

第一种方案为原设计钢板桩围堰施工方案，用拉森Ⅱa式钢板桩进行围堰施工。这种施工方案对本桥墩施工场地狭窄较为适用，但仅此一墩使用拉森Ⅱa钢板桩，费用较高。

第二种方案为草袋围堰填土筑岛，将明挖基础变更为钻孔桩基础施工，这种施工方案过程简单，安全性好，且可充分利用施工4号、6号墩的钻孔机械设备。但申请变更未能获得批准，只好放弃这种方案。

第三种方案为草袋围堰、挡板支护围堰及基坑护壁。围堰时预留3 m宽的水沟以供苏家坡电站发电之需。考虑施工场地狭窄，围堰采用顶宽1.5 m，外侧边坡坡率1∶0.5，内侧边坡坡率1∶0.3，且在围堰靠临时水沟侧进行加固，加固措施为每30 cm插打一根钢管并用22 mm钢筋连成为整体，再用12 mm拉筋锚固于山体中。此方案最为简单实用，经济可行，本项目最后决定采用此方案施工。

3. 施工方法

(1)施工工艺如下所示。

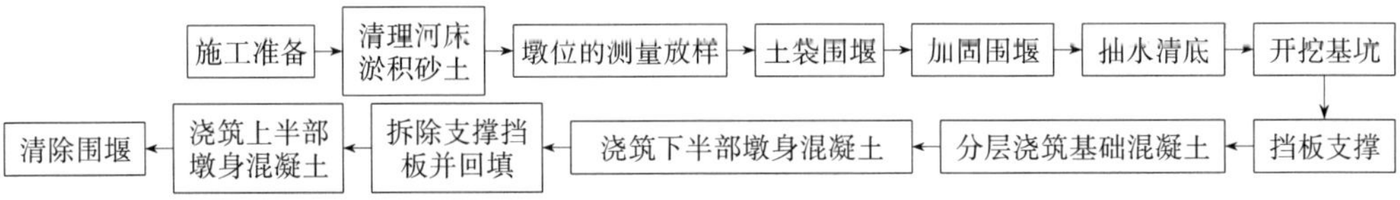

(2)主要施工过程控制：

①施工准备充分，做到三通一平工作，清理河床淤积砂土至原河床硬底后，立即进行测量放样，对基础开挖及围堰定出准确位置。

②根据测量的墩位采用编织袋人工码砌夹心围堰，夹心土为大山砖场优质黏土。围堰顶宽1.5 m，外侧边坡坡率1∶0.5，内侧边坡坡率1∶0.3，分两层台阶码砌，堰顶高出水面1 m。因围堰挤压河床，造成河水流速增加，在外侧口袋内装粗砂。编织袋装入黏土后，袋口应缝合，装填量约为袋容量的60%，堆码时，土袋应平放，其上下层和内外层应相互错缝，搭接长度为袋长的1/3，并自上游至下游合龙。为确保围堰的质量，减少堰底渗水，围堰施工时必须落在河床底，并在围堰中间设置防水布。

③围堰完成后右侧前角基坑开挖线距右侧临时过水沟围堰底仅剩下宽不足2 m的平台。在该处临时过水沟围堰内侧必须打设钢管或角钢支护桩，防止围堰垮塌，支护桩间距按30 cm一根布置。支护桩设22 mm横杆连成整体，桩顶设拉筋与山体锚固。拉筋为12 mm钢筋，间距50 cm一根。

④施工抽水时密切注意堰底的涌水及渗水情况，如涌水较大时应停止抽水，以防水掏空堰

底。靠水流侧应随挖随用土袋码砌,不得暴露原河床土。码砌根据情况分 2 层台阶,各台阶打设木桩或钢管,间距 30～100 cm,靠水沟侧取最小值。

⑤支撑挡板随开挖随下沉,应及时支护坑壁,并在支撑挡板与围堰之间用袋装黏土填塞密实。支撑挡板尺寸比基础尺寸大 2 m,且支撑挡板就位时向下游及右侧临时过水沟偏移 50 cm,为保证基坑排水沟及汇水坑的需要,支撑挡板之间接缝处用橡胶止水条封闭,以防止较大量的漏水。

⑥基坑采用垂直开挖,挡板支撑,开挖至设计高程时,设置钢管脚手架支撑围堰侧壁。本着快速、突击的思想严密组织施工,尽快抢出第一节基础。

⑦墩身混凝土露出水面后,尽快拆除支撑挡板,及时回填基坑,以便上半部墩身的施工。墩身施工完毕后将围堰拆除,清理干净河道。

4. 安全质量控制

(1)安排专人昼夜值班检查围堰渗水、涌水及支护情况,一旦发现险情,及时进行处理。

(2)经常检查支撑挡板的平面位置及基底的高程,防止超挖、欠挖或偏挖。

(3)准确掌握天气变化情况,准备足够的抗洪材料,及早预防可能发生的山洪冲毁围堰。

(4)浇筑基础混凝土及水面以下混凝土时,应连续不间断抽水,直到混凝土终凝达到一定的强度之后,方可停止抽水。

5. 技术经济分析

(1)节省投资。比较原设计用钢板桩围堰施工方案要少用钢材 40 t,节省资金 15 万元。

(2)提高工效。围堰自 11 月中旬开始,仅用一个月的时间就将墩身混凝土灌注出水面以上,为墩身在年前施工完毕打下坚实的基础。

(3)该工程投标标价低,工期紧,质量要求高,采用草袋围堰施工简单适用,提高经济效益。

(4)为同类型深水基础施工奠定了良好的基础。

由此可见,浅基础施工时,不仅仅是简单地开挖基坑,很可能会遇到水中基础施工或基坑开挖需要支护等情况。因此,在本项目的学习中,需要了解天然地基上浅基础类型及不同情况下的浅基础设计施工方案。

任务 9.1　天然地基上浅基础的类型认知

天然地基上的基础,由于埋置深度不同,采用的施工方法、基础结构形式和设计计算方法也不相同,因而分为浅基础和深基础两类。浅基础埋入地层的深度较浅,施工一般采用直接敞坑开挖的方法,故亦称为明挖基础,明挖基础大多是浅平基。天然地基上的浅基础由于具有埋深浅、结构形式简单、施工方法简便、造价低等诸多优点,只要在地质和水文条件许可的情况下,都应优先选用。

9.1.1　刚性基础与柔性基础

天然地基上的浅基础,根据受力条件及构造可分为刚性基础和柔性基础两大类。

1. 刚性基础

刚性基础如图 9.1 所示，基础在外力（包括基础自重）作用下，基底承受着强度为 σ 的地基反力，基础的悬出部分 a-a 断面左端，相当于承受着强度为 σ 的均布荷载的悬臂梁，在荷载作用下，a-a 断面将产生弯曲拉应力和剪应力。基础圬工具有足够大的截面使得由地基反力产生的弯曲拉应力和剪应力小于圬工材料的容许应力时，a-a 断面不会出现裂缝，这时，基础内不需配置受力钢筋。这种采用抗压强度高，而抗拉、抗剪强度较低的刚性材料制作的基础称为刚性基础。工业与民用建筑行业称之为无筋扩展基础。常见的形式有单独柱下基础、条形基础、柱下十字交叉基础等。

刚性基础的特点是稳定性好，施工简便，能承受较大的荷载，所以只要地基强度能满足要求，它是首选的基础类型。它的主要缺点是自重大，并且当持力层为软弱土时，由于扩大基础面积有一定限制，需要对地基进行处理或加固后才能采用，否则会因所受的荷载压力超过地基强度而影响结构物的正常使用。所以对于荷载大或上部结构对沉降差较敏感的结构物，当持力层的土质较差且又较厚时，刚性基础作为浅基础是不适宜的。

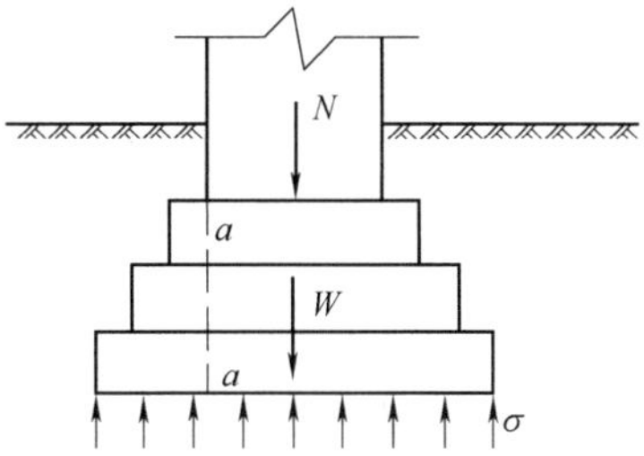

图 9.1　刚性基础

2. 柔性基础

基础在基底反力作用下，在 a-a 断面产生的弯曲拉应力和剪应力若超过了基础圬工的强度极限值，为了防止基础在 a-a 断面开裂甚至断裂，必须在混凝土基础中配置足够数量的钢筋，利用钢筋来承受拉应力，使基础底部能够承受较大的弯矩，这种基础称为柔性基础，如图 9.2所示。柔性基础允许挠曲变形。工业与民用建筑行业称之为扩展基础。柔性基础常见的形式有柱下条形基础、十字形基础、筏板基础、箱形基础等。

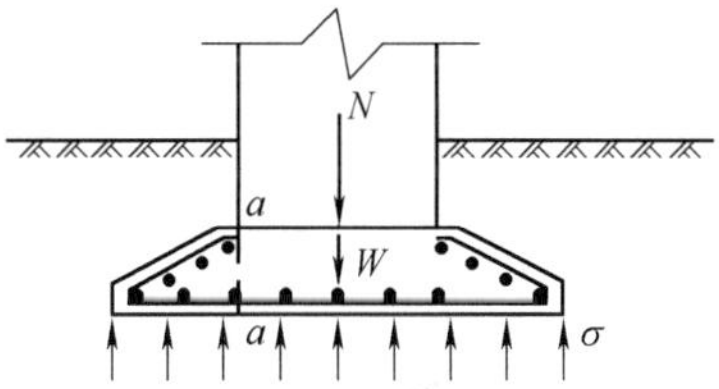

图 9.2　柔性基础

9.1.2　浅基础的常见形式

由于地基强度一般较墩台或墙柱圬工的强度低，因而需要将其基础平面尺寸扩大以满足地基强度要求，这种刚性基础又称为刚性扩大基础，属于浅基础类型，其平面形状常为矩形，如图 9.3 所示。浅基础是桥梁及其他构造物常用的基础形式，常见的有以下几种类型：

(1)单独和联合基础。单独基础是立柱式桥墩和房屋建筑常用的基础形式之一。它的纵横剖面均可砌筑成台阶式，如图 9.4(a)所示，但柱下单独基础若用石或砖砌筑时，则在柱子与基础之间用混凝土墩连接。个别情况下柱下基础用钢筋混凝土浇筑时，其剖面也可浇筑成锥形，如图 9.4(c)所示。

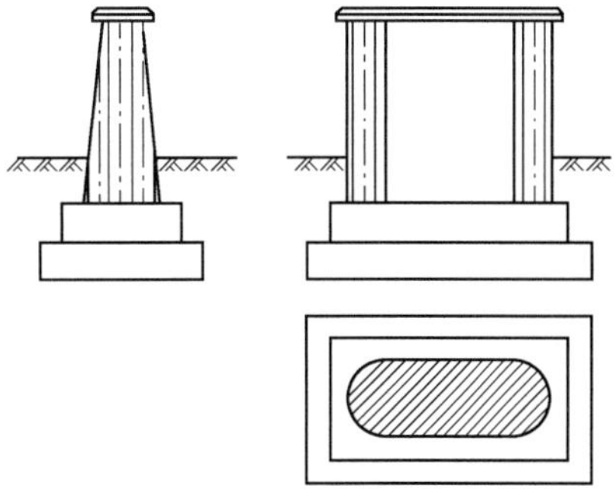
图 9.3　刚性扩大基础

当为了满足地基强度要求，必须扩大基础平面尺寸，而扩大结果使相邻的单独基础在平面上相接甚至重叠时，则可将它们连在一起成为联合基础，如图 9.4(b)所示。

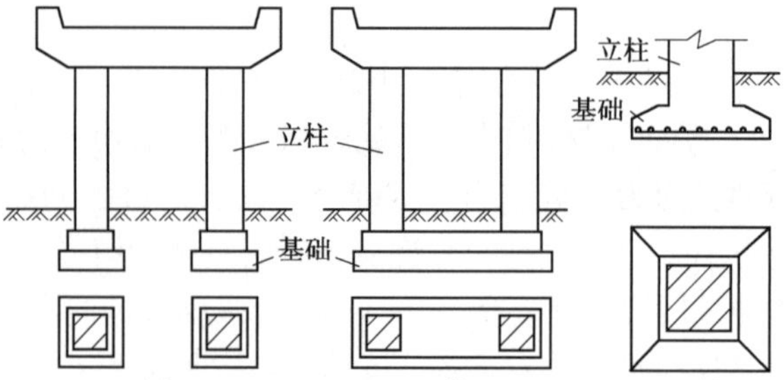

图 9.4　单独和联合基础

(2)条形基础。条形基础分为墙下和柱下条形基础,墙下条形基础是挡土墙下或涵洞下常用的基础形式。有时为了增强桥柱下基础的承载能力,将同一排若干个柱的基础联合起来,也可形成柱下条形基础,如图 9.5 所示。

(3)柱下十字交叉基础。对于荷载较大的高层建筑,如果地基土软弱且在两个方向分布不均,需要基础纵横两向都具有一定的抗弯刚度来调整基础的不均匀沉降时,可在柱网下沿纵横两个方向都设置钢筋混凝土条形基础,即形成柱下十字交叉基础或柱下交梁基础,如图 9.6 所示。

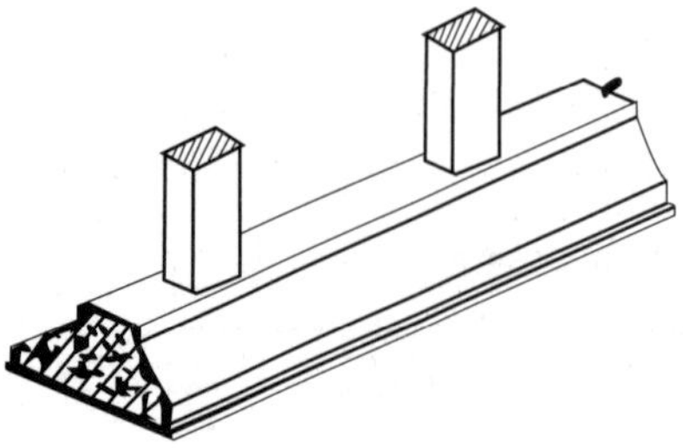

图 9.5　柱下条形基础

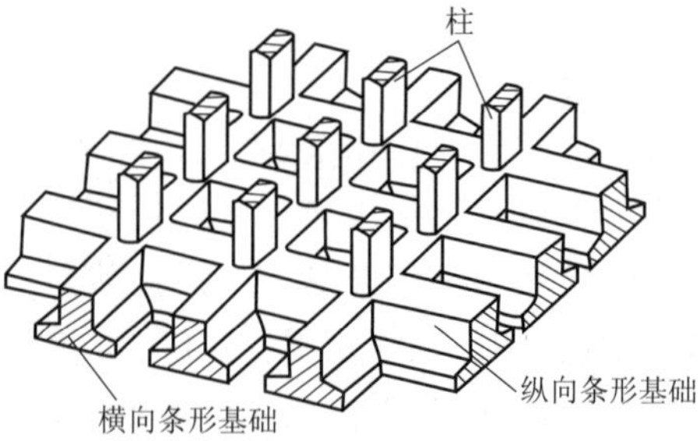

图 9.6　柱下十字交叉基础

(4)筏形基础。当立柱或承重墙传来的荷载较大,地基土质软弱又不均匀,采用单独或条形基础均不能满足地基承载力或沉降的要求时,可采用连续的钢筋混凝土板作为全部柱或墙的基础,这样既扩大了基底面积又增强了基础的整体性,并避免了结构物局部发生的不均匀沉降,这种基础简称为筏形基础。筏形基础在构造上类似于倒置的钢筋混凝土楼盖,它可以分为梁板式[图 9.7(a)]和平板式[图 9.7(b)]。平板式常用于柱荷载较小而且柱子排列较均匀和间距也较小的情况。

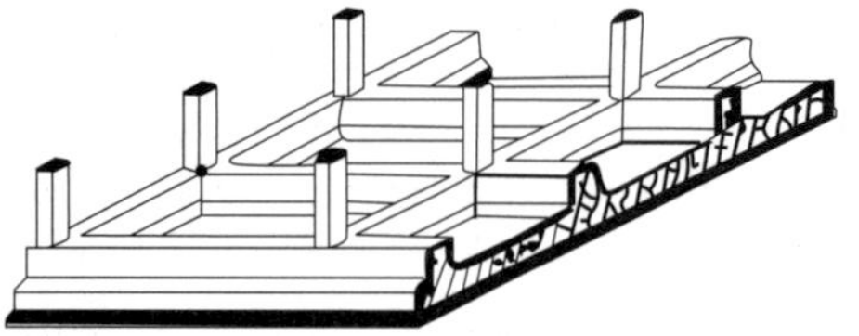

(a)梁板式

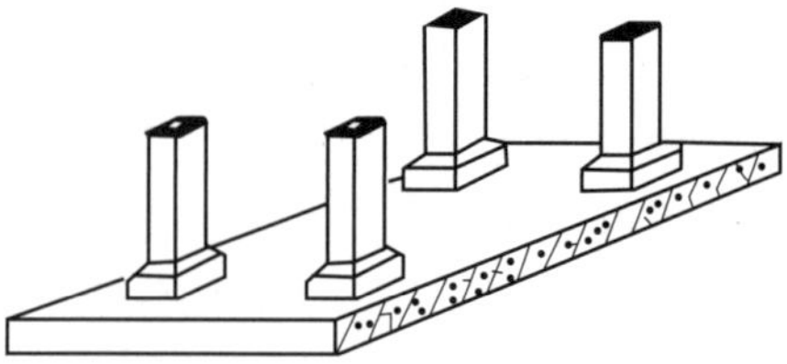

(b)平板式

图 9.7　筏形基础

(5)箱形基础。当筏形基础埋置深度较大时,为了避免回填土增加基础上的承受荷载,有效地调整基底压力和避免地基的不均匀沉降,可将筏形基础扩大,形成钢筋混凝土的底板、顶板、侧墙及纵横墙组成的箱形基础,如图 9.8 所示。箱形基础具有整体性好,抗弯刚度大,且又空腹深埋等特点，可相应增加建筑物层数，基础空心部分可作为地下室。但基础的钢筋和水泥用量很大，造价较高，施工技术要求也高。

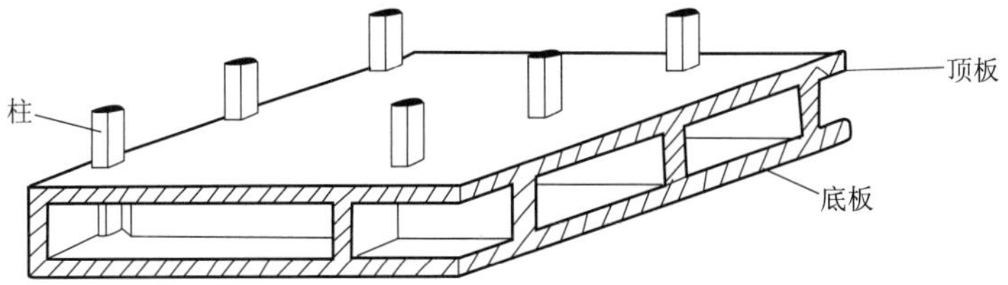

图 9.8　箱形基础

柱下十字交叉基础、筏形基础和箱形基础都是房屋建筑常用的基础形式。

在实践中必须因地制宜地选用基础类型，有时还必须另行设计基础的形式，如在非岩石地基上修筑拱桥桥台基础时，为了增加基底的抗滑能力，可将基底在顺桥方向的剖面做成齿坎状或斜面等。

结构物基础在一般情况下均砌筑在土中或水下，所以要求所有材料要有良好的耐久性和较高的强度。混凝土是修筑基础最常用的材料。它的优点是抗压强度高、耐久性好，可浇筑成任意形状的砌体。混凝土强度等级一般不宜低于 C15。对于大体积混凝土基础，为了节约水泥用量，又不影响强度，可掺入 15%～20%砌体体积的片石(称为片石混凝土)，但片石的强度等级应不低于 MU30，也不应低于混凝土强度等级。粗料石、片石或块石也常用作基础材料。石砌基础的石料强度等级应不低于 MU30，水泥砂浆的强度等级应不低于 M10。

任务 9.2　刚性扩大基础的设计

刚性扩大基础设计通常是根据构造要求和过去的设计经验先拟定基础几何尺寸，然后按照最不利荷载组合的基底合力进行地基承载力、基底合力偏心距、基础稳定性检算，必要时还要进行地基稳定性和地基沉降量的检算。刚性基础本身的强度，只要满足刚性角的要求即可得到保证，不必另行检算。通过检算如不能满足要求时，则应修改尺寸再进行检算，直至满足要求为止。

9.2.1　刚性扩大基础尺寸的拟定

拟定基础尺寸是基础设计的重要内容之一，尺寸拟定恰当，可以减少重复设计工作。刚性扩大基础尺寸的拟定主要是根据基础埋置深度确定基础分层厚度和基础平面尺寸。

基底高程可按基础埋深的要求确定。水中基础顶面高程一般不高于最低水位，在季节性流水的河流或旱地上的桥梁墩台基础，则不宜高出地面，以防碰损。这样，基础厚度可按上述要求所确定的基础底面和顶面高程求得。当基础的厚度较大时，多采用厚度不小于 1 m 的逐层扩大的阶梯形式，以便施工和节省圬工。

基础底面形状，一般与墩、台身的截面形状大致相近即可，以方便施工，例如矩形、圆端形及圆形墩的基础多做成矩形的，圆形墩的基础也有做成八角形或圆形的。刚性扩大基础尺寸如图 9.9 所示，基础底面长、宽尺寸与基础厚度有如下的关系式：

长度(横桥向)　$$a=l+2H\tan\alpha \tag{9.1}$$

宽度(顺桥向)　$$b=d+2H\tan\alpha \tag{9.2}$$

式中　l——墩台身底截面长度(m)；

d——墩台身底截面宽度(m);

H——基础厚度(m);

α——墩台身底截面边缘至基础边缘连线与铅垂线间的夹角(°)。

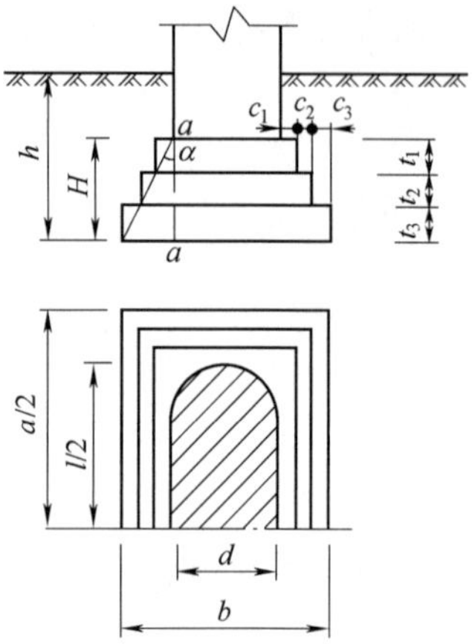

图 9.9　刚性扩大基础尺寸

自墩台身底面边缘至基础顶面边缘的距离 c_1 称为襟边,其作用一方面是扩大基底面积增加地基承载力,同时也便于调整基础施工时在平面尺寸上可能发生的误差,也为满足支立墩台身模板的需要。通常,桥梁墩台基础采用的襟边最小宽度为 0.2 m。

基础悬出总长度(包括襟边与台阶宽度之和),应使悬出部分在基底反力作用下,在 a-a 截面所产生的弯曲拉应力和剪应力不超过基础圬工的强度限值。所以满足上述要求时,就可得到自墩台身底面边缘处的铅垂线与基底边缘的连线间的最大夹角 α_{max}(称 α_{max} 为刚性角)。在设计时,应使每个台阶宽度 c_i 与厚度 t_i 保持在一定的比例内,使其夹角 $\alpha_i \leqslant \alpha_{max}$,这时可认为属刚性基础,不必对基础进行弯曲拉应力和剪应力的强度检算,在基础内部也可不设置钢筋。

《铁路桥涵地基和基础设计规范》对刚性角 α_{max} 作了如下规定:

混凝土明挖基础单向受力时(不包括单向受力圆端形桥墩采用矩形基础的),各层台阶正交方向(顺桥轴方向和横桥轴方向)的坡线与竖直线所成的夹角不应大于 45°。双向受力矩形墩台的基础以及单向和双向受力的圆端形、圆形桥墩采用矩形基础时,其最上一层基础台阶两正交方向的坡线与竖直线所成夹角不应大于 35°;需要同时调整最上一层台阶两正交方向的襟边宽度时,其斜角处的坡线与竖直线所成的夹角,不应大于上述两正交方向为 35°夹角时斜角处的坡线与竖直线所成的夹角;其下各层台阶正交方向的夹角不应大于 45°,否则应予切角。

9.2.2　刚性扩大基础的检算

1. 地基强度检算

(1)持力层强度检算

持力层是直接与基底相接触的土层,持力层强度检算要求最不利荷载组合在基底产生的基底压力不超过持力层的地基容许承载力。基底压力的分布在理论上可采用弹性理论求得较精确解(在土力学部分已做了这方面的介绍),在实践中常采用简化方法,即按材料力学偏心受压公式进行计算。由于浅基础埋置深度浅,在计算中可不计基础四周土的摩阻力和弹性抗力的作用。

桥梁在直线上时,其计算公式为

$$\begin{matrix}\sigma_{max}\\ \sigma_{min}\end{matrix} = \frac{\sum P}{A} \pm \frac{\sum M_x}{W_x} \leqslant [\sigma] \tag{9.3}$$

式中　$\sum P$——基底竖向合力(kN);

A——基底面积(m^2);

$\sum M_x$——基底纵向(顺桥轴线 x 方向)合力矩(kN · m);

W_x——基底对 x 轴(横桥轴线 y 方向)之截面模量(m^3);

$[\sigma]$——地基容许承载力(kPa)。

如桥梁在曲线上,则在检算纵向时,除了纵向力矩 $\sum M_x$ 外,尚有离心力所产生的横向力

矩 $\sum M_y$ 对基底应力的影响，其计算公式为

$$\begin{matrix}\sigma_{max}\\ \sigma_{min}\end{matrix}=\frac{\sum P}{A}\pm\frac{\sum M_x}{W_x}\pm\frac{\sum M_y}{W_y} \tag{9.4}$$

式中　$\sum M_y$——基底横向(横桥轴线 y 方向)合力矩(kN·m)；

W_y——基底对 y 轴之截面模量(m^3)。

按以上公式计算，当 $\sigma_{min}<0$ 时，说明基底出现拉应力。若持力层为土质，实际上是不会产生拉应力的；若持力层为整体性较好的岩面，当出现拉应力时，由于《铁路桥涵地基和基础设计规范》规定不考虑基底承受拉应力，因此应考虑基底压应力重分布，全部荷载仅由受压部分承担。按基底压应力重分布计算的基底最大压应力 σ'_{max} 也必须满足地基承载力的要求，即 $\sigma'_{max}\leqslant[\sigma]$。

(2)软弱下卧层强度检算

当受压层范围内地基土由多层土(主要指地基承载力有差异而言)组成，且持力层以下有软弱下卧层(指容许承载力小于持力层容许承载力的土层)时，还应检算软弱下卧层的承载力，检算时先计算软弱下卧层顶面(在基底形心轴下)处的总压应力(包括自重应力及附加应力)σ_{h+z}，要求 σ_{h+z} 不得大于软弱下卧层顶面处的地基承载力 $[\sigma]_{h+z}$。

2. 基底偏心距检算

控制基底偏心距 e 的目的是使基底压应力的分布较均匀，减少地基土的不均匀下沉，从而避免基底产生拉应力和基础发生过大的倾斜。当桥梁墩台及挡土墙等受水平荷载作用时，要设计使其合力通过基底中心，不但不经济，有时甚至是不可能的，设计时一般以基底不出现拉应力为原则，只要控制其偏心距 e，使其不超过某一数值即可。《铁路桥涵地基和基础设计规范》规定，外力对基底截面重心的偏心距 e 不应大于表 9.1 规定的值。

表 9.1　合力偏心距 e 的限值

地基及荷载情况			e 的限值
仅承受恒载作用	非岩石地基	合力的作用点应接近基础底面的重心	
①主力＋附加力 ②主力＋附加力＋长钢轨伸缩力(或挠曲力)	非岩石地基上的桥台(包括土状的风化岩层)	土的基本承载力 $\sigma_0>200$ kPa	1.0ρ
		土的基本承载力 $\sigma_0\leqslant200$ kPa	0.8ρ
	岩石地基	硬质岩	1.5ρ
		其他岩石	1.2ρ
主力＋长钢轨伸缩力或挠曲力(桥上无车)	非岩石地基	土的基本承载力 $\sigma_0>200$ kPa	0.8ρ
		土的基本承载力 $\sigma_0\leqslant200$ kPa	0.6ρ
	岩石地基	硬质岩	1.25ρ
		其他岩石	1.0ρ
主力＋特殊荷载(地震力除外)	非岩石地基	土的基本承载力 $\sigma_0>200$ kPa	1.2ρ
		土的基本承载力 $\sigma_0\leqslant200$ kPa	1.0ρ
	岩石地基	硬质岩	2.0ρ
		其他岩石	1.5ρ

注：表中②指当长钢轨纵向力参与组合时，计入长钢轨纵向力的桥上线路应按无车考虑。

外力对基底截面重心的偏心距 e 的计算公式为

$$e=\frac{\sum M}{\sum P}\leqslant[e] \tag{9.5}$$

式中　$\sum M$——所有外力(竖向力、水平力)对基底截面重心的合力矩(kN·m);

$\sum P$——基底竖向合力(kN);

$[e]$——基底容许偏心距(m)。

当外力作用点不在基底截面对称轴上,基底受斜向弯矩时,基底截面核心半径 ρ 的计算较为烦琐,为省略计算 ρ 的工作,可先求出基底截面的最小应力 $\sigma_{\min}$,然后按式(9.6)直接求出 e/ρ 的比值。

$$\frac{e}{\rho}=1-\frac{\sigma_{\min}}{\frac{\sum P}{A}} \tag{9.6}$$

式中　$\sigma_{\min}$——作用于基底的最小压应力(kPa),当为负值时表示拉应力。

其他符号意义同前,但要注意 $\sum P$ 和 $\sigma_{\min}$ 是在同一种荷载组合情况下求得的。

3. 基础稳定性检算

基础稳定性检算的目的是保证墩台在最不利荷载组合作用下,不致绕基底外缘转动或沿基础底面滑动。其检算内容包括倾覆稳定性检算和滑动稳定性检算两部分。

(1)倾覆稳定性检算

在最不利荷载组合下,墩台基础的倾覆稳定系数 K_0 计算公式为

$$K_0=\frac{稳定力矩}{倾覆力矩}=\frac{s\sum P_i}{\sum P_ie_i+\sum T_ih_i}=\frac{s}{e} \tag{9.7}$$

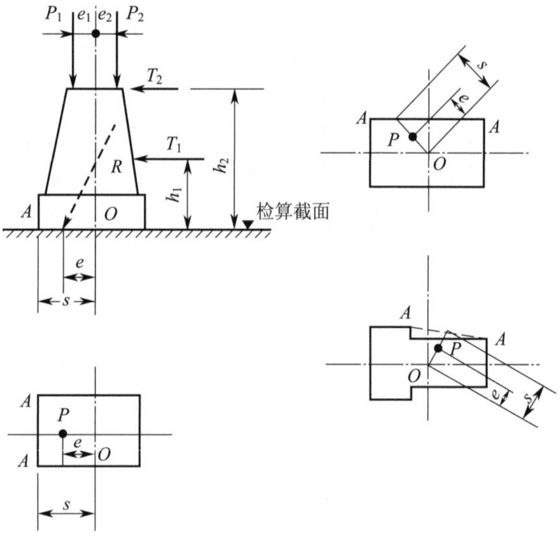

图 9.10　基础倾覆稳定计算

式中　K_0——墩、台基础的倾覆稳定系数;

P_i——各竖直力(kN);

e_i——各竖直力 P_i 对检算截面重心的力臂(m);

T_i——各水平力(kN);

h_i——各水平力 T_i 对检算截面的力臂(m);

s——在沿截面重心与合力作用点的连线上,自截面重心至检算倾覆轴的距离(m),如图 9.10 所示;

e——所有外力合力 R 的作用点至截面重心的距离(m)。

力矩 P_ie_i 和 T_ih_i 应视其绕检算截面重心的方向区别正负。对于凹多边形基底,检算倾覆稳定性时,其倾覆轴应取基底截面的外包线。墩台基础的倾覆稳定系数不得小于 1.5,考虑施工荷载时不得小于 1.2。理论和实践证明,基础倾覆稳定性与合力的偏心距有关。合力偏心距愈大,则基础抗倾覆的安全储备愈小,因此,在设计时,可以用限制合力偏心距 e 来保证基础的倾覆稳定性。

(2)滑动稳定性检算

墩台基础的滑动稳定系数 K_c 的计算公式为

$$K_c = \frac{f\sum P_i}{\sum T_i} \tag{9.8}$$

式中　f——基底与持力层间的摩擦系数。当缺乏实际资料时,可采用表 9.2 数值。

表 9.2　基底摩擦系数

地基土石分类	摩擦系数	地基土石分类	摩擦系数
软塑的黏性土	0.25	碎石类土	0.5
硬塑的黏性土	0.3	软质岩	0.4～0.6
粉土、坚硬的黏性土	0.3～0.4	硬质岩	0.6～0.7
砂类土	0.4		

墩台基础的滑动稳定系数 K_c 不得小于 1.3,考虑施工荷载时不得小于 1.2。

4. 地基稳定性检算

建筑在土质斜坡上的基础,尤其受有水平荷载作用的建筑物,例如桥台、挡土墙等,应注意该基础是否会连同地基土一起下滑。要防止下滑,就必须加深基础的埋置深度,以加长其滑裂线,如图 9.11(a)所示。

位于稳定土坡坡顶上的建筑,当基础边长 b(垂直于边坡)小于 3 m 时,基础外缘至坡顶的水平距离 s 不得小于 2.5 m,且基础外缘至坡面的水平距离 l,对于条形基础,不得小于 $3.5b$;对于矩形基础,不得小于 $2.5b$,如图 9.11(b)所示。当边坡坡角 α 大于 45°,坡高 D 大于 8 m 时,则尚应检算坡体(即地基)稳定性。

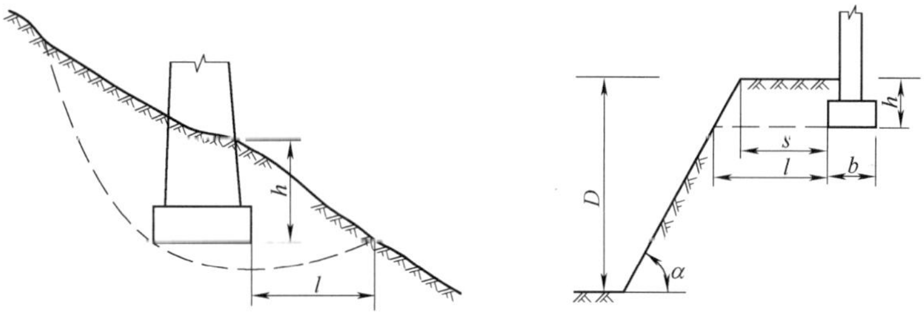

(a)　　(b)

图 9.11　地基稳定检算图示

地基稳定性可用圆弧滑动面法进行检算。桥台台后活载、滑动面内的土体作用力和线路上部建筑物重力是使土体滑动的力,而滑动面上的凝聚力和摩阻力则为抵抗土体滑动的力,其土体滑动稳定系数 K_f 可用这些力对滑动面圆心的抗滑力矩与滑动力矩之比来确定,其值应符合式(9.9)要求。

$$K_f = \frac{M_{抗}}{M_{滑}} \geqslant 1.3 \tag{9.9}$$

5. 地基沉降检算

修建在非岩石地基上的桥梁基础,都会发生一定程度的沉降。为了保证墩台发生沉降后,桥头或桥上线路坡度的改变不致影响列车的正常运行,即使要进行线路高程调整,其调整工作量也不致太大,不会引起梁上道砟槽边墙改建和桥梁结构加固,必须对桥梁基础沉降量给予一定的限制。《铁路桥涵地基和基础设计规范》规定:

(1)桥涵基础的沉降应按恒载计算。

(2)对于静定结构,其工后沉降量(即墩台总沉降量与墩台施工完成时的沉降量之差)不得超过表 4.7、表 4.8 规定的限值。

(3)对于超静定结构,其相邻墩台均匀沉降量之差除应满足表 4.7、表 4.8 的规定外,尚应根据沉降差对结构产生的附加应力的影响确定。

(4)基础沉降计算值不含区域沉降。

(5)位于涵洞过渡段范围内的涵洞涵身工后沉降限值应与相邻过渡段工后沉降限值一致,不在过渡段范围内的涵洞涵身工后沉降限值不应大于 100 mm。

地基沉降的检算方法见项目 4。

9.2.3　刚性扩大基础设计算例

1. 设计资料

(1)某桥为某Ⅰ级线路上的一座直线铁路桥,线路为单线平坡,桥与河流正交。

(2)设计荷载为中—活载。

(3)上部结构为等跨 16 m 钢筋混凝土梁,每孔梁重 1 029.8 kN。线路材料及双侧人行道重 39.2 kN/m。顶帽为 C20 钢筋混凝土,墩身及基础采用 C15 片石混凝土。桥墩尺寸如图 9.12和图 9.13 所示;地质及水文情况如图 9.12 所示。

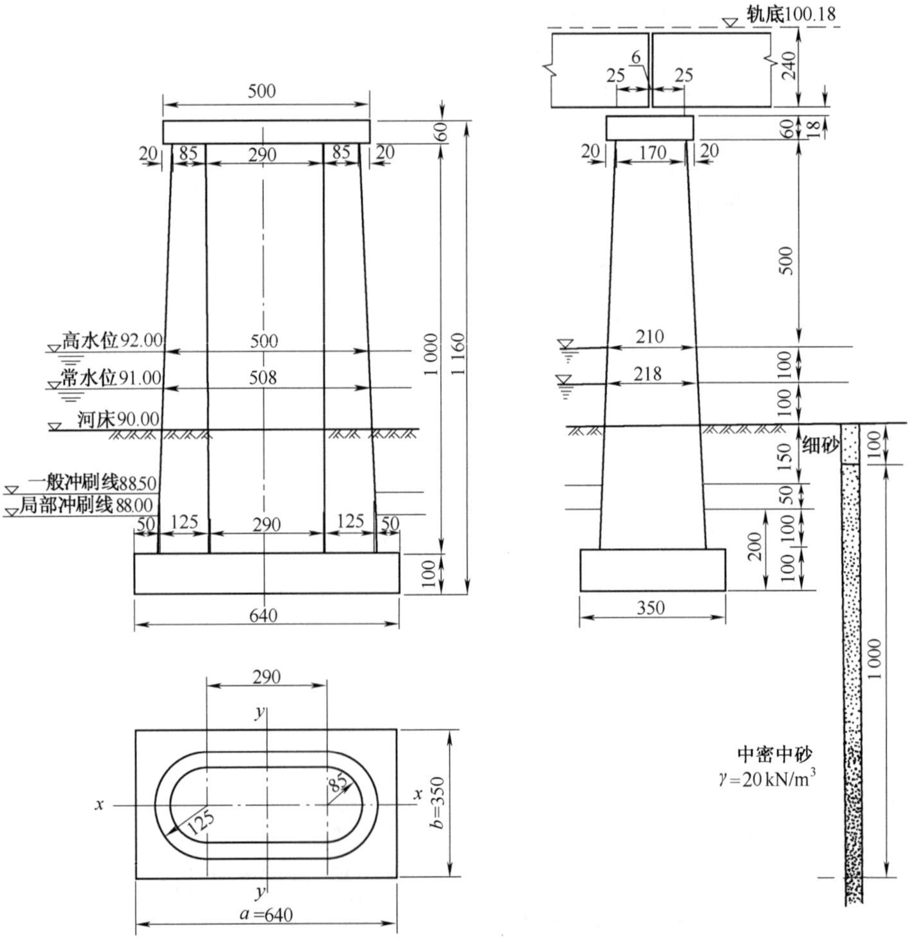

图 9.12　桥墩尺寸(高程单位:m,尺寸单位:cm)

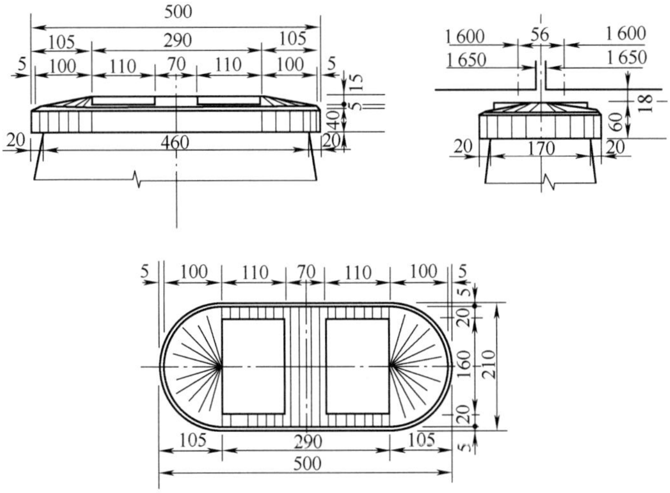

图 9.13　桥墩顶帽尺寸(单位:cm)

(4)桥址位于空旷平坦地区,基本风压值为 500 Pa。

(5)支座形式为弧形支座,全高 18 cm,铰中心至垫石顶面为 8.7 cm。钢轨高 16 cm。

(6)水流平均流速为:常水位时 $v=1.0$ m/s,高水位时 $v=2.0$ m/s。

(7)基础顶面处荷载,计算结果见表 9.3(表中未计基础自重及基顶襟边以上土重)。

表 9.3　基顶荷载

项目	活载			主力+纵向附加力	主力+横向附加力
基底压应力及偏心	一孔轻载	常水位,计浮力	$\sum P$ /kN	4 137.7	
			$\sum M$ /(kN·m)	2 393.9	
			$\sum H$ /kN	207.5	
	二孔重载	常水位,计浮力	$\sum P$ /kN	4 964.3	
			$\sum M$ /(kN·m)	2 198.6	
			$\sum H$ /kN	207.5	
	二孔满载	常水位,计浮力	$\sum P$ /kN	4 899.5	4 899.5
			$\sum M$ /(kN·m)	2 180.5	1 215.2
			$\sum H$ /kN	207.5	92.8
倾覆及滑动稳定性	一孔轻载	高水位,计浮力	$\sum P$ /kN	4 041.7	
			$\sum M$ /(kN·m)	2383.8	
			$\sum H$ /kN	205.3	
	二孔满载	高水位,计浮力	$\sum P$ /kN		4 803.5
			$\sum M$ /(kN·m)		1 245.8
			$\sum H$ /kN		100.5
	二孔空车	高水位,计浮力	$\sum P$ /kN		4 803.5
			$\sum M$ /(kN·m)		705.5
			$\sum H$ /kN		58.5

注:表中基顶荷载可由题中条件计算得到。

2. 设计计算任务

(1)初步确定基础埋置深度和尺寸。

(2)检算基础本身强度。

(3)检算基底压应力及偏心、基础倾覆及滑动稳定性。

3. 设计计算

(1)初步拟定基础埋置深度和尺寸

本桥为一般桥梁,桥址河流的冲刷总深度为 90.00－88.00＝2.00(m),根据最小埋深的有关规定,基底必须埋置在最大可能冲刷线以下的深度为 2 m＋冲刷总深度的 10%＝2＋2×10% 2.2(m)≈2 m。初步拟定为一层基础,形状为矩形,基底高程为 86.00,详细尺寸见表 9.4。

表 9.4　初拟基础的尺寸

长度/m	宽度/m	高度/m	体积/m^3	重力/kN	水浮力/kN
6.40	3.50	1.00	22.40	515.2	224.0

(2)基础本身强度检算

基础各层台阶正交方向的坡线与竖直线所成的夹角 α 值见表 9.5。

基础纵向、横向的刚性角 α 都满足 $\alpha \leqslant \alpha_{max}$,故纵向、横向均满足基础圬工强度要求。

表 9.5　初拟基础的刚性角

纵向夹角 α	横向夹角 α	α_{max}
$\arctan\left(\dfrac{\dfrac{3.5-2.5}{2}}{1.0}\right)=26.6°$	$\arctan\left(\dfrac{\dfrac{6.4-5.4}{2}}{1.0}\right)=26.6°$	35°

(3)基底压应力及偏心、基础倾覆及滑动稳定性检算

纵向、横向基底压应力及偏心检算,基础倾覆及滑动稳定性检算分别列表计算,见表 9.6 和表 9.7。

表 9.6　主力＋纵向附加力(顺桥向)

检算项目		倾覆滑动稳定性		基底压应力及偏心					
活载布置图式		一孔轻载		一孔轻载		二孔重载		二孔满载	
水位		高水位,计浮力		常水位,计浮力		常水位,计浮力		常水位,计浮力	
力或力矩		P 或 H	M	P 或 H	M	P 或 H	M	P 或 H	M
基顶	P/kN 或 M/(kN·m)	4 041.7	2 383.8	4 137.7	2 393.9	4 964.3	2 198.6	4 899.5	2 180.5
	H/kN	205.3		207.5		207.5		207.5	
基础重量/kN		515.2		515.2		515.2		515.2	
基础所受浮力/kN		－224.0		－224.0		－224.0		－224.0	
覆土重量/kN		102.4		307.2		307.2		307.2	
基底	$\sum P$/kN 或 $\sum M$/(kN·m)	4 435.3	2 589.1	4 736.1	2 601.4	5 562.7	2 406.1	5 497.9	2 388
	$\sum H$/kN	205.3		207.5		207.5		207.5	

续上表

检 算 项 目	倾覆滑动稳定性		基底压应力及偏心					
活载布置图式	一孔轻载		一孔轻载		二孔重载		二孔满载	
水 位	高水位,计浮力		常水位,计浮力		常水位,计浮力		常水位,计浮力	
力或力矩	P 或 H	M	P 或 H	M	P 或 H	M	P 或 H	M
抵抗倾覆力矩 $=\frac{b}{2}\times\sum P$ /(kN·m)	7 761.8							
倾覆稳定系数 $K_0=\dfrac{\frac{b}{2}\times\sum P}{\sum M}$	3.0							
容许最小倾覆稳定系数	1.5							
基底摩擦力 $=f\times\sum P$ /kN	1 774.1							
滑动稳定系数 $K_c=\dfrac{f\times\sum P}{\sum H}$	8.6							
容许最小滑动稳定系数	1.3							
基底面积 A/m^2			22.4		22.4		22.4	
基底截面模量 W_x/m^3			13.07		13.07		13.07	
$\sigma_{max}=\dfrac{\sum P}{A}+\dfrac{\sum M}{W_x}$ /kPa			211.4+199.0=410.4		248.3+184.1=432.4		245.4+182.7=428.1	
$\sigma_{min}=\dfrac{\sum P}{A}-\dfrac{\sum M}{W_x}$ /kPa			211.4−199.0=12.4		248.3−184.1=64.2		245.4−182.7=62.7	
地基容许承载力[σ]/kPa			480		480		480	
竖向合力偏心 $e=\dfrac{\sum M}{\sum P}$ /m			0.55		0.43		0.43	
容许偏心[e]$=\frac{b}{6}$ /m			0.58		0.58		0.58	

表 9.7 主力+横向附加力(横桥向)

检 算 项 目		倾覆及滑动稳定性				基底压应力及偏心	
活载布置图式		二孔空车		二孔满载		二孔满载	
水 位		高水位,计浮力		高水位,计浮力		常水位,计浮力	
力或力矩		P 或 H	M	P 或 H	M	P 或 H	M
基顶荷载	P/kN 或 M/(kN·m)	4 803.5	705.5	4 803.5	1 245.8	4 899.5	1 215.2
	H/kN	58.5		100.5		92.8	
基础重量/kN		515.2		515.2		515.2	
基础所受浮力/kN		−224.0		−224.0		−224.0	
覆土重量/kN		102.4		102.4		307.2	
基底合力	$\sum P$/kN 或 $\sum M$/(kN·m)	5 197.1	764	5 239.1	1 346.3	5 497.9	1 308
	$\sum H$/kN	58.5		100.5		92.8	
抵抗倾覆力矩 $=\frac{a}{2}\times\sum P$ /(kN·m)		16 630.7		16 765.1			
倾覆稳定系数 $K_0=\dfrac{\frac{a}{2}\times\sum P}{\sum M}$		21.8		12.5			
容许最小倾覆稳定系数		1.5		1.5			

续上表

检算项目	倾覆及滑动稳定性				基底压应力及偏心	
活载布置图式	二孔空车		二孔满载		二孔满载	
水位	高水位,计浮力		高水位,计浮力		常水位,计浮力	
力或力矩	P 或 H	M	P 或 H	M	P 或 H	M
基底摩擦力$=f\times\sum P$ /kN	2 078.8		2 095.6			
滑动稳定系数 $K_c=\dfrac{f\times\sum P}{\sum H}$	35.5		20.9			
容许最小滑动稳定系数	1.3		1.3			
基底面积 A/m^2					22.4	
基底截面模量 W_y/m^3					23.89	
$\sigma_{max}=\dfrac{\sum P}{A}+\dfrac{\sum M}{W_y}$ /kPa					245.4+54.8=300.2	
$\sigma_{min}=\dfrac{\sum P}{A}-\dfrac{\sum M}{W_y}$ /kPa					245.4−54.8=190.6	
地基容许承载力$[\sigma]$/kPa					480	
竖向合力偏心 $e=\dfrac{\sum M}{\sum P}$ /m					0.24	
容许偏心 $[e]=\dfrac{a}{6}$ /m					1.07	

持力层为中密中砂,其基本承载力 $\sigma_0=370$ kPa;修正系数 $K_1=2$,$K_2=4$;因持力层透水,故 γ_1、γ_2 应采用浮容重,$\gamma_1=\gamma_2=\gamma'=20-10=10$ kN/m^3。故地基容许承载力为

$$[\sigma]=\sigma_0+K_1\gamma_1(b-2)+K_2\gamma_2(h-3)=370+2\times10\times(3.5-2)+0=400(\text{kPa})$$

当荷载为主力加附加力时,可提高 20%,即

$$[\sigma]=400\times1.2=480(\text{kPa})$$

因持力层下无弱下卧层,故不必进行软弱下卧层检算。

该桥为简支梁桥,地质条件简单,故只要基底压应力小于$[\sigma]$,不必进行沉降检算。

本桥为小跨度桥,墩身也不高,因此可以不检算墩顶位移。

检算结果表明都符合要求。

本桥位于直线上,通常直线桥由主力加纵向附加力控制设计。

本算例中,控制各项检算项目的最不利荷载组合分别为:

①基底压应力:主力加纵向附加力——二孔重载,常水位,计浮力;

②基底处竖向合力偏心距:主力加纵向附加力——一孔轻载,常水位,计浮力;

③基础的倾覆及滑动稳定性:主力加纵向附加力——一孔轻载,高水位,计浮力。

任务 9.3　明挖基础施工

明挖基础施工工艺流程如图 9.14 所示。

基坑开挖前应测定基坑中心线、开挖轮廓线、方向和高程,并应根据地质、水文资料和环保要求,结合现场具体情况,制定施工方案,确定开挖范围、开挖坡度、支护方案、弃土位置和防水、排水措施等,制定安全和质量保证措施。基坑开挖前应进行施工工艺和安全技术交底。在有地面水淹没的地点,应先修筑围堰、改河、改沟、筑坝排开地面水后再进行基坑开挖。

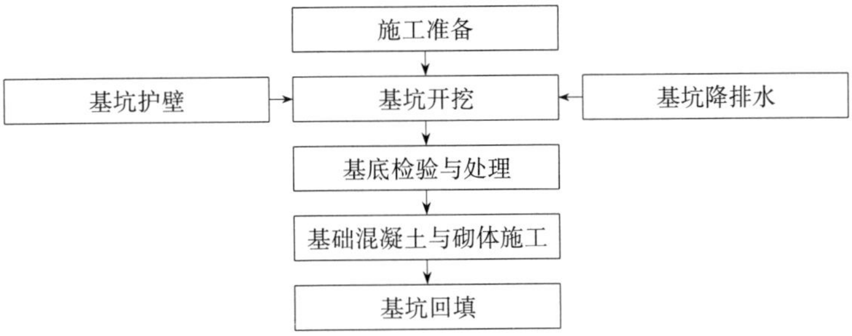

图 9.14　明挖基础施工工艺流程

9.3.1　基坑开挖

基坑开挖可采用垂直开挖、放坡开挖、支撑加固或其他加固的开挖方法。

1. 无支护基坑开挖

当基坑较浅(一般在 5 m 以内),基坑位置无地表水、地下水位较低或渗水量较少,不影响邻近建筑物安全时,可采用坑壁不加支护的基坑开挖方法。

无支护基坑的开挖,依靠坑壁土体本身的抗剪强度或采取适量放坡的方式,解决基坑边坡的稳定。坑壁的形式有垂直式和斜坡式等。

(1)垂直坑壁基坑开挖

当基坑深度不大时,可不用支撑和放坡而直接垂直开挖,如图 9.15所示,此法多用于坑壁为黏土类土层或岩石层。

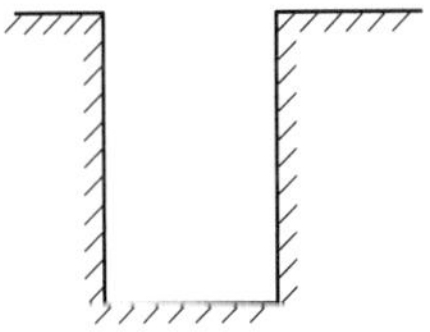

图 9.15　垂直坑壁基坑

允许垂直开挖的坑壁条件为:土质湿度正常,结构均匀;对松软土质基坑深度不超过1.0 m;中等密实(锹挖)土质基坑深度不超过 1.5 m;密实(镐挖)土质基坑深度不超过 2.0 m;如为良好石质,深度可以根据地层倾斜角度及稳定情况决定。

对于黏土类土,垂直开挖的深度限值可按式(9.10)计算。

$$h_{\max}=\frac{2c}{K\cdot\gamma\cdot\tan\left(45^{\circ}-\frac{\varphi}{2}\right)}-\frac{q}{\gamma} \tag{9.10}$$

式中　c——坑壁土的黏聚力(kPa);

γ——坑壁土的容重(kN/m^3);

φ——坑壁土的内摩擦角(°);

q——坑顶边缘均布静荷载(kPa);

K——安全系数,可取 1.3。

土的内摩擦角 φ 和黏聚力 c 由试验确定。当缺乏试验资料时,可采用表 9.8 的值。

表 9.8　土的内摩擦角和黏聚力

液性指数	内摩擦角 φ/(°)			黏聚力 c/kPa		
	粉　土	粉质黏土	黏　土	粉　土	粉质黏土	黏　土
<0	28	25	22	19.62	58.86	98.1
0～0.25	26	23	20	14.72	39.24	58.86
0.25～0.50	24	21	18	9.81	24.53	39.24

续上表

液性指数	内摩擦角 φ/(°)			黏聚力 c/kPa		
	粉　土	粉质黏土	黏　土	粉　土	粉质黏土	黏　土
0.50～0.75	20	17	14	4.91	14.72	19.62
0.75～1.00	18	13	8	1.96	9.81	9.81
>1.00	≤14	≤10	≤6	≤0.98	≤4.91	≤4.91

(2)斜坡坑壁基坑开挖(放坡开挖)

在天然土层上挖基,基坑深度在 5 m 以内,施工期较短、基坑底在地下水位以上,土的湿度接近最优含水率,土层构造均匀时,可采用放坡开挖,如图 9.16 所示。基坑坑壁坡度可采用表 9.9中的数值。

文本

基坑开挖事故案例

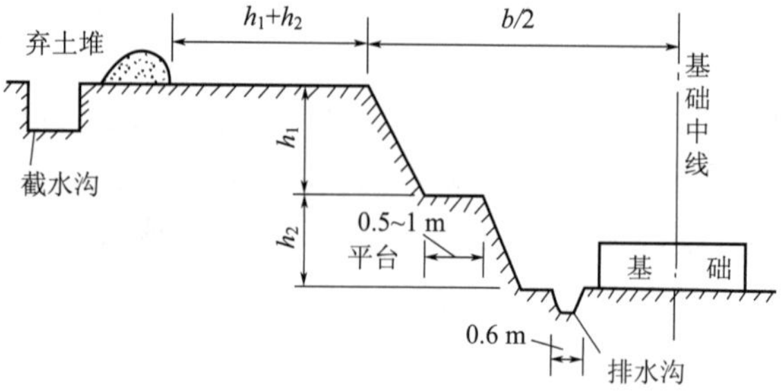

h_1—基坑上层放坡部分的垂直高度;h_2—基坑下层放坡部分的垂直高度;b—基坑顶面长度。

图 9.16　斜坡坑壁基坑示意

表 9.9　基坑坑壁坡度

坑　壁　土	坑　壁　坡　度		
	基坑顶缘无载重	基坑顶缘有静载	基坑顶缘有动载
砂　类　土	1∶1	1∶1.25	1∶1.5
碎石类土	1∶0.75	1∶1	1∶1.25
黏性土、粉土	1∶0.33	1∶0.5	1∶0.75
极软岩、软岩	1∶0.25	1∶0.33	1∶0.67
较　软　岩	1∶0	1∶0.1	1∶0.25
极硬岩、硬岩	1∶0	1∶0	1∶0

当基坑深度大于 5 m 时,应将坑壁坡度适当放缓或加设平台;当基坑开挖通过不同土层时,边坡可分层选定,并酌留至少 0.5 m 宽的平台;在山坡上开挖基坑时,应防止滑坡;在现有建筑物旁开挖基坑时,应符合设计文件的要求;当土的湿度可能引起坑壁坍塌时,坑壁坡度应缓于该湿度土的天然坡度。

当基坑顶有动荷载时,基坑顶与动载间应留有大于 1 m 的护道。无水土质基坑底面宜按基础设计平面尺寸每边放宽不小于 50 cm;有水基坑底面应满足四周排水沟与汇水井的设置需要,每边放宽不宜小于 80 cm。弃土不得妨碍施工,不得淤塞河道、影响泄洪,不得污染环境。弃土坡脚距坑顶缘的距离不应小于基坑的深度,且宜弃在下游指定位置。

基底应避免超挖,松动部位应清除。使用机械开挖时,应在设计高程以上保留一定厚度土层人工开挖。基坑宜在枯水或少雨季节开挖。基坑开挖不宜间断,达到设计高程经检验合格后，应立即施工基础构造物，并对基坑及时分层回填、夯实。

2. 有支护基坑开挖

基坑垂直开挖比较经济但挖深受限，有时不能满足施工需要；基坑无支护放坡开挖虽无支护费用，但挖基工程数量增加；有时坑壁土质松软或含水率较大时，坡度不宜保持；有时受场地限制，放坡开挖危及邻近原有建筑物的安全，这时就应采取措施对坑壁进行支护。加固坑壁可采用挡板支撑护壁、喷射混凝土护壁和混凝土围圈护壁。

(1)挡板支撑护壁

挡板支撑结构应经设计计算确定，一般可采用横、竖向挡板与钢(木)框架支撑方式护壁。基坑每层开挖深度应根据地质情况确定，不宜超过 1.5 m，并应边挖边支。竖向挡板支撑如图 9.17所示，横向挡板支撑如图 9.18 所示。框架支撑形式与横、竖向挡板支撑相同，因坑壁距离较大，横撑部分改用不同形式的框架支护，中间留有桥墩台的施工空间，框架式支撑如图 9.19 所示。也可利用旧工字钢或短钢轨等型钢，打入土中代替立柱，边挖边镶入横木板，可用于不稳定的土质基坑，工字钢桩挡板支撑如图 9.20 所示。

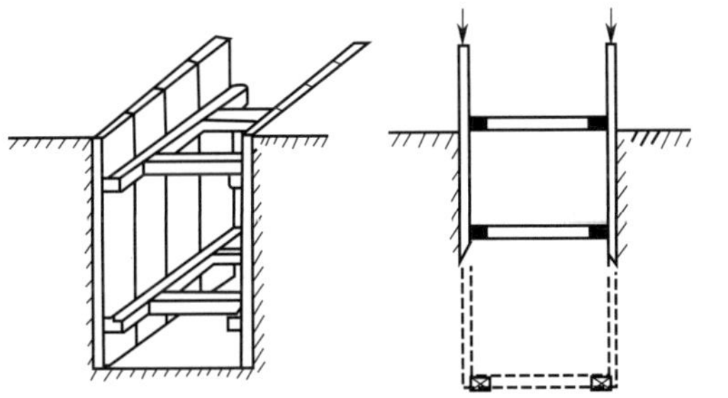

(a)竖向挡板支撑一次完成　(b)竖向挡板支撑分段完成

图 9.17　竖向挡板支撑

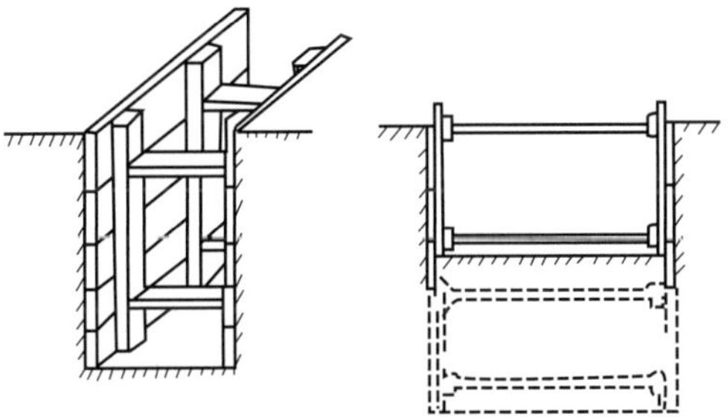

(a)横向挡板支撑一次完成　(b)横向挡板支撑分段完成

图 9.18　横向挡板支撑

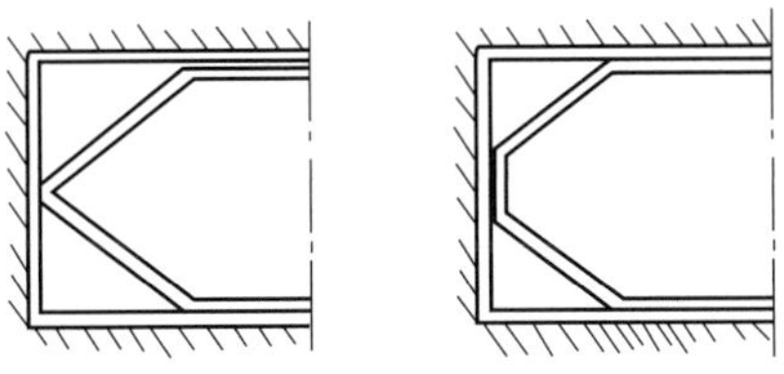

(a)框架人字形支撑　(b)框架八字形支撑

图 9.19　框架式支撑

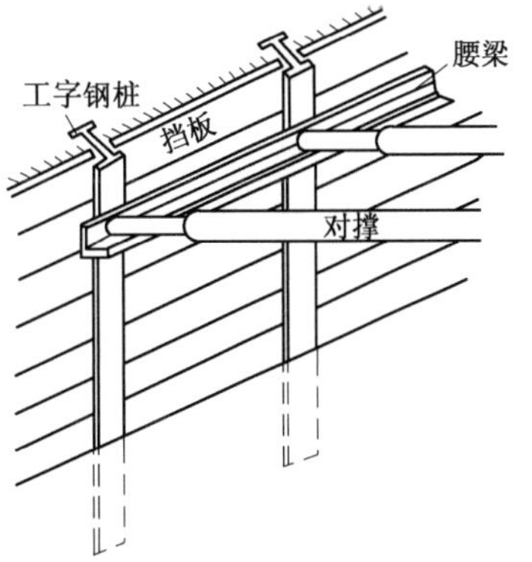

图 9.20　工字钢桩衬板支撑

如基坑过宽过深或由于支撑过多影响基坑出土时，可采用锚撑。锚撑可由拉杆和锚定桩或锚定板组成，称为拉杆锚定，如图 9.21 所示；也可在坑壁钻孔(如在土层中钻孔，当需增加抗拔力时，可将孔端扩大)，放进钢丝束或钢筋，再压注水泥砂浆而成锚杆拉撑，如图 9.22所示。

对支撑结构应随时检查，发现变形，及时加固或更换，更换时应先撑后拆。支撑拆除顺序应自下而上。待下层支撑拆除并回填土后，再拆除上层支撑。若用吊斗出土，应有防护措施，避免吊斗碰撞支撑。

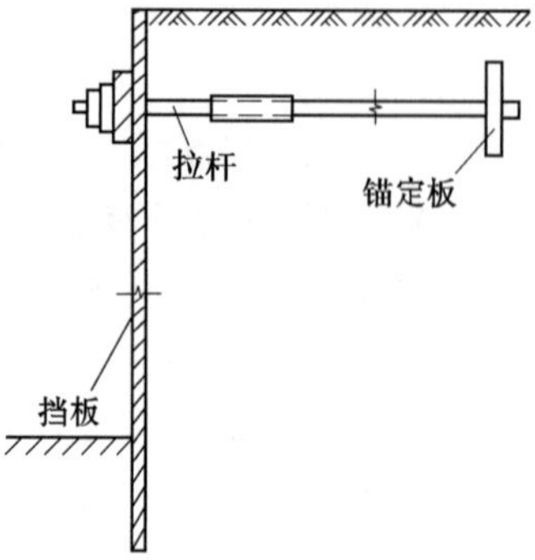

图 9.21　拉杆锚定

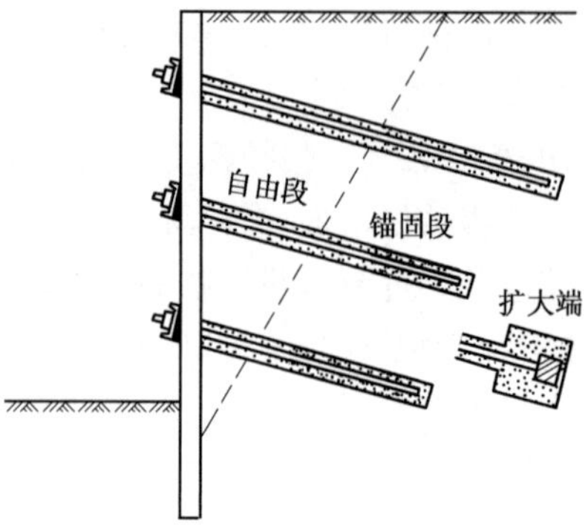

图 9.22　锚杆拉撑

(2)喷射混凝土护壁

喷射混凝土护壁的基本原理是以高压风为动力,将搅拌均匀的混凝土拌和料,由喷射机的喷枪喷射到坑壁,形成环形混凝土结构,以承受土压力。喷射混凝土不仅在石质地层的隧道、坑道及其他地下工程中用作衬砌,而且已推广到松软土层的基坑坑壁支护。

喷射混凝土护壁适用于土质稳定性较好、渗水量小、基坑深度宜小于 10 m、直径为 6～12 m的圆形基坑,以及深度较浅的矩形基坑。喷射混凝土有干喷和湿喷之分。

①干喷。先将混凝土(砂石、水泥,包括粉状速凝剂)在现场干拌均匀,然后装入干喷机,依靠气力(压缩空气)将干混料通过胶管送到喷管,喷管上接有水管,干混料与水在喷管内混合,然后从喷嘴喷出,依靠喷射压力,混凝土粘结到岩石或其他材料表面,然后迅速凝结和硬化。优点是设备比较小,机动灵活。缺点是喷射混凝土质量波动大(人工控制加水量),回弹率高(浪费大),施工效率低,施工环境比较恶劣。干喷比较适合小方量工程。干喷混凝土护壁作业示意如图 9.23 所示。

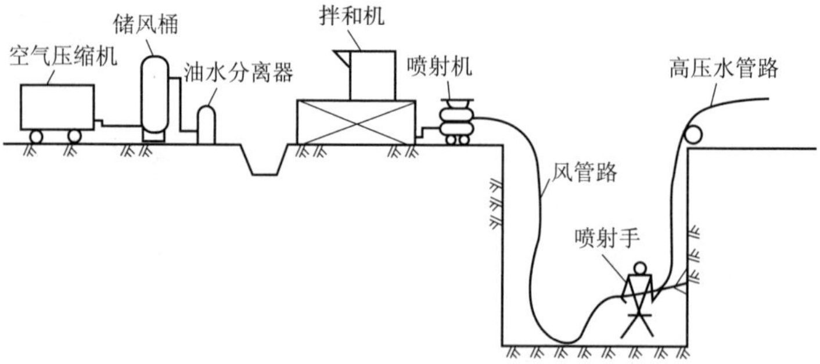

图 9.23　干喷混凝土护壁作业示意

②湿喷。混凝土预先在搅拌站配制生产,然后用混凝土罐车运送到施工现场,装入湿喷机,将湿拌混凝土通过胶管送到喷管,喷管上接有水管,可通入液体速凝剂,湿拌混凝土与速凝剂在喷管内混合,然后从喷嘴喷出。湿喷优点是喷射混凝土质量稳定,施工效率高,回弹率低。缺点是设备投资相对较大。湿喷比较适合大方量工程。注意,喷射混凝土应掺入外加剂,其掺入量应通过试验确定。当使用速凝剂时,初凝时间不大于 5 min,终凝时间不大于 10 min。

干混合料宜随拌随喷。不掺速凝剂时,存放时间不应大于 2 h;掺有速凝剂时,存放时间不应大于 20 min。

①喷射厚度

喷射混凝土层的厚度应根据土层稳定性、渗水量大小、基坑直径、基坑深度等因素确定。

如图 9.24 所示，设喷射混凝土的厚度为 t，围圈外径为 D，混凝土容许压应力为$[\sigma]$，土层的侧压力为 p，则可按护壁混凝土的受力平衡条件得到：

$$pD=2[\sigma]t$$

$$t=\frac{pD}{2[\sigma]} \tag{9.11}$$

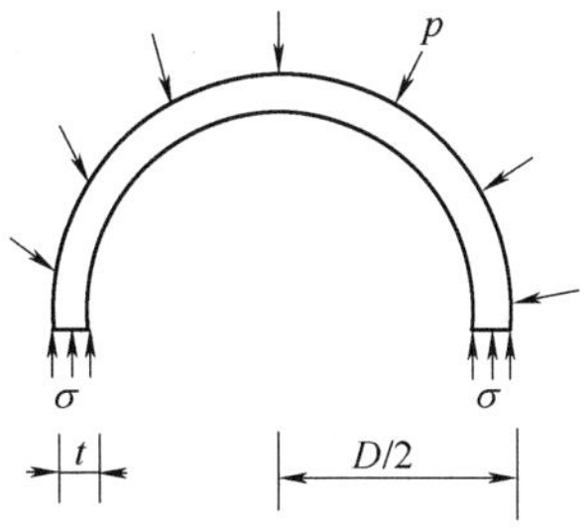

图 9.24　护壁混凝土厚度计算图式

其中，土层侧压力可按下式计算：

$$p=\gamma \cdot h\tan^2\left(45°-\frac{\varphi}{2}\right)$$

式中　γ——饱和状态下土层的容重(kN/m^3)；

h——基坑深度(m)；

φ——土层的内摩擦角(°)。

几点说明：

a. 若基坑较深，有几种土层时，可分层计算喷射厚度，按各层喷厚分别施工。

b. 开挖的坑壁表面是凹凸不平的，因此喷射厚度是指最小厚度，属于填平补齐的厚度不在此限。

c. 上面计算未考虑土层本身的支撑作用。

由于喷射混凝土护壁的受力情况比较复杂，以上计算喷射厚度的办法尚有待进一步完善，故由此计算所得的喷射厚度，仅供参考。对于不大于 10 m 直径的圆形基坑，可参考表 9.10 中的经验数据(表中未考虑基坑顶缘荷载对喷射厚度的影响)。

表 9.10　喷射混凝土厚度　　单位：cm

地质类别	基坑渗水情况	
	无渗水	少量渗水
砂类土	10～15	15
黏性土、粉土	5～8	8～10
碎石类土	3～5	5～8

②施工要点

基坑开挖前，应在坑口就地灌注深 1 m、厚 0.4 m 的混凝土护筒。筒口应高出地面 0.1～0.2 m，以加固坑口，并防止地表水或杂物进入坑内。若地层稳定性好，可不作护筒，仅在距坑口 0.5～1.0 m 处用弃土堆成高约 0.3 m 的坑口防护圈，必要时在护圈外挖排水沟。坑口防护圈如图 9.25 所示。

a. 根据地层稳定性，选择喷护的坑壁是垂直还是略有倾斜(1∶0.07～1∶0.10)。

b. 分段开挖，分段喷护。每段下挖的深度一般为 0.5～1.0 m，视土质情况而定。

c. 对无水或少水的坑壁，可由下向上一环一环进行喷护；对渗水量较大的坑壁，喷护应由上向下进行，以防新喷混凝土被水冲掉；对有集中股水渗出的基坑，可从无水或少水处开始，逐步向水大处喷护，最后用排水管把水引至坑底排出。若仍不能解决问题，可向外扩挖 0.4 m

左右,并对扩挖部分用级配好的卵石回填,使大量渗水从干砌卵石缝流入坑底排出,以利坑壁表面喷护。

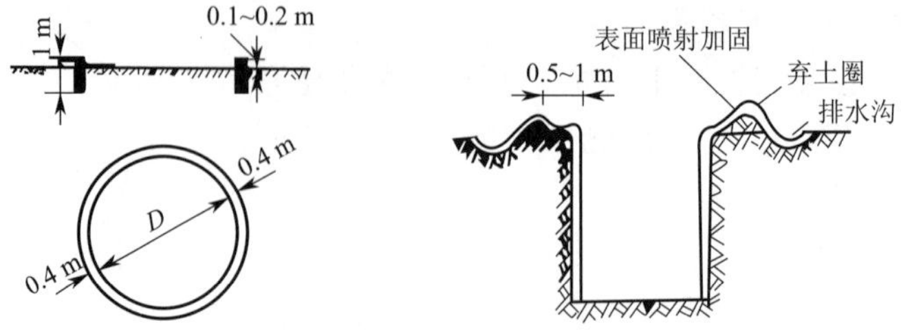

(a)混凝土防护环圈　　(b)堆土防护圈

图 9.25　坑口防护圈

d. 基坑开挖遇较大渗水量时,每层开挖不大于 0.5 m,随挖随喷,汇水坑应设于基坑中心;开挖进入含水层时,易扩挖 40 cm,以石料码砌扩挖部位,并在表面喷射一层 5～8 cm 厚的混凝土;对流砂、淤泥等夹层,宜采用锚杆挂网喷射混凝土加固。

e. 一次喷护达不到要求厚度时,可在第一次所喷的混凝土终凝后再喷第二次或第三次,直到要求厚度。续喷前应将混凝土表面污渍、泥块清洗干净。

f. 喷射混凝土终凝 2 h 后,应进行保湿养护。

g. 喷护时应注意掌握喷射角度和喷射距离。

(3)混凝土围圈护壁

喷射混凝土护壁要求有熟练的技术工人和专门设备,对混凝土用料的要求也较严,用于超过 10 m 的深基坑尚无成熟经验,因而有其局限性。混凝土围圈护壁则适应性较强,可以按一般混凝土施工,基坑深度可达 15～20 m,除流砂及呈流塑状态黏土外,可适用于其他各类土的开挖防护。

采用混凝土围圈护壁时,基坑自上而下分层垂直开挖,开挖一层后随即灌注一层混凝土壁,每层坑壁无混凝土支护总长度不得大于周长的一半。施工时,为防止已灌注的围圈混凝土因失去支承而下坠,顶层混凝土应一次整体灌注,以下各层均间隔、对称开挖和及时灌注,并将上下层混凝土纵向接缝相互错开。分层高度以垂直开挖面不坍塌为原则,顶层高度宜为 2.0 m,以下每层高 1.0～1.5 m。

混凝土围圈护壁是现场灌注的普通混凝土,壁厚较喷射混凝土大,一般为 15～30 cm,也可按土压力作用下的环形结构计算:

$$t \geqslant \frac{KN}{R_a} \tag{9.12}$$

式中　t——护壁厚度(m);

K——安全系数,取 1.65;

R_a——混凝土轴心抗压设计强度(kPa);

N——作用在护壁上的环向轴向压力(kN/m),其值为

$$N = \sigma_{max} \cdot r \tag{9.13}$$

其中　σ_{max}——土及地下水对护壁的最大压力(kPa),

r——护壁中线的半径(m)。

目前也有采用混凝土预制块分层砌筑来代替就地灌注的混凝土围圈,它的好处是省去了现场混凝土灌注和养护时间,使开挖与砌筑支护连续不间断进行,且围圈混凝土质量容易得到保证。

9.3.2 基坑排水

文本
基坑开挖安全技术要求

基坑底一般位于地下水位以下，因而在基坑开挖过程中，地下水将会不断渗入基坑内，给基坑开挖带来一定困难。为了保证在无水条件下开挖基坑和砌筑基础，必须将坑内的渗水排尽。

1. 渗水量估算

基坑内渗水量与坑内外水头差、土的渗透性能、渗流长度、基坑面积和防水围堰的结构有关，影响因素很多，很难精确估算。下面介绍一种简便的近似算式：

$$Q=q_1F_1+q_2F_2 \tag{9.14}$$

式中　Q——基坑渗水量(m^3/h)；

F_1——基坑底面渗水面积(m^2)；

F_2——基坑坑壁渗水面积(m^2)；

q_1——单位小时基坑底面单位面积渗水量[$m^3/(h \cdot m^2)$]，可由表 9.11 中查得；

q_2——单位小时坑壁侧面单位面积渗水量[$m^3/(h \cdot m^2)$]，可由表 9.12 中查得。

表 9.11　基坑底面单位面积渗水量

土壤类别	土层特征/[$m^3/(h \cdot m^2)$]	
细粒砂土、黑土层及松软黏质砂土	靠河岸的基坑、天然含水率在 20%以下的砂土，粒径在 0.05 mm 以下	0.14～0.18
有裂缝的破碎岩层及较密实的黏性土	多裂缝透水的岩层，有透水孔道的黏土层	0.15～0.25
细粒砂及紧密的砾石土	细砂粒径 0.05～0.25 mm，砾石土孔隙率在 20%以下	0.16～0.32
中粒砂及砂砾层	砂粒径 0.25～1.0 mm 或砾石含量 30%以下，平均粒径 10 mm 以下	0.24～0.80
粗粒砂及砂砾层	砂粒径 1～2.5 mm 或砾石含量 30%～70%	0.8～2
粗砂及大砾石漂石层	砂粒径 2 mm 以上或砾石、大漂石含量 30%以上（个别泉眼直径 50 mm 以下，总面积 0.07 m^2 以下）	2～4
砾石、漂石带有泉眼或砂、砂砾带有较大泉眼	平均粒径 50～200 mm，或有个别大孤石 0.5 m^3 以下，泉眼直径 300 mm 以下，总面积 0.15 m^2 以下	4～8

注：地面无水者用低限，水深 2～4 m 者用中值，水深大于 4 m、土质松软者用高限。

表 9.12　基坑坑壁单位面积渗水量

基坑或围堰种类	q_2/[$m^3/(h \cdot m^2)$]	基坑或围堰种类	q_2/[$m^3/(h \cdot m^2)$]
无支护基坑或土围堰	同类土 q_1 的 20%～30%	挡木板或草袋围堰	同类土 q_1 的 10%～20%
木板桩或石笼填土石围堰	同类土 q_1 的 10%～20%	就地取材制作的填土围堰	同类土 q_1 的 15%～30%

2. 汇水井排水法

为保证基坑内无水施工，可采用汇水井排水或井点法降水。其中以汇水井降水法为施工中应用最为广泛、简单、经济的方法，各种井点降水主要应用于粉、细砂土质的基坑和大面积深基坑降水。

汇水井排水如图 9.26 所示，它的要点是：在基坑内基础范围以外开挖具有一定坡度的排水沟和汇水井,使渗透到基坑内的水经过排水沟集于汇水井,采用抽水机抽排出去。

为满足基坑四周排水沟与汇水井的设置需要,基坑底面每边放宽不宜小于 80 cm。在坑内基础外设置排水沟和汇水井,排水沟沿基坑四周布置,汇水井一般设置在基坑四角位置,长基坑每隔 20～40 m 设置一个,汇水井的直径或边宽一般为 0.6～0.8 m,深度0.7～1.0 m。

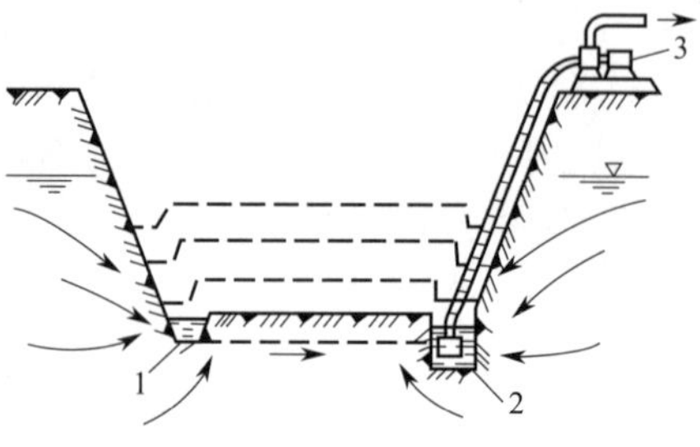

1—排水沟;2—汇水井;3—水泵。

图 9.26　汇水井排水

基坑开挖时先开挖排水沟和汇水井,排水沟沟底比基坑底面低 0.5 m 以上。汇水井底面应低于基坑挖土面 0.7～1.0 m,当基坑挖至设计高程后,汇水井应低于基坑底面 1.0～2.0 m,并铺设碎石滤水层(0.3 m)或下部砾石(0.1 m)上部粗砂(0.1 m)的双层滤水层,以免由于抽水时间过长而将泥沙抽出,并防止坑底土被扰动。抽水时需有专人负责汇水井的清理工作。

抽水机械的数量应根据估算的渗水量确定,并考虑适当的备用机械。由于估算的渗水量不够准确,抽水能力一般按计算值的 1.5～2 倍配备,且应配置多台流量较小的水泵,以利灵活使用。

汇水井排水法设备简单,费用低。但当地基为粉砂、细砂等透水性较小且黏聚力也小的土层时,用汇水井排水可能是不安全的。在排水过程中,坑外的水流经板桩底端由下向上流进汇水井,水在土中的渗流会给土粒施加一种动水压力,即渗透力。如果向上的渗透力超过了坑底下地基土在水中的浮容重时,土粒就处于“浮扬”状态,或者说被向上的水流“冲”起来了,如图 9.27所示,这就是工程上常说的“涌砂”、“管涌”或“流砂”,其结果是地基破坏,坑壁下陷和坍塌。因此,在可能发生流砂现象时,应及时采取措施,控制流砂;若流砂严重,则立即撤离工作人员,停止抽水,而改为水下施工或井点法降水。

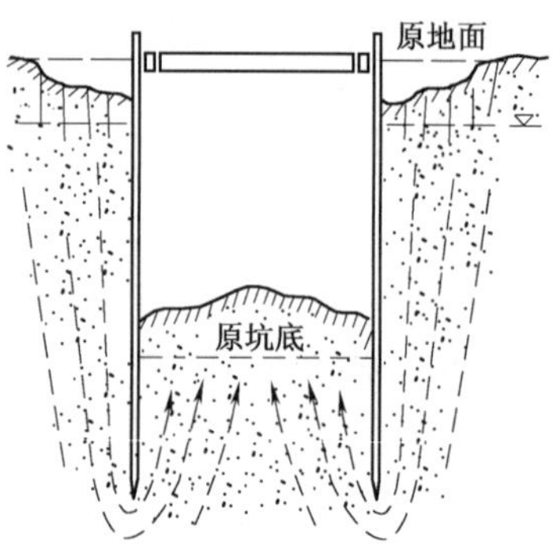

图 9.27　基坑涌砂

3. 井点降水法

井点降水法是在基坑开挖前,沿基坑的四周或一侧、二侧埋设一定数量深于坑底的井点滤水管或管井,以总管连接或直接与抽水设备连接抽水,使地下水源源不断地渗入井管并被排出,井管周围一定范围的水位逐渐下降,各井管相互影响形成了一个连续的疏干区,在整个施工过程中不断抽水,使地下水位降落到基坑底 0.5～1.0 m 以下,既保证了在基坑开挖和基础砌筑的整个过程中无水工作,又消除了坑底下地基土发生“涌砂”的可能。

井点降水适用于渗透系数为 0.5～150 m/d(尤其 2～50 m/d)的土及土层中含有大量的细砂和粉砂或用明沟排水易引起流砂坍方的情况。但井点降水法使用的施工机具较多,施工布置较复杂。同时应注意到在四周水位下降的范围内对邻近建筑物的影响,因为由于水位下降,土自重应力的增加可能引起邻近建筑物的附加沉降。

文本
常用井点降水简介

井点降水方法有轻型井点、喷射井点、电渗井点、管井井点、深井井点等,可参见右侧二维码内容。一般常用的井点法降水的结构有轻型井点(图 9.28)、喷射井点和管井井点法三种。

井点法降水施工前,需定出水位降低深度、合理的管路布置及井距。各种井点适用的土层渗透系数和降水深度情况见表 9.13。轻型井点降水法施工可参见二维码。

文本

轻型井点
降水法施工

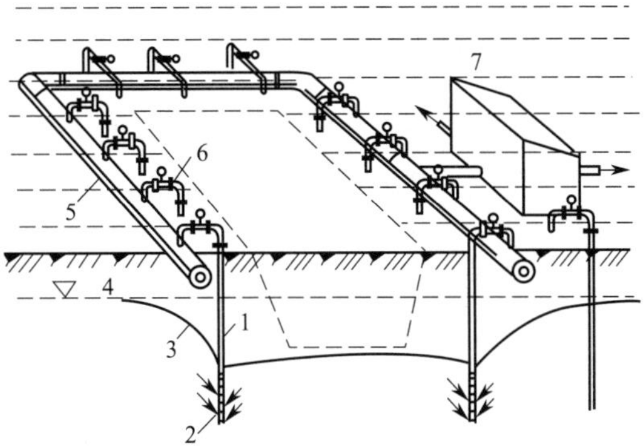

1—井点管；2—滤管；3—降低后的地下水位线；4—原地下水位线；
5—集水总管；6—弯连管；7—水泵房。

图 9.28　轻型井点降水原理

表 9.13　各种井点降水类型及适用条件

序号	降水类型	适用条件	
		土层渗透系数/(cm/s)	可能降低的水位深度/m
1	轻型井点	10^{-2}～10^{-5}	3～6
2	多级轻型井点	10^{-2}～10^{-5}	6～12
3	喷射井点	10^{-3}～10^{-6}	8～20
4	电渗井点	$<10^{-6}$	宜配合其他形式降水使用
5	深井井点	$\geqslant10^{-5}$	>10

9.3.3　基坑围堰

桥梁工程经常遇到在河流、湖泊或海峡中修建墩台基础，为了解决水中施工的问题，就需设置临时性挡水结构物，把临时性挡水结构物内的水排干后，再开挖基坑修筑基础；如排水较困难，也可在临时性挡水结构物内进行水下挖土，挖至预定高程后先灌注水下封底混凝土，然后再抽干水继续修筑基础。这种临时性挡水结构物被称为围堰。在围堰内不但可以修筑浅基础，也可以修筑深基础。

围堰工程应符合下列规定：

(1)围堰顶面宜高出施工期间可能出现的最高水位 0.5 m，以免涌浪淹没基坑。

(2)应考虑河流断面被围堰压缩后河水流速增大，从而引起水流对围堰及河床的冲刷，也应考虑围堰对通航和导流的影响。

(3)围堰应有良好的防水抗渗性，对于局部出现的渗水现象，要及时采取措施止漏，防止大量渗水而影响施工。

(4)堰内面积应满足基础施工的需要。一般要求基础边缘至围堰堰体内侧距离不小于 1.0 m。

(5)围堰应满足强度、稳定性的要求。围堰结构应具有承受内外水位差所产生的水压力及堰内开挖基坑产生的土压力的作用，防止滑移和倾覆。

围堰的种类很多，应根据地质和水文地质条件、基础的埋深和平面尺寸、材料和机具供应等情况选用。目前较为常见的围堰类型是土围堰、土袋围堰、钢板桩围堰等。

1. 土围堰

土围堰宜用黏性土填筑而成，如图 9.29 所示。填土出水面后应进行夯实。如果缺乏黏土，也可用砂土填筑，但由于其透水性较强，应加厚堰体厚度，增大渗流长度，以减少渗流量。

图 9.29　土围堰

土围堰适用于水深在 2 m 以内,流速小于 0.3 m/s,冲刷作用很小,且河床为渗水性较小的土质。

土围堰断面应根据使用的土质、渗水程度及围堰本身在水压力作用下的稳定性而定。堰顶宽度不应小于 1.5 m,外侧坡率不陡于 1∶2,内侧不陡于 1∶1。

土围堰施工前,应先清除堰底河床上的树根、石块等,自上游开始填筑至下游合龙。处于岸边的应自岸边开始,填土时应将土倒在已出水面的堰头上,再顺坡送入水中。水面以上的填土要分层夯实。流速较大时,应在外坡面加铺草皮、片石或土袋等进行防护。

2. 土袋围堰

土袋围堰就是用草、麻和化纤编织袋等盛装松散黏性土码砌而成,如图 9.30 所示。装填量为袋容量的 60%,袋口用细麻线或铁丝缝合。

图 9.30　土袋围堰

土袋围堰适用于水深不大于 3 m,流速不大于 1.5 m/s,河床为渗水性较小的土质。与土围堰比较,能抵抗稍强的水流冲刷,有时与土围堰配合使用。流速较大处,外侧土袋内可装粗砂或小卵石,以免流失,必要时也可抛片石防护,或用竹篓或柳条筐装盛砂石在堰外防护。

土袋围堰的堰顶宽度一般为 1～2 m。如水深在 1 m 左右时,可用单层土袋作围堰,顶宽 1 m;水深在 1.5 m 以上时,需用双层土袋,顶宽为 2.0～2.5 m。有时为了利用堰顶作运输道路,还须适当加宽,在双层土袋之间,可用黏土填心,外侧边坡 1∶0.5～1∶1,内侧边坡 1∶0.2～1∶0.5,堰底内侧坡脚至基坑顶边缘的距离不应小于 1.0 m,双层土袋围堰如图 9.31 所示。

堆码时,土袋平放,其上下层和内外层应相互错缝,搭接长度为 1/3～1/2,以增强围堰的

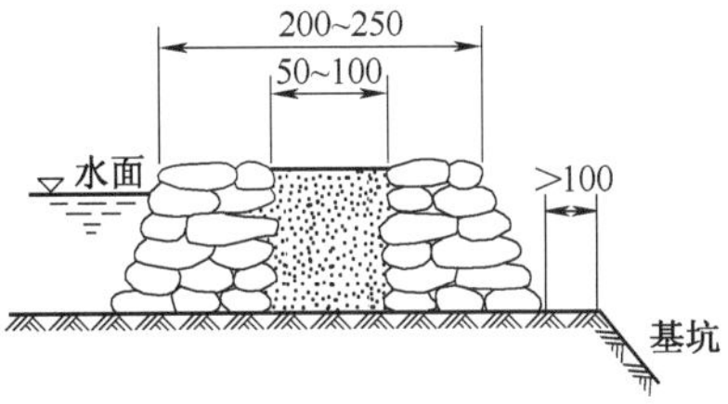

图 9.31 双层土袋围堰(单位:cm)

整体性。水中堆码土袋时,应用一对带钩的杆子钩送就位,并按要求堆码,以确保围堰的稳定性,提高抵抗外侧水压力的能力。

3. 钢板桩围堰

钢板桩是指在工厂进行热轧等处理后加工成两端有锁口形状的构件。作为支护结构的一种类型,它具有高强、轻质、隔水性好、使用寿命长、安全性高、对空间要求低、环保效果显著等优点,此外还具有救灾抢险的功能,再加上施工简单、工期短、可重复使用、建设费用低,因此钢板桩的用途相当广泛。在永久性构筑物方面,它可用于码头、挡土墙、防洪堤等;在临时性构筑物方面,它可用于防洪断流、建桥围堰及市政基础设施工程中的挡水、挡土墙等;在抗洪抢险方面,它可用于防洪和防止塌方、塌陷、流砂等用途。近年来,随着我国国内基础设施的完善及各类工程的快速发展,钢板桩的使用也在不断地增加。

钢板桩一般适用于砂类土、半干硬黏性土、碎石类土以及风化岩等地层中。临近既有建筑物的基坑、深度大于 5 m 或地下水位较高的土质基坑和基坑顶缘动荷载较大的基坑,宜优先选用钢板桩围堰施工。

(1)钢板桩的构造

钢板桩的断面形式有多种,常用的钢板桩截面形式有 U 形、Z 形、直线形等,如图 9.32 所示。

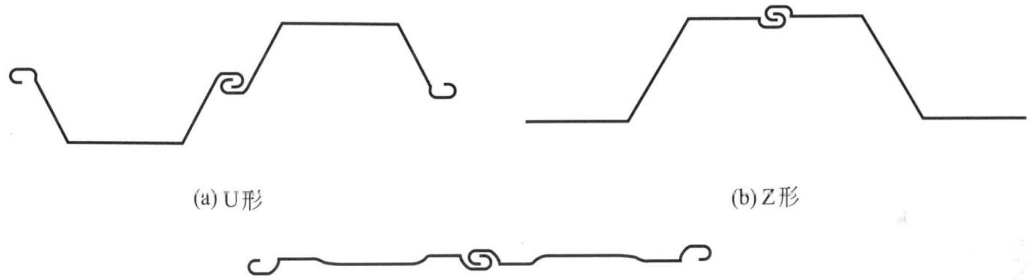

(a) U形　(b) Z形

(c) 直线形

图 9.32 钢板桩截面形式

围堰工程中较常用的是 U 形钢板桩,如图 9.33 所示。我国在 2022 年实施了《热轧钢板桩》(GB/T 20933—2021)。U 形钢板桩的截面图示及标注符号如图 9.34 所示。U 形钢板桩代号为 PU(其中 P 为钢板桩英文名称 Pile 的首字母,U 代表钢板桩截面形式)。U 形钢板桩的标记为:代号 PU+有效宽度 W×有效高度 H×腹板厚度 t,如 PU500×210×11.5。

图 9.33 U 形钢板桩

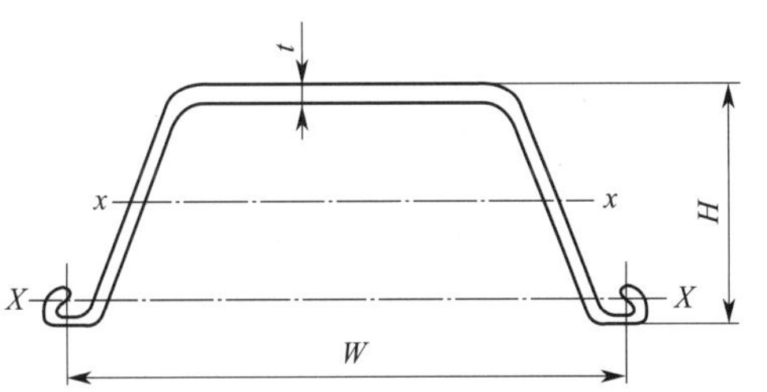

W—有效宽度;H—有效高度;t—腹板厚度。

图 9.34 U 形钢板桩的截面图示

U 形钢板桩的截面尺寸、截面面积、理论重量、惯性矩及截面模量参数见表 9.14。U 形钢板桩通常定尺长度为 12 m。根据需方要求,也可供应其他定尺长度的产品,长度应大于 6 m,并按 0.5 m 为最小单位进级(晋级)。

表 9.14　U 形钢板桩截面尺寸、截面面积、理论重量、惯性矩及截面模量

型号	有效宽度 W/mm	有效高度 H/mm	腹板厚度 t/mm	单根材				每米板面			
				截面面积/cm^2	理论重量/(kg/m)	惯性矩 I_x/cm^4	截面模量 W_x/cm^3	截面面积/cm^2	理论重量/(kg/m^2)	惯性矩 I_x/cm^4	截面模量 W_x/cm^3
PU400×100	400	100	10.5	61.18	48.0	1 240	152	153.0	120.1	8 740	874
PU400×125	400	125	13.0	76.42	60.0	2 220	223	191.0	149.9	16 800	1 340
PU400×150	400	150	13.1	74.4	58.4	2 790	250	186.0	146.0	22 800	1 520
PU400×170	400	170	15.5	96.99	76.1	4 670	362	242.5	190.4	38 600	2 270
PU500×200	500	200	24.3	133.8	105.0	7 960	520	267.6	210.0	63 000	3 150
PU500×210	500	210	11.5	98.7	77.5	7 480	527	197.4	155.0	42 000	2 000
PU500×210	500	210	15.6	111.0	87.5	8 270	547	222.0	175.0	52 500	2 500
PU500×210	500	210	20.0	131.0	103.0	8 850	562	262.0	206.0	63 840	3 040
PU500×225	500	225	27.6	153.0	120.1	11 400	680	306.0	240.2	86 000	3 820
PU600×130	600	130	10.3	78.7	61.8	2 110	203	131.2	103.0	13 000	1 000
PU600×180	600	180	13.4	103.9	81.6	5 220	376	173.2	136.0	32 400	1 800
PU600×205	600	205.5	10.0	87.6	68.8	6 012	420	146.0	114.6	31 639	1 540
PU600×205	600	205.5	10.9	97.4	76.4	6 788	455	162.3	127.4	37 348	1 817
PU600×205	600	204.7	9.4	88.1	69.2	6 200	426	146.9	115.3	32 858	1 605
PU600×205	600	205	10.0	91.8	72.1	6 434	438	153.0	120.1	34 645	1 690
PU600×210	600	209.7	11.6	100.4	78.8	7 155	471	167.4	131.4	40 261	1 920
PU600×210	600	210	12.2	104.0	81.6	7 372	481	173.3	136.0	42 105	2 005
PU600×210	600	210	18.0	135.3	106.2	8 630	539	225.5	177.0	56 700	2 700
PU600×210	600	210.5	13.2	109.9	86.3	7 729	498	183.2	143.8	45 180	2 146
PU600×215	600	215	12.5	105.0	82.4	7 672	484	175.0	137.4	45 870	2 134
PU600×215	600	215	13.0	107.9	84.7	7 835	491	179.8	141.1	47 380	2 204
PU600×215	600	215	14.0	114.0	89.5	8 235	510	190.0	149.2	50 376	2 343
PU600×218	600	217.5	13.9	120.3	92.2	9 100	585	200.6	153.7	52 420	2 410
PU600×218	600	217.7	13.8	116.2	91.2	8 693	531	193.6	152.0	52 763	2 424
PU600×218	600	218	14.4	119.8	94.0	8 940	542	199.8	156.7	54 771	2 512
PU600×218	600	218.5	15.4	126.0	98.9	9 350	562	209.9	164.8	58 118	2 660
PU600×226	600	225.5	18.0	139.0	109.1	10 452	603	231.7	181.9	69 300	3 073
PU600×226	600	226	19.0	145.0	114.0	11 280	649	241.7	190.0	72 320	3 200
PU600×226	600	226.4	19.8	150.0	117.7	11 606	664	250.0	196.2	75 618	3 340
PU600×228	600	227.6	14.5	123.5	96.9	9 846	576	205.9	161.6	61 468	2 701
PU600×228	600	228	15.8	123.7	97.1	9 880	580	206.1	161.8	61 560	2 700

续上表

型号	有效宽度 W/mm	有效高度 H/mm	腹板厚度 t/mm	单根材				每米板面			
				截面面积/cm²	理论重量/(kg/m)	惯性矩 I_x/cm⁴	截面模量 W_x/cm³	截面面积/cm²	理论重量/(kg/m²)	惯性矩 I_x/cm⁴	截面模量 W_x/cm³
PU600×228	600	228	15.3	128.4	100.8	10 202	592	214.1	168.0	64 375	2 823
PU600×228	600	228.5	16.3	134.6	105.7	10 645	613	224.3	176.1	68 010	2 976
PU700×200	700	200	9.0	84.0	65.1	5 500	408	120.0	93.0	23 000	1 150
PU700×200	700	200	10.0	96.3	75.6	5 960	437	137.6	108.0	26 800	1 340
PU700×220	700	220	9.7	98.6	77.4	7 560	507	140.9	110.6	33 770	1 535
PU750×205a	750	204	10.0	99.2	77.9	6 590	456	132.0	103.8	28 710	1 410
PU750×205b	750	205.5	11.5	109.9	86.3	7 110	481	147.0	115.0	32 850	1 600
PU750×205c	750	206	12.0	113.4	89.0	7 270	488	151.0	118.7	34 270	1 665
PU750×220a	750	220.5	10.5	112.7	88.5	8 760	554	150.0	118.0	39 300	1 780
PU750×2203	750	222	12.0	123.4	96.9	9 380	579	165.0	129.2	44 440	2 000
PU750×220c	750	222.5	12.5	127.0	99.7	9 580	588	169.0	132.9	46 180	2 075
PU750×225a	750	223.5	13.0	130.1	102.1	9 830	579	173.0	136.1	50 700	2 270
PU750×225b	750	225	14.6	140.6	110.4	10 445	602	187.5	147.2	56 301	2 502
PU750×225c	750	225	15.0	144.2	113.2	10 580	608	192.0	150.9	58 140	2 580

钢板桩围堰如图 9.35 所示，围堰结构都是需要对围堰内侧进行支护的，这需要根据围堰的尺寸、深度选取钢管、工字钢或者 H 型钢进行支护。小的围堰可以凭自己的经验施工即可，但是遇到大型的围堰则需要对围堰的整体结构进行设计，通常采用有限元分析软件进行设计，从而保证围堰的整体结构稳定。

图 9.35　钢板桩围堰

钢板桩围堰形式有矩形、多边形及圆形等，也分单层和双层围堰。铁路工程常用的是单层钢板桩围堰。单层钢板桩围堰适合于修筑中小面积基坑，常用于水中桥梁基础工程。钢板桩围堰由定位桩、导框(或称围囹)及钢板桩组成。定位桩可用木桩或钢筋混凝土管桩。导框一般多用型钢组成，但在小型矩形基坑较浅时也可用方木制作，矩形与圆形钢板桩平面结构如图 9.36所示。

为了能使钢板桩拼联为一体，每块钢板桩的两侧都碾压有锁口，钢板桩之间采用锁口连接。锁口的形式很多，主要有套形锁口、环形锁口及阴阳锁口等几种，如图 9.37 所示。

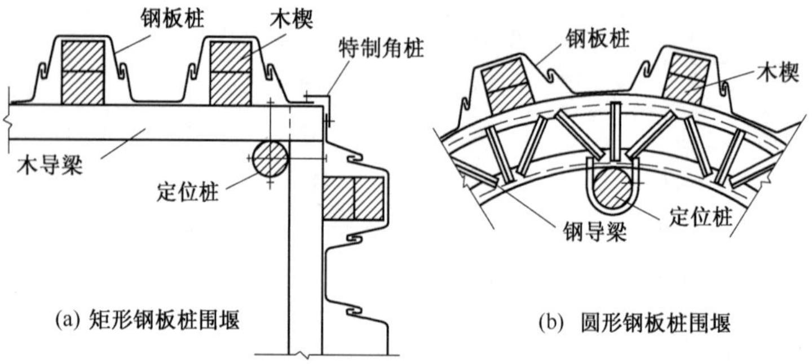

图 9.36 矩形与圆形钢板桩平面结构

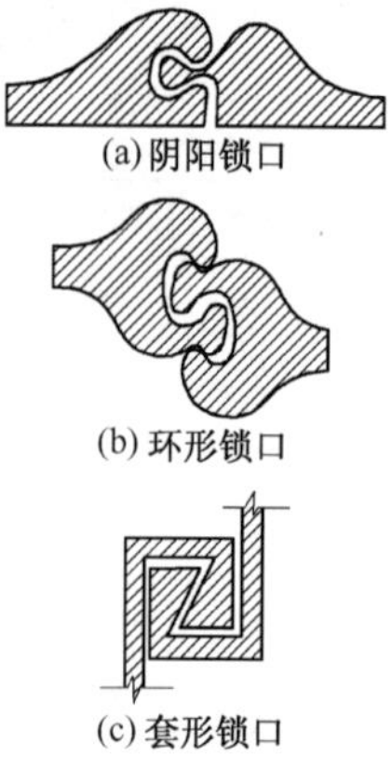

图 9.37 钢板桩锁口形式

(2)钢板桩围堰的施工

钢板桩围堰施工工艺流程如图 9.38 所示。

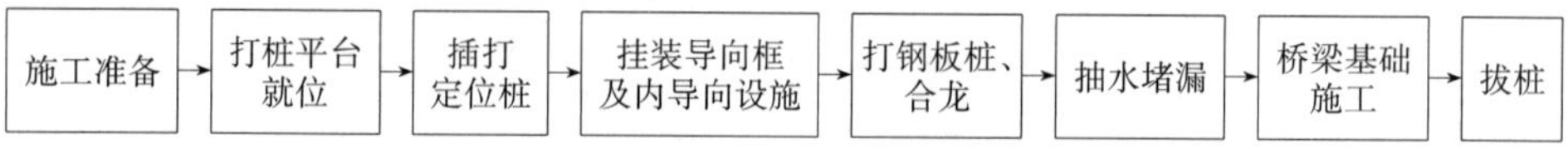

图 9.38 钢板桩围堰施工工艺流程

①施工准备

新旧钢板桩运到工地后，均应检查、分类堆放、登记，钢板桩的所有锁口均应以一块长 1.5～2.0 m 的锁口符合类型、规格标准的短钢板桩，用人力(2～3 人)或绞车、卷扬机(最大牵引力不大于 5 kN)拉动检查。有条件时可采用图 9.39的布置，用检查小车进行。标准的短钢板桩从头至尾沿被检钢板桩锁口顺利通过者被认为是合格的。如锁口不合格及桩身有破损时，应加以修整。修整工作按具体情况分别有冷弯、热敲(温度不超过 800～1 000 ℃)、焊补、铆补、割除、接长等。桩的长度不够时可用型号相同的板桩接长，接头强度与其他断面相同。焊接时先对焊，再焊加固板。

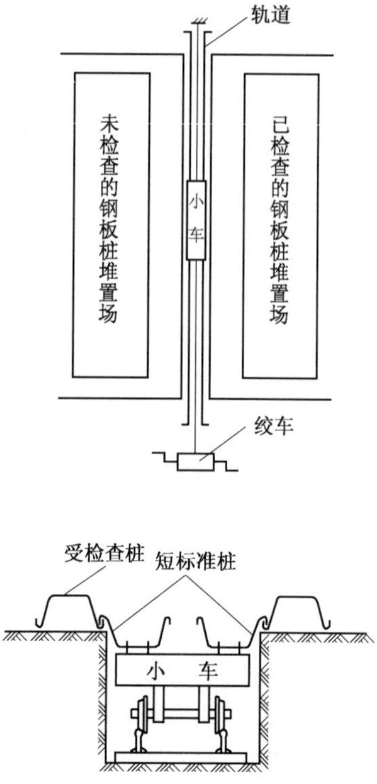

图 9.39 锁口检查示意

钢板桩的上端应开吊拔桩用的圆孔，圆孔直径 80～100 mm，并加焊一块 200 mm×200 mm×10 mm 的加强板，板上开同样大小的圆孔，如图 9.40 所示。钢板桩堆存、搬运、起吊时，不得损坏锁口和由于自重而引起变形。

沉桩时，为了加快施工进度，一般将三块板桩预拼成一组，组拼桩的锁口缝中，涂以油灰(质量配合比为：黄油∶沥青∶干锯末∶干黏土＝2∶2∶2∶1)，以减少插打时的摩阻力，并加强防渗性能。组拼时，每隔 4～5 m 加一道夹板，夹板结构如图 9.41 所示。

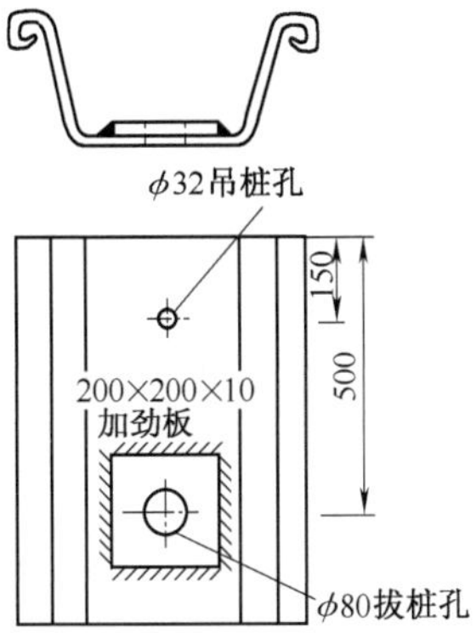

图 9.40　吊、拔桩孔(单位：mm)

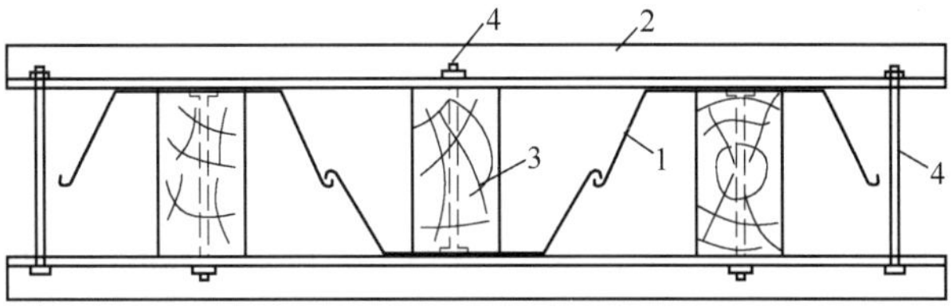

1—钢板桩；2—型钢夹板；3—垫木；4—固定螺栓。

图 9.41　钢板桩夹板结构

② 施工作业平台

根据现场实际情况平整场地，并经压实后作为机械作业平台。在岸边或浅水处，只需简易脚手架，直接用打桩机或吊机等机械打桩。在较深水中打桩时，要根据工地使用机械及水上作业的设备来安排。图 9.42 为几种水上打桩形式。

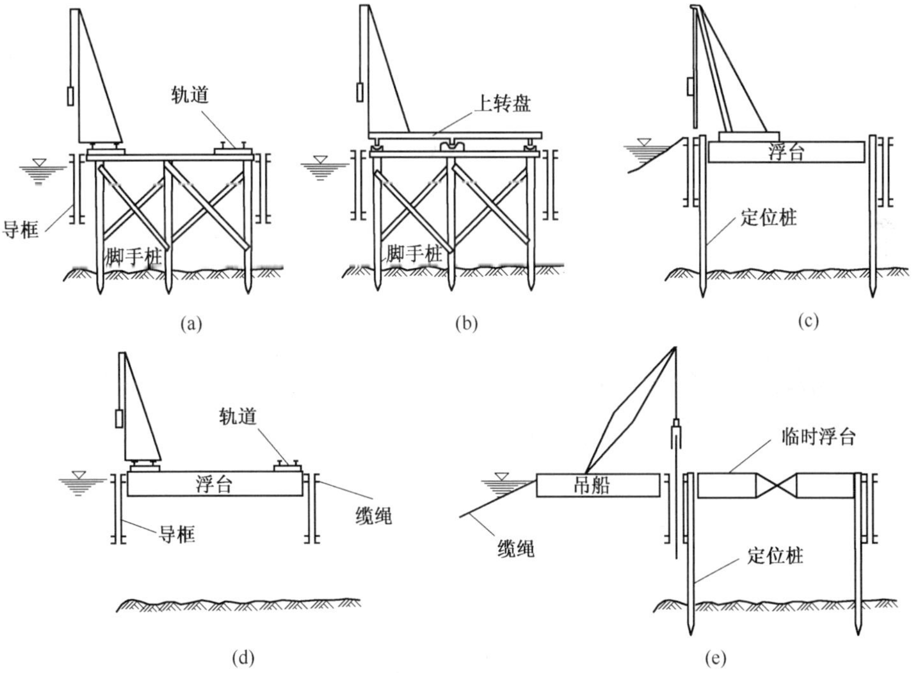

图 9.42　钢板桩水上插打

③打设定位桩

在钢板桩围堰的四周分别打设ϕ600 mm 定位钢管桩，钢管桩采用振动锤施打，并设导向架。

④挂装导框及内导梁

在定位桩上挂装导框和内导梁。导框和内导梁用型钢加工制作，以使插打钢板桩时起导向作用，并作为围堰的内部立体支撑，直接承受钢板桩传来的水、土压力。导框安装时，一般是先打定位桩或作临时施工平台。导框在工厂或现场分段制作,在平台上组装,固定在定位桩上。如不设定位桩,可直接悬挂在浮台上,待插打入少量钢板桩后,逐渐将导框固定到钢板桩上。图 9.43 为安装导框及内导梁图示。

图 9.43　安装导框及内导梁

⑤打钢板桩、合龙

打钢板桩通常采用的桩锤包括柴油锤、蒸汽锤、落锤和振动锤。在城市中,考虑环境污染问题,往往采用低噪声、低振动的方法,如静压法。柴油锤打桩、振动法打桩、静压法打桩如图 9.44 所示,打桩方法的分类和应用见表 9.15,各种打桩方法的特点见表 9.16。桩锤型号的选择可查阅有关资料。

(a) 柴油锤打桩　(b) 振动法打桩　(c)静压法打桩

图 9.44　打桩方法

表 9.15　打桩方法的分类和应用

打桩方法	锤击法				振动法	静压法	
	柴油锤	蒸汽锤	液压锤	落锤	振动锤	液压静压机	液压静压机配合钻土机
工作机理	柴油燃烧产生的能量带动活塞往复运动实现对桩的锤击	蒸汽带动活塞循环运转造成桩锤强制下落	液压带动活塞循环运转造成桩锤强制或自由下落	通过卷扬机使桩锤因自重而自由落下	桩锤的上下振动力	通过液压装置将相连的桩压入	液压产生压紧力
适用的钢板桩类型	所有类型	所有类型	所有类型	所有类型	所有类型	所有类型	所有类型

表 9.16　各种打桩方法的特点

打桩方法		锤击法				振动法	静压法	
		柴油锤	蒸汽锤	液压锤	落锤	振动锤	液压静压机	液压静压机配合钻土机
地基条件	软黏土	不适合	不适合	不适合	适合	适合	适合	适合
	黏土	适合	适合	适合	适合	适合	适合	适合
	砂土	适合	适合	适合	不适合	适合	适合	适合
	硬黏土	可以	可以	可以	不适合	可以	不适合	可以
施工条件	设施规模	大	大	大	小	大	中	大
	噪声	大	大	中	中	中	小	小
	振动	大	大	大	中	大	小	小
	耗能	大	大	大	小	大	中	中
	施工速度	快	快	快	慢	慢	中	中
优点		工作效率高	打桩力可调	打桩力可调	打桩力可调；打桩设施简单	打桩和拔桩均可	低噪声、低振动；打桩和拔桩均可	低噪声、低振动；打桩和拔桩均可
缺点		噪声和振动较大；润滑油飞散	噪声和振动较大	振动较大	工作效率低	噪声和振动较大	工作效率较低	工作效率较低

钢板桩可逐块(组)插打到底，或全围堰(矩形围堰可为一边)先插桩，合龙后再逐块(组)打入。矩形围堰一般先插上游边，在下游合龙。圆形围堰插打顺序有如图 9.45 所示的几种方法。图 9.45(a)、图 9.45(b)较图 9.45(c)少一个合龙点。图 9.45(b)的累计误差要大于图 9.45(c)。图 9.45(a)、图 9.45(b)都可能在合龙前遭受回流影响而使桩脚外移，造成合龙困难。图 9.45(c)受回流影响较小，在流速较大处，宜采用图 9.45(c)所示方法插打。

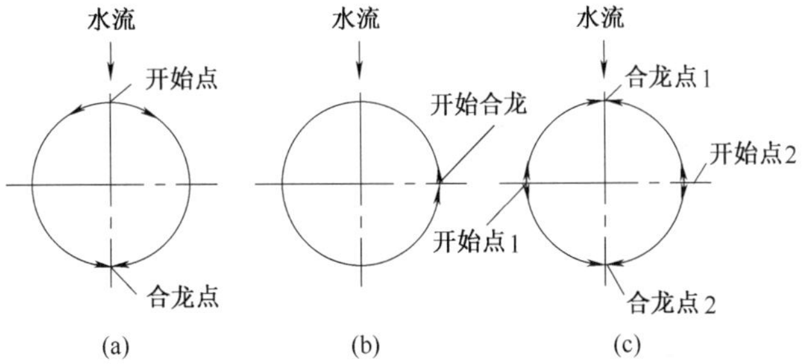

图 9.45　圆形钢板桩围堰合龙方法

插打钢板桩时，第一组钢板桩沿导架围檩下插，它是整个围堰钢板桩的基准，要反复挂线检查，使其方向、垂直位置准确。最先几块插好打稳后，即应与导框固定，其余各桩组则以已插桩组为准，对好锁口后，利用自重下插。当自重不能迫使其下插时，可利用滑车组进行加压。钢板桩起吊后需以人力扶持插入前一块桩的锁口内，动作要缓慢，防止损坏锁口。插入以后可稍松吊绳，使桩凭自重滑入，或用锤重下压。比较困难时，也可用滑车组强迫插桩，拉力不宜过大，如图 9.46 所示。按上述步骤逐组下插钢板桩，直至完成。待插入一定深度，站立稳定后，安设沉桩锤，并进行锤击或振动，使钢板桩下沉到预定高程位置。钢板桩的插打如图 9.47 所示。在插打钢板桩过程中，当导向设备失效，则要求钢板桩顶达到设计高程时，平面位置允许偏差：在水中打桩为 20 cm，在陆地打桩为 10 cm。

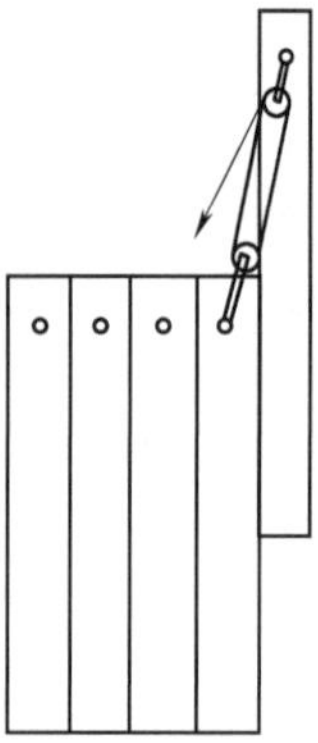

图 9.46　强迫插桩

图 9.47　钢板桩的插打

钢板桩打桩前进方向的锁口下端宜用木栓塞住，防止砂砾进入锁口，影响以后插打。

在钢板桩插打过程中，要随时纠正歪斜。歪斜过大不能用拉挤办法整直时，要拔起重插。纠正无效时，应特制楔形桩合龙。每块楔形桩的斜度不超过 2%。如受斜度限制，一个合龙口可用两块楔形桩，但每块应各有一个垂直边，中间至少夹一块普通钢板桩。合龙后的钢板桩围堰如图 9.48 所示。

⑥抽水堵漏

钢板桩插打完，即可抽水开挖。钢板桩围堰的防渗能力较好，但遇有锁口不密、个别桩入土不够及桩尖打裂打卷等情况时，仍会发生渗漏现象。当锁口不密发生渗漏时，可在抽水发现后以板条、棉絮等在内侧嵌塞，或在漏缝外侧水面撒布大量细煤渣与木屑或谷糠等使水将其夹带至漏缝处进行堵塞。

⑦拔桩

桥梁基础施工完成后，要拔除钢板桩。钢板桩拔除前，应先将围堰内的支撑从下到上陆续拆除，并向围堰内灌水，使之高出堰外水面 1 m 左右。利用吊船、吊机、拔桩机、千斤顶等设备从下游选择一组拔除，也可用桥墩墩身作扒杆来拔，如图 9.49 所示。对于桩尖打卷及锁口变形的桩，可加大拔桩能力将相邻桩同时拔出。如确有困难，可以水下切割。

图 9.48　合龙后的钢板桩围堰

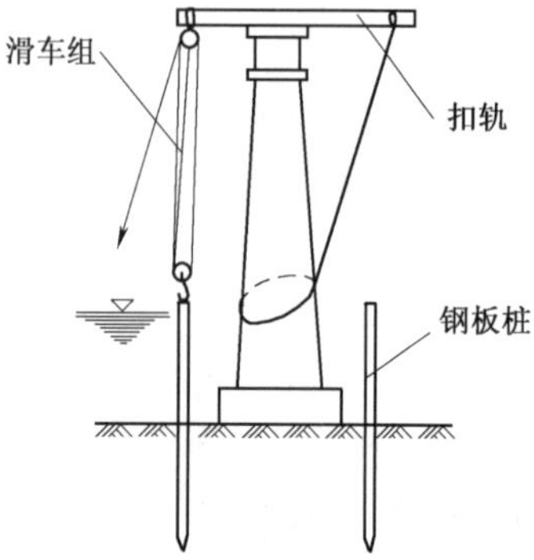

图 9.49　利用桥墩墩身拔桩示意

围堰还可根据具体的施工条件和要求，采用其他各种结构形式，如钢吊箱围堰、双壁钢围堰、锁扣钢管桩围堰等。木质围堰因其使用寿命短、浪费木材等原因现已基本被淘汰。

9.3.4 基底检验与处理

1. 基底检验

为防止基底暴露时间过长，施工负责人应在挖至基底前通知监理工程师及质检部门人员按时前来检验，并填写“隐蔽工程检查证”，经有关人员会同检验签证后，方可砌筑基础或进行其他工序。

一般基底检验的主要内容有：

(1)鉴定基底地质情况是否与设计文件相符合。

(2)检查基坑开挖高程、中线位置及形状是否与设计文件相符；基底高程允许偏差应符合：土质±50 mm；石质+50 mm，−200 mm。

(3)查阅“工程日志簿”的施工记录，对有变更设计等项目应作详细检查。

(4)对基坑的排水及地下水的处理进行检查，必须确保基坑圬工的质量。

(5)对土质基底要检查有否超挖回填、扰动原状土的情况。

(6)对石质基底应检查岩层风化程度，对倾斜的基底还需检查台阶开挖情况。

(7)在永冻基底，应检查防融隔温层敷设是否良好。

对基底土质有疑问时，应作土壤分析或其他试验进行核实。

基底检查如发现土质比要求者差，认为地基承载力不够时，应改变基础设计，如扩大基础面积或改为桩基础等；也可按具体情况进行人工加强的特殊处理，如用砂夹卵石换填；或用爆破挤压砂桩，使地基土密实；或压注胶结物(水泥浆灌注法、硅化法等)，使之胶结坚固等。

明挖基础基坑检查证格式见表9.17。

表9.17 施工记录及质量检查签证表

明挖基础基坑检查证

__________大桥第　　号墩(台)

本桥墩(台)基坑于_____年_____月_____日开挖，于_____年_____月_____日完工，检查情况如下：

1. 原地面高程______ m。
2. 坑底高程______ m(坑底设计高程为______ m)。
3. 坑底土壤为__________，根据钻探、试挖结果，此种土在坑底下尚有__________ m，其下为__________土层，深为__________ m。
4. 地下水最低水位为__________ m。
5. 开始排水时坑中的水位高程为__________ m。
6. 基坑中心里程为__________ m，较设计值±__________ mm。
7. 根据设计图采用__________板桩围堰，断面为__________ cm²，长度为__________ m，围堰桩尖最高高程为__________ m，桩顶最低高程为__________ m，并打入直径__________ cm的导桩，长度为__________ m。
8. 排水设备及排水时情况________________。
9. 根据基坑底的土质及地层情况，符合设计要求否__________。

根据以上资料，同意灌注基础混凝土。

附件：1. 基础模板检查证

2. 基础钢筋检查证

3. 坑底高程不在同一平面时须附各高程示意图

主管工程师		施工负责人	
检查工程师		监理工程师	

2. 基底处理

为了使地基与基础接触良好，共同有效地工作，在基坑开挖至设计高程时，应针对不同地质情况，对地基面进行处理。

(1)岩层

未风化的岩层基底，应清除岩面松碎石块、淤泥、苔藓等，凿出新鲜岩面，表面应清洗干净。倾斜岩层，应将岩面凿平或凿成台阶。易风化的岩层基底，应按基础尺寸凿除已风化的表面岩层，在砌筑基础时，边砌筑边回填封闭。

(2)碎石类及砂类土层

基底承重面应修理平整并夯实，砌筑基础圬工前铺一层 2 cm 厚的浓稠水泥砂浆。

(3)黏土层

在铲平坑底时，应尽量保持其天然状态，不得用回填土夯实。必要时可夯入厚度 10 cm 以上的碎石层，碎石层顶面不得高于基底设计高程。处理完后，尽快砌筑基础，不得暴露过久，以免土面风化松软，致使土的强度显著降低。

(4)湿陷性黄土层

基底必须有防水措施。根据土质条件，使用重锤夯实、换填、挤密桩等措施进行加固，改善土层性质。基础回填不得使用砂、砾石等透水土壤，应用原土加夯封闭。

(5)软土层

基底软土厚度小于 2 m 时，可将软土层全部挖除，换以中(粗)砂、碎(砾)石等力学性质较好的填料，分层夯实；软土层深度较大时，应采用砂井、砂桩等软土地基处理方法。

(6)冻土层

冻土基础开挖宜用天然或人工冻结法施工，并应保持基底冻层不融化；基底设计高程以下，铺设一层 10～30 cm 厚的粗砂或 10 cm 厚的冷混凝土垫层，作为隔热层。

(7)溶洞

①首先用勘测方法探明溶洞的形态、深度和范围，以便采取相应的处理方法。

②当溶洞埋深较浅时，可用高压射水清除溶洞中的淤泥，灌注混凝土进行填充；当溶洞较深且狭窄、洞内土壤不易清除时，可在洞内打入混凝土桩。

③当溶洞处在基础底面且既窄又深时，可用钢筋混凝土盖板或梁跨越溶洞。

④当溶洞埋藏较深，洞内有部分软黏土时，可用钻机钻孔，从孔中灌入砂石混合料，并压灌水泥砂浆封闭。亦可根据情况采用钻孔桩基础或沉入桩基础穿越，或改变跨径避开。

(8)泉眼

泉眼可用堵塞或排引的方法处理：

①泉眼水流较小时，可用木楔、棉絮、麻布等堵塞泉眼，达到不涌水的目的。

②如堵塞失效，在泉眼处用钢管引水使之与圬工隔离，即可灌注基础混凝土。

③在基底的泉眼较多或较大，无法用钢管引出时，可将泉眼开凿连成暗沟，用石板或混凝土板盖在暗沟上，将水引至基础以外的排水沟、集水井中抽出，基础圬工完全凝固后，停止抽水，用压浆的办法填塞暗沟。此办法必须注意在灌注混凝土过程中，保持暗沟不被堵塞，以便能压满水泥砂浆。

9.3.5 混凝土与砌体基础施工

1. 混凝土基础施工

混凝土浇筑前应对基础平面位置、尺寸、底面及顶面高程和基底地质条件等进行检查并形成记录。混凝土基础应在基底无水情况下浇筑，混凝土终凝前不得浸水。混凝土基础施工应符合下列规定。

(1)安装模板及支撑

模板安装应牢固可靠，接缝严密不漏浆，模板与混凝土的接触面应清理干净并涂刷隔离剂，模板内的积水和杂物应清理干净。模板与支撑应具有足够的强度、刚度和稳定性，能承受浇筑混凝土的侧压力，并保证基础尺寸的正确。浇筑混凝土过程中，应对模板及支撑进行观察维护，发现异常情况及时采取补救措施。模板拆除时不得损伤混凝土的表面和棱角，拆除非承重模板时，混凝土强度不应低于 2.5 MPa；拆除承重模板时，混凝土强度应符合设计要求。

(2)浇筑混凝土

混凝土原材料应合格，配合比、坍落度应满足设计要求，混凝土应使用机械拌制，并采用自动计量装置。混凝土运输过程中不得出现离析、漏浆、严重泌水和坍落度损失过度等现象。

混凝土浇筑应采用滑槽、串筒等器具分层浇筑，自由浇筑高度不得大于 2 m，以防混凝土分层离析。混凝土浇筑过程中应采用机械振捣，并按规定制作检查试件。混凝土浇筑完毕后，应及时对混凝土覆盖保湿养护。

2. 砌体基础施工

砌体基础应在基底无水情况下施工，需要抽水施工的基坑应在砌体砂浆终凝后方可停止抽水。基础砌筑前，应在基础底面先铺一层 5～10 cm 的水泥砂浆。砌体砌筑应采用挤浆法分层、分段砌筑，石料和砌块不得向已砌完的砌体上抛掷，砌体表面勾缝的形式和砂浆强度应符合设计要求。

基础砌筑除应符合设计要求及有关规定外，尚应符合下列规定：基础与墩台身的接缝应符合设计要求。当设计无要求时，周边应预埋直径不小于 16 mm 的钢筋或其他铁件，埋入与露出长度不应小于钢筋直径的 30 倍，间距不应大于钢筋直径的 20 倍。混凝土与浆砌片石或浆砌片石之间接缝，应预埋片石作榫，片石厚度不小于15 cm；安放均匀，片石间的净距不得小于 15 cm；片石与模板的间距不宜小于 25 cm，且不得与钢筋接触。片石露出基础面一半左右。

基础前后、左右边缘距设计中心线允许偏差为±50 mm；基础顶面高程允许偏差为±30 mm。

9.3.6　基坑回填

混凝土基础拆除模板和砌体基础砂浆终凝后，基坑应按设计要求的填料和质量及时分层回填，并应分层夯实，分层碾压。

项目小结

文本

基坑定位检查方法

本项目主要介绍天然地基上的浅基础施工，内容涉及天然地基上的浅基础的类型和尺寸的拟定、浅基础施工(包括施工前准备工作、基坑开挖、基坑排水、基坑支护、围堰、基底检验与处理、混凝土与砌体基础施工、基坑回填等施工工艺)。通过本项目的学习，熟悉《铁路桥涵地基和基础设计规范》(TB 10093—2017)对刚性扩大基础验算的具体要求，掌握基坑的开挖及支护施工方法，熟悉基坑排水的施工方法和要求，熟悉钢板桩围堰结构与施工方法，熟悉《客货共线铁路桥涵工程施工技术规程》(Q/CR 9652—2017)及《高速铁路桥涵工程施工技术规程》(Q/CR 9603—2015)对基础施工的有关规定。

项目训练

1. 根据基础的相关技术资料,确定浅基础基坑开挖、支护和排水方案。

2. 根据基础的相关技术资料,选择并确定合理的围堰方式。

3. 根据《客货共线铁路桥涵工程施工技术规程》对基础砌筑的有关规定,结合一项具体浅基础施工案例,正确填写"施工记录及质量检查签证表"。

复习思考题

9.1　何谓明挖基础?何谓刚性基础?何谓柔性基础?

9.2　浅基础的常见形式有哪几种?

9.3　刚性基础常用的材料有哪些?对这些材料有何要求?

9.4　何谓刚性角?刚性扩大基础的尺寸如何拟定?

9.5　刚性扩大基础设计检算项目有哪些?如何检算?

9.6　某一桥墩底面为 2.5 m×5.4 m 的矩形,其高程为 91.00 m,河床面高程为94.00 m,一般冲刷线的高程为 92.50 m,局部冲刷线的高程为 92.00 m,刚性扩大基础顶面设在河床面下 3 m 处。作用于基础顶面的荷载为:$N=$ 4 500 kN,$M=$2 400 kN·m,$H=$200 kN。地基土为中密中砂,$\gamma=20$ kN/m³。试确定基础埋置深度及其平面尺寸,并经过检算说明其合理性(不计基础襟边以上覆土自重及水浮力对荷载的影响)。

9.7　某混凝土桥墩基础如图 9.50 所示,基底平面尺寸 $a=7.5$ m,$b=7.4$ m,埋置深度 $h=2$ m,试根据图示荷载及地质资料,进行下列项目的检算:

(1)检算持力层及下卧层的承载力;

(2)检算基础本身强度;

(3)检算偏心距、滑动和倾覆稳定性。

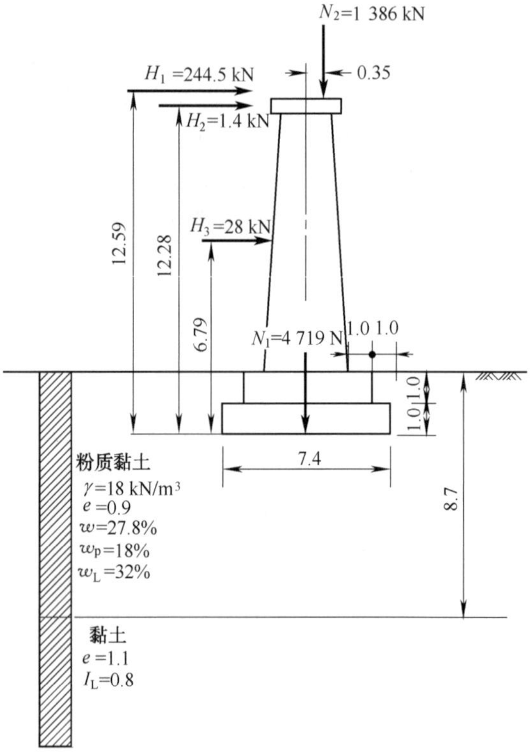

图 9.50　题 9.7 图(单位:m)

9.8　基坑开挖前应做哪些准备工作?

9.9　无支护基坑开挖的施工要点有哪些?

9.10　坑壁支护的形式有哪几种?支护开挖的适用范围是什么?

9.11　何谓挡板支撑?其施工要点有哪些?

9.12　喷射混凝土护壁的适用条件是什么?干喷和湿喷的特点是什么?

9.13　某桥墩基坑直径为 6 m,深 9.51 m,地面下 2.8 m 一段为粉质黏土层,以下为卵石碎石层,已知:粉质黏土 $\gamma=20$ kN/m³,$\varphi=20°$,卵石碎石 $\gamma=17.0$ kN/m³,$\varphi=40°$。喷射混凝

土护壁的厚度 t 应为多少(假定刚喷上的加速凝剂的混凝土容许承载力$[\sigma]$=3 000 kPa)?

9.14　喷射混凝土护壁的施工要点有哪些?

9.15　何谓混凝土围圈护壁?它较喷射混凝土护壁有哪些优势?

9.16　混凝土围圈护壁的壁厚如何确定?其施工要点有哪些?

9.17　何谓流砂?施工中出现流砂应如何采取措施?

9.18　何谓井点法降水?其适用条件是什么?应用范围如何?

9.19　何谓围堰?围堰工程应符合哪些基本要求?常见的围堰类型有哪几种?

9.20　土围堰、草(麻)袋围堰的适用条件是什么?其施工要点有哪些?

9.21　钢板桩围堰的适用条件是什么?其断面形式有哪几种?钢板桩围堰的施工要点有哪些?

9.22　基底检验的主要内容有哪些?如何对基底进行处理?

文本　项目9 思政案例

文本　项目9　PPT

文本　项目9　教案

文本　项目9　题库

项目 10　桩基础施工

项目描述

在选择地基基础方案时，如果地基浅层土质不良，无法满足建筑物对地基的变形和强度要求，而又不适宜采用人工地基时，可利用深部较为坚实的土层或岩层作为持力层，采用深基础方案。桩基础是一种历史悠久的基础形式，也是现代桥梁等建筑工程中常用的一种深基础形式。

学习目标

图片

项目10　思维导图

1. 能力目标

(1)能够根据地质情况选择合适的成孔方法。

(2)能够完成各种桩的施工。

(3)能够进行桩基施工的质量控制与事故处理。

2. 知识目标

(1)了解桩基础的适用条件及分类。

(2)熟悉单桩竖向承载力的确定方法。

(3)熟悉桩基础的设计步骤。

(4)掌握桩基础的施工方法。

3. 素质目标

(1)具有规范施工与质量控制意识，形成严格执行技术标准的职业习惯。

(2)具备团队协作与解决问题的能力。

(3)具有工程安全责任意识，树立以严谨施工保障工程安全的理念。

(4)培养综合应用与创新意识。

相关案例：苏通大桥

苏通大桥位于江苏省东南部，连接苏州、南通两市，是中国沿海高速公路沈阳至海口跨越长江的枢纽工程，也是长江三角洲高速公路网的重要组成部分。苏通大桥工程全长 32.4 km，其中跨江大桥全长 8 146 m，由长 3 485 m 的北引桥、2 088 m 的主桥、923 m 的辅桥、1 650 m 的南引桥组成。主桥采用七跨连续钢箱梁斜拉桥方案，跨径布置为 100 m+100 m+300 m+1 088 m+300 m+100 m +100 m=2 088 m。

苏通大桥主塔群桩基础位于长江河口地区，存在较高的船舶撞击和地震的危险，基岩埋藏深。桥区覆盖层深厚，超过 270 m，土质以黏土、粉质黏土、粉细砂为主，较好的持力层在

—80 m以下，河床多为淤泥和粉细砂，极易遭受冲刷。此外，地基土性软弱，承载力低，河床极易遭受冲刷。抗冲刷、抗震与防船撞是苏通大桥主桥基础设计必须解决的关键技术问题。从这几方面综合考虑，拟定了主塔群桩基础的方案：桩基采用钻孔灌注桩，每个主墩基础设 131 根桩，桩长 117 m，桩径 2.85 m/2.5 m（钢护筒外径 2.85 m，混凝土桩直径 2.5 m），桩距 6.75 m，呈梅花形布置，按摩擦桩设计，考虑钢护筒参与受力。为减轻基础恒载，承台采用哑铃形，每个塔柱下承台平面尺寸为 51.35 m×48.1 m，其厚度由边缘的 5 m 变化到最厚处的 13.324 m，两承台间采用 11.05 m×28.1 m 的系梁连接，系梁厚 6 m。基础设计的关键在于钢护筒深度的确定。

冲刷试验表明，基础一般冲刷深度为 2.4～4.7 m，20 年一遇水文条件下最大局部冲刷为 21.5 m，300 年一遇水文条件下最大局部深度为 27.1 m，最大冲刷有可能在一次大水作用下形成。由于在高程—52.0～—54.0 m 处存在一层厚 2.0～4.0 m 的硬砂层，这使钢护筒难以穿越，打设非常困难。所以要进行冲刷防护，保证河床高程在—30.0 m 以上，钢护筒底高程可以提高到—52.0 m。这个方案的优点是可以降低钢护筒打设难度，减小钢护筒卷曲风险；缺点是必须进行永久冲刷防护。

大桥于 2003 年 6 月开工建设，2007 年 6 月顺利合龙，2008 年 6 月 30 日正式通车。这是当时中国建桥史上建设标准最高、技术最复杂、科技含量最高的特大型桥梁工程。

由此案例可以看出，在不同的水文和地质条件下，桩基础的类型选择、桩基础的设计和施工方法都有一定的差异，因此，应掌握桩基础与其他类型基础相比其自身的优点，选择合适的桩基础类型及施工方法。

任务 10.1　桩和桩基础的主要类型和构造认知

当地基浅层土质不良，采用浅基础无法满足结构物对地基强度、变形和稳定性方面的要求时，往往需要采用深基础。桩基础是一种常用的深基础，是由埋于地基土中的若干根桩及将所有桩连成一个整体的承台（或盖梁）两部分组成的一种基础形式。桩基础的作用是将承台（或盖梁）以上结构物传来的外力，通过承台（或盖梁）由桩传到较深的地基持力层中去，如图 10.1 所示。

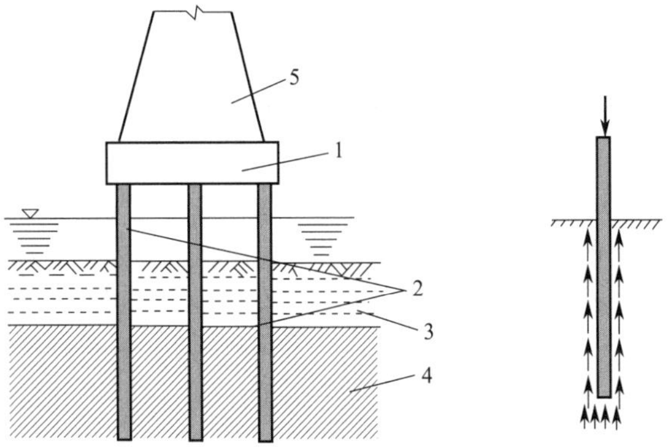

(a) 桩基础整体结构　　(b) 单桩

1—承台；2—基桩；3—松软土层；4—持力层；5—墩身。

图 10.1　桩基础

为满足结构物的要求,适应地基的特点,随着科学技术的发展,在工程实践中已形成了各种类型的桩基础。学习桩和桩基础的分类及其构造,目的是掌握其特点以便设计和施工时更好地发挥桩基础的作用。

10.1.1 桩和桩基础的分类

1. 按施工方法分类

由于施工时采用的机具设备和工艺过程的不同,桩的施工方法较多,主要形式为预制沉桩和就地灌注桩。

(1)预制沉桩

沉桩的施工方法为将各种预先制备好的桩(主要是钢筋混凝土或预应力混凝土实心桩和管桩,也有钢桩和木桩)以不同的沉桩方式(设备)沉入地基内。预制桩是按设计要求在地面制作的(长桩可在桩端设置钢板、法兰盘等接桩构造分节制作),桩体质量高,可大量工厂化生产,加速施工进度。

①打入桩(锤击桩)

打入桩是通过锤击(或以高压射水辅助)将各种预先制好的桩(主要是钢筋混凝土实心桩或管桩,也有木桩或钢桩)打入地基内达到所需要的深度。这种施工方法适用于桩径较小,地基土质为流塑、软塑的黏性土、稍松至中密的砂类土、粉土。打入桩伴有较大的振动和噪声,在城市人口密集地区施工时,应考虑对环境的影响。

②振动下沉桩

振动下沉桩是将大功率的振动打桩机安装在桩顶,一方面利用振动以减小土对桩的阻力,另一方面用向下的振动力使桩沉入土中。振动下沉桩适用于可塑状的黏性土、砂类土、粉土和碎石类土。用于土的抗剪强度受振动时有较大降低的砂土等地基和自重不大的钢桩时,其效果更为明显。

③静力压桩

静力压桩是通过反力系统提供的静反力将预制桩压入土中。它适用于较均质的可塑状黏性土地基,对于砂土及其他较坚硬土层,由于压桩阻力大而不宜采用。静力压桩在施工过程中无振动,无噪声,并能避免锤击时桩顶及桩身的损伤。但较长的桩分节压入时受桩架高度的限制,使接头变多而影响压桩的效率。

(2)就地灌注桩

就地灌注桩是先在桩位处造孔,然后就地浇筑钢筋混凝土形成的桩,根据施工方法的不同可分为:

①钻(挖)孔灌注桩

用钻(冲)孔机械在土体中先钻成桩孔,然后在孔内放入钢筋骨架,灌注桩身混凝土而成钻孔灌注桩,最后在桩顶浇筑承台(或盖梁),称为钻孔灌注桩基础。它的特点是施工设备简单、操作方便,适用于各种砂类土、黏性土,也适用于碎、卵石类土层和岩层。但对于淤泥及可能发生流砂或有承压水的地基,施工较为困难,常常易发生塌孔或埋钻等情况。一般钻孔灌注桩入土深度由几米至上百米。

依靠人工(用部分机械配合)在地基中挖出桩孔,然后与钻孔桩一样灌注混凝土成桩称为挖孔灌注桩。它的特点是不受设备和地形限制,施工简单。但只适用于无地下水或地下水量小的地层,对可能发生流砂或含厚的软黏土层的地基施工较困难,需要加强孔壁支撑,确保安全。

②沉管灌注桩

沉管灌注桩系指采用锤击或振动的方法把带有钢筋混凝土的桩尖或带有活瓣式桩尖(沉管时桩尖闭合，拔管时活瓣张开)的钢套管沉入土层中成孔，然后在套管内放置钢筋笼，并边灌注混凝土边拔套管而形成的灌注桩，也可将钢套管打入土中挤土成孔后向套管中灌注混凝土并拔出套管成桩。它适用于黏性土、砂类土地基。由于采用了套管，可以避免钻孔灌注桩施工中可能产生的流砂、坍孔危害和由泥浆护壁所带来的排渣等弊病。但桩的直径较小，常用的桩径尺寸在 0.6 m 以下，桩长常在 20 m 以内。在软黏土中，由于沉管的挤压作用对邻桩有挤压影响，且挤压时产生的孔隙水压力易使拔管时出现混凝土桩缩颈现象。

③爆扩桩

爆扩桩系指就地成孔后，用炸药爆炸扩大孔底，浇灌混凝土而成的桩。这种桩可扩大桩底与地基土的接触面积，提高桩的承载能力。爆扩桩宜用于持力层较浅，易在黏土中成型并支承在坚硬密实土层上的情况。

(3)管柱基础

文本

管柱基础

将预制好的大直径(直径 1～5 m)钢筋混凝土或预应力钢筋混凝土管柱(实质上是一种巨型的管桩，每节长度根据施工条件决定，一般采用 4 m、8 m或 10 m，接头用法兰盘和螺栓连接)，用大型的振动沉桩锤，沿导向结构将桩垂直向下振动，下沉到基岩(一般以高压射水和吸泥机配合帮助下沉)，然后在管柱内钻岩成孔，下放钢筋骨架笼，灌注混凝土，将管柱与岩层牢固连接形成管柱基础，如图 10.2 所示。管柱基础可以在深水及各种覆盖层条件下进行施工，没有水下作业和不受季节限制，但施工需要有振动沉桩锤、凿岩机、起重设备等大型机具，动力要求也高，一般在大跨径桥梁的深水基础中被采用。

2.按桩的受力状态分类

(1)摩擦桩和柱桩

根据桩的受力条件，基桩可分为摩擦桩和柱桩。摩擦桩指桩所承受的轴向荷载由桩侧土的摩擦力(或称摩阻力)和桩底(或称桩尖)处土的支承力共同承受的桩，其中以桩侧土的摩阻力起主要作用，如图 10.3(a)所示。桩身穿过软弱土层，桩尖支撑在坚硬岩层或硬土层等非压缩性土层上，基本依靠桩底土层抵抗力支承垂直荷载的桩称为柱桩，如图 10.3(b)所示。柱桩和摩擦桩由于在土中的工作条件不同，故在设计时所采用的方法和有关参数也不一样。

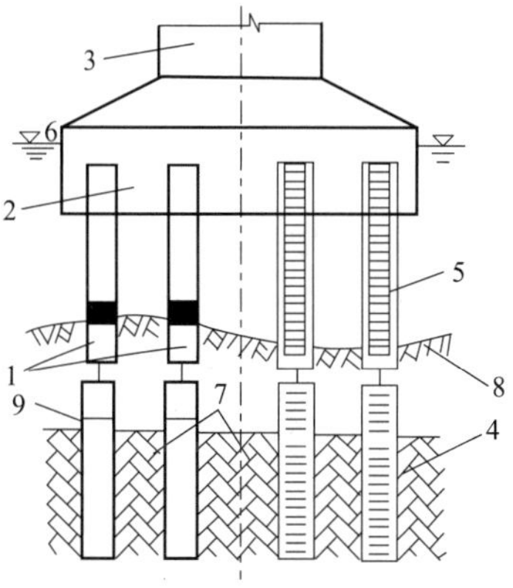

1—管柱；2—承台；3—墩身；4—嵌固于岩层；

5—钢筋骨架；6—低水位；7—岩层；8—覆盖层；9—钢管靴。

图 10.2　管柱基础

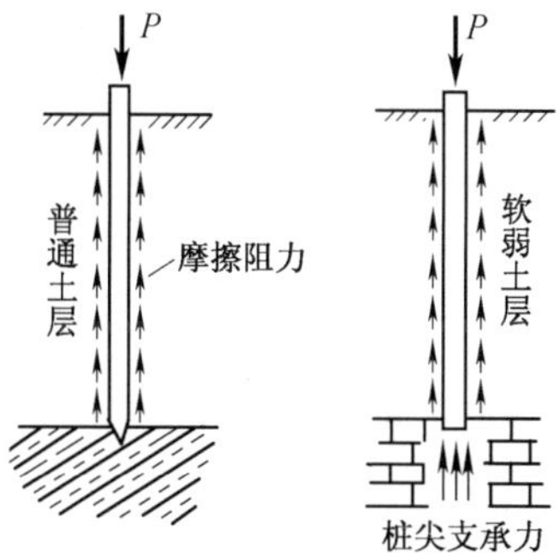

(a)摩擦桩　(b)柱桩

图 10.3　摩擦桩和柱桩

(2)竖直桩和斜桩

按桩轴方向可分为竖直桩、单向斜桩和多向斜桩等,如图 10.4 所示。在桩基础中是否需要设置斜桩,确定怎样的斜度,应根据荷载的具体情况而定。一般结构物基础承受的水平力常较竖直力小得多,且现已广泛采用的大直径钻(挖)孔灌注桩具有一定的抗弯和抗剪强度,因此,桩基础常全部采用竖直桩。拱桥墩台等结构物的桩基础往往需设斜桩以承受上部结构传来的较大水平推力,减小桩身弯矩、剪力和整个基础的侧向位移。斜桩的桩轴线与竖直线所成倾斜角的正切不宜小于 1/8,否则斜桩的作用就不大,且施工斜度误差将显著地影响桩的受力情况,目前为了适应拱台推力,有些拱台基础已采用倾斜角大于 45°的斜桩。

●文本
桩基础的承载力和沉降变形特点

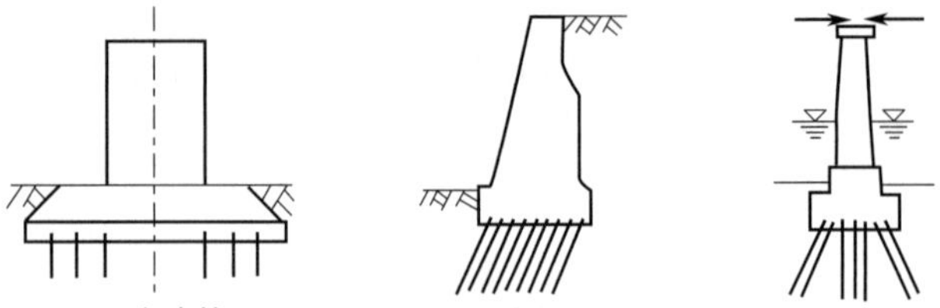

(a) 竖直桩　(b) 单向斜桩　(c) 多向斜桩

图 10.4　竖直桩和斜桩

3. 按承台的位置分类

桩基础按承台位置可分为高桩承台基础和低桩承台基础,如图 10.5 所示。高桩承台基础的承台底面位于地面(或冲刷线)以上,低桩承台基础的承台底面位于地面(或冲刷线)以下。高桩承台基础的结构特点是基桩部分桩身埋入土中,部分桩身外露在地面以上(称为桩的自由长度);而低桩承台基础的基桩则全部埋入土中(桩的自由长度为零)。

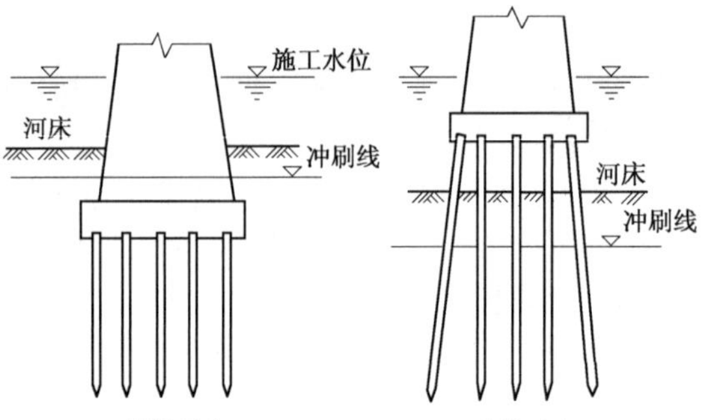

(a) 低桩承台　(b) 高桩承台

图 10.5　低桩承台和高桩承台

高桩承台基础由于承台位置较高或设在施工水位以上,可减少墩台圬工数量,避免或减少水下作业,施工较为方便。但高桩承台在水平力作用下,由于承台及基桩露出地面的一段自由长度周围无土体来共同承受水平外力,基桩的受力情况较为不利,桩身内力和位移都将大于在同样水平外力作用下的低桩承台,在稳定性方面低桩承台也较高桩承台要好。

10.1.2　桩与桩基础的构造

1. 基桩的构造

(1)就地灌注钢筋混凝土桩的构造

钻(挖)孔桩是就地灌注的钢筋混凝土桩,桩身常为实心截面,按《铁路桥涵地基和基础设计规范》(TB 10093—2017)规定,桩身混凝土强度等级不得低于 C30。钻孔桩的设计桩径不宜小于 0.8 m。为保证挖孔作业安全,挖孔桩的直径或边宽不宜小于 1.25 m。桩内钢筋应按照内力和抗裂性的要求布设,并可根据桩身弯矩分布分段配筋。为保证钢筋骨架有一定的刚度,便于吊装及保证主筋受力的轴向稳定,主筋不宜过少,钢筋直径不宜小于 14 mm;主筋净距不宜小于 120 mm,任何情况下不宜小于 80 mm;钢筋保护层厚度按现行《铁路混凝土结构耐久性设计规范》(TB 10005—2010)的要求确定。箍筋直径可采用8 mm;箍筋间距可采用 200 mm,摩擦桩下部可增大至 400 mm;顺钢筋笼长度每隔 2.0～2.5 m加一道直径为 16～22 mm 的骨架箍筋。考虑到灌注桩身混凝土施工的方便,主筋宜采用光面钢筋(挖孔桩可不考虑此项要求),必要时也可用螺纹钢筋;采用束筋时每束不宜多于 2 根钢筋。

(2)预制钢筋混凝土桩及预应力混凝土桩

预制钢筋混凝土桩或预应力混凝土桩多为在工厂用离心旋转法制造的空心管桩,桩径有 400 mm 和 550 mm 等几种。混凝土强度等级为 C30 以上,桩内钢筋由纵向主筋和箍筋组成。管桩在厂中分节预制,预制桩的分节长度可按施工条件确定,但应减少接头数量,接头的强度不应低于桩身的强度。用钢制法兰盘、螺栓接头,桩尖节单独预制。

工地预制钢筋混凝土桩多为实心方形截面,通常当桩长在 10 m 以内时横截面尺寸为 0.3 m×0.3 m,桩身混凝土强度等级不低于 C30,预制钢筋混凝土桩强度和配筋应满足作为基础结构的受力要求及桩在运输、沉桩时的受力要求。

按计算,桩身混凝土不需配筋的桩,应在桩顶部 4～6 m 范围内设置构造连接钢筋,并伸入承台内。钢筋直径可采用 14 mm,间距 250～350 mm。此种桩铁路桥很少使用。

(3)钢桩及木桩

在永久桥梁基础中很少使用钢桩及木桩,在临时抢修工程中可能被采用。具体构造介绍从略。

2. 桩的布置和间距

基桩布置应尽量使各桩承受的荷载大致接近,且使桩群在受力较大方向上有较大的截面抵抗矩,以充分发挥桩材的效用。一般直线上的桥墩台应使桩群在桥轴线方向具有较大的截面抵抗矩,而在曲线上应使横桥向具有较大的截面抵抗矩。

桩在承台中的平面布置多采用行列式,如承台面积不够,也可采用梅花式,如图 10.6 所示。

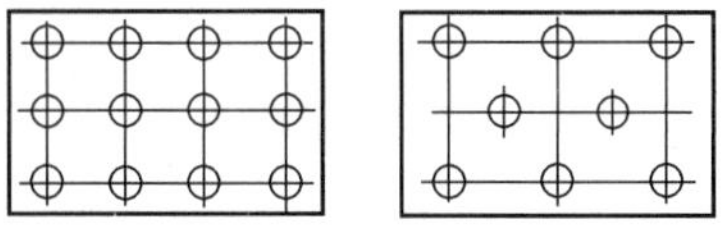

(a) 行列式　(b) 梅花式

图 10.6　桩的平面布置

《铁路桥涵地基和基础设计规范》根据受力情况和施工条件等因素对桩距作如下规定:为防止土的结构被破坏,并考虑施工的可能,对于打入或振动下沉的摩擦桩和柱桩,承台板底面处桩的中心距不应小于 1.5 倍设计桩径,为了使桩尖平面处相邻桩作用于土上的压应力重叠不致太多,并考虑桩在打入时不致因土体挤密而使桩下沉困难,规定打入桩的桩尖中心距不应小于 3 倍设计桩径。振动沉桩时土的挤压更为密实,所以规定在砂类土的桩尖中心距不应小于 4 倍设计桩径。对于钻(挖)孔灌注桩,由于其施工方法与打入桩不同,施工时对土体挤密的影响很小,故规定竖直摩擦桩中心距较打入桩为小,但为使桩与土体间的摩擦力不致降低,故规定钻(挖)孔摩擦桩中心距不应小于 2.5 倍设计桩径。对于钻(挖)孔桩的柱桩,由于考虑相邻桩在成孔时,桩间土体太薄易引起孔壁坍塌,故规定柱桩中心距可小于摩擦桩中心距,但不应小于 2 倍设计桩径,摩擦支承管柱的中心距可采用 2.5～3.0 倍管柱外径,端承管柱的中心距可采用 2 倍钻孔直径。

为了防止由于桩位不正而影响承台位置以及保证承台与外排桩的可靠联结，规定各类桩的承台边缘至最外一排桩的净距：一般情况下，当桩径 $d\leqslant 1$ m 时，不小于 0.5 d，且不得小于 0.25 m；当桩径 $d>1$ m 时，不小于 0.3 d，且不得小于 0.5 m。对于钻孔灌注桩，d 为设计桩径；对于矩形截面桩，d 为桩的短边宽。

3. 承台的构造及桩与承台的联结

承台的作用是将桩联成整体，并与墩台身底部相连，因此承台的尺寸和形状，取决于墩台身底部的尺寸和形状以及桩群外围轮廓。承台的最小平面尺寸等于墩台身底截面尺寸加襟边宽度。其最大平面尺寸如为混凝土承台，则不得超出混凝土基础刚性角(45°)的要求，而当其为钢筋混凝土承台时，则不受刚性角的制约，由力学检算确定。承台的厚度不宜小于 1.5 m，混凝土强度等级不应低于 C30。承台桩基布置在满足刚性角的情况下，承台板底部应布置一层钢筋网；当桩顶主筋伸入承台板内联结时，此钢筋网在越过桩顶处不得截断。对于钢筋混凝土承台的配筋，应由力学检算确定。

基桩顶部嵌入承台内应有适当的长度，以增强桩与承台的联结刚度。桩与承台联结有两种方式，钢筋混凝土桩多采用桩顶主筋伸入承台，如图 10.7(b)、(c)所示；而木桩和预应力混凝土桩则采用桩顶直接伸入承台方式，如图 10.7(a)所示。前一种联结比较牢固，钻(挖)孔灌注桩一般采用此种联结方式。图 10.8 为某大桥桩基喇叭形伸入的主筋。

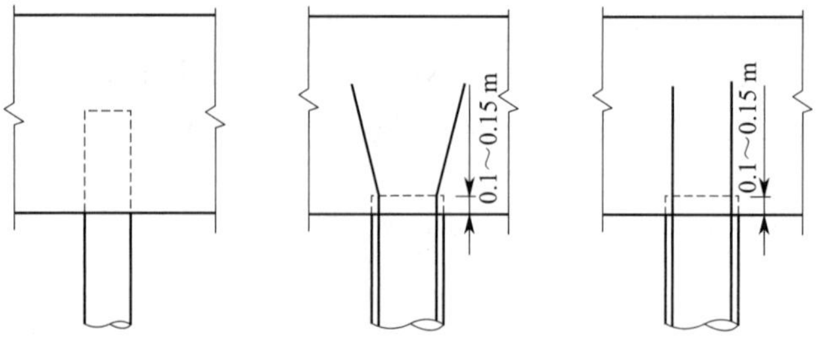

(a) 桩顶伸入　　(b) 喇叭形伸入的主筋　　(c) 竖直形伸入的主筋

图 10.7　桩与承台板的联接方式

图 10.8　某大桥桩基喇叭形伸入的主筋

当桩头主筋伸入承台时，桩身伸入承台内的长度一般为 10～15 cm(不包括水下混凝土封底的厚度)。桩头伸入承台的钢筋，可采用喇叭式或竖直式，如图 10.7(b)、(c)所示，此时桩顶伸入承台板内的主筋长度(锚固长度)，应根据桩基采用的钢筋种类及混凝土等级选用，最小锚固长度应符合表 10.1 的规定，其箍筋的直径不应小于 8 mm，间距可采用 150～200 mm。

表 10.1　钢筋最小锚固长度　　单位：mm

钢筋种类		HPB300			HRB400			HRB500		
混凝土等级		C25	C30、C35	≥C40	C25	C30、C35	≥C40	C25	C30、C35	≥C40
受压钢筋(直端)		30d	25d	20d	35d	30d	25d	40d	35d	30d
受拉钢筋	直端	—	—	—	45d	40d	35d	50d	45d	40d
	弯钩端	25d	20d	20d	30d	25d	20d	35d	30d	25d

注：(1)当带肋钢筋直径大于 25 mm 时，其锚固长度应增加 10%。

(2)受弯及大偏心受压构件中的受拉钢筋截断时宜避开受拉区，表中数值仅在困难条件下采用。

(3)采用环氧树脂涂层钢筋时，受拉钢筋最小锚固长度应增加 25%。

(4)当混凝土在凝固过程中易受扰动时，锚固长度应增加 10%。

(5)d 为钢筋直径。

钢筋混凝土和预应力混凝土桩桩顶直接埋入承台联结时[图 10.7(a)],埋入长度应满足下列规定,以保证联结可靠:

(1)当桩径小于 0.6 m 时,埋入长度不应小于 2 倍桩径;

(2)当桩径为 0.6~1.2 m 时,埋入长度不应小于 1.2 m;

(3)当桩径大于 1.2 m 时,埋入长度不应小于桩径。

当基桩桩顶直接埋入承台联结,且桩顶作用于承台板的受压应力超过承台混凝土的局部容许承压应力时(计算此项压应力时,不考虑桩身与承台混凝土间的黏着力),应在每一根桩的顶面以上设置 1~2 层直径不小于 12 mm 的钢筋网(图 10.9),钢筋网的每边长度不应小于桩径的 2.5 倍,网孔为 100 mm×100 mm~150 mm×150 mm。

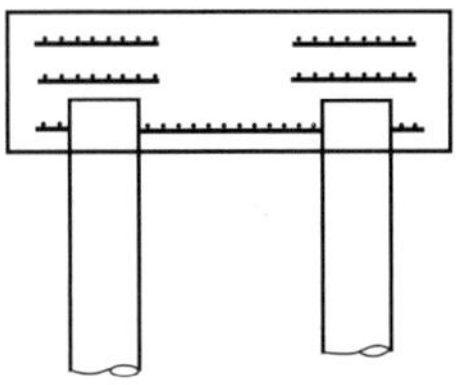

图 10.9　桩顶钢筋网

承受拉力的桩与承台的联结应满足受拉强度要求。

嵌入新鲜岩面以下的钻(挖)孔桩,其嵌入深度应根据计算确定,且不应小于 0.5 m。

河床岩层有冲刷时,支于岩层上的管柱基础应采用钻岩支承。管柱下端的位置应考虑岩层最低冲刷时高程。

嵌入岩层的管柱,应采用外壁竖直的钢刃脚,其高度应与嵌入岩层内的深度相适应,并符合下列规定:

(1)需要钻岩的管柱,在钻头运动高度范围内,底节管柱内壁刃脚内侧应采用周圈钢板防护。

(2)钻岩支承的管柱,钻孔内应设置钢筋笼,并伸入管柱底部,伸入管柱底部的长度按计算确定。

(3)布置钻孔桩钢筋笼时,钢筋笼底面与钻孔底面的容许误差可结合具体情况在设计时规定,但不应大于 0.5 m。钢筋笼的直径应较钻头直径小 200 mm。

任务 10.2　桩基础的设计

基桩在轴向荷载作用下,可能出现两种破坏:一种是地基土对桩的阻力不够,桩发生较大的下沉,不能满足使用的要求;另一种是因桩身材料强度不够而破坏。因此,确定单桩的轴向容许承载力,应分别按桩身材料强度和地基土的阻力进行计算,取其较小者。一般情况下支承在岩层上的柱桩,多是桩身材料先破坏,而摩擦桩多是由于土的摩阻力不够而破坏。

10.2.1　桩基础的设计步骤

铁路桥梁桩基设计主要依据《铁路桥涵地基和基础设计规范》(TB 10093—2017)和《铁路桥涵混凝土结构设计规范》(TB 10092—2017)。桥梁桩基础设计时,首先要收集有关设计资料,拟定设计方案(包括选择桩基类型、桩径、桩数、桩长及桩的布置),然后进行检算,根据检算结果再作必要的修改,这样经过多次反复试算,直至符合各项要求,最后得出一个较佳的设计方案。现将桩基的设计步骤介绍如下。

1. 收集设计资料

主要包括上部结构类型、荷载、场地工程地质、水文地质情况、材料来源及施工技术、设备等方面的资料。

2. 拟定设计方案

根据收集的设计资料,先考虑桩基为高承台还是低承台;然后依据地质条件、施工技术及设备和材料供应等情况，考虑采用打入桩或就地灌注桩等；再根据地质条件确定设计为柱桩还是摩擦桩。

(1)选择桩基的类型

①高、低承台桩基的选择

当常年有水，冲刷较深，或水位较高，施工困难时，常采用高桩承台方案；另外，对于受水平力较小的小跨度桥梁，选用高桩承台也是较为理想的方案。处于旱地上、浅水岸滩或季节性河流的墩台，当冲刷不深，施工较容易时，选用低桩承台有利于提高基础的稳定性。

当高、低承台方案选定后，在确定承台底面高程时，应满足下列要求：

a. 低桩承台座板底面位于冻结线以下 0.25 m(不冻胀土层不受此限制)；

b. 高桩承台座板底面在水中时，应在最低冰层底面以下不少于 0.25 m；在通航或筏运河流中，座板底面应适当降低。

②预制沉桩与就地灌注桩的选择

根据地质条件和施工单位的机械设备条件选择。

③柱桩与摩擦桩的选择

非压缩性土层埋藏较浅时，选择柱桩基础；普通土层或软弱土层较厚时，选择摩擦桩基础。

(2)选定桩材及桩的断面尺寸

国内铁路桥梁桩基，一般采用钢筋混凝土桩。用打入法施工时，通常采用工厂预制的预应力钢筋混凝土空心管桩，其断面为圆形，外径为 300～600 mm。如为钻孔灌柱桩，则以钻头直径作为设计桩径，常用的钻头直径规格为 0.8 m、1.0 m、1.25 m 和 1.5 m，必要时也可采用 2～3 m 甚至更大直径的桩。如为挖孔桩，桩身直径或边长不小于 1.25 m。

(3)估算桩长及桩数

桩材及桩的断面尺寸确定之后，便可根据承台上荷载的大小、地层情况来拟定桩长及桩数。对于桥梁墩台桩基，由于荷载的方向、大小和位置并非固定，其桩长及桩数只能靠试算法求之。

通常，在设计桩基时，如地质条件许可，总希望把桩端置于岩层或承载力较强的土层上(如砂夹卵石层，中密以上砂层等)，以期取得较大的桩端阻力，这时桩长较易确定。桩端极限阻力的大小与桩端插入持力层的深度有关(例如在砂土中插入 $10d$～$20d$ 时桩端极限阻力最大)，因此必须将桩端插入持力层一定深度。但对于打入桩，要打入持力层中很深是难以做到的，进入持力层最好不应小于 1 m。这时桩长可以根据承台底面高程、持力层面高程和桩端进入持力层深度或新鲜岩石的高程来确定。对于摩擦桩由于桩数和桩长两者相互牵连，只能靠试算求得，故摩擦桩的计算比柱桩要烦琐一些。

计算程序是先选定桩材和桩径，然后按材料强度算出其允许轴向承载力 $[P]$。

所需桩数 n 可用式(10.1)估算。

$$n=\mu\frac{N}{[P]} \tag{10.1}$$

式中　N——作用在承台底面上的竖向荷载(kN)；

μ——经验系数，为 1.3～1.8。由于铁路桥梁基础所受的水平荷载和力矩较大，故 μ 的取值也相对较大。

(4)桩的布置形式

桩数拟定下来后，便可在承台底面上进行布置。桩的排列形式，最好采用行列式，以利施工；有时为节省承台面积，也可采用梅花式。此外，还应注意桩间最小中心距及承台边缘至边桩外侧的最小距离是否满足有关规定。

桩的位置按上述要求布置好后，计算出桩顶最大轴向力 N_{max}，N_{max}加桩的自重后不应大于［P］，然后再按土的阻力用公式试算桩长，如算得的桩长 l 太长或太短则必须重选桩径或加大承台面积，重新验算直至得到合理桩长，然后重新布置各桩位置。

3. 桩基检算

通过桩基的内力、变位计算解得各桩桩顶所分配到的轴向力、弯矩、剪力和桩身上弯矩、剪力，以及承台座板底面的竖向位移、水平位移、转角之后，便可进行下列桩基检算：

(1)桩的轴向承载力检算

$$N_{max}+G\leqslant[P] \tag{10.2}$$

式中　N_{max}——作用在桩顶上的最大轴向力(kN)；

G——基桩自重(kN)，当桩插在透水层时，应考虑浮力；

$[P]$——桩的轴向容许承载力(kPa)，当主力＋附加力作用时，$[P]$可提高 20％；当主力＋特殊荷载(地震力除外)作用时，柱桩可提高 40％，摩擦桩可提高 20％～40％。

(2)检算桩身材料强度或配筋

对于预制的打入桩需根据设计算得的桩所承受的轴向力和最大弯矩来检算其材料强度。但其最不利的受力条件多是发生在吊运之时，故预制桩在配筋时已考虑了这种最不利的受力状态，可不进行此项检算，仅须按稳定条件检算其轴向承载力即可。

钻孔桩则需按设计算得的桩身最不利受力状态来配筋，其配筋量可根据桩身内力的分布情况分段计算，然后按整桩来检算其稳定条件，具体计算方法可参阅有关教材中的偏心受压构件计算方法。

(3)检算桩基承载力

将整个桩基视为实体基础，检算基底持力层及软弱下卧层的地基承载力。详见地基强度的检算。

(4)检算墩台顶水平位移

顺桥方向 $\Delta\leqslant0.5\sqrt{L}$；横桥方向 $\Delta\leqslant0.4\sqrt{L}$。其中，$\Delta$ 为墩台顶的水平位移(cm)；L 为桥梁跨度(m)。当相邻桥跨为不等跨时，采用较小的跨度。Δ 可按式(10.3)求得。

$$\Delta=\alpha+\beta h'+\delta \tag{10.3}$$

式中　α，β——承台座板底面中点的水平位移和转角；

h'——承台座板底面至墩台顶的距离(m)；

δ——墩台身在外力(水平力及弯矩)作用下弹性变形所引起的墩台顶水平位移(m)。

(5)承台座板在桩顶力作用下的强度检算

①考虑桩对承台的冲切作用，按式(10.4)检算桩顶以上 l_2 范围的剪应力，如图 10.10 所示。

$$\tau=\frac{N_{i\max}}{\pi d l_2}\leqslant[\tau_c] \tag{10.4}$$

式中　$[\tau_c]$——混凝土的容许纯剪应力(kPa)；

l_2——承台板内桩顶以上的高度(m)；

d——桩的直径(m)；

$N_{i\max}$——作用在桩顶上的最大轴向力(kN)。

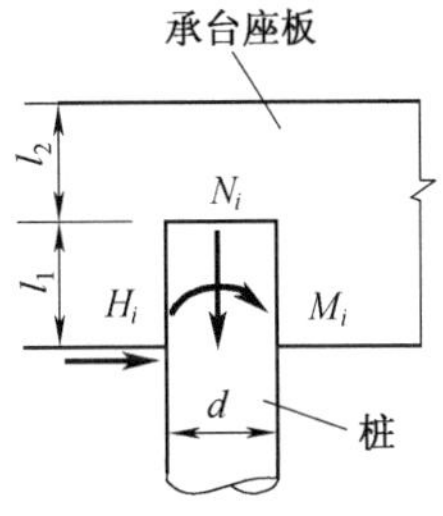

图 10.10　承台检算

②作用在桩顶处的局部压应力。设作用在座板底面处的桩截面上的轴向力为 N_i，桩

埋入座板内的长度为 l_1 ,如图 10.10 所示。因此,作用在桩顶处的轴向力 $N_i' = N_i - \frac{\pi d^2}{4} l_1 \gamma$ (γ 为桩身的容重),在 N_i' 作用下桩顶处的压应力为

$$\sigma_v = \frac{N_i'}{\pi d^2/4} \leqslant [\sigma_{a2}] \tag{10.5}$$

式中 $[\sigma_{a2}]$——混凝土的容许局部压应力。

10.2.2 单桩轴向容许承载力的确定

1. 按地基土的阻力确定单桩的容许承载力

按地基土的阻力确定桩的容许承载力时,宜通过试桩确定。如无条件进行试桩,可按《铁路桥涵地基和基础设计规范》进行计算,但打入桩在施工时应以冲击试验验证。

确定单桩容许承载力的方法主要有经验公式、静载试验、动力公式(也称打桩公式)及静力触探等几种。

(1)经验公式

确定单桩轴向容许承载力的经验公式,是根据多年的基桩静载试验,按其所获得的桩侧土的极限摩擦力和桩端土的极限阻力的数据而建立起来的。对于中、小桥桩基的单桩承载力,如无条件进行静载试验,可用经验公式计算。

不同类型的基桩有不同的承载力,《铁路桥涵地基和基础设计规范》按桩在土中的支承类型及施工方法的不同,提供了经验公式。

①摩擦桩轴向受压的容许承载力

摩擦桩的承载力,假定由桩侧土的摩擦力和桩尖土的阻力两部分组成。为计算简便起见,认为摩擦阻力沿桩长和桩周都均匀分布,桩底支承力在桩底面上均匀分布,如图 10.11 所示。

a. 打入、振动下沉和桩尖爆扩桩的容许承载力:

$$[P] = \frac{1}{2}\left(U \sum \alpha_i f_i l_i + \lambda A R \alpha\right) \tag{10.6}$$

式中 $[P]$——桩的容许承载力(kN);

U——桩身截面周长(m);

l_i——各土层厚度(m);

A——桩底支承面积(m^2);

α_i, α——振动下沉桩对各土层桩周摩阻力和桩底承压力的影响系数,见表 10.2,对于打入桩其值为 1.0;

λ——系数,与桩尖爆扩体土的种类及爆扩体直径和桩身直径之比有关,见表 10.3;

f_i, R——桩周土的极限摩阻力(kPa)和桩尖土的极限承载力(kPa),可根据土的物理性质查表 10.4 和表 10.5 确定或采用静力触探试验测定。

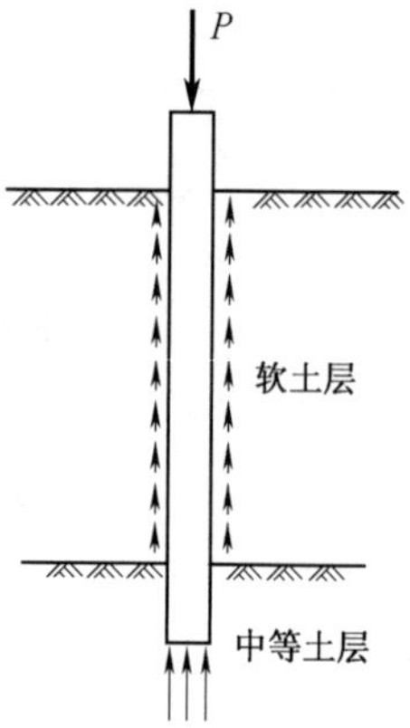

图 10.11 摩擦桩承载力

表 10.2 振动下沉桩系数 α_i, α

桩径或边宽	砂类土	粉　土	粉质黏土	黏　土
$d \leqslant 0.8$ m	1.1	0.9	0.7	0.6
0.8 m $< d \leqslant 2.0$ m	1.0	0.9	0.7	0.6
$d > 2.0$ m	0.9	0.7	0.6	0.5

表 10.3　系数 λ

D_p/d	桩尖爆扩体处土的种类			
	砂类土	粉　土	粉质黏土 $I_L=0.5$	黏土 $I_L=0.5$
1.0	1.0	1.0	1.0	1.0
1.5	0.95	0.85	0.75	0.70
2.0	0.90	0.80	0.65	0.50
2.5	0.85	0.75	0.50	0.40
3.0	0.80	0.60	0.40	0.30

注：d 为桩身直径，D_p 为爆扩桩的爆扩体直径。

表 10.4　桩周土的极限摩阻力 f_i　单位：kPa

土的种类	土性状态	极限摩阻力 f_i	土的种类	土性状态	极限摩阻力 f_i
黏性土	$1\leqslant I_L\leqslant 1.5$	15～30	粉、细砂	松散	20～35
	$0.75\leqslant I_L<1$	30～45		稍、中密	35～65
	$0.5\leqslant I_L<0.75$	45～60		密实	65～80
	$0.25\leqslant I_L<0.50$	60～75	中　砂	稍、中密	55～75
	$0\leqslant I_L<0.25$	75～85		密实	75～90
	$I_L<0$	85～95	粗　砂	稍、中密	70～90
粉　土	稍密	20～35		密实	90～105
	中密	35～65			
	密实	65～80			

表 10.5　桩尖土的极限承载力 R　单位：kPa

土的种类	土性状态	桩尖极限承载力 R		
黏性土	$1\leqslant I_L$	1 000		
	$0.65\leqslant I_L<1$	1 600		
	$0.35\leqslant I_L<0.65$	2 200		
	$I_L<0.35$	3 000		
		桩尖进入持力层的相对深度		
		$h'/d<1$	$1\leqslant h'/d<4$	$4\leqslant h'/d$
粉　土	中　密	1 700	2 000	2 300
	密　实	2 500	3 000	3 500
粉　砂	中　密	2 500	3 000	3 500
	密　实	5 000	6 000	7 000
细　砂	中　密	3 000	3 500	4 000
	密　实	5 500	6 500	7 500
中、粗砂	中　密	3 500	4 000	4 500
	密　实	6 000	7 000	8 000
圆砾土	中　密	4 000	4 500	5 000
	密　实	7 000	8 000	9 000

注：h' 为桩尖进入持力层的深度（不包括桩靴），d 为桩的直径或边长。

b. 钻(挖)孔灌注桩的容许承载力：

$$[P]=\frac{1}{2}U\sum f_i l_i+m_0 A[\sigma] \tag{10.7}$$

式中 $[P]$——桩的容许承载力(kN)；

U——桩身截面周长(m),按设计桩径计算；

f_i——各土层的极限摩阻力(kPa),查表 10.6；

l_i——各土层的厚度(m)；

A——桩底支承面积(m^2),按设计桩径计算；

m_0——钻孔灌注桩桩底支承力折减系数,查表 10.7;挖孔灌注桩桩底支承力折减系数可根据具体情况确定,一般可取 $m_0=1.0$；

$[\sigma]$——桩底地基土的容许承载力(kPa),其值按表 10.8 中的公式计算。

表 10.6 钻(挖)孔灌注桩桩周极限摩阻力 f_i 单位:kPa

土的种类	土性状态	极限摩阻力	土的种类	土性状态	极限摩阻力
软 土		12～22	中 砂	中 密	45～70
黏性土	流 塑	20～35		密 实	70～90
	软 塑	35～55	粗砂、砾砂	中 密	70～90
	硬 塑	55～75		密 实	90～150
粉 土	中 密	30～55	圆砾土、角砾土	中 密	90～150
	密 实	55～70		密 实	150～220
粉砂、细砂	中 密	30～55	碎石土、卵石土	中 密	150～220
	密 实	55～70		密 实	220～420

注:漂石土、块石土极限摩阻力可采用 400～600 kPa。

表 10.7 钻(挖)孔灌注桩桩底支承力折减系数 m_0

土质及清底情况	$5d<h\leqslant 10d$	$10d<h\leqslant 25d$	$25d<h\leqslant 50d$
土质较好,不易坍塌,清底良好	0.9～0.7	0.7～0.5	0.5～0.4
土质较差,易坍塌,清底稍差	0.7～0.5	0.5～0.4	0.4～0.3
土质差,难以清底	0.5～0.4	0.4～0.3	0.3～0.1

注:h 为地面线或局部冲刷线以下桩长,d 为桩的直径,均以 m 计。

表 10.8 桩底地基土的容许承载力 单位:kPa

条 件	计 算 公 式
当 $h\leqslant 4d$ 时	$[\sigma]=\sigma_0+k_2\gamma_2(h-3)$
当 $4d<h\leqslant 10d$ 时	$[\sigma]=\sigma_0+k_2\gamma_2(4d-3)+k_2'\gamma_2(h-4d)$
当 $h>10d$ 时	$[\sigma]=\sigma_0+k_2\gamma_2(4d-3)+k_2'\gamma_2(6d)$

注:h 为基础底面的埋置深度(m),h_0、σ_0、k_2、γ_2的意义与公式(6.1)相同;d 为桩径或桩的宽度(m);对于黏性土和黄土 $k_2'=1$;对于其他土,$k_2'=k_2/2$。

②柱桩轴向容许承载力

当柱桩支立于岩层上或嵌入岩层内时,柱桩的承载力只考虑桩底的支承力,桩侧土的摩阻力略去不计,如图 10.12 所示。

a. 支承于岩石层上的打入桩、振动下沉桩（包括管桩）的容许承载力：

$$[P]=CRA \tag{10.8}$$

式中　$[P]$——桩的容许承载力(kN)；

R——岩石单轴抗压强度(kPa)；

C——系数，匀质无裂缝的岩石层取 0.45，有严重裂缝的、风化的或易软化的岩石层取 0.30；

A——桩底面积(m^2)。

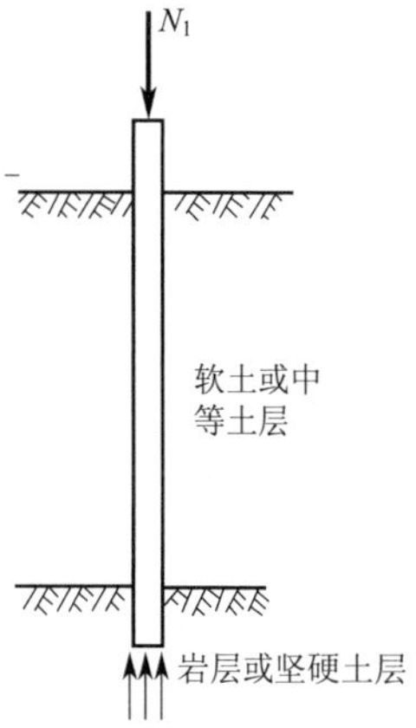

图 10.12　柱桩承载力

b. 支承于岩石层上与嵌入岩石层内的钻（挖）孔灌注桩及管柱等柱桩的受压容许承载力：

$$[P]=R(C_1A+C_2Uh) \tag{10.9}$$

式中　$[P]$——桩及管柱的容许承载力(kN)；

U——嵌入岩石层内的桩及管柱的钻孔周长(m)；

h——自新鲜岩石面（平均高程）算起的嵌入深度(m)；

C_1，C_2——系数，根据岩石破碎程度和清底情况确定，查表 10.9。

其余符号的意义与前面相同。

(2)静载试验

在桩基施工现场，对试桩（其直径及入土深度和设计的桩一致）直接施加荷载至破坏，以确定其容许承载力的方法称为静载试验。这种方法最直接可靠，在特大桥和结构、地质条件比较复杂的大、中桥桩基工程中均须做静载试验，以确定桩的承载力。下面对静载试验方法作简要说明。

表 10.9　系数 C_1、C_2

岩石层及清底情况	C_1	C_2
良好	0.5	0.04
一般	0.4	0.03
较差	0.3	0.02

注：当 $h \leq 0.5$ m 时，C_1 应乘以 0.7，C_2 为 0。

①试验加载装置

图 10.13 是一种常用的加载装置，它的主要设备有锚桩、锚梁、横梁、液压千斤顶等。在试桩周围打下 4～6 根锚桩，锚桩离试桩的距离见表 10.10，在试桩桩顶和横梁之间放置液压千斤顶，用液压千斤顶对试桩加压。测量试桩沉降的仪器多用百分表或电子位移计等。

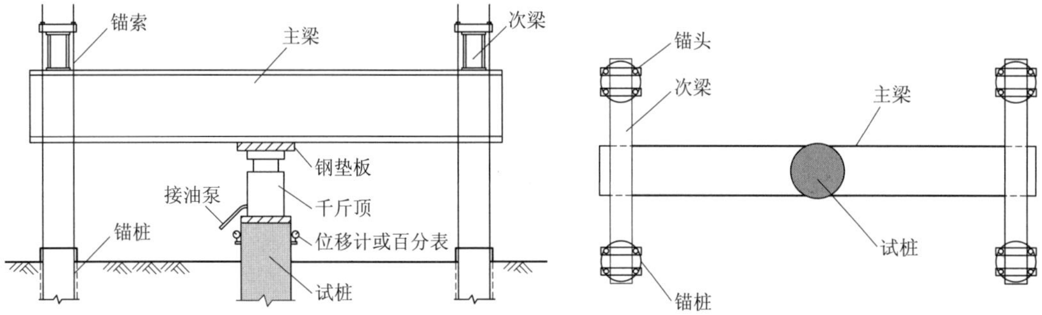

图 10.13　单桩抗压静载试验示意

表 10.10　试桩、锚桩(或压重平台支墩边)和基准桩之间的中心距离

反力装置	距　离		
	试桩中心与锚桩中心(或压重平台支墩边)	试桩中心与基准桩中心	基准桩中心与锚桩中心(或压重平台支墩边)
锚桩横梁	≥4(3)D 且>2.0 m	≥4(3)D 且>2.0 m	≥4(3)D 且>2.0 m
压重平台	≥4(3)D 且>2.0 m	≥4(3)D 且>2.0 m	≥4(3)D 且>2.0 m
地锚装置	≥4D 且>2.0 m	≥4D 且>2.0 m	≥4D 且>2.0 m

注:(1)D 为试桩、锚桩或地锚的设计直径或边宽,取其较大者。
(2)括号内数值可用于工程桩验收检测时多排桩设计桩中心距离小于 4D 或压重平台支墩下 2 倍～3 倍宽影响范围内的地基土已进行加固处理的情况。

如果试验仅为了检验设计荷载,则可选用桩基中已打入就位的基桩做试验,并利用其他已打入的基桩作锚桩。图 10.14 为静载试验实景。

图 10.14　静载试验实景

②加载方法

试桩加载应沿桩轴方向均匀、缓慢和分级进行。每级加载量一般不大于预计最大荷载的 1/10。每级荷载施加后,应分别按第 5 min、15 min、30 min、45 min、60 min 测读桩顶沉降量,当桩顶沉降速率达到相对稳定标准时,才能加下一级荷载。下沉终止的标准为:每个 60 min 内,桩的下沉量不超过 0.1 mm,并连续出现两次。根据每一级加载所记录桩的下沉随时间变化的数据,可绘出荷载—沉降曲线及时间—沉降曲线,如图 10.15 所示。

为满足测量沉降量的精度,量测沉降量的仪器至少要对称地设置两个,仪器的测量精度应高于 0.05 mm。

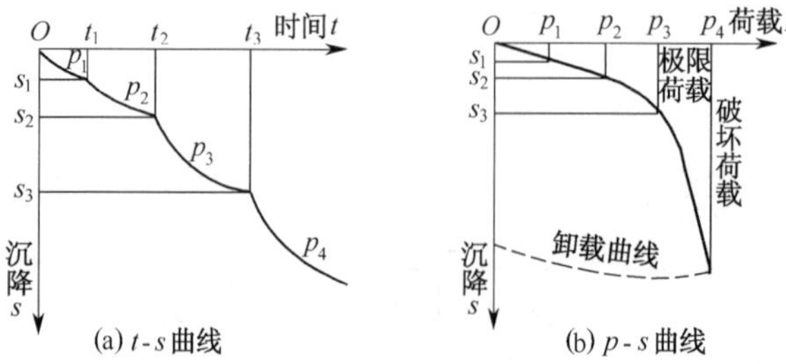

图 10.15　时间—沉降曲线及荷载—沉降曲线

③试桩的破坏标准

试桩在加载过程中，如出现下列情况时，则认为试桩已破坏，可以卸载。

a. 桩顶总沉降量大于或等于 40 mm，同时后一级的沉降量大于前一级沉降量的 5 倍；

b. 桩顶总沉降量大于或等于 40 mm，施加本级荷载一昼夜后，桩的沉降仍未稳定。

一般将破坏前一级荷载作为极限荷载 P_j。

④桩的轴向受压容许承载力的确定

$$[P]=\frac{P_j}{K} \tag{10.10}$$

式中 K——安全系数，对于永久性建筑物，取 $K=2.0$；对于临时性建筑物，取 $K=1.5$。

如果上部结构有特殊要求，必须限制桩的沉降量，也可按容许沉降量及荷载—沉降曲线来确定 $[P]$ 值。

2. 按桩身材料强度确定单桩轴向容许承载力

《铁路桥涵混凝土结构设计规范》(TB 10092—2017)对于仅承受轴向力的桩，可按沉入土中的压杆考虑。

钢筋混凝土桩，其容许承载力 $[P]$ 可用式(10.11)计算。

$$[P]=\varphi(A_c+mA_s)[\sigma_c] \quad (\text{kN}) \tag{10.11}$$

式中 A_c——桩身横截面中的混凝土面积(m^2)；

A_s——主筋截面积(m^2)；

m——主筋的计算强度与混凝土抗压极限强度之比，可从表 10.11 查得；

$[\sigma_c]$——混凝土中心受压容许应力(kPa)，可从表 10.12 查得；

φ——压杆的纵向弯曲系数，根据构件的长细比，可从表 10.13 查得。

表 10.11 *m* 值

钢筋种类	混凝土强度等级							
	C25	C30	C35	C40	C45	C50	C55	C60
HPB300	17.7	15.0	12.8	11.1	10.0	9.0	8.1	7.5
HRB400	23.5	20.0	17.0	14.8	13.3	11.9	10.8	10.0
HRB500	29.4	25.0	21.3	18.5	16.7	14.9	13.5	12.5

表 10.12 混凝土中心受压容许应力$[\sigma_c]$

应力种类	单位	混凝土强度等级							
		C25	C30	C35	C40	C45	C50	C55	C60
中心受压	MPa	6.8	8.0	9.4	10.8	12.0	13.4	14.8	16.0

注：(1)主力加附加力同时作用时，可提高 30%。

(2)对厂制及工艺符合厂制条件的桩，可以再提高 10%。

(3)当检算施工临时荷载产生的应力时，在主力加附加力的基础上可再提高 10%。

(4)计算主力加特殊荷载时，可提高 50%。

(5)钢筋混凝土结构的混凝土强度等级不宜低于 C30。

(6)预应力混凝土结构的混凝土强度等级不应低于 C40。

表 10.13 纵向弯曲系数 φ 值

l_0/b	≤8	10	12	14	16	18	20	22	24	26	28	30
l_0/d	≤7	8.5	10.5	12	14	15.5	17	19	21	22.5	24	26
l_0/r	≤28	35	42	48	55	62	69	76	83	90	97	104
φ	1.0	0.98	0.95	0.92	0.87	0.81	0.75	0.70	0.65	0.60	0.56	0.52

注:(1)l_0——构件计算长度(m);$l_0=kl$,其中 l 为桩身全长,k 值按上、下铰的联结情况而定:两端刚性固定时,$l_0=0.5l$;一端刚性固定,另一端为不移动的铰时,$l_0=0.7l$;两端均为不移动铰时,$l_0=l$;一端刚性固定,另一端为自由端时,$l_0=2l$。

(2)b——矩形截面构件的短边尺寸(m)。

(3)d——圆形截面构件的直径(m)。

(4)r——任意形状截面构件的回转半径(m)。

任务 10.3 灌注桩施工

灌注桩作为一种重要的深基础形式,凭借其对复杂地质条件的强适应性、高承载性能及灵活的施工工艺,广泛应用于铁路桥梁、水利工程等基础设施建设。灌注桩施工通过在地基土中成孔,随后灌注混凝土或钢筋混凝土形成桩体,可有效将上部结构荷载传递至深层稳定土层。下面主要介绍挖孔桩灌注桩与钻孔灌注桩的施工过程。

10.3.1 挖孔桩施工

1. 施工方法及程序

(1)特点及适用范围

挖孔灌注桩(简称挖孔桩)基础是用人工挖竖井的方法挖出桩孔,放入钢筋笼,灌注混凝土成桩,如图 10.16 所示,然后在桩顶上灌注承台混凝土形成桩基础。

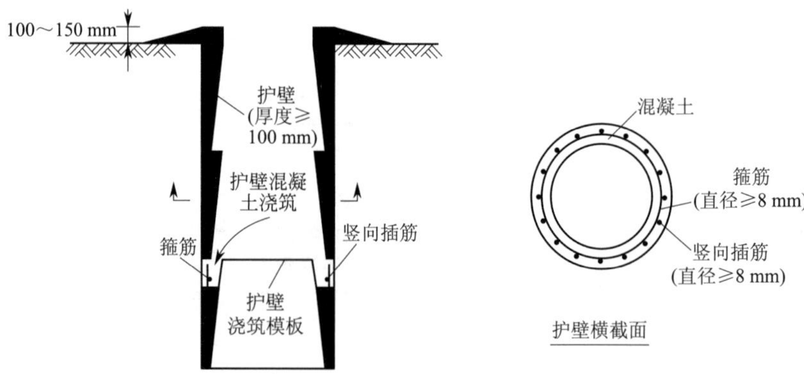

图 10.16 人工挖孔桩的开挖示意

挖孔桩的优越性在于施工简易,不受地形与机具设备的限制,能快速施工。与钻孔桩比较,桩径大,孔形可方可圆,较容易处理桩的基底,桩尖不存在软垫层问题,质量容易保证;与沉井比较,可节省大量圬工,不须考虑遇到孤石或基底岩层倾斜所带来的困难和对施工进度影响;与明挖基础比较,能省去大量土石方数量,特别是在地面横坡大,因傍山开挖而引起的边坡坍塌危及基坑,从而使明挖基础无法进行时,如采用挖孔桩就可能避免或减少这些问题。

在挖孔过程中，可以较清楚地了解地质变化情况，验证设计、调整桩长，使设计更切合实际。如果地基土强度不够，还可以将桩尖扩大，以提高桩的承载力。

挖孔桩可以设计为排架式或板凳式。在同一墩台位上，如基岩高差悬殊，可设计成局部支承桩基础（亦称半边桩基础），以解决基础的吊角、缺边等难题。因挖孔桩桩径粗，刚度大，承载力也大，相应的弹性变形很小，不必担心产生不均匀沉陷。

挖孔桩也有它的缺点和局限性，如地下水丰富或水位高的地层，流砂层很厚及淤泥质黏土地层等，不宜采用挖孔桩。另外，施工范围的面积小，孔内作业条件差，挖孔过深时，其井下通风及防护安全等问题都较为突出，故 21 世纪初之后，其应用已显著减少。但在某些情况如桩截面非圆形（边坡及滑坡工程中的抗滑桩多为矩形）、截面尺寸很大、施工机械无法施展时，人工挖孔的方法就成为合理的选择。如深圳平安金融中心的人工挖孔桩的开挖，其桩径高达 8 m，深度为 30 m。

（2）挖孔桩的主要施工程序

开挖桩孔→设置孔口护壁→视地质情况随挖孔进度设置桩孔护壁→孔内出渣、排水、通风→孔底清理→设置钢筋笼→灌注桩身混凝土→成桩检测。

2. 施工准备

（1）施工测量

根据桥位测量定出的墩台十字线，放出桩位，用 15 cm×15 cm 方木，按设计桩孔断面尺寸做成框架，固定在孔台上，框架四周高出地面 10～15 cm，以防土石掉入孔内。埋设框架时，须定出桩孔四边中心（圆孔则为十字线），用水准仪抄平，作为施工中校核的依据，因此框架必须稳固牢靠。若地层松软，为防止孔口坍塌，可使用混凝土护壁，护壁高约 2 m。

（2）平整场地

开挖前，桩基周围（尤其是上坡方向）的危石、浮土及一切不安全因素必须清除，平整场地要因地制宜，即不宜大量开挖土石方，又不影响邻近的墩台施工，在陡坡地带的下坡方向可采用搭平台的方式来扩大场地。桩孔四周应做好临时防护栏杆。

（3）挖排水沟、搭防雨棚

为了防止雨水进入桩孔，应在孔口上方搭设防雨棚（必须与提升设备相适应），并于孔口四周挖好排水沟。若有经常性地面水，排水沟应作防渗铺砌。

（4）安装提升设备

根据需要和可能，采用人力绞车或电动卷扬机作提升设备。安装提升设备时，首先要考虑到进料出渣方便灵活，拆装容易，还应注意到吊斗容量与起重能力的适应，起重安全系数应大于 3。挂钩及吊头活门既要牢固还要有保护措施，人员上下应另设绳梯与安全绳。

（5）布置出渣道路

弃土地点应离孔口 10 m 以外，因此在井口卸渣处应接以架子车道或平车轨道，并要求这些道路能兼用于安装钢筋笼与混凝土灌注。

3. 桩孔开挖

（1）开挖顺序

挖孔的顺序，视土质及桩孔布置形式而定。地质松软，在同一墩台范围内有四个桩孔时，先挖对角两孔，灌注混凝土后，再开挖另外两孔，如桩孔为五孔者，应先挖中间一孔，其余四孔，同上按对角线方法开挖；五孔以上者，应采用跳跃式间隔开挖，以免相邻两孔的间隔太薄，支承力不足而造成坍孔。当土质紧密，不易坍孔时，同一墩台位的全部桩孔可同时开挖。

(2)挖孔桩施工要点

挖孔桩的构造除桩径稍大外与钻孔桩基本相同,但施工方法简单,只需用很少的机械设备,以人力开挖为主。桩有圆形、方形和矩形几种。适用于无水或少水的较密实的各类土层中,桩的直径(或边长)不宜小于 1.25 m,孔深不宜超过 20 m,并可将桩尖扩大,以提高桩的承载力。一般情况下是在无水或抽水条件下灌注桩身混凝土,质量容易保证。

挖孔桩分无护壁和有护壁开挖两种。无护壁开挖只在孔内无水,深度不超过 10 m 的密实地层中采用。其他多采用有护壁开挖,支护形式应视土质、渗水情况而定。若土质密实,开挖后短期不会坍孔者,可不设支撑或间隔设置支撑或采用喷射混凝土支护。土质不好,则应采取框架支撑或混凝土预制圈支撑。一般情况下采用排架支撑,沿桩深每 1.0～1.5 m 设一横向排架,排架后设挡土板;或用壁厚 10～20 cm 的混凝土护壁,每掘进 1.2～1.5 m 时,立模灌注混凝土一次。

挖孔桩施工必须在保证安全的前提下,不间断地进行。在软土地层,同一墩台内不宜两相邻孔同时开挖。如情况较好,以对角两孔或间隔开挖为宜。若孔较深应经常检查孔内二氧化碳浓度,并加强通风。开挖时允许孔壁稍有不平,以提高桩侧的摩擦力。桩的截面尺寸须满足设计要求,桩孔中线误差不得大于孔深的 0.5%,挖孔中遇有大漂石或基岩时,可进行孔内爆破,但严禁裸露药包,必须严格掌握眼深和药量,以防因爆破引起孔壁坍塌。对于软岩石,炮眼深不超过 0.8 m;对于硬岩层,不超过 0.5 m。炮眼数目和位置及斜插方向,应按岩层情况确定,中间一组集中掏心,四周主要挖边,以松动为主,放炮后应及时通风排烟。

孔壁不必修成光面,以增加桩壁摩擦力。孔底必须平整,无松渣、污泥、沉淀等软层,嵌入岩层深度应符合设计要求。

(3)排水

孔口四周的排水沟除截住地表水外,还能及时远引孔内抽出的地下水,防止因孔口积水渗透加大孔壁侧压力而坍孔。孔内渗水量不大时,可用桶提升排出,若水量较大采用机械抽水,孔深小于抽水机吸程时,抽水机设在孔口外,孔深大于抽水机吸程时,需用小型抽水机吊入孔内抽水。在同一墩台有几孔桩同时开挖时,宜对渗水量大的桩孔超前开挖,集中抽水降低其他桩孔的水位,使其在无水或少水的情况下施工,排水用的桩孔可待其他桩孔施工完毕后再行处理。

(4)人员配备和进度

挖孔时应组织三班制不间断作业,每班作业人数视孔径大小而定。孔内挖装 2～4 人,起吊出渣 2～4 人,其他木工、电工等则随班配备,不限定在一个桩孔工作。挖掘进度与孔径大小、地质情况、吊装设备等息息相关。桩截面尺寸在 1.2 m×1.2 m 以内,人力挖装一般土质的平均进度每班 0.5～1.2 m,日进度 1.5～3.6 m。

(5)注意事项

①建立和健全制度

a. 建立交接班制。必须交清施工中存在的问题,提出下班应注意事项。

b. 建立呼应制度。井孔上下随时呼应,以防下面发生意外,上面不知道。

c. 制订放炮制度。严格遵守爆破操作规程,孔深超过 10 m 时,应增设通风设备,并经常检查孔内二氧化碳浓度,如超过 0.3%,要采取有效措施,否则不能施工。放炮通风排烟后,工人下孔前,必须检查孔内有害气体浓度,防止中毒(常用活体家禽生物检验和有害气体检测仪检验)。

② 安全设施

上班前，施工人员需要检查上下桩孔的吊拦、钢筋梯、软梯及其他吊装设备等是否牢固。孔口和孔内设安全盖板，孔下施工人员必须戴安全帽，孔口附近严禁堆放料具，以防掉落孔内伤人，起吊弃渣或吊运支撑时，孔下人员应躲在盖板下面。

③ 孔内照明

孔内照明应用 36 V 以下的低电压，在潮湿和渗水地区，使用防水灯头与保护灯罩。

另外，挖孔时必须采取孔壁支护，可采用就地灌注混凝土（不应低于 C15）或便于拆装的钢、木支撑。支护应高出地面，以防止地面水流入孔内。支护结构需经过检算。

4. 灌注桩身混凝土

(1)桩孔检查

开挖桩孔达到设计高程后，要进行终孔检查，除设计有特殊要求外与明挖基础相同。

(2)安放钢筋笼

钢筋笼一般都是分节制作，分节长度按孔口提升设备的高度及起吊能力确定，每节长度 5～8 m 为宜。骨架应牢固，主筋应平直，箍筋应圆顺，尺寸应准确。主筋与箍筋连接处应用点焊，钢筋头不得伸入钢筋内缘净空，以免妨碍串筒升降。拼接钢筋笼时，上下节轴线应吻合，焊成整体后，缓缓下放，经检查无误，并固定位置为止。

(3)灌注桩身混凝土

在干燥无水或有少量渗水时，可用一般灌注方法施工。入模混凝土应使用串筒导管，避免分散落下发生离析，影响桩身强度。如孔内有部分残存的支撑，应随着灌注过程不断地由下至上清除干净。若桩孔地层渗水量大，可在孔内灌水高出地下水位，采用水中混凝土灌注法施工。

5. 成桩检测

依照规范及验收、勘察、设计、施工、管理单位共同确定的检测方法对桩基进行检测。

10.3.2　钻孔桩施工

1. 施工方法及程序

(1)钻孔桩基础的特点及适用范围

钻孔桩基础施工作业简单，陆地、水中均可施工。对于处理复杂地层中的基础，有显著的优势。与明挖基础比较，钻孔桩工作量小，能节省劳动力，对渗水量大的基坑，可避免大量的抽水工作，变水下作业为水上作业，改善劳动条件；与打入桩比较，桩径较大，桩周摩擦力大，因而承载力也大，可以穿过漂石、卵石、砾石等地层，并嵌固到基岩内，不需要模板，用料较省；与沉井比较，圬工量小，遇有大孤石和倾斜岩层时也容易处理，工期短，成本低。

(2)钻孔机具的选择

钻孔桩施工时常用的钻机有冲击式钻机、旋转式钻机、冲抓式钻机等。

冲击式钻机对地层的适应性强，对岩层、坡积岩堆、漂砾、卵石等地层钻孔效率较高，在粉质黏土、粉土地层中效率较低。

旋转式钻机适用于粉质黏土、粉土及风化砂页岩和卵石含量小于 20%、粒径小于 5 cm 的土夹石地层。

冲抓式钻机适用于粉质黏土、粉土及砂类土、卵(砾)石地层。

根据地层及施工单位既有机具设备等情况，考虑选择钻孔机具的类型。

(3)主要施工程序

旋转式钻机的施工程序如图 10.17 所示。

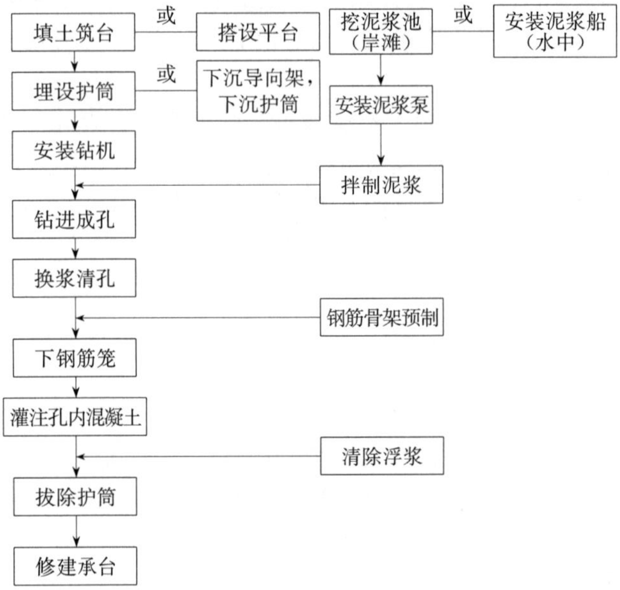

图 10.17　旋转式钻机施工程序

冲击式钻机钻进时的施工程序可参照旋转式钻机的施工程序,拌制泥浆工序可省略,但钻进和抽渣应间隔进行。

2. 钻孔机械简介

(1)钻机

①旋转式钻机

按其钻头的旋转动力分人力推动、内燃机和电动机驱动。前者设备简单、速度慢、劳动强度大,目前多用机动的旋转钻机。这种钻机按泥浆循环方式不同分正循环和反循环两种。

a. 正循环旋转钻机

将泥浆池的泥浆经由普通胶管吸入泵内,开动泥浆泵以 1 200～4 000 kPa 的压力通过高压胶管、空心钻杆,随钻头旋转,从钻头下部两侧喷出,冲刷孔底。高压泥浆起破坏孔底土层,保护孔壁及悬浮钻渣的作用。钻渣与泥浆混合在一起沿钻孔上升,从护筒口排出,流入沉淀池,钻渣沉积下来,较纯净的泥浆流回泥浆池,再由泥浆泵压入钻孔内,如此形成一个工作循环,如图 10.18(a)所示。和这种方式相似的,不在钻杆内腔运行泥浆的机械旋转钻,它的钻杆外侧设有一根胶皮管或钢管输送泥浆,辅助排渣。因不要求钻杆接头严密不漏浆,故钻杆的加工制作较为简易。

b. 反循环旋转钻机

利用真空泵抽去循环系统管道的空气,使其产生负压,夹带钻渣的泥浆经钻头、空心钻杆、胶管等进入泥浆泵,再由泥浆闸阀排出,流入沉淀池,沉淀后较纯净的泥浆又流回泥浆池。因为泥浆的循环路线与正循环恰好相反,故称为反循环。这种钻机的优点是:排渣快,并能吸出粒径较大的钻渣,可用于粗砂、砾砂和砂夹卵石地层中钻孔,如图 10.18(b)所示。

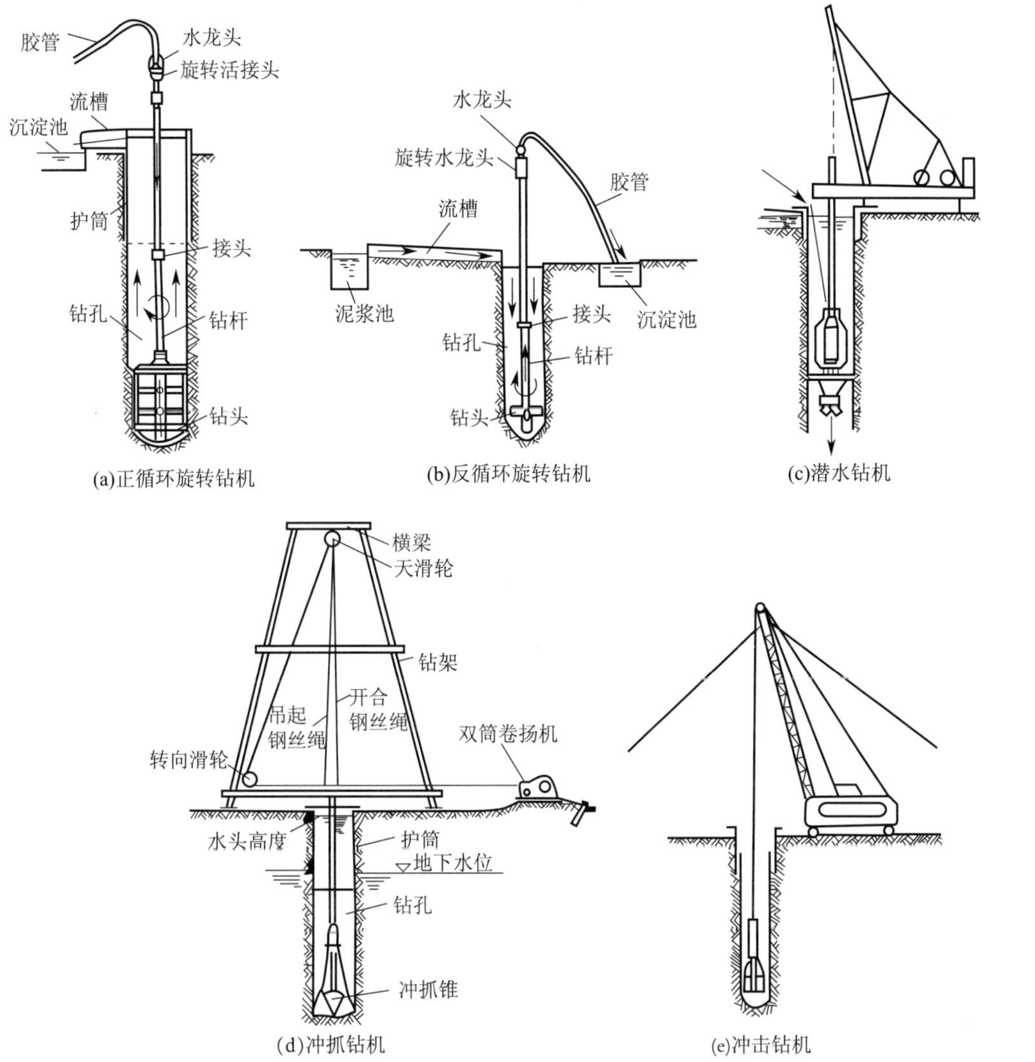

图 10.18　几种常见钻机

在钻机的类型中，正循环旋转钻孔使用的钻机有磨盘钻机、XJ-100 型钻机、SPJ-00 型钻机；反循环旋转钻孔使用的钻机有 Z-3 型桥用钻机、爬杆式旋转钻机等。

②潜水钻机

该钻机为配有排渣的潜水电钻，它结构简单，耗功和噪声小，是一种较有发展前途的钻机，如图 10.18(c)所示。

③冲抓式钻机

按操作方法可分单绳冲抓和双绳冲抓两种，一般均使用简易钻架操纵，如图 10.18(d)所示。

④冲击式钻机

在铁路桥梁钻孔桩基础施工中广泛采用，如图 10.18(e)所示。常用的冲击钻机有 CZ-30 型、CZ-22 型、CZ-20 型及简易钻机等，其主要性能见表 10.14。

表 10.14　各型冲击式钻机主要性能

型号	提升能力/t	钻头最大质量/t	冲击行程/m	冲击次数/(次/min)	钻机质量/t	行走设备
CZ-30	3.0	2.5	0.50～1.0	40～50	13.0	大胶轮
CZ-22	2.0	2.5	0.35～1.0	40～50	7.0	大胶轮
CZ-20	1.5	1.0	0.45～1.0	40～50	6.3	大胶轮
简易钻机	3.0～10.0	2.5～8.0	可以调整	约 9	依据卷扬机大小而定	无

(2)钻头

①冲击钻头

冲击钻头由锥身、刃脚和转向装置三部分组成。锥身提供冲锥所必需的质量和冲击动能,并起导向作用。刃脚位于冲锥底部,是直接冲击破碎地层的部件。转向装置位于锥顶,和起吊钢丝绳(也叫大绳)联结,使冲锥灵活转动。

目前施工中常用的有十字形钻头、人字形钻头、工字形钻头及管式钻头。现仅对十字形钻头(图 10.19)作详细介绍。

钻头自重按钻机确定,钻刃直径 D 以设计孔径的大小为标准,钻头高度为 1.5～2.5 m,其高度必须与质量和直径相适应,用以保证冲钻时的稳定和导向作用。钻头的造型好坏,对钻速影响很大,一个好钻头,应具备下列条件:

a. 钻头重量应等于或稍小于钻机允许最大吊重,使单位长度钻刃上的冲击压力增大,有利于提高钻速。

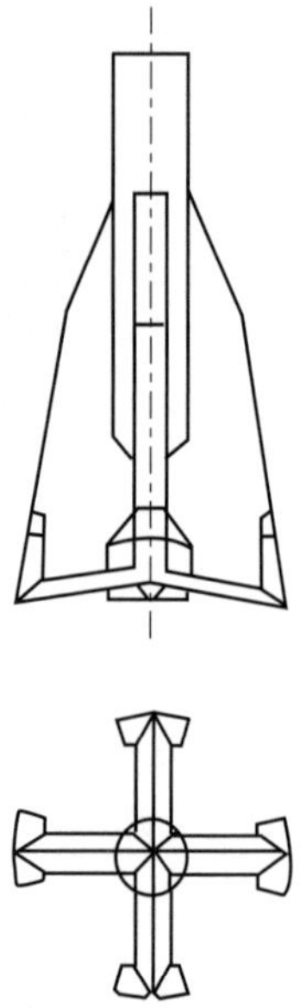

图 10.19　十字形钻头

b. 有高强耐磨的钻刃。钻刃直接与土层接触并将其破碎,以达到钻进之目的。由于刃口容易磨损,特别是遇到坚硬地层时更易磨钝卷口,因此,钻刃必须采用优质钢材加固,用工具钢、弹簧钢和高锰焊条,补焊钻刃,以提高其耐磨程度。

c. 用无钻杆接头的整体短钻杆,以免接头松脱掉钻,而且重心低,稳定性好,易于检查。

d. 要想得到圆形规则的桩孔,需要钻头每冲击一次,转动一个角度,为此应在锥顶设置一个转向装置。常用的转向装置有合金套、转向套、转向环、绳帽套等四种,如图 10.20 所示。

e. 钻头截面变化要平缓,使冲击应力不集中,不易开裂折断。

f. 钻头上应焊有便于打捞的装置。

②冲抓成孔的钻头(冲抓锥)

具有冲击动能,并由锥瓣直接抓取土石的冲抓锥来钻进成孔的。它的冲击作用在于使锥瓣切入土石,而不以击碎土石为主要目的。这种成孔方法使用泥浆的目的是护壁而不是浮渣。按操纵锥瓣开合方法的不同,冲抓锥分为双绳和单绳两种形式。按冲抓锥构造分为三瓣、四瓣和六瓣三种,图 10.21 所示为六瓣冲抓锥。

③旋转钻孔的钻头

旋转钻孔所用的钻头形式有很多种,现仅介绍一种鱼尾钻头的形式。

鱼尾钻头(图 10.22)用 50 mm 钢板制作。钢板中部切割成宽度同圆钻杆接头相等而长度为 30 cm 的豁口。把钻杆接头嵌进豁口并焊联在一起。为增加钻头的刚度,在钢板两侧各焊 3～4 片加劲肋,另在钢板两侧钻杆接头的下口各焊一段 90 mm×90 mm 角钢,形成方向相反的两个出浆口。鱼尾的两道侧棱应镶焊合金钢,提高其耐磨性能。鱼尾钻头适用于黏土,粉砂土，中、细、粗砂。在砂卵石或风化岩中比其他形式钻头有较高的钻进效果。但是它的导向性能差，常出现梯级倾斜。

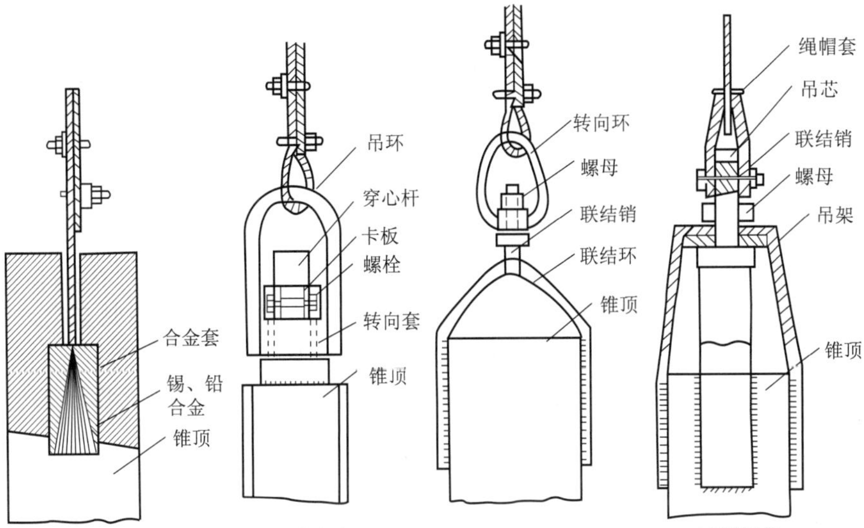

(a)合金套　(b)转向套　(c)转向环　(d)绳帽套

图 10.20　转向装置

(3)抽渣筒

掏取孔内钻渣的工具叫抽渣筒(也叫掏渣筒)，可用 3～10 mm 厚钢板卷成直径为钻孔直径 40%～60%的圆筒，高为 1.5～2.0 m。抽渣筒上面用直径 30 mm 左右的圆钢作成吊环，下面装有活门，如图 10.23 所示。

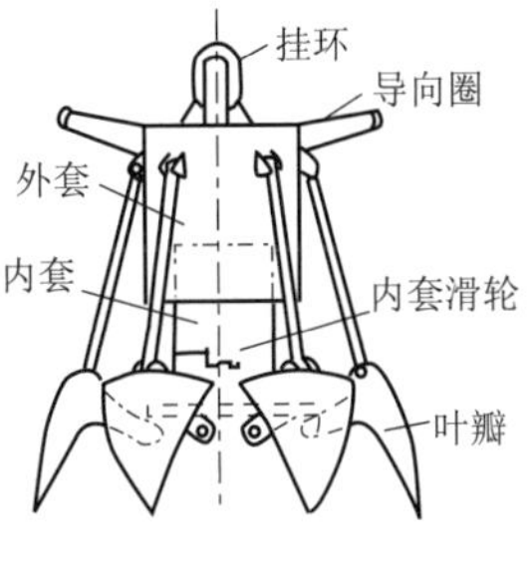

图 10.21　六瓣双索冲抓锥

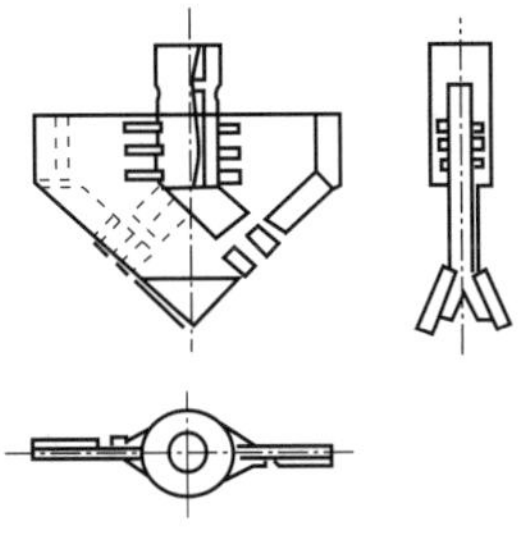

图 10.22　鱼尾钻头

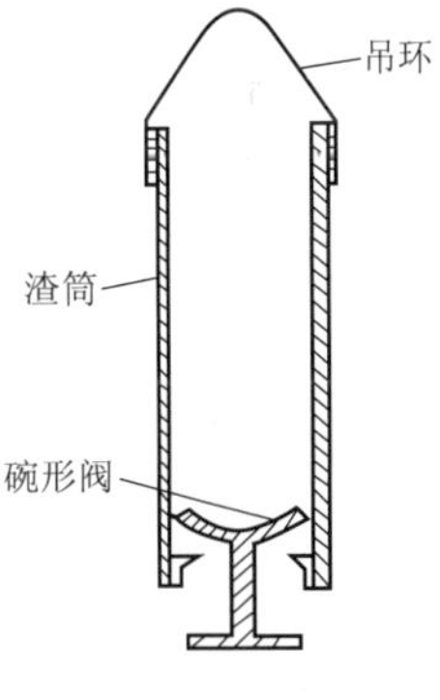

图 10.23　抽渣筒

3. 施工准备

(1)埋设护筒

护筒的作用是固定桩位、钻头导向、隔断地面水、保护孔口防止坍塌、提高孔内水位增加对孔壁的静水压力以防坍孔。钻孔前应按要求制作并埋设护筒。护筒要求坚固且有一定的刚度，接缝严密不漏水。

文本

钻孔灌注桩施工中易出现的问题及处理方法

护筒一般用钢板或钢筋混凝土制成。钢护筒常用 4～8 mm 钢板制作，既易拼装接长，又可多次重复使用，采用较多；钢筋混凝土护筒一般用于深水，节长一般 2～3 m，壁厚 8～10 cm。壁厚和配筋应根据吊装、下沉加压等计算确定，通常与桩身混凝土浇筑在一起，不拔出，位于桩身范围以上的部分，可以取出再用。

护筒的内径应比钻头直径稍大,用旋转钻成孔时,应比钻头直径大 20 cm;用冲击或冲抓钻成孔时,应比钻头直径大 40 cm。护筒的长度要考虑桩位处地质和水位情况确定。对于易坍塌的地层,护筒顶要高出施工水位或地下水位 2.0 m 以上;对不易坍塌的地层,护筒顶也应高出施工水位 1.0~1.5 m;在无水地层钻孔时,护筒顶宜高出施工地面 0.5 m。护筒底部在岸滩上埋深,黏性土、粉土不小于 1.0 m,砂性土不小于 2.0 m。当地表层为淤泥等松软土层时,应将护筒底设置在较密实的土层中至少 0.5 m;在河滩或水中筑岛埋设护筒,其底部应埋置在地下水位或河床面以下 1.0 m。

护筒埋设应坚固,防止在钻孔过程中发生孔口变形、坍塌、护筒底土层穿孔使筒底悬空,造成坍孔、向外漏水及泥浆等事故。当地下水位在地面以下 1.0 m 时,可用挖孔埋设法,如图 10.24(a)所示。在砂土、粉砂和砂砾等松散土层埋设护筒时,挖坑至少比护筒底深 50 cm,直径比护筒大 40~50 cm 的圆坑,然后在坑底回填 50 cm 厚的黏土,分层夯实。如在黏性土中埋设时,则坑深与护筒底面齐平,坑底稍加修整,即可埋设护筒。填筑护筒四周黏土时亦应分层对称夯实。

当地下水位较高时,可用填筑埋设,如图 10.24(b)所示。在含水率较高的松软地层埋设护筒时,应将软土清除换填黏土,护筒底及四周的处理同上法;如换土不能解决问题,可加长护筒,使护筒底落到较坚实土层上。在浅水中用筑岛法埋设护筒,如图 10.24(c)所示,这时孔壁的薄弱处是由水面到河底段,护筒底宜低于水面,下面回填黏土的厚度应不少于 50 cm,并夯实。在水深超过 3 m 处埋设护筒时,护筒底部入土深度不应小于 3 m,其中不包括淤泥层,应尽量将护筒插入黏土层中。若有冲刷现象,则护筒底应在施工水位冲刷线以下不小于 1 m。在深水中下沉护筒时,采用导向架导向,保证护筒下沉至正确的位置。导向架一般用型钢制成方形或圆形的框架,每节长 3~5 m,两端用法兰盘连接。护筒吊起后顺导向架下沉,可采用压重、射水、抓泥或锤击等方法沉至预定深度,如图 10.24(d)所示。护筒平面位置应正确,一般要求护筒埋设好后其顶面中心与设计桩位偏差不得超过 5 cm,斜度不得大于 1%,斜度大的护筒容易被钻头碰刷或使桩偏离设计位置,造成桩身钢筋的保护层厚度不足等弊病。

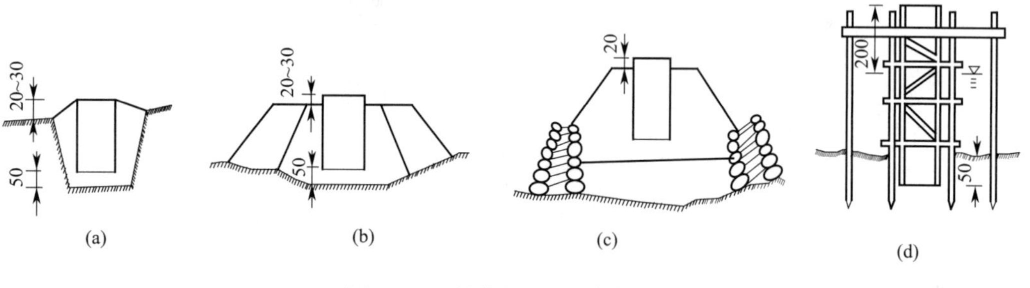

图 10.24　护筒的埋设(单位:cm)

(2)钻机就位

①冲击钻机就位

一般都是利用钻机本身的动力与安设的地锚配合,将钻机移动大致就位,再用千斤顶将机架顶起,准确定位,使起重滑轮、钻头和护筒中心在同一垂直线上,以保证钻孔的垂直度。钻机位置偏差不得大于 5 cm,对准桩位后,保持钻机平稳,用 15 cm×15 cm 的方木垫平,并在桅杆顶部对称钻机轴线上用四根缆风绳拴牢拉紧。

使用简易钻机时,则就地拼装钻架(有用三脚架、人字架和用万能杆件拼装的龙门架)。从钻架顶上的起重滑轮(或称天轮)吊线,通过移动钻架来校正桩位,误差不得超过 5 cm,钻架要平稳牢固,防止发生偏沉现象。卷扬机要选择恰当的位置,不因钻架变位而移动。

②旋转钻机就位

立好钻架并调整和安设好起吊系统,使起重滑轮和固定钻杆的卡孔与护筒中心在同一垂线上,将钻头吊起,徐徐放进护筒内。启动卷扬机把转盘吊起,垫方木于转盘底座下。将钻机调平并对准钻孔。然后装上转盘,要求转盘中心同钻架的起吊滑轮在同一铅垂线上。在钻进过程中要经常检查转盘,如有倾斜或位移,应及时纠正。使用带有变速器的钻机时,要把变速器放平,安装在变速器板上的电动机轴心应和变速器被动轴心在同一水平线上。

(3)泥浆护壁

钻孔灌注桩施工实践证明,无水钻孔深可达数十米而不塌,甚至在不稳定的砂性土中有水钻孔亦能保持孔壁稳定,这是由于孔壁土具有一定的抗剪强度和圆环作用(能够抵抗径向的向内土压力)的缘故。若在水中或含水地层中钻孔以及在松散的砂性土中钻孔,孔壁土体的抗剪强度低,圆环作用弱而不足以抵抗径向向内的土压力时,就必须采取提高孔内水位,形成一定高度的水头,产生向孔壁的静水压力,从而保持孔壁稳定。利用孔内水头压力护壁的办法,随地质条件的不同又分清水护壁和泥浆护壁两种。

在黏性土中钻孔,如土壤塑性指数大于15或内摩擦角在16°以上,清水钻孔后1.5～2.0 h沉渣厚度不超过清孔标准时,可不采用泥浆护壁,而仅靠增高孔内水头保持孔壁稳定,称为清水护壁。在砂类土、砾石土、卵石土、粉土夹层中钻孔,必须用泥浆护壁。泥浆护壁是将黏土加水调制成一定密度的泥浆,注入孔内,或直接向钻孔内投放黏土,在钻头的作用下形成泥浆。由于泥浆密度较水大,故能对孔壁增大静水压力,并在孔壁形成一层泥皮,隔断孔内外水流,保护孔壁,防止坍孔。同时泥浆还起浮渣、润滑和冷却钻头的作用。

为了充分发挥泥浆的护壁和浮渣作用,必须选用符合要求的黏土。一般选塑性指数大于25,小于0.005 mm的黏土粒含量大于50%的吸水性强、遇水膨胀分解的优质黏土,当缺少上述优质黏土时,可用略差的黏土,并掺入30%的塑性指数大于25的黏土,另掺入碳酸钠0.3%～0.4%以提高其黏度。黏土的备料数量:砂质河床为成孔体积的70%～80%;砂卵石层为成孔体积的100%～120%。

4. 钻　　进

文本

桩基础施工安全技术措施

(1)钻进前注意事项

①开钻前应检查钻机运转是否正常,钻机底部有无变形,固定钻架的缆风绳有无松动,护筒位置是否符合设计等。

②如孔径大,钻头重量超过机械的负荷能力时,可采用分径成孔的方法,但分径不宜过多,一般为二次。使用钻头的重量除已有规定者外,以不超过钻机负荷能力的70%为宜。旋转方法造孔根据孔径与地质情况,分为一次成孔、先导钻后扩钻和先钻后扫等三种方式。

③各个工序紧密衔接,互不干扰,基桩较多的基础,采用多机作业时,应事先拟定钻孔顺序和钻机移动的线路图。为了保证质量,加快进度,通常把钻孔、安放钢筋笼、灌注水下混凝土三道工序连续完成后,再移动钻机,这样可以充分利用钻机本身的起吊设备(根据现场具体情况决定)。

(2)钻进操作

①冲击钻孔

冲击钻孔的程序:钻进—抽渣—投泥(或泥浆)钻进的反复循环及辅助作业(检查孔径、钻具,修理机械设备,补焊钻头等),关键问题是掌握冲程大小和抽渣时机。

操作时,要注意察看钢丝绳回弹和旋转的情况,再听冲击声音,借以判断孔底地质情况。若用简易钻机施工时,最好在钢丝绳上做标记来控制冲程,以便钻头到底时及时收绳提钻,以免大绳松多了缠着卷筒,同时也提高冲击频率。但也不宜过早收绳,防止空打。冲孔过程中,要勤掏渣,勤保养机具,勤检查钢丝绳和钻头磨损情况,勤检查转向装置是否灵活,预防发生安全质量事故。开孔前应在护筒内多加一些黏土块,如地表土层疏松,还要混合加入一定数量的片石、卵石,然后注入泥浆或清水,借钻头的冲击把泥膏、石块挤向孔壁,以加固护筒脚。在开孔时应用小冲程慢冲,若用简易钻机施工时,冲程不宜大于 1 m;当孔底已在护筒脚以下 3～4 m时,就可根据地质情况,适当加大冲程。

开孔时要随时检查孔位,务使钻头中心对准桩孔中心。孔内水位应高于护筒脚 0.5 m 以上,比护筒顶至少低 0.3 m,以免水荡漾损坏护筒脚孔壁与防止泥浆溢出。孔内水位要比孔外水位高 1.0～1.5 m 以上,以保持必要的水头高度。

在砂、卵石地层钻进时,泥浆密度应大一些,冲程亦可较大,如用简易钻机时,冲程可提高到 2～3 m。在黏土层钻进时,冲程不宜过大,如用简易钻机时,一般在 2 m 以内,以防黏钻。在砂层或淤泥层钻进时,应多投黏土,并掺片、卵石投入孔内,用小冲程将黏土和片、卵石挤进孔壁加固。

在基岩中钻进,可用大冲程,在不损坏钻头的情况下,适当采用高提猛击,增加冲击动能,加快进度,冲程一般在 3 m 以上,但不可太高。泥浆密度以满足悬浮钻渣为度,约在 1.3 g/cm^3。太小不利于浮渣,太大增加钻头的阻力。如果岩层倾斜,可向孔内回填与基岩硬度相同的片、卵石,必要时回填混凝土高为 0.3～0.5 m,待混凝土凝固后,用小冲程快打,待冲平岩面后,方可加大冲程钻进,以免发生钻孔偏斜。

孔内遇到坚硬大漂石时,可在回填硬度与漂石相似的片、卵石后,高提猛击,或用大、小冲程交替冲击,以将大漂石破碎成钻渣或挤进孔壁。如不见效,则在孔上安设勘探用的小型钻机,在漂石上钻眼装药爆破(应尽量不采用),爆破后再用钻头冲碎。

当采用二级成孔时,第一级成孔的钻头直径可为第二级(即设计孔径)钻头直径的 40%～60%。第二级成孔,则用第二级钻头在已钻的第一级孔中扩钻。由于小孔造成了临空面,故扩钻较快,但也会产生较大粒径的土石填于孔底,造成更难钻进的情况,为此,可在第二级钻孔前,填塞第一级孔 1/3～1/2 孔深。当采用三径成孔时,第一级孔的钻头直径为设计孔径的 40%～50%,第二级孔的钻头直径为设计孔径的 75%～80%,最后用设计孔径的钻头扩孔。

实际操作中,常根据地质情况和孔的深浅,用勤换钻头、钻一段小孔扩一段孔的办法,交替进行到设计孔深为止。

②旋转法钻孔

如设计孔径较小又是松土层,可用一种直径的钻头一次钻成;如设计孔径较大(直径 110 cm以上)又遇到坚硬土层时,可先用小钻头导钻一次,再换成与设计孔径相同的钻头扩钻。当钻孔中存在黏土、夹层或在黏土地层中钻孔时,常会出现缩孔现象,则须采用先钻后扫的方法施工。

为了保证孔位正确、孔壁垂直和稳定,在开钻阶段要做到"稳""准""慢",并适当加大泥浆稠度,尤其是护筒底与地层连接处应多投黏土,用慢速钻进,并使钻头空钻一段时间,利用钻头旋转力量把黏土挤入孔壁起加固作用。

(3)抽渣

被钻头冲碎的钻渣,一部分和泥浆一起挤进孔壁,大部分是悬浮在钻孔下部的泥浆中,需靠抽渣筒清除出孔外。在开孔阶段，应使钻渣泥浆尽量挤入孔壁。待冲进 4～5 m 以后，即应勤抽渣。孔底沉渣太厚，就会妨碍钻刃冲击新鲜土层。同时还会使泥浆变稠，吸收大量冲击动能，从而影响进尺速度，一般是每进尺 0.5～1 m 抽渣一次，也有按钻孔进尺的变化来规定抽渣的。当一小时的进尺在卵、漂石地层小于 5 cm，在松软地层小于 15 cm 时，即应抽渣。抽渣时，应注意下列事项：

①及时向孔内加泥浆或清水，保证水头高度。如系向孔内投放黏土自行造浆，在抽完钻渣后，应及时随着冲击逐渐投放黏土，不宜一次倒进很多黏土，以免发生吸钻。

②在黏土来源困难的地方，应采取措施将泥浆流回孔中，节省黏土。

③抽渣前提出的钻头应小心慢慢放在地面的枕木上，不可猛落，以免发生事故。卸渣后抽渣筒亦应轻放在适当地方。

(4)钻进中注意事项

①冲击钻头的刃口在钻进中不断磨损，特别在冲击基岩，卵、漂石时磨损更快。因此，要定时检查钻头，当钻头磨损比原来尺寸小 3～4 cm 或刃口磨钝时，就及时焊补，以免孔径不合要求极易发生卡钻事故。焊补后的钻头在原孔中使用时，为防止卡钻，要先用小冲程慢慢冲击一段时间，将孔扩大一些后才可用大冲程钻进。

②钻架使用时间长，可能发生位移，或孔内有探头石或其他情况，会使所钻的孔偏离设计孔位，因此每个台班要用探孔器检查钻孔一次。探孔器高度为钻孔直径的 4～6 倍，即长为4～5 m、直径比钻头直径小 2～4 cm 的专用钢筋笼。如发现移位、钻孔偏斜或弯孔现象应及时处理。

③设专人负责记录钻进中的一切情况，以备钻进中分析和处理，也是使用时的原始依据。

5. 灌注水下混凝土

(1)桩孔检查

桩孔钻至设计高程后，必须对桩孔质量进行检查。现用仪器有超声波井斜仪和 DM-86 型超声波孔壁测定仪两种。这两种仪器可直接测出桩孔各项质量特征值(倾斜度、偏位值、扩孔率、孔径、孔深和壁面状况等)，并用数值和图像直接显示，直观清楚，性能稳定，精确度可达 0.5 mm。

(2)清孔

桩孔钻至设计高程后，孔内一部分泥渣沉淀，一部分呈悬浮状态，另一部分附着在孔壁上。同时随着间歇时间的增加，后两部分泥渣还会继续沉淀，从而使孔底积成下层沉渣，降低桩的承载能力。所以在灌注桩身混凝土前，必须将其清除，这项工作称为清孔。《铁路桥涵工程施工质量验收标准》(TB 10415—2018)规定，沉渣的容许厚度为：摩擦桩不大于 20 cm；柱桩不大于 5 cm。《高速铁路桥涵工程施工技术规程》(Q/CR 9603—2015)规定：灌注水下混凝土前沉渣厚度应符合设计要求，设计无要求时，柱桩应不大于 50 mm，摩擦桩不大于 200 mm。清孔的方法应根据钻孔方法、设计对清孔的要求、机具设备和孔壁土质情况而定，常用的方法有：

① 抽渣法

用抽渣筒掏孔底沉渣，应边抽边加水，保持一定的水头高度。抽渣后，用一根水管插到孔底注水，使水流从孔口溢出。在溢水过程中，孔内的泥浆密度逐渐降低，达到所要求的标准后停止。此法适用于冲抓、冲击成孔的各类土质的摩擦桩，抽渣后孔内泥浆密度应不大于 1.3 g/cm^3。

②吸泥法

吸泥法清孔用吸泥机或简易吸泥机进行,清孔时由风管将高压空气输进排泥管,使泥浆形成密度较小的泥浆空气混合物,在水柱压力下将泥浆和孔底沉渣排出,同时向孔内注水,保持孔内水位不变,直至喷出的泥浆指标符合规定时为止,此法适用于不易坍塌的柱桩和摩擦桩清孔,如图 10.25 所示。

若灌注混凝土前发现清孔后孔底沉淀层仍较厚时,可在导管外安设直径为 30 mm 射水(风)管,冲射 3～5 min,使沉淀层翻起,然后立即灌注水下混凝土,射水压力大于孔底泥浆压力 50 kPa 即可,如图 10.26 所示。使用本法时,钢筋笼可先放入孔内。

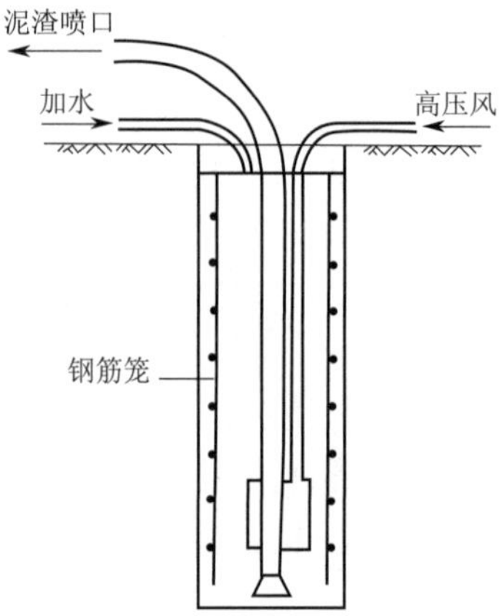

图 10.25　吸泥机清孔

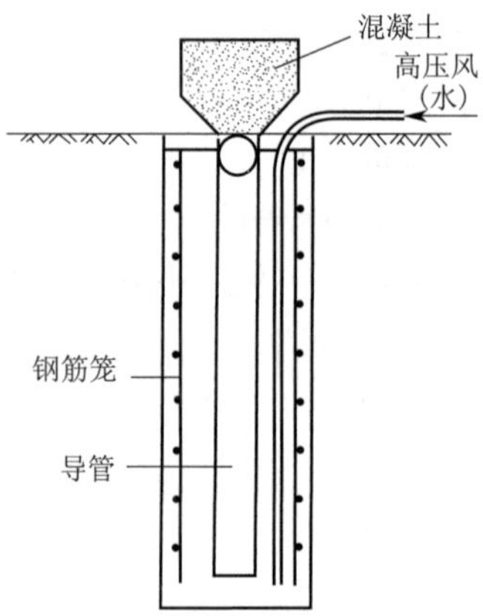

图 10.26　高压风或射水翻渣

③换浆法

正循环旋转钻孔在终孔后,停止进尺,保持泥浆正常循环,以中速压入符合规定标准的泥浆,把孔内密度大的泥浆换出,使含砂率逐步减少,最后换成纯净的稠泥浆,这种泥浆短时间不会沉淀,使孔底沉淀层在允许范围内。其具体步骤是:当钻孔距设计高程 1.0 m 时,改用纯净的稠泥浆(密度不小于 1.4 g/cm^3),钻至设计高程,钻头提离孔底 20 cm 左右空转,继续供给稠泥浆,保持泥浆正常循环,经数十分钟或数小时,待孔内泥浆换完直至稳定状态为止。此时迅速拆除钻机,下钢筋笼,灌注水下混凝土。若用于柱桩,在完成上述换浆要求后,还应加入清水继续循环,直至孔底沉淀层不大于 10 cm 为止。

(3)钢筋笼制作和吊装

①钢筋笼制作

钢筋笼应根据设计要求和起重设备能力,整体或分节制作。一般钢筋笼较长(大于 12 m)时,常分节制作,分节长一般为 5～8 m。要求主筋平直,箍筋圆顺,尺寸准确,主筋接头应错开,同一截面内的接头根数不多于主筋总根数的 50%,两接头的距离应大于 50 cm。然后分节吊装并焊成整体,并保证轴线为一直线。为防止钢筋笼搬运及吊装时变形,每隔 2 m 左右设一道与主筋直径相同的加劲箍筋,主筋与箍筋连接处应点焊牢固,必要时可用方木临时加固。

②钢筋笼吊装、就位

钢筋笼宜整体吊装入孔,如施工困难时,可分节吊装。各节钢筋笼的主筋全部采用焊接,焊接时应确保每节钢筋笼的中轴线位于同一直线上。钢筋笼应对准孔位徐徐下放,避免冲击孔壁引起坍孔。

为使钢筋笼就位时与孔壁保持一定距离，可在钢筋笼主筋上每隔 2 m 左右对称设置四个“钢筋耳环”，耳环钢筋直径一般为 10～12 mm，或设混凝土垫块，其尺寸为 15 cm×20 cm×8 cm，靠孔壁一面做成圆弧形，靠骨架面做成平面，并有十字槽，纵向为直槽，横向为曲槽，其曲率同箍筋的曲率，在纵槽两侧对称地预埋备绑扎的 12 号扎丝。也可用导向钢管控制保护层厚度，钢管的数量不少于 4 根，其长度与钢筋笼长相等，钢管可在混凝土灌注过程中逐步拔出。钢筋笼入孔后，要固定牢固，定位高程应准确，允许误差±5 cm，并在钢筋笼底部处于悬吊状态下灌注水下混凝土。

(4)水下混凝土灌注

钻孔桩一般用垂直导管法灌注水下混凝土，即在各井孔内垂直放入内径为 200～300 mm、长 1～2 m 的钢制导管。管底距基坑底面 300～400 mm，在导管顶部接有一定容量的漏斗，漏斗颈部安放隔水活塞，用绳索系牢，漏斗内装有足够量坍落度较大的混凝土。当割断活塞上的绳索时，活塞和混凝土漏下，由管底排出，混凝土在管底周围堆成一圆锥体，使导管下端埋入混凝土内，要求导管下端至少埋入 1.0 m，使水不能流入管内。以后灌注的混凝土，在无水的导管内不断地灌入混凝土堆内，并向四周挤出，而不与水接触。随着混凝土升高逐步提升导管，但应始终保持导管底埋入混凝土内不小于 1.0 m，并连续灌注完毕。水下灌注混凝土如图 10.27 所示。

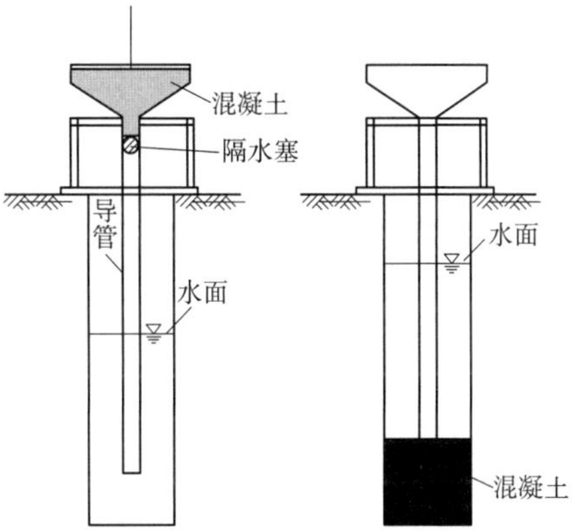

图 10.27　水下灌注混凝土

灌注水下混凝土是钻孔桩施工的关键工序之一，应精心组织，保证质量。施工中应注意以下几点：

①灌注水下混凝土的准备工作应迅速，防止坍孔和泥浆沉淀过厚。开始灌注前应再次核对钢筋笼高程、导管下口距孔底距离、孔深、泥浆沉淀层厚度、孔壁有无坍孔现象等，如不满足要求，经处理后方可开始灌注。

②每根桩灌注的时间不应太长，尽量在 8 h 内灌注完毕，以防止顶层混凝土失去流动性，导致提升导管困难，增加发生事故的可能性。要求每小时灌注高度宜不小于 10 m。一经开灌，中途任何原因导致的中断灌注时间皆不得超过 30 min。

③灌注所需的混凝土数量，一般比计算所需的混凝土数量偏大，约为设计桩径体积的 1.3 倍。

④测量水下混凝土面的位置时可用测绳吊着重锤进行，重锤过重则陷入混凝土内，过轻则浮在泥浆中沉不下去。一般用钢板焊成锥底直径 13～15 cm，高 18～20cm 的圆锥体，内灌砂配重，容重为 15～20 kN/m^3。

⑤导管埋入混凝土的深度取决于灌注速度和混凝土的性质，任何时候不得小于 1 m，一般控制在 2～4 m。

⑥灌注高程应高出桩顶设计高程不少于 0.5 m，以便清除浮浆和消除测量误差。

文本

桩身混凝土质量检测

任务10.4　预制桩的构造与施工

预制桩是在工厂或施工现场制成的各种材料、各种形式的桩(如木桩、混凝土方桩、预应力混凝土管桩、钢桩等)。预制桩主要有混凝土预制桩和钢桩两大类。混凝土预制桩能承受较大的荷载,坚固耐久,施工速度快,是广泛应用的桩型之一,但其施工对周围环境影响较大,常用的有混凝土实心方桩和预应力混凝土空心管桩。钢桩主要是钢管桩和H形钢桩两种。

钢筋混凝土预制桩制作方便,价格便宜,长度和截面可在一定范围内根据需要选择,可在现场预制,制作质量容易保证,因而在工程上应用较广。下面以钢筋混凝土桩为例来简要介绍预制桩的构造与施工。

10.4.1　混凝土预制桩的构造

钢筋混凝土实心桩的断面一般呈方形,桩身截面一般沿桩长不变,实心方桩截面尺寸一般为200 mm×200 mm～600 mm×600 mm。钢筋混凝土实心桩桩身长度:限于桩架高度,现场预制桩的长度一般在25～30 m以内;限于运输条件,工厂预制桩桩长一般不超过12 m,否则应分节预制,然后在打桩过程中予以接长,接头不宜超过3个。材料要求:钢筋混凝土实心桩所用混凝土的强度等级不宜低于C30。采用静压法沉桩时,可适当降低,但不宜低于C20,预应力混凝土桩的混凝土的强度等级不宜低于C40。主筋根据桩断面大小及吊装验算确定,一般为4～8根,直径12～25 mm;箍筋直径为6～8 mm,间距不大于200 mm,打入桩桩顶2～3倍桩直径长度范围内箍筋应加密,并设置钢筋网片。预制桩纵向钢筋的混凝土保护层厚度不宜小于30 mm。桩尖处可将主筋合龙焊在桩尖辅助钢筋上,在密实砂和碎石类土中,可在桩尖处包以钢板桩靴,加强桩尖。

混凝土管桩一般在预制厂用离心法生产。桩径有ϕ300 mm、ϕ400 mm、ϕ500 mm等,每节长度8 m、10 m、12 m不等,接桩时,接头数量不宜超过3个。管壁内设ϕ(12～22)mm主筋10～20根,外面绕以ϕ6 mm螺旋箍筋,多以C30混凝土制造。混凝土管桩各节段之间的连接早期一般用法兰螺栓连接或用硫黄胶泥等连接,现多采用电焊方式连接。由于用离心法成型,混凝土中多余的水分由于离心力而甩出,故混凝土致密,强度高,抵抗地下水和其他腐蚀的性能好。混凝土管桩达到设计强度的100%后方可运到现场打桩。堆放层数不超过四层,底层管桩边缘应用楔形木块塞紧,以防滚动。

10.4.2　吊　　运

钢筋混凝土预制桩达到设计强度的70%后方可起吊,若提前起吊,应根据起吊时桩的实际强度进行强度和抗裂度验算。起吊时,必须合理选择吊点,防止在起吊过程中弯矩过大而损坏。当吊点少于或等于3个时,其位置按正负弯矩相等的原则计算确定;当吊点多于3个时,其位置按反力相等的原则计算确定。

一般的桩在吊运时,采用两个吊点,吊点至每端距离为0.21 L(L为桩长),如图10.28(b)所示;如采用三个吊点时,吊点应在距两端0.15 L及中点处;插桩时为单点起吊,可将吊点设在0.3 L处,如图10.28(a)所示。

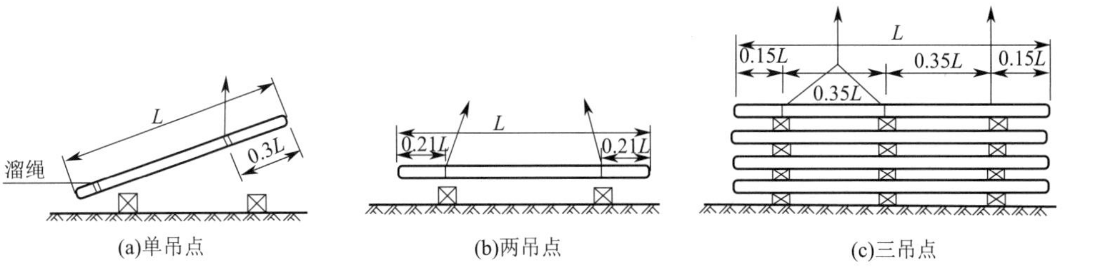

图10.28 桩的堆放与吊装

打桩前,桩从制作处运到现场,并应根据打桩顺序随打随运。桩的运输方式,在运距不大时,可用起重机吊运;当运距较大时,可采用轻便轨道小平台车运输。严禁在场地上直接推拉桩体。

堆放桩的地面必须平整、坚实,垫木间距应与吊点位置相同,各层垫木应位于同一垂直线上,堆放层数不宜超过四层,如图10.28(c)所示。不同规格的桩,应分别堆放。

10.4.3 预制桩施工机械

预制桩的沉桩设备,不管采用何种施工方法,其主要设备均包括桩锤和桩架两大部分。桩锤用来产生沉桩所需的能量,桩架实际上是一台打桩专用的起重和导向设备。

1. 桩锤

桩锤是锤击沉桩的主要设备,桩锤对桩施加冲击力,将桩打入土中。主要有落锤、单动汽锤、双动汽锤、柴油锤、液压锤等类型。

(1)落锤

一般由生铁铸成,利用卷扬机提升,以脱钩装置或松开卷扬机刹车使其坠落到桩头上,逐渐将桩打入土中。落锤质量为0.5~2 t,构造简单,使用方便,故障少。适用于普通黏性土和含砾石较多的土层中打桩。但打桩速度较慢,效率低。提高落锤的落距,可以增加冲击能,但落距太高又会击坏桩头,故落距一般以1~2 m为宜。由于效率较低,目前已很少使用。

(2)单动汽锤

单动汽锤的冲击部分为汽缸,活塞是固定于桩顶上的,动力为蒸汽。其工作过程和原理是:将锤固定于桩顶上,用软管连接锅炉阀门,引蒸汽入汽缸活塞上部空间,因蒸汽压力推动而升起汽缸,当升到顶端位置时,停止供汽并排出汽体,汽锤则借自重下落到桩顶上击桩。如此反复循环进行,逐渐把桩打入土中。单动汽锤的锤重3~15 t,具有落距小,冲击力大的优点,其打桩速度较自由落锤快,适用于打各种桩。

(3)双动汽锤

双动汽锤的冲击部分为活塞,动力是蒸汽。汽缸是固定在桩顶上不动的,而汽锤是在汽缸内由蒸汽推动而上下运动。其工作过程和原理是:先将桩锤固定在桩顶上,然后将蒸汽由汽锤的汽缸调节阀进入活塞下部,由蒸汽的推动而升起活塞,当升到最上部时,调节阀在压差的作用下自动改变位置,蒸汽即改变方向而进入活塞上部,下部气体则同时排出。如此反复循环进行而逐渐把桩打入土中。

(4)柴油锤

柴油锤是以柴油为燃料,利用柴油点燃爆炸时膨胀产生的压力,将锤抬起,然后自由落下冲击桩顶,同时汽缸中空气压缩,温度骤增,喷嘴喷油,柴油在汽缸内自行燃烧爆发,使汽缸上抛,落下时又击桩进入下一循环。如此反复循环进行,把桩打入土中。根据冲击部分的不同,柴油锤可分为导杆式、活塞式和管式三大类。导杆式柴油锤的冲击部分是沿导杆上下运动的汽缸,活塞式柴油锤的冲击部分则是往复运动的活塞。

2. 桩架

支持桩身和桩锤,将桩吊到打桩位置,并在打入过程中引导桩的方向,保证桩锤沿着所要求的方向冲击。常用的桩架形式有以下三种:

(1)滚筒式桩架

行走靠两根钢滚筒在垫木上滚动,优点是结构比较简单,制作容易,但在平面转弯、调头方面不够灵活,操作人员较多。

(2)多功能桩架

多功能桩架的机动性和适应性很大,在水平方向可做 360°旋转,导架可以伸缩和前后倾斜,底座下装有铁轮,底盘在轨道上行走。

(3)履带式桩架

以履带起重机为底盘,并增加导杆和斜撑组成,用以打桩。移动方便,比多功能桩架更灵活。

10.4.4 打桩顺序

打桩时,由于桩对土体的挤密作用,先打入的桩被后打入的桩水平挤推而造成偏移和变位或被垂直挤拔造成浮桩;而后打入的桩难以达到设计高程或入土深度,造成土体隆起和挤压。所以,群桩施工时,为了保证质量和进度,防止周围建筑物破坏,打桩前应合理安排打桩顺序。

安排打桩顺序时要考虑两个问题:一是要尽量减少桩架移动距离;二要考虑打桩时,土壤被挤紧和隆起,致使后续的桩不易打下去,特别是桩数多、间距小时,问题更加严重。因此,当基坑较小,土质密实时,应由中间向两端进行,如图 10.29(a)所示。当基坑较大,桩数较多时,应分段进行,如图 10.29(b)所示。当桩距大于 4 倍柱径时,打桩顺序可不考虑土壤挤紧的影响。

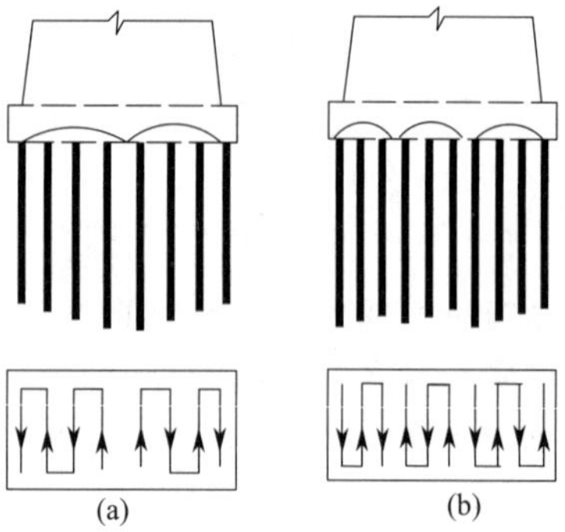

图 10.29 打桩顺序

10.4.5 沉桩施工

1. 锤击法施工

(1)锤击沉桩

打桩机就位后,将桩锤和桩帽吊起,然后吊桩并送至导杆内,垂直对准桩位缓缓送下插入土中,垂直偏差不得超过 0.3%,然后固定桩帽和桩锤,使桩、桩帽、桩锤在同一铅垂线上,确保桩能垂直下沉。在桩锤和桩帽之间应加弹性衬垫,桩帽和桩顶周围四边应有 5～10 mm 的间隙,以防损伤桩顶。

打桩开始时,应先采用小的落距(0.5～0.8 m)作较轻的锤击,使桩正常沉入土中 1～2 m 后,经检查桩尖不发生偏移,再逐渐增大落距至规定高度,继续锤击,直至把桩打到设计要求的深度,但最大落距不宜大于 1.0 m。用柴油锤时,应使锤跳动正常。在打桩过程中,遇有贯入度剧变、桩身突然发生倾斜、移位或有严重回弹、桩顶或桩身出现严重裂缝或破碎等异常情况时，应暂停打桩，及时研究处理。在打桩过程中应有专人负责填写打桩记录。

(2)接 桩

当上部荷载较大时，桩的长度往往很长，有些桩长超过 60 m，然而沉桩机械对桩长是有限制的，下沉长桩的最好办法就是将长桩分节制作，逐节沉入，因而存在一个桩节之间的连接问题，但接头总数不宜超过 3 个。

目前国内普通钢筋混凝土预制方桩的连接方法有三种：焊接法、螺栓连接法和浆锚法。现多采用焊接法。

焊接法中有角钢绑焊接头，如图 10.30(a)所示；钢板对焊接头，如图 10.30(b)所示；螺栓连接法采用法兰盘接头，如图 10.30(c)所示；浆锚法中常用硫黄胶泥锚固接头，如图 10.30(d)所示。

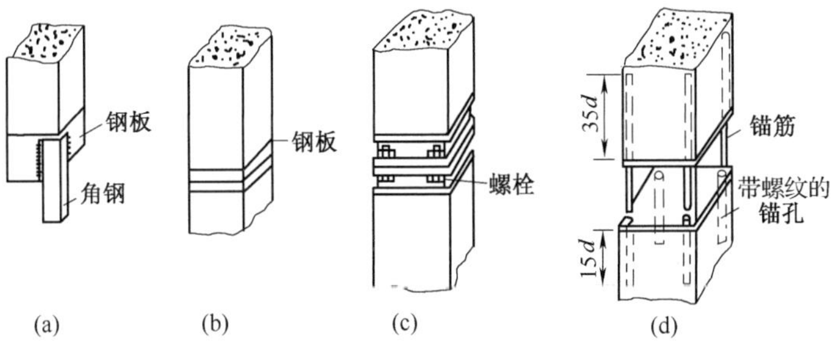

图 10.30　普通钢筋混凝土预制桩接头

2.静压法施工

静压法施工是通过静力压桩机的压桩机构以压桩机自重和桩架上的配重作反力将预制桩压入土中的一种沉桩工艺。

静压预制钢筋混凝土方桩的施工程序为：压桩机就位→桩身对中调直→压桩→接桩→再压桩(送桩)→终止压桩→切割桩头。

(1)压桩机就位

压桩机进场行至桩位处就位，按额定的总重量配置压重，调整机架垂直度，并使桩机夹钳口中心(可挂中心线锤)与地面上的“样桩”基本对准，调平压桩机，再次校核无误，将长步履(长船)落地受力。

(2)吊桩喂桩

静压预制桩每节长度一般在 12 m 以内，因此可直接用压桩机的工作吊机自行吊桩喂桩，也可另配专门吊机进行吊装喂桩。当桩被运到压桩机附近后，一般采用单点吊法起吊，用双千斤(绳)加小扁担(小横梁)的起吊方法使桩身竖直插入夹桩的钳口中。

(3)对中、调直

当预制桩被插入夹桩钳口中后，将桩徐徐下降直到桩尖离地面 10 cm 左右处，然后夹紧桩身，微调压桩机使桩尖对准桩位，并将桩压入土中 0.5～1.0 m，暂停下压，从桩的两个正交侧面校正桩身垂直度，待桩身垂直度偏差小于 0.5%时才可正式开压。

(4)压桩

压桩是通过主机的压桩油缸冲程之力将桩压入土中，压桩油缸的最大行程视不同的压桩机而有所不同，一般为 1.5～2.0 m，所以每一次下压，桩的入土深度为 1.5～2.0 m，然后松夹→上升→再夹→再压,如此反复,直至将一节桩压入土中。当一节桩压至离地面 80～100 cm时,可进行接桩或放入送桩器将桩压至设计高程。

(5)接桩

静压预制钢筋混凝土方桩的接桩方法主要是电焊焊接法。

(6)送桩

静压桩的送桩可利用现场的预制桩段作送桩器来进行。施压预制桩最后一节桩的桩顶面到达地面以上 1.5 m 左右时,应再吊一节桩放在被压桩的桩顶面(不要将接头连接),一直将被压桩的顶面下压入土层中直至符合终压控制条件为止,然后将最上面一节桩拔出来即可。送桩器或作为送桩器用的预制钢筋混凝土方桩侧面应标出尺寸线,便于观察送桩深度。

另外,沉桩的方法还有振动沉桩、预钻孔沉桩、喷射施工法,此处不再介绍,可参考有关书籍。

10.4.6 打桩施工的质量控制与事故处理

1. 打桩施工的质量控制

(1)在打桩过程中,桩不被打坏。

(2)打到设计高程的基桩,在承台板底面位置的偏差不超过容许值,规范规定:桩数为 1～3 根桩基中的桩,桩位允许偏差值为小于等于 $100+0.01H$(mm);桩数大于或等于 4 根桩基中的桩,桩位允许偏差小于等于 1/2 桩径 $+0.01H$(mm)或 1/2 边长 $+0.01H$(mm),其中 H 为桩基施工面至设计桩顶的距离(mm);斜桩倾斜度的偏差不得大于倾斜角(桩纵轴线与竖直线间的夹角)正切值的 15%。

(3)打到设计高程的基桩的承载力必须满足设计要求。柱桩是以基桩置于设计规定的坚硬层上为准;摩擦桩除了穿过软弱下卧层、滑动弧度或因冲刷控制须按桩尖高程控制外,均按土的阻力决定桩的容许承载力。

2. 打桩施工常见的事故与处理办法

(1)桩打不下去。可能是遇到孤石、坚硬土层或桩锤的冲击能不足等原因造成的。如果周围大多数桩都能通过某一深度,而只有少数桩在该深度受阻,则很可能是遇到孤石,此时若不能将孤石打碎,只有将桩拔出换位重打。如果附近大多数的桩都在同一深度受阻,说明遇到了坚硬土层;如桩打入缓慢,达不到设计深度时,说明桩锤的冲击能不够。遇到这两种情况,应改用重锤或配合射水沉桩。

(2)偏桩及歪桩。是指桩偏离设计位置或与桩的设计轴线斜交,这种情况多数由于桩尖制作不良,插桩不正,开始阶段锤击过猛或被土中障碍物挤压而造成的。当桩入土不深,可用拉或顶的方法矫正(钢筋混凝土桩禁用此法);如果桩入土较深,不易矫正或桩位偏移量超过规定时,应拔出重打,拔不出来,就补桩。

(3)裂桩。由于桩的质量不好,原来就有裂纹,或在打桩中桩身偏斜造成偏心锤击而劈裂;对于木桩,劈裂不大时,可用铁丝或铁箍加固,严重劈裂者,则须锯掉或拔出换桩重打;对钢筋混凝土管桩,如破裂不严重,可用铁箍加固,继续打到设计深度后在桩内安放钢筋笼,灌注混凝土加固。

(4)断桩。由于桩本身质量不好,或遇障碍而锤击过猛及偏心锤击等都可能把桩打断。如断桩发生在地面以上,可把损坏部分(如木桩)锯掉接桩再打。断桩若发生在土中(其征兆是:桩在较长时间内打不进去,又突然产生大量下沉,且有偏斜,很可能是断桩),应根据具体情况,在附近补桩。

项目小结

本项目主要介绍桩基础施工，内容涉及桩和桩基础的主要类型和构造认识、桩基础的设计、挖孔桩施工、钻孔桩施工和预制桩的构造与施工。通过本项目的学习，了解桩基础的适用条件及分类；熟悉单桩竖向承载力的确定方法；熟悉桩基础的设计步骤；掌握桩基础的施工方法。因为桩基础是现代桥梁、房屋建筑等工程中常用的一种深基础形式，所以，本部分内容是本教材学习的重点和难点。

项目训练

1. 选择一个典型的桩基础施工案例，根据桩基础所在地点的地质情况选择合适的成孔方法。
2. 根据相关施工规范和技术资料，参与各种桩基础的施工。
3. 进行桩基础施工的质量控制与事故处理。

复习思考题

10.1　何谓桩基础？桩基础如何进行分类？
10.2　什么是摩擦型桩和柱桩？有什么区别？
10.3　单桩容许承载力如何确定？
10.4　说明桩与承台联结方式的构造特点。
10.5　桩基设计的主要内容包括哪些？
10.6　简述正循环旋转钻机的工作原理。
10.7　简述钻孔灌注桩施工中泥浆的作用。
10.8　简述钻孔灌注桩清孔的方法。
10.9　简述挖孔桩的适用范围。
10.10　简述打入桩基础安排打桩顺序时要考虑的问题并根据实际情况确定打桩顺序。

文本　项目10 思政案例

文本　项目10　PPT

文本　项目10　教案

文本　项目10　题库

项目 11　沉井基础施工

项目描述

为了满足结构物的要求，适应地基的特点，在土木工程结构的实践中，形成了各种类型的深基础，其中沉井基础，尤其是重型沉井、深水浮运钢筋混凝土沉井和钢沉井，在国内外已广泛的应用。

图片

项目11　思维导图

学习目标

1. 能力目标

(1)能根据实际情况，进行沉井基础的施工。

(2)能处理沉井施工中出现的问题。

(3)具备接纳和应用新技术的能力。

2. 知识目标

(1)掌握沉井的类型与构造，沉井的施工以及存在的问题。

(2)了解沉井基础的设计内容。

(3)掌握沉井基础的施工过程。

3. 素质目标

(1)具有唯物辩证意识，能够根据实际情况，正确进行沉井的施工及质量检测。

(2)具备团队协作意识，具备学习、接受智慧建造沉井的方法和能力。

(3)培养工程安全行为、习惯、责任意识，以严谨施工保障工程安全。

相关案例：世界级钢沉井——常泰长江大桥6号墩钢沉井

常泰长江大桥位于泰州长江大桥与江阴长江大桥之间，南北分别连接常州市与泰州市，为公铁共用过江通道。常泰长江大桥主航道(斜拉桥所处航道)位于长江下游扬中河段泰兴水道，工程区域水深流急、地质条件复杂，沉井主要穿越硬塑粉质黏土、密实砂层、粉质黏土～密实砂互层等3层粉质黏土层。大桥主梁采用上下层布置，上层桥面布置双向6车道高速公路，设计速度100 km/h；下层桥面上游侧布置两线城际铁路，设计速度200 km/h；下层桥面下游侧布置4车道普通公路，设计速度80 km/h。公铁合建段正桥长5 299 m，主航道桥采用主跨1 176 m钢桁梁斜拉桥，天星洲航道桥和录安洲航道桥均采用主跨388 m钢桁梁拱桥，通航条件要求高。

常泰长江大桥主塔沉井基础是世界上首座采用全钢壳的沉井基础，该沉井为井壁填充混凝土的钢壳结构，底面尺寸长95 m、宽57.8 m、总高72 m(其中，钢沉井高64 m，混凝土承台高8 m)，底面积相当于13个篮球场大，高度足有24层楼高。6号墩钢沉井下沉总深度为

35 m，黏土层就占了约 21 m。其施工全过程：钢沉井制作→120 km 水路浮运→定位着床→水上接高→沉井下沉→ 智能监控→沉井封底，如图 11.1 所示。该沉井创造了设计理念、施工速度和精度等多方面创新，这都归功于各种新技术的应用。

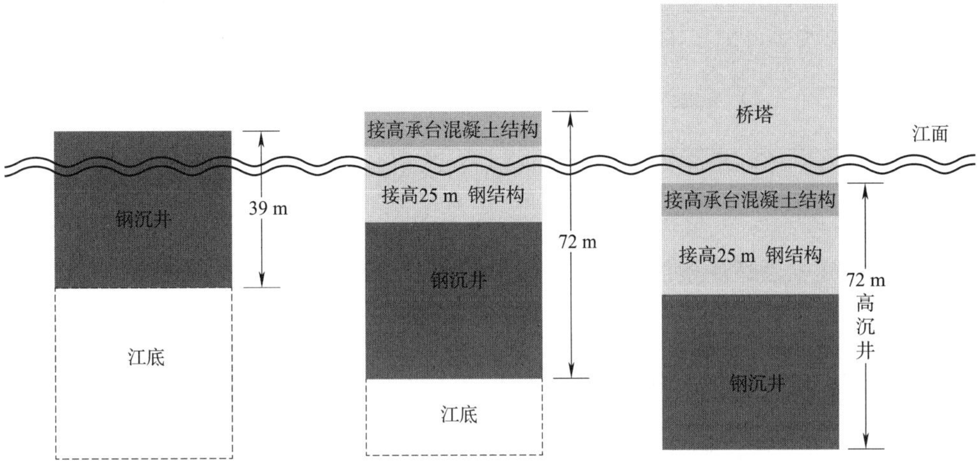

图 11.1　常泰长江大桥 6 号墩钢沉井建造示意

(1)沉井立面形状。常泰长江大桥 6 号墩钢沉井为新型，亦是世界首创台阶型减冲刷减自重沉井基础。该结构与其他同类型工程相比，特别之处在于其结构形式新颖，国内还没有台阶型超大深水沉井的施工实践。

(2)精确定位。常泰长江大桥 6 号墩沉井采用“锚墩＋大抓力锚”相结合的方式，这种定位方式，需事先在 6 号墩沉井两侧打下锚墩。锚墩深深打入江底，比定位船更有定力。6 号主塔墩基础底节钢沉井着床完成时，底口中心偏南 7 cm、偏下游 9 cm，小于 12 cm 的允许值；平面扭转角偏差 0.02°，小于 0.2°的控制值。这组数据创造了国内水中超大型沉井着床精度控制的新高度。

(3)施工监控云平台。为确保沉井姿态平稳可控，建设者们在沉井主体结构内部安装了 300 多个监控元器件，利用智能传感器自动采集沉井姿态和结构受力数据，并在沉井监控云平台上直观显示，淘汰了以往采用人工测量泥面高程的传统工艺。在“常泰长江大桥 6 号墩沉井施工监控云平台”上，每隔 10 min，就会刷新一次沉井下沉信息，井孔底部土层高度、底部所受应力、沉井的上下游高差、倾斜度等数据一目了然，下沉过程一旦发现下沉数据偏离了当初的设计，就会及时调整参数，使 6 号墩钢沉井实现了可测、可视、可控下沉。历经“二次接高、四次井壁混凝土浇筑、三次取土下沉”，最终，沉井南北偏位仅为 8 cm，上下游偏位仅为 3 cm，均小于允许值。

(4)智能机器人装备。大型桥梁沉井作业的难点之一是“盲区”取土。由于水下地形复杂，沉井隔仓形成的盲区又难以视探，以往的吸泥设备，存在取土不均匀，沉井安装倾斜、突然下沉的风险。对此，建设者们研发了适用于粉质黏土层的液压双绞头吸泥机，提高取土工效 4～6 倍；研发了履带式绞吸机器人、龙门式绞吸机器人、水下扫测机器人、高压射喷钻机等，解决了沉井井壁、隔墙盲区取土难题。在 6 号墩钢沉井下沉过程中，共投入 26 台套智能装备，实现了钢沉井下沉过程可测、可视、可控。沉井平均下沉速率 25 cm/d，刷新了超厚粉质黏土层复杂地质情况下大型沉井施工新纪录。

由此案例可以看出,在信息化时代,新技术和新设备的应用是必然趋势,作为工程技术人员,除了掌握施工过程中的传统施工技术外,还必须具有创新意识和接纳新技术的能力。本案例中的智能监控系统既像冷静的"保镖",随时监视沉井结构的数据,为安全施工提供预警信息;又像贴心的"管家",根据数据整理出最合理的分析和指令,仿佛给沉井装上了"千里眼"。只有这样,才能真正实现运筹帷幄之中,决胜于千里之外。

任务 11.1 沉井基础类型与构造认知

11.1.1 沉井的定义及适用条件

1. 沉井的定义

沉井是建造在墩址所在地面上或筑岛面上的井筒状结构物。它从井孔内取土,借自重克服土对井壁的摩擦力而沉入土中,这样逐节接筑、下沉,直至设计位置后封底,再进行井内填充及修筑顶盖,即成为墩台的沉井基础,如图 11.2(a)所示。

沉井基础一般由井壁、封底混凝土及钢筋混凝土顶盖三部分组成,如图 11.2(b)所示。

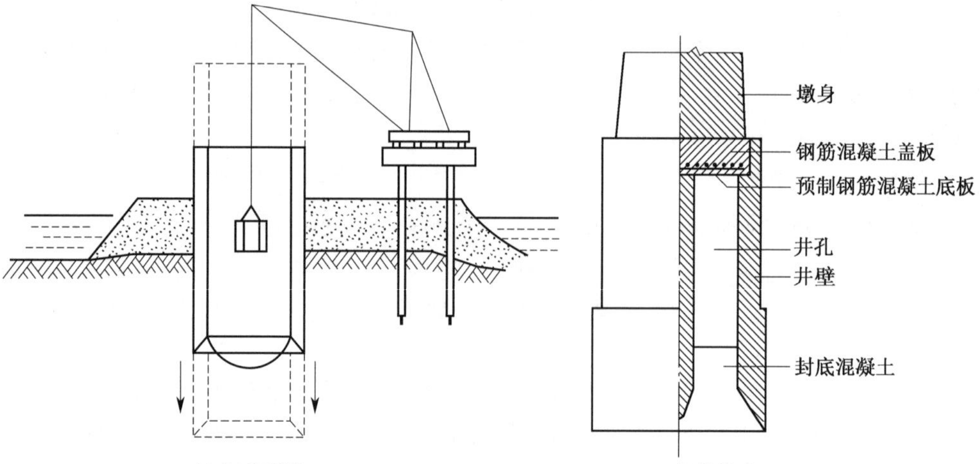

(a) 沉井下沉　　(b) 沉井基础

图 11.2　沉井基础示意

2. 沉井的适用条件

沉井基础的优点是整体性好、本身刚度大,能承受较大的竖直和水平荷载,与桩基础相比有较大的横向抗力,抗震性也比较可靠,且内部空间可以利用。沉井埋置深度大,如日本采用壁外喷射高压空气施工的沉井基础的下沉深度超过 200 m。沉井适用的土质范围广,淤泥土、砂土、黏土、岩层等均可施工。施工给周围地层造成的变位小,故对邻近建筑物的影响小,较适于近接施工。沉井本身可兼做围堰结构,且施工阶段不需对地基进行特殊处理,既安全又经济,故作为一种深基础,在桥梁工程中得到广泛应用。

因此,当上部结构荷载大,地基承载力较低,采用明挖基础开挖工作量大,支撑困难,采用沉井基础经济上较合理时;或者河水较深,采用扩大基础施工围堰制作有困难时;以及山区河流冲刷大，有较大卵石不便桩基础施工时，一般可考虑采用沉井基础。水深较大、流速适宜时可采用浮运沉井。

沉井基础的缺点是施工工期较长；对粉细砂类土在井内抽水易发生流砂现象，造成沉井倾斜；沉井下沉过程中遇到大漂石，下沉会很困难；地基承载力不足时，会下沉过快，难以控制；倾斜较大的岩面使沉井稳定性差，会给设计、施工带来困难。沉井下沉遇到上述情况应慎重选用。

选用沉井基础前，必须进行详细的地质勘测，查明墩台位置处有无妨碍下沉的障碍物和岩面等情况，并了解土层情况，防止下沉过程中出现工程事故，保证工程的顺利进行。

11.1.2　沉井的类型

1. 按沉井的材料分类

(1)混凝土沉井

一般多做成圆形，适用于井壁较厚而下沉深度不大(4～7 m)的松软土层中。当井壁有足够的厚度时，亦可做成矩形(此时有拉应力产生)。

(2)钢筋混凝土沉井

钢筋混凝土沉井是一种最常用的深基础沉井，它能充分发挥建筑材料的强度，可以做成任何形状，适用于多种不同的地质情况和施工方法。

(3)竹筋混凝土沉井

沉井在下沉过程中，井壁内力较复杂，一旦施工完毕，沉井中钢筋的作用就不再重要了。竹材是一种抗拉强度较高、耐久性较差、价格低廉的材料。南方盛产竹材，因此可就地取材，代替钢筋，以大量节省钢材。

(4)钢沉井

钢沉井适用于空心浮运式沉井，强度高、质量轻、易于拼装，但用钢量较大，一般情况下不采用。

2. 按沉井的平面形状分类(图 11.4)

沉井的平面形状可分为圆形、矩形和圆端形三种基本类型，根据井孔的布置方式又分为单孔、双孔及多孔沉井，如图 11.3 所示。

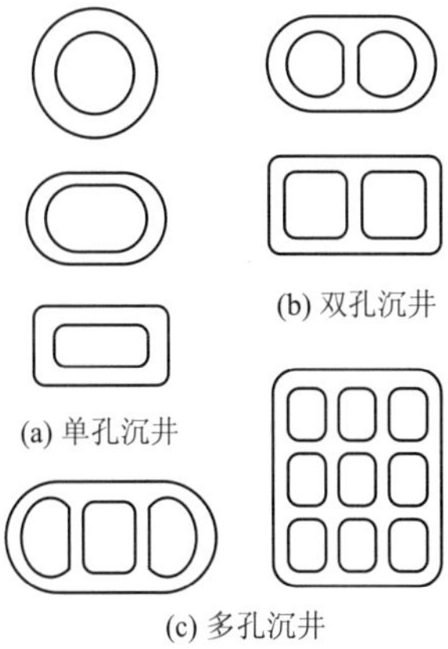

图 11.3　沉井的平面形式

(1)圆形沉井

圆形沉井结构本身受力条件较好，在周围土压力、水压力作用下，井壁主要承受轴向压应力；无论桥梁纵轴与水流正交或斜交，水流的冲击力和局部冲刷均较小。下沉过程中用机械挖土较方便，且有利于刃脚均匀地支承在土层上，沉井不易倾斜。缺点是与同面积的矩形沉井相比，圆形沉井一般只适用于墩台身截面为圆形或接近方形的基础，且地基受力条件较差，基底压应力较大。

(2)矩形沉井

矩形沉井外形构造简单，制作较容易，它与截面为圆端形或矩形的墩台身配合较好；在外力和基底压应力相同的条件下，矩形的基底面积为最小(因其惯性矩大)，可节省圬工。缺点是在土压力、水压力作用下，井壁受到较大的挠曲应力，需要布置较多的受力钢筋；矩形阻力系数较大，河床局部冲刷较严重；用机械挖土时，沉井四个角不易挖到，可能导致刃脚不均匀支承在土层上；所以其四角应做成圆角或钝角，以利于受力和清孔。故矩形沉井宜在无水或流水速度较小的河流中采用。

(3)圆端形沉井

圆端形沉井引起的河床冲刷最小，但沉井的制作比较麻烦，它的优缺点介于圆形和矩形两种沉井之间，常用于圆端形桥墩的基础。

对平面尺寸较大的沉井，可在沉井中设置隔墙，构成双孔或多孔沉井，以改善井壁受力条件及均匀取土下沉。

3. 按沉井的立面形状分类

(1)柱形沉井[图 11.4(a)]

柱形沉井下沉时，井壁周围土体对沉井约束较紧，井壁摩阻力大，下沉困难。适用于摩阻力较小的松软土层；下沉时易于控制方向，不易偏斜。

(2)阶梯形沉井[图 11.4(b)]

阶梯形沉井是一种常用的多节沉井形式，下沉时底节以上各节井壁所接触的土层已松动过，减少了井壁摩阻力，有利于沉井下沉，但容易偏斜，适用于摩阻力较大的土层中。

(3)锥形沉井[图 11.4(c)]

井壁摩阻力较小，下沉时发生偏斜的可能性较大，一般不常用。

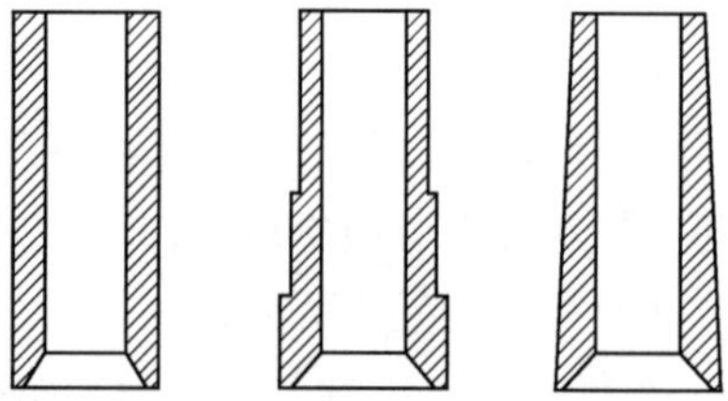

图 11.4　沉井的立面形式

4. 按沉井的施工方法分类

(1)就地制作沉井

直接在墩台位置的地面上制造沉井，并就地下沉；若在浅水区，可先人工筑岛，在岛面上制造沉井，并就地下沉。

(2)浮式沉井

在深水地区，无法用人工筑岛时，可采用在岸边制作井筒，再浮运至桥墩设计位置处，然后下沉。

11.1.3　沉井的构造

1. 沉井的轮廓尺寸

(1)沉井的外廓尺寸及形状应考虑阻水较小、受力合理、简单对称和施工方便等要求，根据墩台底面尺寸、地基承载力确定。沉井棱角处宜用圆角和钝角。

沉井顶面尺寸等于墩台身底面尺寸加襟边宽度，顶面襟边宽度应根据沉井施工容许偏差确定，襟边的最小宽度一般不小于沉井总高度的 1/50，且不小于 200 mm。如为浮式沉井，再另加宽 250 mm。对顶部需设置围堰的沉井，其襟边宽度应满足安装墩台身模板的需要。

(2)井孔的布置应与沉井中心线对称，以便均匀取土和纠偏，对井顶设置围堰的沉井，井孔布置应结合简化围堰支架结构统一考虑。

井孔的大小应满足取土机具所需净空和取土范围的要求。井孔的最小宽度应视机具而定，一般不宜小于 3.0 m。水下取土时，各井孔的间距不要大于取土机具所能及的范围。

(3)沉井高度取决于沉井顶面和基底位置，沉井基础底面高程应根据冲刷深度和地基容许承载力等因素确定。

沉井顶面不应高出最低水位，如果地面高出最低水位且不受冲刷时，则不宜高出地面。顶面和基底位置拟好后，即可得出沉井的高度。

较高的沉井应分节制造下沉，沉井的分节高度一般为 5～6 m，底节不宜过高，一般为 4～

6 m。在松软土层中下沉的沉井，为保证稳定，其底节高度不应大于沉井短边宽度的 0.8 倍。若底节沉井高度过大，沉井过重，会给模板的设置、岛面处理、抽垫和下沉(易发生倾斜)带来困难。

2. 一般沉井的构造

沉井通常由井壁、隔墙、刃脚、井孔(取土井)、凹槽、封底混凝土、顶盖、射水管组、探测管、环墙等组成，此外还有井顶围堰和井内填充物[图 11.5(a)]。

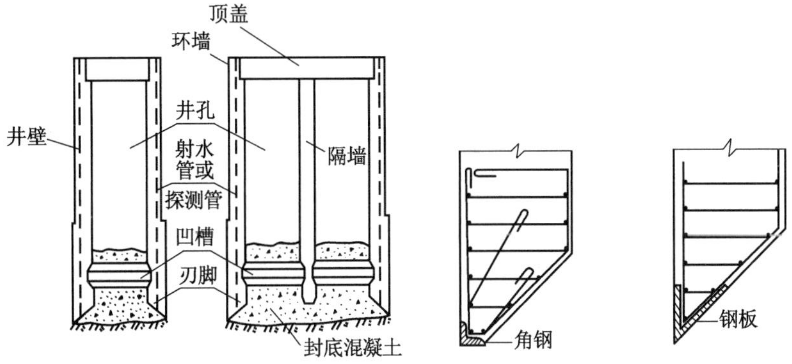

(a)沉井的构造　(b)带有踏面的刃脚　(c)尖刃脚

图 11.5　深井及刃脚的构造

(1)井壁

井壁即沉井的外壁，是沉井的主体部分，在下沉的过程中起着挡土、防水、压重的作用。当沉井施工完毕后，井壁就成为沉井基础的主要承重部分。

井壁外侧通常做成台阶式，台阶设在沉井分节处，其宽度一般为100 mm左右。井壁内侧应做成垂直面，井壁厚度按强度、下沉需要的压重、便于取土及清基等因素而定，一般为0.7～1.5 m，厚者可达2 m，最薄也不宜小于0.4 m。井壁混凝土的强度等级不得低于 C15。

(2)隔墙

隔墙亦称内壁，其作用主要是缩短外壁的跨度，减小外壁的挠曲应力，加强沉井的刚度，并可将沉井分成若干个取土井，以便均衡取土及纠正沉井在下沉过程中的倾斜和偏移。

隔墙的间距一般不宜大于5～6 m，厚度通常为 0.8～1.2 m。隔墙底部做成两面倾斜的刃脚，其底面应高于刃脚底面不小于0.5 m，以利于沉井下沉。对于排水下沉的沉井，宜在隔墙下部设置1.0 m×1.2 m的过人孔，以便井下工作人员来往于各井孔。隔墙底部与井壁下的刃脚连接处应设置梗肋，以起到支承刃脚悬臂的作用。

在以后接筑的各节沉井隔墙的顶面下 2～3 m处，常预设200 mm×200 mm的透水孔若干个，以利于在抽水或补水时保持各孔内水位一致。

(3)刃脚

刃脚位于井壁的最下端，是受力最集中的部位。在下沉过程中，刃脚有两个作用：一个作用是切土下沉，另一个作用是支承，故应具有一定的强度。常用的刃脚形式有两种，图 11.5(b)为带有踏面的钢筋混凝土刃脚，图 11.5(c)为钢筋混凝土钢刃尖的刃脚，用于较坚硬土层或达到岩层的沉井。刃脚尖端或踏面应用钢板或角钢包住，以免混凝土破损。

刃脚斜面与水平面之夹角不宜小于 45°；斜面的高度视井壁厚度并考虑施工人员便于抽垫及挖土而定，一般不宜小于1.5 m；踏面宽度不宜大于150 mm，并用角钢保护。

(4)井孔

井孔也称取土井，是挖土、排土的工作场所。井孔的平面尺寸应满足挖土机具所需的净空要求,最小边长一般不宜小于 2.5～3 m。井孔内壁上可安设扶梯,供施工人员上下使用。

(5)凹槽

凹槽设在井壁和隔墙的下部刃脚处,一般高约1 m,深为0.15～0.25 m。它的作用是:使封底混凝土能嵌入井壁连接成整体。另外,当下沉过程中遇到障碍,又极难排除,需将沉井改为气压沉箱时,可在凹槽部位浇灌钢筋混凝土顶盖。当地质资料可靠,井孔准备用混凝土填充时,也可不设凹槽。

(6)探测管与射水管

① 探测管

在不排水下沉的沉井中,可在井壁内设置ϕ(200～500)mm 的钢管或预制管道作为探测管。其主要作用是:ⓐ探测井壁刃脚下和隔墙底面下的泥面高程,以便控制除土部位,并可探测基底高程,作为基底高程检验的依据;ⓑ可在探测管中安设射水管,破坏沉井刃脚下的土体以利于下沉,沉井下沉至设计位置后,也可用来射水清基;ⓒ沉井水下封底后,可作为封底混凝土的质量检查孔。

② 射水管

当预计沉井自重不足以克服下沉阻力时,可在井壁四周预埋高压射水管。射水管的主要作用是:利用高压射水破坏沉井周围及刃脚下的土体,以减小土体对沉井的摩阻力。射水管装设在井壁内,管口开在刃脚下端和井壁外侧,沿井壁均匀布置,并联成四个单独分离的管组,以利于控制射水部位,校正沉井的倾斜。

(7)封底混凝土

对于不排水挖土下沉的沉井,当沉至设计位置后,需要先用水下混凝土封底,隔断井外水源,然后抽水填充。封底混凝土常用强度等级为 C20,其厚度除按受力条件计算外,不宜小于井孔最小边长的 1.5 倍。封底混凝土的顶面应高出凹槽0.5 m。

(8)顶盖

顶盖亦称封顶或井盖,当井孔用混凝土或其他圬工材料填充时,顶盖可用不低于 C15 的混凝土灌注。沉井若为空心基础,井内不填充任何材料或仅用砂、石料填充时,其顶部必须设置钢筋混凝土顶盖,以承受墩台身及其以上结构的荷载。顶盖厚一般为1.5～2.0 m,钢筋的配置由计算确定。

(9)井孔填充物

根据受力或稳定的要求,井孔内可保持中空或用砂石料、混凝土(不低于 C10)、浆砌片石等填充。在严寒地区,低于冰冻线0.25 m以上部分,应用混凝土或圬工填实。

(10)环墙和井顶围堰

环墙位于沉井顶部,高度与井盖厚度相同,做成台阶,用以支承顶盖,一般高为1.5～2.0 m,宽度至少为0.3 m。

当沉井顶面位于地面或岛面以下时,在环墙上需要接筑井顶围堰,用以挡土或挡水。通常在环墙内预埋锚栓或预留板槽,以连接井顶围堰(图 11.6)。井顶围堰的支撑应结合井孔的布置,使其不影响从井孔取土的通道。当井顶围堰的高度不大时(1.0～2.0 m),为了节约木材和增加沉井压重,也可用浆砌片石砌筑井顶围堰。

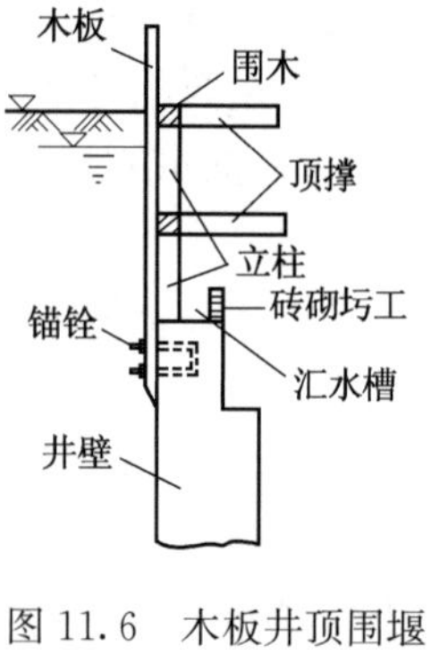

图 11.6 木板井顶围堰

任务 11.2　沉井基础施工与控制

沉井基础的施工可分为旱地施工、水上筑岛施工及浮运沉井三种。沉井基础施工流程如图 11.7 所示。

沉井基础施工具有以下特点：①沉井施工可在井筒的保护下垂直下挖，施工中井筒既能防土又能防水，下沉完毕后成为基础的一部分。沉井法施工能够有效地克服明挖法土石方量大、干扰大的弊病；②逐节接筑，不断挖土，借助混凝土井筒的自重，边挖土边下沉，因而比较简便、安全；③必须经过先浇筑，后养生，再下沉的三个阶段，工序较多，循环时间长。

沉井基础的施工方法与地质和水文情况紧密相关。施工前应根据水文和地质资料制订施工方案，对河流汛期、凌汛、潮汐、河床冲刷、通航、漂浮物等进行调研，制定相应安全措施。

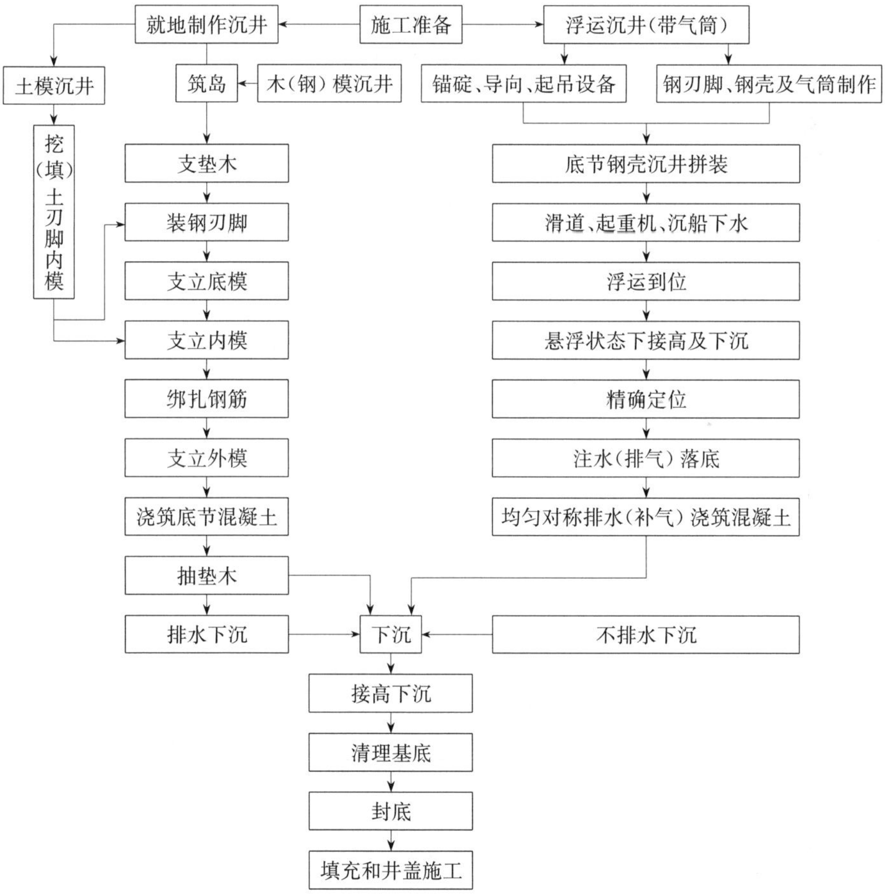

图 11.7　沉井基础施工流程

11.2.1　沉井制作

1. 场地准备

在旱地，可在整平夯实的地面制作沉井，但要防止沉井在混凝土浇筑时因地面不均匀沉降产生裂缝。若地下水位低、土质较好时，可先挖基坑再制作沉井，基坑底应高出地下水面至少

0.5～1.0 m。

在浅水或地面可能被水淹没的旱地,需筑岛制作沉井,筑岛形式如图 11.8 所示。

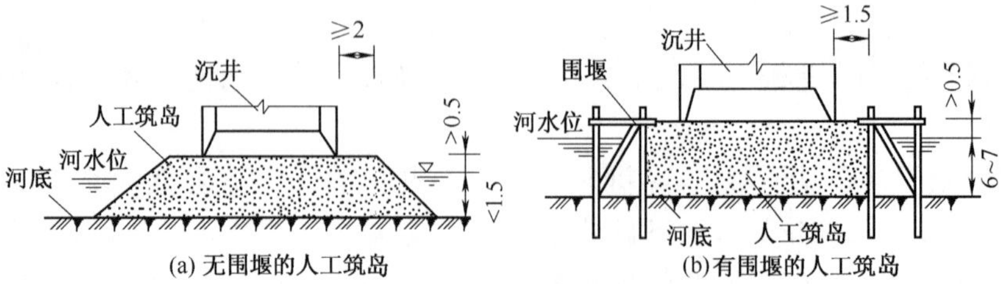

图 11.8　人工筑岛(单位:m)

(1)土筑岛

不用围堰填筑的土岛只适用于流速不大的浅水中,通常水深不超过 1.5 m,筑岛后流速不超过土壤的容许流速(即不冲刷流速),见表11.1。土岛护道宽度不宜小于2 m,与水接触的土坡不应陡于 1∶2。

表 11.1　各种土筑岛容许流速

筑岛土种类		细砂	粗砂	中等砾石	粗砾石
容许流速/(m/s)	土表面处	0.25	0.65	1.0	1.2
	平均流速	0.3	0.8	1.2	1.5

(2)围堰筑岛

常见围堰筑岛的适用条件见表 11.2,筑岛应满足的基本要求见表 11.3。

表 11.2　各种围堰筑岛的适用条件

围堰名称	适用条件		
	水深/m	流速/(m/s)	说　明
草袋围堰	<3.5	1.5～2.0	淤泥质河床或沉陷较大的地层未经处理者不宜用
石笼围堰	<3.5	≤3.0	同上
木板桩围堰	3～5		河床应为能打入木板桩的地层
钢板桩围堰			能打入硬土层,宜用于深水筑岛围堰

表 11.3　筑岛基本要求

序号	项目	要　求
1	筑岛材料	砂、砂加卵石、小砾石等;不应采用黏性土、淤泥、泥炭及大块石等填筑
2	岛面高程	应高出最高施工水位或地下水位至少 0.5 m
3	岛面上土填筑	应分层夯实或碾压密实,每层厚度不宜大于 30 cm
4	岛面容许压力	一般不宜小于 0.1 MPa;或按设计要求办理
5	护道最小宽度	土岛为 2 m;围堰筑岛为 1.5 m;需设置暖棚或其他施工设施时,需另行加宽
6	外侧边坡	不应陡于 1∶2
7	冬季筑岛	应将冰冻层清除,填料不应含有冰块
8	倾斜河床筑岛	应修筑坚实的围堰,防止筑岛沿倾斜面滑动
9	水中筑岛	因压缩过水断面,水位提高,流速加大,需妥善处理

2. 铺设垫木

垫木的作用是扩大刃脚踏面的支承面积，常用普通枕木与短方木相间对称铺设，沿沉井刃脚满铺一层，垫木在刃脚直线部分垂直刃脚铺放，在圆弧部分则向心铺放，如图 11.9 所示。

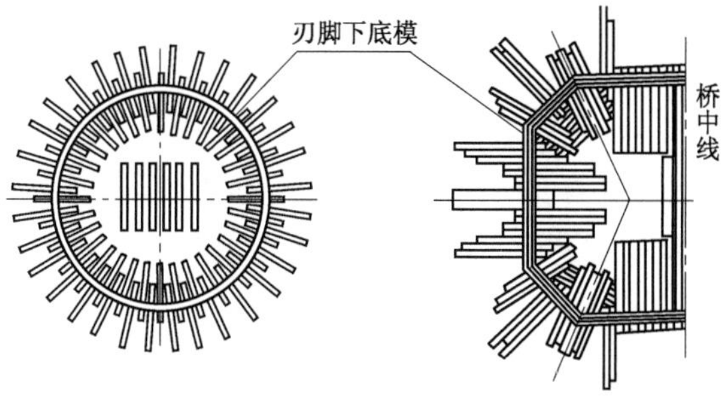

(a) 圆形沉井垫木　(b) 矩形沉井垫木

图 11.9　垫木的布置示意

沉井的隔墙下面也须铺设垫木。隔墙与刃脚连接处的垫木应搭接成整体，以免灌注混凝土时发生不均匀沉陷，导致开裂。由于隔墙底面较高，其底模与垫木间的空隙，可设置桁架或垫方木抄紧，垫木铺设要求见表 11.4。

表 11.4　垫木铺设要求

序号	项目	要　求
1	垫木材料	质量良好的普通枕木及短方木
2	铺垫方向	刃脚的直线段垂直铺设，圆弧段径向铺设
3	垫木下承压应力	应小于岛面容许承压应力
4	筑岛底面承压应力	应小于河床地面容许压应力
5	刃脚下和隔墙下压应力	应基本相等，以免不均匀沉陷使井壁与隔墙连接处混凝土开裂
6	铺垫次序	应先从定位垫木开始向两边铺设
7	支撑排架下的垫木	应对正排架中心线铺设
8	铺设顶平面最大高差	应不大于 3 cm
9	相邻两垫木最大高差	应不大于 5 mm
10	调整垫木高度时	不应在下垫塞木块、木片、石块等，以免受力不均
11	垫木间孔隙	应填砂捣实
12	垫木埋入岛面深度	应为垫木高度的一半

定位垫木的布置，一般根据沉井在自重作用下受挠的正负弯矩大体相等而定，圆形沉井应布置在相隔 90°的四个点上。矩形沉井则应对称布置于长边，每个长边各设两点，其间距：当 $1.5\leqslant L/B<2$ 时，$l=0.7L$；当 $L/B\geqslant 2$ 时，$l=0.6L$，其中 L 为长边长度(m)；B 为短边长度(m)；l 为定位垫木间距(m)。

3. 安装钢刃脚

带踏面的刃脚(刃脚角钢)可直接支放在垫木上，若为钢刃脚，应沿刃尖周围在垫木上铺设钢垫板，垫板厚度不宜小于 10 mm。刃脚及隔墙下应设置支撑，支撑可搭设木垛或设置排架,并具有较好的刚性。为沉井下沉时抽垫方便,垫木下应用砂填实,其厚度一般不小于 30 mm。钢刃脚的支设如图 11.10 所示。

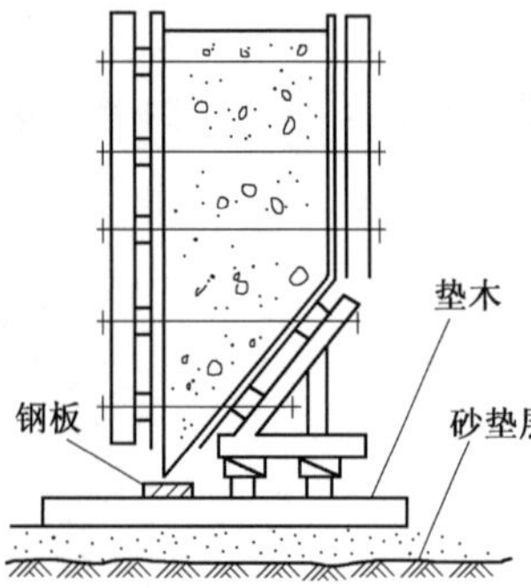

图 11.10　钢刃脚的支设

4. 安装模板

制作安装模板时,主要应注意:①模板及支撑应具有足够的强度、刚度和稳定性,模板应光滑平顺,井壁外侧的模板缝应顺垂直方向,外模的上口尺寸不宜大于下口尺寸,以利下沉;②外模的支撑、拉杆、拉箍等应牢固,防止灌注混凝土时产生变形现象;③刃脚斜面模板与隔墙底模交接处应注意支垫及塞缝。

模板安装顺序:刃脚斜面及隔墙底面模板→井孔模板→绑扎、焊接钢筋→立外模→调整各部分尺寸→全面紧固支撑拉杆、拉箍等。

在同一工地有数个沉井施工,且井孔尺寸相同,沉井接筑次数较多时,可采用整体拆装式井孔模板,以减少模板安装,加快施工进度。

5. 混凝土浇筑、养护及拆模

(1)混凝土浇筑

① 材料要求。沉井混凝土一般采用防水混凝土。在 $h/b \leqslant 10$ 时,用抗渗等级 S6 的混凝土;在 $10 < h/b \leqslant 15$ 时,用抗渗等级 S8 的混凝土;在 $h/b > 15$ 时,用抗渗等级 S12 的混凝土。其中 h 为井壁在地下水以下的深度,b 为沉井壁厚。

水灰比 W/C 一般为 0.6,且不得超过 0.65。每 1 m^3 混凝土的水泥用量为 300～350 kg,砂率采用 35%～45%,配合比应按照水泥和砂、石料试配,进行试块的强度和抗渗试验。

井壁混凝土坍落度一般为 3～5 cm,底板混凝土坍落度为 2～3 cm。井壁混凝土用插入式振捣器捣实,底板混凝土用平板振捣器振实。为减少用水量,可掺入减水剂。

② 浇筑混凝土。沉井混凝土应在集中搅拌站采用强制式搅拌机拌和,用混凝土运输搅拌车运送混凝土,混凝土泵车沿沉井周围进行分层均匀浇灌。

沉井混凝土应沿井壁对称浇筑,避免因偏载产生不均匀沉陷,使混凝土开裂。每节混凝土应分层均匀地逐层向上浇筑,并逐层振捣,一次连续浇筑完毕。如因工作量过大,不能一次浇完时,需设水平施工缝,缝间留有凹凸缝并插入短钢筋增加连接,在浇筑新混凝土前须将接缝表面洗刷干净,用水湿润,并铺一层强度等级高一级的砂浆。每次浇筑混凝土分层厚度见表 11.5。

表 11.5　浇筑混凝土分层厚度

项目	使用插入式振捣器	人工振捣	浇筑一层的时间不应超过水泥初凝时间 t
分层厚度 h 应小于	振捣器作用半径的 1.25 倍	15～25 mm	$H \leqslant Qt/A$(m)

注:Q 为每小时浇筑混凝土量(m^3);t 为水泥初凝时间(h);A 为混凝土浇筑面积(m^2)。

(2)养生

① 混凝土浇筑完后要注意保养,经常洒水保证表面潮湿,并盖麻袋或塑料布防止水分蒸发。冬季可通过蒸汽加热养护。

② 浇筑完毕后,即可将探测管、压浆孔道等预制的芯管上拔 0.5～1.0 m,破坏其粘结力,

以利拔出。

③ 下沉底节沉井时，必须达到 100% 设计强度；其他各节下沉时，则需达到 70% 设计强度。

④ 当混凝土强度达到 2.5 MPa 时，即可在顶面凿毛，以便当顶面接筑时，增加其接缝强度。

(3)拆模

当混凝土强度达到 2.5 MPa 时，可拆除不承受混凝土重量的直立侧模，但应防止沉井表面及棱角受损；当混凝土强度达到设计强度的 70% 以上时，方可拆除隔墙底面和刃脚斜面的模板及支撑。沉井模板及支撑拆除后，应测量沉井中线和刃脚高程，并形成记录。

6. 抽垫木

抽垫木是沉井施工过程中的重要工序之一。当沉井的支撑全部拆除后，沉井的重量全部支承在刃脚下的垫木上。因此，底节沉井混凝土达到设计强度后方可抽垫下沉。抽垫木前应有详尽的操作工艺、严密的施工组织，并进行技术交底。

(1)将抽垫木次序和垫木编号用油漆标明在沉井外壁上。一般先拆除内隔墙下的垫木；对称矩形沉井，先拆除短边下的垫木；从远离定位支垫处开始逐步拆除，最后同时拆除定位垫木。

(2)抽垫木前先清除沉井内外杂物，并准备回填的砂土。

(3)抽垫木应统一指挥。按规定的联系方式分区、依次、对称、同步地按顺序进行，并随即用砂土回填捣实，防止沉井偏斜。

(4)定位支垫处的垫木，应最后同时抽出，使沉井平稳地落入土层。

抽垫木时，一般均于沉井内外两边配合进行。先掏挖垫木下的砂垫层，然后在沉井内侧锤打、棍撬垫木并从沉井底向外拉，逐根迅速抽出。抽出几根后，随即按图 11.11 所示以碎石填塞刃脚并砸紧，再分层填砂并洒水夯实。必要时，可将井内填砂面提高，以增加支承面积，使最后分配在定位垫木上的压力不超过垫木下土的支承力，亦不致压断定位垫木。

沉井刃脚斜面处的底模，一般在抽垫时拆除。为使拆模与抽垫木互相配合，底模应按抽垫木的顺序分成若干段拼接，且使其各段间的连接便于分段拆除。

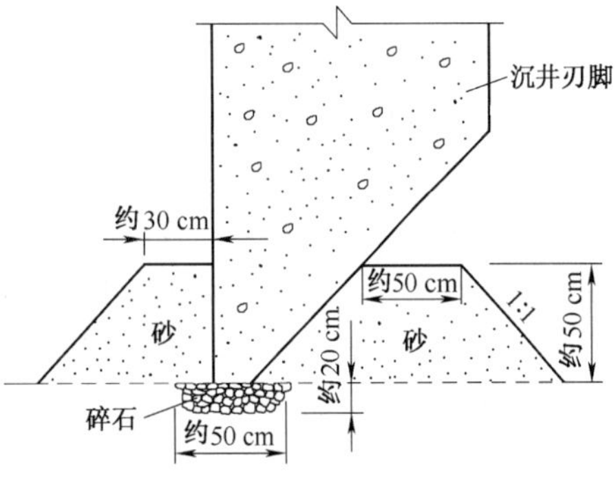

图 11.11 刃脚抽垫后的回填

抽垫木后回填的砂土，虽经夯实砸紧，但承受沉井重量后仍有沉降，因此，沉井在抽垫过程中必然下沉，其下沉的程度因回填质量而有不同。一般在抽除 2/3 垫木以前，下沉量不大，下沉也比较均匀。继续抽垫时，下沉量逐步加大，抽垫木和回填工作也越来越困难，甚至有下沉很快来不及回填而压断垫木的现象。应在沉井下沉量不大，有条件做好回填工作时，切实做好回填土的夯实工作，以减小沉井后期抽垫木的沉降。抽垫木至最后阶段时，则应全力以赴尽快地将剩余垫木同时全部抽出，使沉井平稳地落入土层。

在抽垫过程中如发生下列情况，应及时研究处理，防止事态扩大，必要时可采用变更抽垫顺序或加高回填土的方法：

①沉井倾斜超过 1%，且有继续倾斜的可能时；

②一次抽垫下沉量超过上一次抽垫下沉量 1 倍时；

③回填砂土被挤出隆起或开裂时；

④垫木被压断时。

文本

用土内模制作沉井刃脚

11.2.2　沉井下沉及接高

1. 沉井下沉

沉井下沉主要是通过从沉井内均匀除土，消除或减小沉井刃脚下的正面阻力，有时也同时采取减小井壁外侧土的摩阻力的办法，使沉井依靠自身的重量逐渐下沉。

沉井井内除土下沉方式可分为排水下沉和不排水下沉两种，一般是依据沉井所处的水文、地质情况而定。下沉方法如图 11.12 所示。

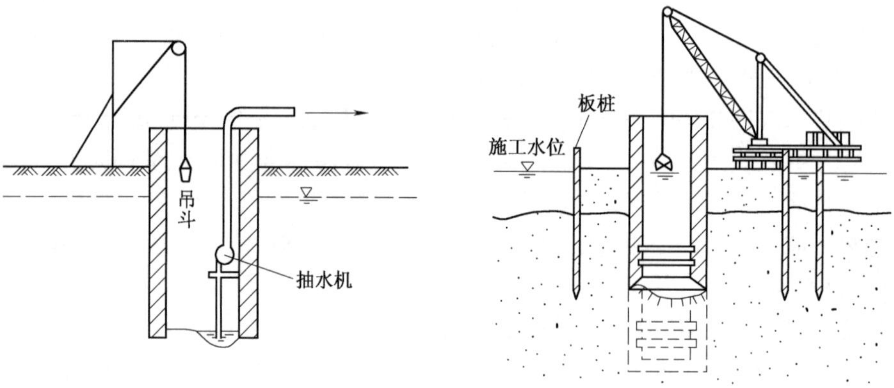

(a)排水下沉　(b)不排水下沉

图 11.12　沉井下沉方法示意

在渗水量小(每平方米沉井面积渗水量小于 1 m^3/h)的稳定黏性土中下沉沉井，一般采用排水开挖下沉。当渗水量较大时，一般采用水下抓泥、射水吸泥方法除土，可以有效地防止“流砂”发生、确保安全，因而不排水下沉适用于地下水位较高的粉、细砂地层。

(1)排水开挖下沉

常用的排水方法有明沟集水井排水、井点排水、井点与明沟排水相结合的方法。

对于较松软土质，在分层开挖的过程中沉井即逐渐下沉。开挖一般先从沉井中央下挖 40～50 cm，逐层开挖，每层 20～30 cm，均一圈一圈地向刃脚方向逐步扩大，每一圈均从远离定位支垫位置处开始，使定位支垫位置处的土最后同时挖除。

对于较坚硬的土层，可能挖至平刃脚时仍不下沉，如遇到这种情况，就须掏空刃脚下土壤。这时，应比照抽垫木方法，分段按顺序掏土至刃脚外，随即回填砂砾，最后将支垫位置的土亦换成砂砾后，再分层分圈逐步挖除砂砾使沉井下沉。

(2)不排水开挖下沉

水中除土，可将沉井中部挖成锅底。在砂及砾石类土中，一般当锅底比刃脚低 1～1.5 m 时，沉井即可下沉，并将刃脚下的土挤向中央锅底，只要继续在中间挖土，沉井即可继续下沉。在黏性土或胶结层中，四周的土不易向中间坍落，需要靠近井壁偏挖，往往还须辅以高压射水松土。为避免沉井发生较大倾斜，一般应使锅底深度不超过 2 m；相邻土面高差不宜大于 0.5 m。靠近刃脚处，除处理胶结层和清理风化岩外，除土和射水都不得低于刃脚，还应注意提前挖深隔墙下的土，勿使搁住沉井。

取土方法有：①利用吊机或双筒卷扬机操作抓土斗进行水下取土；②用水力冲射器冲刷土，用空气吸泥机吸泥或水力吸泥机抽吸水中泥土；③用特制的钻、吸机组进行钻吸排土。

2. 沉井接高

(1)沉井接高的要点

沉井接高前应尽量调平，接高时井顶露出水面不得小于 1.5 m，井顶露出地面不得小于 0.5 m。接高上节模板时，模板与支架不得直接支撑在地面上，以免沉井因接高自重增加而下沉时，模板及支架与混凝土发生相对位移，致使混凝土受损。可利用下节的模板拉杆来固定上节模板，并在下节混凝土中预埋牛腿，以支承支架。

接高时应均匀加重，防止沉井接高加重时突然下沉或倾斜，必要时可在刃脚下回填或支垫。混凝土施工接缝应按设计要求布置接缝钢筋，浇筑混凝土前应清除浮浆并凿毛。

接高后的各节沉井中轴线应为一直线。在倾斜的沉井上接高时，应顺沉井的倾斜轴线上延，不可垂直接高，以便沉井倾斜纠正后沉井保持竖直而不弯折。

(2)沉井制作与下沉的关系

沉井按其制作与下沉的关系而言，有三种形式：一次制作，一次下沉；分节制作，多次下沉；分节制作，一次下沉。

①一次制作，一次下沉。一般中小型沉井，高度不大，地基条件好或者经过人工加固后能获得较大的地基承载力时，最好采用一次制作，一次下沉的方式。

②分节制作，多次下沉。将井墙沿高度分成几段，每段为一节，制作一节，下沉一节，循环进行。该方案的优点是沉井分段高度小，对地基要求不高。缺点是工序多，工期长，而且在接高井壁时易产生倾斜和突沉，需要进行稳定检算。

③分节制作，一次下沉。这种方法的优点是脚手架和模板可以连续使用，下沉设备一次安装，有利于滑模。缺点是对地基条件要求高，高空作业困难。我国目前采用该方法制作的沉井，全高已达30 m。

④沉井下沉应有一定的强度，第一节混凝土或砌体砂浆应达到设计强度的 100%，其上各节达到 70%以后，方可开始下沉。

3. 下沉困难时的辅助措施

沉井下沉发生困难，主要是由于沉井自身重量克服不了井壁摩阻力，或刃脚下遇到大的障碍所致。解决上述问题须从增加沉井自重和减小井壁摩阻力两个方面着手。

(1)增加沉井自重

①提前接筑上一节沉井，以增加沉井自重。

②在井顶上压重物，常用于纠偏。

③在不排水下沉的井内抽水减小浮力，可增加沉井重力，促使沉井下沉。但在砂类土等容易翻砂涌水的地层中不宜使用。

(2)减小沉井外壁的摩阻力

除在设计时对外壁形状、错台宽度，以及施工制作中的外模光滑等提出较高要求外，通常采用：

①井外射水。在井壁上留有射水嘴的管组(施工中需防止泥砂堵死)。利用高压水流冲松井壁附近的土体，且水流沿井壁上升而润滑井壁，使沉井摩阻力减小。

②井外挖土。在沉井周围挖除部分覆盖土，可减少部分摩阻力。

③炮振下沉。当刃脚下土已挖空，采取其他措施仍不能克服外壁摩阻力的情况下，才允许

采用炮振下沉。

④采用泥浆润滑套沉井。在沉井外壁与土层间设置泥浆隔离层,可以大大降低井壁摩阻力,使井壁可以做的较薄,下沉深度可以加大。当不用泥浆套时,沉井外壁摩阻力一般大于15 kPa;用泥浆套时,则可减少到3~5 kPa,其效果是显著的。

⑤采用空气帷幕沉井。空气幕沉井亦称壁后压气沉井,系在沉井外壁设置有许多气龛,压缩空气通过井壁预埋管路,从气龛的喷射小孔喷出,沿井壁上升至地表溢出,形成以空气和液化砂土组成的帷幕,使井壁和土壤间瞬时隔离,从而减少土对沉井外壁的摩阻力,使沉井顺利下沉。

(3)排除沉井下沉遇到的障碍物

①遇孤石时,可采取潜水员水下排除或用爆炸爆破等方法。在水下爆破时,每次总装药量不应超过0.2 kgTNT当量。井内无水时,通过计算后,可适当加大装药量。

②遇铁件时,可采取水下切割排除。

③施工前已查明在沉井通过的地层中夹有胶结硬层时,可采取钻孔投放炸药爆破的办法预先破碎硬层。

4. 沉井下沉中的防偏与纠偏

沉井下沉的全部过程,都是防偏与纠偏的过程。偏移对沉井基础不利,有偏移,就有偏心距和附加应力,对地基承载不利。若偏移过大,墩台身还可能偏位悬空,致使沉井报废。因此,施工的关键技术在于均匀除土,防止沉井偏斜,并及时调整沉井的倾斜和位移,这在下沉初期尤为重要,一定要做到勤测量、勤调整,千万不可麻痹大意,否则将酿成后患,难以处理。

竣工后的沉井位置容许误差一般规定如下:

①沉井底面平均高程应符合设计要求;

②沉井的最大倾斜度不得大于沉井高度的1/50;

③沉井顶、底面中心与设计中心在平面纵横向的位移(包括因倾斜而产生的位移)均不得大于沉井高度的1/50,对浮式沉井容许位移值可另加25 cm;

④矩形、圆端形沉井平面扭角容许偏差值:就地制作的沉井不得大于1°;浮式沉井不得大于2°。

(1)沉井位置偏差的原因和防止措施(表11.6)

表11.6　沉井产生偏差的原因及防止措施

序号	偏差产生原因	防止措施
1	沉井位于滑坡上,沉井下沉时土体下滑	采取防止滑坡的措施或将桥墩移位
2	沉井之下的硬土层或岩面有较大倾斜,沉井沿倾斜层下滑	在倾斜的低侧于沉井外填土,增加被动土压力,阻止沉井滑动,并尽快使刃脚嵌入此层土内
3	沉井部分刃脚下有障碍物,致使沉井的沉降不均匀	及时清理障碍物,未被障碍物搁住的地段,应适当回填和支垫
4	井外弃土高差过大或沉井一侧的土因水流冲刷,偏土压致使沉井偏斜或位移	弃土不应靠近沉井;水中下沉时,可利用弃土调整井外土面高差,必要时可对河床进行防护
5	沉井刃脚下土层软硬不均致使沉井沉降不匀	通过挖土调整刃脚下支承面积、或适当回填、或支垫土层较软的一边
6	抽垫不对称,或抽垫后回填不及时,或回填砂土夯实不够	严格按抽垫工艺施工

续上表

序号	偏差产生原因	防止措施
7	除土不均匀,井内泥面相差过大,承载量不均	严格控制泥面高差
8	刃脚下掏空过多,沉井突然下降	严格控制刃脚下除土量
9	井内水头过低,沉井翻砂,翻砂通道处刃脚下支承力骤降	一般情况下保持井内水头不低于井外,砂土层中开挖不靠近刃脚;沉井土不深时不采用抽水下沉的方法
10	在软塑至流动状态的淤泥质土中下沉沉井,造成倾斜难以纠正	可在沉井顶面的两边施加水平力,及时根据沉井的倾斜情况调整水平力的大小,勿使倾斜恶化

(2)沉井纠偏方法

对已出现偏斜的沉井,必须依据偏移情况、下沉深度等有关条件分析制定纠偏方法。在以往的工程实践中,曾积累了许多宝贵的经验,纠正方法尽管多种多样,但其共同的规律是在下沉中纠偏,边沉边纠;不下沉,单纯纠偏是难以办到的。下面介绍几种常用的纠偏方法。

①井内偏挖、加垫法

这是偏挖土法与一侧加支垫法的结合纠偏方法,是基本和有效的方法之一。即在刃脚较高的一侧井内挖土而在刃脚较低的一侧加支垫,随着沉井的下沉,高侧刃脚可逐渐降低下来,如图 11.13 所示。

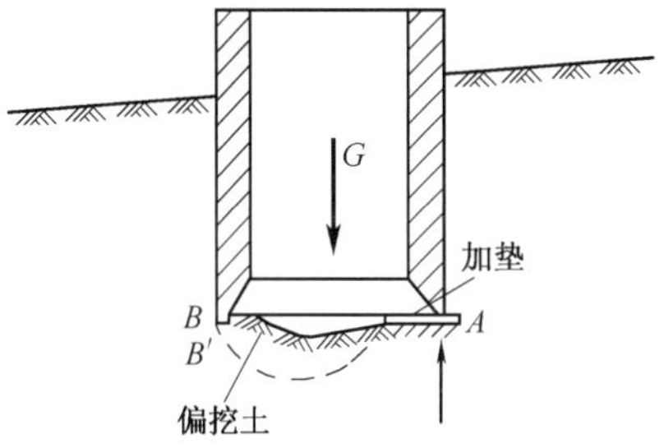

图 11.13　井内偏挖、加垫

②井外偏挖、井顶偏压或套拉法

这是偏挖土与偏压重或偏挖土与一侧施加水平力相结合的纠偏方法,其目的是提高单纯偏挖土的纠偏效果,此法多用在入土较深时的纠偏,如图 11.14 所示。由于钢丝绳套拉时施加的水平力很大(可以大至百吨以上),所以滑车组的锚固需有强大的地龙(一般利用附近的桥墩作为地龙)。采用这一方法时,应使用平衡重,而不用卷扬机牵引,以使作用力持续不变,避免沉井纠偏时钢丝绳松弛,也可防止沉井结构或千斤绳因受力过大而受损。

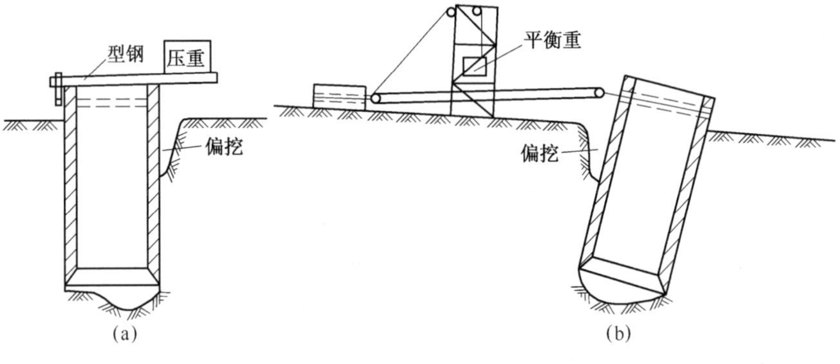

图 11.14　井外偏挖、井顶偏压或套拉法

③井外支垫法

如图 11.15 所示,用枕木垛托住拴于沉井顶面的挑梁,借枕木垛下的大面积支承力阻止该侧沉井下沉,可以比较有效地纠正沉井倾斜。但须防止千斤绳受力过大而断裂。

④井外射水法

在沉井刃脚较高的一侧井外射水,破坏其外壁摩阻力,促使该侧沉井下沉,是水中沉井纠偏的一种方法(旱地影响施工场地,很少使用)。使用时,射水管的间距不宜超过2 m。

⑤摇摆法下沉

当沉井入土深度不大,但偏移量较大,且沉井结构中心线与设计中心线平行时,可采用摇摆法下沉,逐渐克服土的侧压力以正位。其做法是:将偏移方向一侧先落低15～20 cm,然后再将另一侧落低成水平状态,如此反复下沉使沉井回到正确位置,如图 11.16 所示。每次摇摆可纠正的偏移量为

$$\Delta e = \Delta h \cdot \tan\frac{\alpha}{2} = \frac{\Delta h^2}{2b} \tag{11.1}$$

式中 b——沉井宽度(m)。

⑥倾斜法下沉

当沉井入土深度不大,且偏移量较大,沉井结构中心线与设计中心线相交于刃脚下一定深度时,可沿沉井倾斜方向下沉,使沉井刃脚向设计位置接近,然后把沉井正平(图 11.17)。

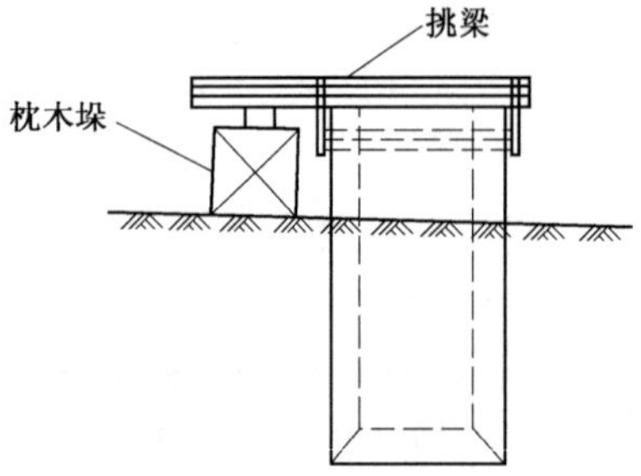

图 11.15 井外支垫示意

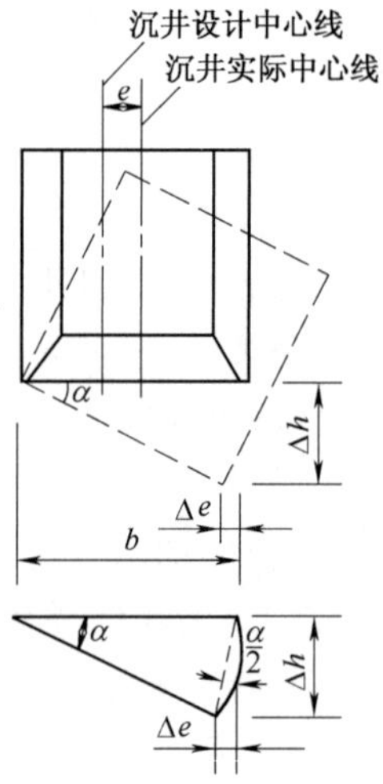

图 11.16 摇摆纠偏

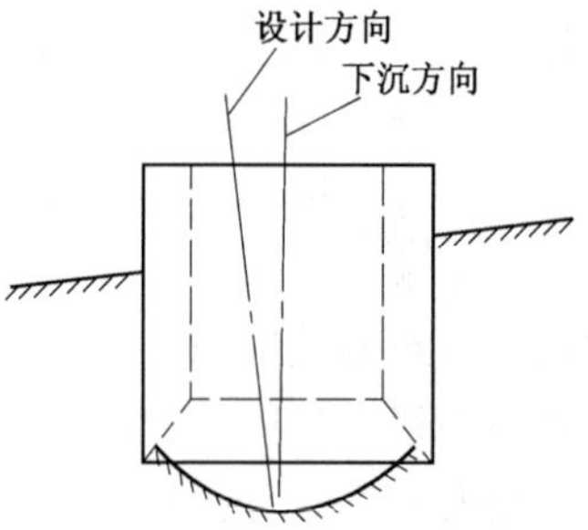

图 11.17 倾斜法下沉示意

(3)沉井偏移量计算

沉井下沉至设计高程时,为了检验是否超过允许偏移量需要知道沉井实际的偏移值;而在开挖下沉过程中,为了及时纠偏的需要,也应经常了解实际偏移的大小,以有效地掌握标准,严防超限。

偏移量的计算是依据井顶轴线的方向差及相互间的高程差,直接计算或推算出井顶中心、井底中心的偏移值、井轴倾角及平面扭角值,据此分别与容许值比较。

沉井偏移量的计算方法和计算公式可参考有关的专业书籍,此处从略。

11.2.3 沉井基底清理、封底、填充

1. 基底清理

沉井沉至设计高程后,需检验沉井偏移量、井底及下卧层土质是否符合设计要求。当井底能抽干水时,井底处理方法与明挖基础相同;不能抽干水时,应派潜水员进行水下处理,井底土(岩)面应尽量整平,清除陡坎,保证封底混凝土的最小厚度和灌注质量;清除井底浮泥和岩面残存物,保证井底有效面积不小于设计要求;对于岩石基底,刃角应尽可能嵌入岩层,以防止清基涌砂。

沉井下沉至设计高程，经过 8 h 观测累计下沉量不大于 10 mm 或沉降量在容许范围内时，井底经检验认可签证后，方可进行混凝土封底。

2. 沉井封底

沉井封底的方法有以下两种：

(1)排水施工时的干封底

当沉井穿越的土层透水性低，井底涌水量小，且无流砂现象时，应力争干封底。沉井干封底能节约混凝土等大量材料，确保封底混凝土的强度和密实性，并能加快工程进度，省去水下混凝土的养护和抽水时间。故在地质条件许可的情况下，尽量采用干封底。

具体的施工过程是修整井底，使之成锅形，由刃脚向中心挖成放射形排水沟，填以卵石作成滤水暗沟，在中部设 1～4 个集水井，深1～2 m，井间用盲沟相互连通，插入四周带孔眼的短钢管或混凝土管，管周填以卵石，使井底的水流汇集在井中，用泵排出，并保持地下水位低于井内基底面0.3 m。

封底一般先浇筑一层 0.5～1.5 m 的素混凝土垫层，达到设计强度 50%后，绑扎钢筋，两端伸入刃脚或凹槽内，浇筑上层底板混凝土。浇筑应在整个沉井面积上分层，并由四周向中央推进，每层厚300～500 mm，并用振捣器振捣密实。当井内有隔墙时，应前后左右对称地逐孔浇筑。混凝土采用自然养护，养护期间应继续抽水。待底板混凝土强度达到 70%后，对集水井逐个停止抽水，逐个封堵。封堵的方法是，将滤水井中的水抽干，在套筒内迅速用干硬性的高强度混凝土进行堵塞并捣实，然后上法兰盘盖，用螺栓拧紧或焊牢，上部用混凝土填筑捣实。

干封底时，有时沉井内的水不易抽干，需在继续排水的条件下进行干封底，这时应注意下列几点：

①在沉井下沉的同时就应抓紧做好封底的准备工作。因在软土中沉井下沉速度较快，当沉井下沉到设计高程后，若拖延时间，有可能发生条件转化，如沉井偏差增大，大量土体涌入井内等，给干封底工作带来很大困难。

②基底土面应挖至设计高程，排除井内积水，对超挖部分应回填砂石，并清除刃脚上的污泥。

③排水问题是关系到整个沉井干封底的成败关键。因为新灌注的混凝土底板，在未达到设计强度之前，是不能承受地下水压力的。因此，自始至终必须十分重视排水。

④当地质情况较差时，为了不破坏地基原状土的承载力，在沉井接近设计高程时，应停止使用水力机械冲泥等容易破坏地基的施工方法，改用吊车抓土或人力开挖。若在软土中下沉，自重又较大时，可能使沉井刃脚较深地埋入软土中，此时应先开挖锅底，保留刃脚内侧的土堤，尽量使沉井挤土下沉，这样当沉井封底时，土堤可减少涌砂和渗水现象。

(2)不排水施工时的水下封底

当沉井采用不排水下沉，或虽采用排水下沉，但干封底有困难时，可采用垂直导管法灌注水下混凝土封底。此法是在井内外水位无高差的静水条件下施工的。在沉井的各井孔内垂直设置直径 200～300 mm 的钢导管，管底距井底土面30～40 cm，在导管顶部连接一个有一定容量的漏斗，在漏斗的颈部安放球塞，并用绳系牢。漏斗内先盛满坍落度较小的混凝土后，可将球塞慢慢下放一段距离(但不能超出导管下口)。灌注时割断球塞的系绳，同时迅速不断地向漏斗内灌入混凝土，此时导管内的球塞、空气和水均受混凝土重力挤压由管底排出。瞬间，混凝土在管底周围堆成一个圆锥体，并将导管下端埋入混凝土内，使水不能流回管内，然后再灌注的混凝土是在无水的导管内进行，由于管内重力作用形成的超压力作用，使其源源不断地向周围流动、扩散与升高。由于最初与水接触的混凝土面层始终被后续混凝土顶推上升而保持在最上层的位置不变,从而保证了混凝土的质量。只要适当留有厚度富余量(一般10～20 cm),抽水后将表层浮浆层凿除即可。图 11.18 为灌注水下混凝土步骤示意。

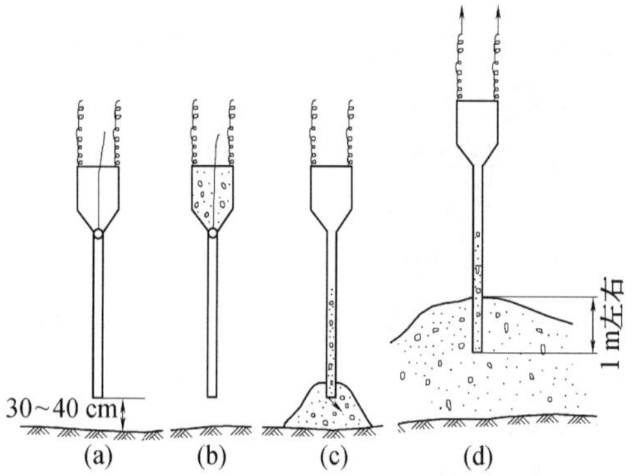

图 11.18 灌注水下混凝土步骤示意

导管法灌注沉井水下混凝土施工设计要点如下:

①导管高度

为使混凝土通过导管能够流到需要的位置,除了混凝土配制时应具有足够的流动性外,还必须使导管底部管内混凝土柱的压力超过管外水柱的压力,超过的压力值称作超压力,其值取决于导管的作用半径,可参考表 11.7。

表 11.7 不同作用半径所需的超压力值及导管水面以上高度

导管作用半径 R/m	管底处混凝土柱的最小超压力 P/kPa	管顶露出水面最小高度 h_1/m	管底埋入已灌注的混凝土中深度 h_3/m
3.0	100	$4\sim0.6h_2$	0.9～2
3.5	150	$6\sim0.6h_2$	1.2～1.5
4.0	250	$10\sim0.6h_2$	1.5～1.8

注:h_1 的采用值最少应有 1～2 m;若计算得出负值时,也应按最小值 1～2 m布置,以便保持必要的工作条件,不得按负值设定。

导管高度 h 如图 11.19 所示,其值为

$$h=h_1+h_2+h_3 \tag{11.2}$$

式中 h_1——管顶高出水面的高度(m)(随最小超压力 P 值而定);

h_2——水面至挤出混凝土顶部的高度(m);

h_3——导管插入混凝土的深度(m)。

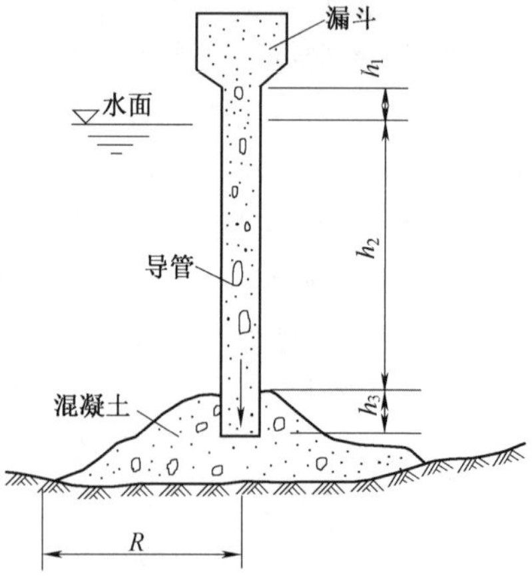

图 11.19 导管高度示意

②导管的根数

导管的根数一般由灌注面积和混凝土的扩散半径布置确定,导管的平面位置应在各灌注范围的中心。当灌注面积较大时,可采用 2 根或 2 根以上的导管同时灌注,但要使各导管的有效扩散半径(作用半径)互相搭接,并能盖满井底全部范围,一根导管的有效扩散半径,一般为3～4 m,流动坡率不宜陡于 1∶5。如果井底土面高低不平时,则应从低洼处开始灌注水下混凝土。

③对混凝土的要求

a. 混凝土的生产量

混凝土在单位时间内的生产量应不少于按式(11.3)计算所得的控制量。

$$Q=nq \tag{11.3}$$

式中 Q——混凝土单位时间的生产量(m^3/h)；

n——同时灌注的导管数目(根)；

q——一根导管混凝土的需要量(m^3/h)。

每根导管在 1 h 内使水下混凝土面平均升高的高度，称为灌注速度。根据施工实践，沉井水下封底混凝土的最小灌注速度不宜小于 0.25 m/h。按此速度和导管的灌注面积，即可求算一根导管混凝土的需要量，也可参考表 11.8 选用。

表 11.8 导管作用半径与灌注速度

导管作用半径/m	一根导管供应面积/m^2	初凝按 3 h 计的灌注速度 q/(m^3/h)
3.0	20	8
3.5	25	13
4.6	30	20

b. 混凝土用料和配合比

水泥强度为混凝土强度的 2 倍左右，并不低于 C30，初凝时间不宜少于3 h，出厂 3 个月以上或受潮后的水泥不应使用；砂子宜选用中、粗砂；粗集料可用碎石或砾石，砾石较碎石为好，石子粒径一般采用0.5～4 cm为宜，粒径过大容易发生堵塞管路事故，所以最大粒径不得大于 6 cm，且不宜大于导管内径的 1/6～1/4，不宜大于钢筋净距的 1/4。

水下混凝土的配合比可视施工条件根据实验选定。水下混凝土应有足够的和易性和流动性，以保证能顺利地通过导管，并能在水下自动摊开。一般采用18～22 cm的坍落度，但在开始灌注时，为了保证导管底部立即被混凝土堆包围埋住，故坍落度可减少至16～18 cm为宜。水下混凝土含砂率较高，一般为 45%～50%；水泥用量也较大，一般为380～450 kg/m^3，如果掺用加气剂或减水剂等外掺剂时，水泥用量可适当减少，但也不宜小于350 kg/m^3。

④施工要点

在施工设备上，除导管、漏斗、球塞及混凝土拌和设备外，尚需在井顶搭设灌注支架，以悬挂串筒、漏斗及导管。串筒长度应大于灌注中逐节拆除的导管中最长一节的长度，并据此确定支架的高度。在支架顶部设置灌注平台，平台上搭设有储存混凝土的料槽。

灌注水下混凝土施工布置示例如图 11.20 所示。

对灌注设备的要求：漏斗容量不宜太小，一般为 1～1.5 m^3，导管每节长 1～2 m，底节长度可采用4～6 m，各节用法兰盘连接。要求导管顺直、严密、内壁无杂物、抗拉好，球塞应做通过性能试验。导管埋入混凝土的深度，一般不小于 1 m。提升导管要做到慢升、快落，拆卸导管要快，一般不超过20～30 min。

封底混凝土工作应一次完成，不得中途停止。正常灌注间歇不宜大于 30 min。

灌注完毕后，应将导管底提离混凝土面1.5～2.0 m，并用水将管壁上残留砂浆冲洗干净，以免混凝土终凝后导管无法拔出。

在灌注混凝土过程中，应不断地使用测绳测量水下混凝土面的上升情况，及时掌握导管深度的变化和拆卸导管的时机。

3. 填充井孔及制作顶盖

当封底混凝土强度满足抽水后的受力要求时，先行抽水，井孔内水抽干后，即可填充井内圬工。如果井孔中不用圬工填充,应预制钢筋混凝土井盖,掩盖井孔,然后再灌注顶盖,接着在其上修筑墩、台身。

文本
其他类型
沉井施工

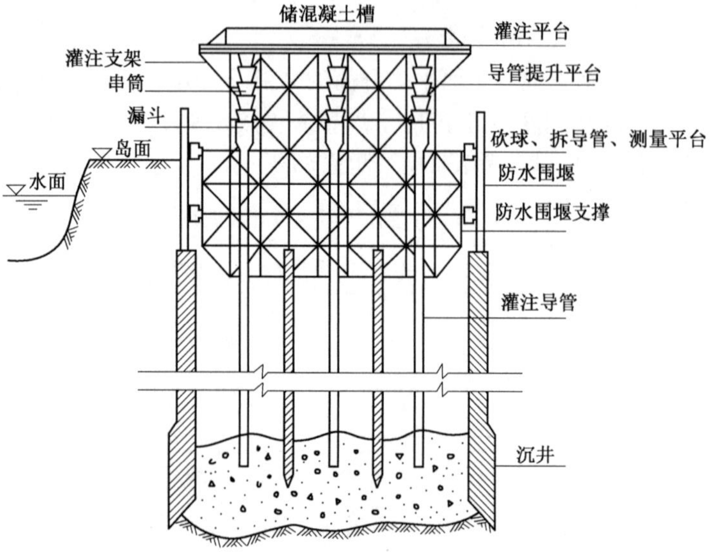

图 11.20 水下混凝土封底施工布置示意

项目小结

本项目主要介绍沉井基础施工,内容包含沉井基础类型与构造认识、沉井基础的施工。通过本项目的学习,熟悉沉井的概念、组成、特点及适用条件,掌握沉井的类型与构造,掌握沉井的制作工艺、沉井下沉的施工方法、沉井基底清理、沉井封底、井孔填充、顶盖施工,以及沉井下沉时存在的问题和处理措施。

通过本项目的学习,尚应熟悉《铁路桥涵地基和基础设计规范》(TB 10093—2017)对沉井的要求,并熟悉《高速铁路桥涵工程施工技术规程》(Q/CR 9603—2015)对沉井基础施工的有关规定。

项目训练

1. 选择一个典型的沉井基础施工案例,熟悉沉井基础的技术要求及施工方法,根据实际情况制订沉井施工方案。

2. 根据施工现场工程地质及水文地质情况,分析沉井施工中可能出现的问题并提出防治措施。

复习思考题

11.1 何谓沉井?沉井基础是如何形成的?由哪几部分组成?

11.2 沉井基础有哪些优点和缺点?

11.3　在哪些情况下采用沉井基础较合适？

11.4　沉井根据平面形状和立面形状分为哪几类？主要考虑什么问题？

11.5　拟定沉井轮廓尺寸时应考虑哪些问题？

11.6　一般沉井的构造包括哪些部分？

11.7　沉井井壁、隔墙、刃脚有何作用和技术要求？

11.8　沉井施工具有哪些特点？

11.9　筑岛有哪些基本要求？

11.10　底节沉井制造时，如何确定沉井的定位垫木？铺设支垫的基本要求是什么？

11.11　沉井在制作安装模板时应注意哪些问题？安装模板和拆模板的顺序及要求是什么？

11.12　沉井混凝土对抗渗性有何要求？

11.13　沉井混凝土浇筑要注意哪些事项？

11.14　按什么顺序拆除底节沉井下的垫木？拆除垫木的要点有哪些？

11.15　何为沉井下沉？有哪两种施工方法？各适用于什么情况？

11.16　沉井下沉困难的原因是什么？如何处理？

11.17　沉井下沉偏斜的原因有哪些？如何预防？沉井发生偏斜后常用哪些措施纠偏？

11.18　沉井接高过程中应注意哪些问题？沉井接高与下沉的关系有哪几种形式？

11.19　沉井基础基底清理及检验有何要求？

11.20　灌注水下封底混凝土应注意哪些事项？

文本 项目11 思政案例

文本 项目11 PPT

文本 项目11 教案

文本 项目11 题库

项目 12　人工地基处理施工

项目描述

我国地域辽阔，分布着多种多样的土类，其中包括各种特殊土。针对在软弱地基上建造建筑物可能产生的问题，通常采取人工的方法改善地基土的工程性质，达到满足上部结构对地基稳定和变形的要求。通过本项目学习，掌握特殊土地基的处理方法，增强学生分析与解决特殊土地基问题的能力。

图片

项目12　思维导图

学习目标

1. 能力目标

(1)能够对地基土的工程性质做出正确评价。

(2)能够对常见的基础工程事故做出合理的评价。

(3)能够分析与解决特殊土地基问题。

2. 知识目标

(1)掌握特殊土的主要工程地质特性。

(2)掌握软土地基的处理方法。

3. 素质目标

(1)培养独立思考能力及严谨求实的工作作风。

(2)结合工程实例，培养地基处理、施工组织管理、材料选择、质量控制能力。

(3)具备良好的职业道德、较高的政治思想品德和敬业、吃苦耐劳精神。

相关案例：中老铁路琅勃拉邦车站软土地基水泥搅拌桩加固处理

1. 工程概况

中老铁路是与中国铁路路网直接相连的电气化跨国铁路，连接云南昆明市和老挝万象市。中老铁路磨万段沿线属于热带、亚热带季风气候，雨量充沛，河流众多，主要分布有湄公河、楠额河、楠塔河、楠嫩河、楠木河、楠堪河、楠松河和楠里河等。沿途有白垩系地层夹石膏、三叠系地层夹碳质页岩、劣煤层、粉砂、黏土、淤泥等软质地层。软土具有含水率高(通常可高达40%～70%)、孔隙率高、渗透性差、可压缩性高、抗剪强度低等特点，若处理不当，易出现严重的不均匀沉降，对铁路路基和桥梁等结构物造成一定程度的破坏。

琅勃拉邦车站位于琅勃拉邦省班东村，站内结构物多，建设规模位居全线第二。车站附近地形起伏大，植被发育，以侏罗系、白垩系、三叠系地层夹炭质页岩及劣煤层岩为主，并存在部分淤泥软土段。

琅勃拉邦车站施工方案充分考虑当地淤泥、淤泥质土和含水率较高等地质条件，对软土地基性能指标进行检测，与设计旋喷桩工艺进行对比，优化提出具有造价低、施工速度快、布置灵活等优势的水泥搅拌桩加固方案。

(1)地基软土特性

琅勃拉邦车站地面高程为 300～340 m，相对高差约 40 m。地下水水质主要为 HCO_3^{-1}、Ca^{2+} 型，对混凝土侵蚀作用较小。软土处理段主要以松软土、粉质黏土、炭质泥岩为主。土样基本物理指标见表 12.1。

表 12.1　土样基本物理指标

天然干容重/(kN/m³)	摩擦系数 f	内摩擦角/(°)	压缩系数/MPa $^{-1}$	黏聚力/kPa
19	0.25	10	0.12	12

(2)水泥搅拌桩加固设计方案

水泥搅拌桩现场施工，如图 12.1 所示。水泥搅拌桩平面布置，如图 12.2 所示。

图 12.1　水泥搅拌桩现场施工

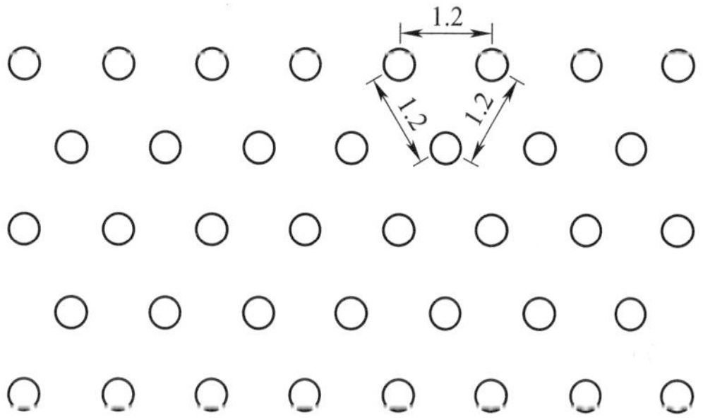

图 12.2　水泥搅拌桩平面布置(单位:m)

水泥搅拌桩桩径为 0.5 m，桩间距 1.2 m，加固深度 7.1 m，采用三角形布置方式。水泥搅拌桩穿越软弱土层，持力层为土层或全风化岩层，设计要求进入持力层不小于 0.5 m。

采用 P. O42.5 及以上等级的普通硅酸盐水泥，以被加固湿土质量的 12 %～20%确定其水泥掺入量，水灰比范围 0.45～0.55。

2. 水泥搅拌桩加固原理

水泥搅拌桩法加固软土地基原理：利用水泥浆作为固结剂，通过搅拌机采用搅拌叶片搅动水泥和水形成浆液压入软土中，并通过深层搅拌机旋转的方式将水泥浆和土形成一种均匀的混合土体，混合土体逐渐填满桩孔，形成一个实心的桩身；随着时间推移，桩身逐渐变得坚固和稳定，桩身和土体相互作用，使其加固土体形成较好整体，并达到较高的水稳性和强度，天然地基与这种加固土体形成复合地基，共同承担上部传来的荷载作用，可有效减小建筑物的沉降和变形。

3. 质量检验

(1)质量检验标准

水泥搅拌桩施工检查标准，见表 12.2。

表 12.2 水泥搅拌桩施工检查标准

检查项目	允许偏差	检查方法
桩位	50 mm	与测量放样点对比,尺量
桩身垂直度	1%	经纬仪或吊线测钻杆倾斜度
单桩喷浆量	不小于设计值	查记录表
桩长	不小于设计值	喷浆前检查钻杆长度
桩体有效直径	不小于设计值	开挖部分桩体,尺量

对每个工点采用抽样检查的方法,抽样率不得小于总桩数的 0.2%,且每个区域不小于 3 根。在成桩 7 d 后对水泥搅拌桩桩头进行浅部开挖,开挖深度不得小于停浆面下 50 cm,分别记录其成桩直径、完整性和均匀性。

搅拌桩成桩 28 d,按设计要求对桩身完整性进行抽检,在桩长范围内对不同深度桩身进行垂直钻孔取芯并拍照记录,钻孔取芯后采用水泥砂浆灌注密封。在不同深度的试样中,取 3 个进行无侧限抗压强度试验。抽检率不得小于总桩数的 0.2%,且每个工点抽样不小于 3 根。

(2)承载力试验

对水泥搅拌桩开展复合地基承载力试验,对路基沉降进行观测,通过一系列变形参数验证,水泥搅拌桩施工后,施工段路基未出现沉降,施工质量满足铁路路基和构筑物相关指标要求。

通过此案例应有如下思考:

(1)特殊土作为建筑物地基,首先要清楚特殊土类型、特点及所在环境土层的物理力学性质指标,进而根据建筑物对地基强度和沉降的要求,选择合适的地基处理方法。

(2)地基加固处理除了考虑土层条件、加固成本、加固效果外,还要考虑施工条件和环境条件。本案例施工方案对软土地基性能指标进行检测后,将设计旋喷桩优化为具有造价低、施工速度快、布置灵活等优势的水泥搅拌桩加固方案。

(3)坚持安全可靠、技术先进、经济合理、绿色环保的理念,在掌握现行铁路勘察、设计、施工、验收等有关规范、标准的基础上,更好更高效地应用、发展铁路工程地基处理技术。

任务 12.1 特殊土地基类型认知

我国地域辽阔,分布着多种多样的土类。由于不同的地理环境、气候条件、地质成因、历史过程、物质成分和次生变化等原因,某些土类具有与一般土显然不同的特殊性质。当其作为建筑物地基时,如不注意这些特性,可能引起事故。人们把具有特殊工程性质的土类称为特殊土。主要有湿陷性黄土、软土、膨胀土、冻土、红黏土、盐渍土和人工填土等。

12.1.1 湿陷性黄土地基

1. 黄土的特征及分布

黄土是一种在第四纪形成的黄色或褐黄色的特殊的土状堆积物,它的内部物质成分和外部形态特征都不同于同时期形成的其他沉积物。颗粒组成上以粉粒(0.05～0.005 mm)为主,同时含有砂粒(0.05 mm 以上)和黏粒(0.005 mm 以下)。黄土中含有大量的可溶盐类,通常具有肉眼可见的大孔隙,孔隙比变化范围多在 1.0～1.1 之间。

在一定压力(覆盖土层的自重应力或自重应力和建筑物附加应力)作用下受水浸湿,土的结构迅速破坏,并发生显著的附加下沉,其强度也迅速降低的黄土称为湿陷性黄上。而在受水浸湿后,土的结构不破坏,并无显著附加下沉的黄土称为非湿陷性黄土。

湿陷性黄土在中国分布较广,面积约 45 万 km^2。地层多、厚度大,广泛分布在甘肃、陕西、山西大部分地区,以及河南、河北、山东、宁夏、辽宁、新疆等部分地区。当黄土作为建筑物地基时,首先要判断它是否具有湿陷性,然后才考虑是否需要进行地基处理以及如何处理。

2. 湿陷性黄土地基湿陷等级的判定

黄土湿陷性分为非自重湿陷性和自重湿陷性两种,自重湿陷性黄土浸水后,在其上覆土自重压力作用下,迅速发生比较强烈的湿陷,要求采取有效的措施,以保证桥涵等结构物的安全和正常使用。《湿陷性黄土地区建筑标准》(GB 50025—2018)及《铁路桥涵地基和基础设计规范》(TB 10093—2017)规定用自重湿陷量 Δ_{zs}来划分两种地基。

$$\Delta_{zs}=\beta_0\sum_{i=1}^{n}\delta_{zsi}\cdot h_i \tag{12.1}$$

式中　Δ_{zs}——自重湿陷量(mm);

δ_{zsi}——第 i 层土在上覆土的饱和(土的饱和度 $S_r\geqslant 0.85$)自重压力下的自重湿陷系数;

h_i——地基中第 i 层土的厚度(mm);

n——计算总厚度内土层数;

β_0——因地区土质而异的修正系数,在缺乏资料时,陇西地区可取 1.5,陇东—陕北—晋西地区可取 1.2,关中地区可取 0.9,其他地区可取 0.5。

自重湿陷系数 δ_{zs}可按式(12.2)计算。

$$\delta_{zs}=\frac{h_z-h_z'}{h_0} \tag{12.2}$$

式中　h_0——土样的原始高度(mm);

h_z——保持天然湿度和天然结构的土样,加压至土的饱和自重压力时,下沉稳定后的高度(mm);

h_z'——上述加压稳定后的土样,在浸水作用下,下沉稳定后的高度(mm)。

当自重湿陷量 $\Delta_{zs}\leqslant 70$ mm 时,为非自重湿陷性黄土场地;当 $\Delta_{zs}>70$ mm 时,为自重湿陷性黄土场地。

《铁路桥涵地基和基础设计规范》规定,黄土的湿陷性应按湿陷系数 δ_s 判定。当 $\delta_s\geqslant 0.015$ 时为湿陷性黄土;当 $\delta_s<0.015$ 时,定为非湿陷性黄土。δ_s 应在规定的压力作用下由室内压缩试验测定,并按式(12.3)计算。

$$\delta_s=\frac{h_p-h_p'}{h_0} \tag{12.3}$$

式中　h_p——保持天然湿度和天然结构的土样,加压至规定压力时,下沉稳定后的高度(mm);

h_p'——上述加压稳定后的土样,在浸水作用下,下沉稳定后的高度(mm);

h_0——土样的原始高度(mm)。

湿陷性黄土地基的湿陷等级,即地基土受水浸湿后发生湿陷的程度,可以用基底以下各土层湿陷下沉稳定后所发生湿陷量的总和(总湿陷量)来衡量,总湿陷量越大,对桥涵等结构物的危害性越大,其设计、施工和处理措施要求也应越高。

《湿陷性黄土地区建筑标准》对基底以下地基总湿陷量 Δ_s(cm)用式(12.4)计算。

$$\Delta_s = \sum_{i=1}^{n} \alpha\beta\delta_{si}h_i \tag{12.4}$$

式中 Δ_s——湿陷量计算值(mm):应自基础底面(基底高程不确定时,自地面下 1.5 m)算起。在非自重湿陷性黄土场地,累计至基底下 10 m 深度止;当地基压缩层深度大于 10 m 时,累计至压缩层深度。在自重湿陷性黄土场地,累计至非湿陷性黄土层的顶面止;控制性勘探点未穿透湿陷性黄土层时,累计至控制性勘探点深度止。其中湿陷系数值小于 0.015 的土层不累计。

δ_{si}——第 i 层土的湿陷系数,按式(12.3)的规定取值;基础尺寸和基底压力已知时,可采用 p-δ_s 曲线上按基础附加压力和上覆土饱和自重压力之和对应的δ_s值。

h_i——第 i 层土的厚度(mm)。

n——计算总厚度内土层数。

β——考虑基底下地基土的受力状态及地区等因素的修正系数,缺乏实测资料时,可按表 12.3 的规定取值。

α——不同深度地基土浸水机率系数,按地区经验取值;无地区经验时可按表 12.4 取值;对地下水有可能上升至湿陷性土层内,或侧向浸水影响不可避免的区段,取 $\alpha=1.0$。

表 12.3 修正系数 β

位置深度		β
基底以下 0～5 m		1.5
基底以下 5～10 m	非自重湿陷性黄土场地	1.0
	自重湿陷性黄土场地	所在地区的β_0 且不小于 1.0
基底 10 m 以下至非湿陷性黄土层的顶面或控制性勘探孔深度	非自重湿陷性黄土场地	陇西地区、陇东—陕北—晋西地区取 1.0,其余地区取工程所在地区的β_0
	自重湿陷性黄土场地	取工程所在地区的β_0值

表 12.4 浸水机率系数 α

基础底面下深度 z/m	α
$0 \leqslant z \leqslant 10$	1.0
$10 < z \leqslant 20$	0.9
$20 < z \leqslant 25$	0.6
$z > 25$	0.5

《铁路桥涵地基和基础设计规范》对湿陷性黄土地区桥涵,根据其重要性、结构特点、受水浸湿后的危害程度和修复难易程度分为 A、B、C、D 四类。A 类为 20 m 及以上高墩台和超静定桥梁;B 类为一般桥梁基础,拱涵;C 类为涵洞和倒虹吸;D 类为桥涵附属工程。

湿陷性黄土地基的湿陷等级,应根据自重湿陷量 Δ_{zs} 和基底以下地基湿陷量 Δ_s 的数值按表 12.5 确定。

表 12.5　湿陷性黄土地基的湿陷等级

<table>
<tr><td rowspan="3">Δ_s/mm</td><td colspan="3">湿陷性类型</td></tr>
<tr><td>非自重湿陷性场地</td><td colspan="2">自重湿陷性场地</td></tr>
<tr><td>$\Delta_{zs}\leqslant 70$ mm</td><td>70 mm$<\Delta_{zs}\leqslant$350 mm</td><td>$\Delta_{zs}>$350 mm</td></tr>
<tr><td>$50<\Delta_s\leqslant 100$</td><td rowspan="2">Ⅰ(轻微)</td><td>Ⅰ(轻微)</td><td rowspan="2">Ⅱ(中等)</td></tr>
<tr><td>$100<\Delta_s\leqslant 300$</td><td>Ⅱ(中等)</td></tr>
<tr><td>$300<\Delta_s\leqslant 700$</td><td>Ⅱ(中等)</td><td>Ⅱ(中等)或Ⅲ(严重)</td><td>Ⅲ(严重)</td></tr>
<tr><td>$\Delta_s>700$</td><td>Ⅱ(中等)</td><td>Ⅲ(严重)</td><td>Ⅳ(很严重)</td></tr>
</table>

注:对 70 mm$<\Delta_{zs}\leqslant$350 mm、300 mm$<\Delta_s\leqslant$700 mm 一档的划分,当湿陷量的计算值 $\Delta_s>$600 mm、自重湿陷量的计算值 $\Delta_{zs}>$300 mm 时,可判为Ⅲ级,其他情况可判为Ⅱ级。

【例题 12.1】　晋西地区某建筑场地,工程地质勘探中某探坑每隔 1 m 取土样,基底以下取样深度为 22 m,其土工试验资料见表 12.6,试确定该场地的湿陷类型和地基的湿陷等级。

表 12.6　土工试验资料

土样编号	2-1	2-2	2-3	2-4	2-5	2-6	2-7	2-8	2-9	2-10
δ_{si}	0.065	0.070	0.037	0.071	0.088	0.090	0.038	0.020	0.002	0.001
δ_{zsi}	0.002	0.013	0.024	0.014	0.026	0.050	0.003	0.031	0.066	0.012

【解】(1) 场地湿陷类型判别

首先计算自重湿陷量 Δ_{zs},自天然地面起至其下全部湿陷性黄土层面为止,根据《湿陷性黄土地区建筑标准》(GB 50025—2018),晋西地区取 $\beta_0=1.2$,由式(12.1)得

$$\Delta_{zs}=\beta_0\sum_{i=1}^{n}\delta_{zsi}h_i$$
$$=1.2\times(0.024+0.026+0.050+0.031+0.066)\times 1\ 000=236.4\ (\text{mm})>70\ \text{mm}$$

故该场地应判定为自重湿陷性黄土场地。

(2) 黄土地基湿陷判别

计算黄土地基的总湿陷量 Δ_s,由表 12.3 可取 $\beta=\beta_0$,由表 12.4 可取 $\alpha=0.6$,由式(12.4)得

$$\Delta_s=\sum_{i=1}^{n}\alpha\beta\delta_{si}h_i$$
$$=0.6\times 1.2\times(0.065+0.070+0.037+0.071+0.088+0.090+0.038+0.020)\times 100$$
$$=344.9(\text{mm})$$

根据表 12.5,该湿陷性黄土地基的湿陷等级可判为Ⅱ级(中等)。

3. 湿陷性黄土地基的处理

湿陷性黄土地基处理的目的是改善土的性质,减少土的渗水性、压缩性,控制其湿陷性的发生,部分或全部消除它的湿陷性。在明确地基湿陷性黄土层的厚度、湿陷等级、类别等情况后,应结合结构物的工程性质、施工条件和材料来源等,采取必要的措施,对地基进行处理,满足结构物在安全、使用方面的要求。

在黄土地区修筑结构物,应首先考虑选用非湿陷性黄土地基。

在桥梁工程中，对较高的墩、台和超静定结构，应采取刚性扩大基础、桩基础或沉井基础等形式，以便将基础底面设置到非湿陷性土层中。在桩的计算中，必要时还要结合桩侧土的湿陷情况，考虑发生湿陷时对桩产生的负摩阻力。对于一般结构的大中桥梁，如遇Ⅲ级湿陷性黄土地基或自重湿陷性黄土地基时，应争取将基础置于非湿陷性土层，或对全部湿陷性黄土层进行处理，如遇Ⅰ、Ⅱ级湿陷性黄土地基也应争取对全部湿陷性黄土层进行处理或对其上结构采取加强措施。小型桥梁、桥涵附属工程视地基湿陷程度，可对全部湿陷性土层进行处理，也可消除地基的部分湿陷性。

所谓对全部湿陷性黄土层进行处理，对非自重湿陷性黄土地基是指基底至非湿陷土层顶面，或者以土层的湿陷起始压力来控制处理厚度，即对地基持力层内，附加应力 σ_z 与上层土自重应力 γh 之和大于该处土的湿陷起始压力 p_{hs} 范围内的土层进行处理，如图 12.1 所示。对自重湿陷性黄土地基是指全部湿陷性黄土层的厚度。

消除地基的部分湿陷性主要是处理基础底面以下适当深度的土层，因为这部分地基的湿陷量占总湿陷量的大部分。这样处理后，虽发生部分湿陷也不至于影响结构物的安全和使用。处理厚度视结构物类别、土的湿陷等级、厚度、基底压力大小而定，一般为 0.5～2.0 m。

常用处理湿陷性黄土地基的方法有灰土（或素土）垫层法、强夯法、石灰土桩或素土桩挤密法、预浸水法等，可根据地基湿陷等级、构造物的要求、需要处理的厚度、施工技术条件等选择采用，《湿陷性黄土地区建筑标准》（GB 50025—2018）常用处理湿陷性黄土地基的方法，见表 12.7。

表 12.7　湿陷性黄土地区地基处理的措施

水流特征及湿陷等级		经常性流水(或浸湿可能性较大)				季节性流水(或浸湿可能性较小)			
类型及措施		Ⅰ	Ⅱ	Ⅲ	Ⅳ	Ⅰ	Ⅱ	Ⅲ	Ⅳ
A	措施	①				①			
B	措施	②、③	②、③	①、②	①、②	③	②、③	②	②、③
	处理深度	2.0～3.0	3.0～5.0	4.0～6.0	6.0	0.8～1.0	1.0～2.0	2.0～3.0	5.0
C	措施	③			②	③			
	处理深度	0.8～1.0	1.0～1.5	1.5～2.0	3.0	0.5～0.8	0.8～1.2	1.2～2.0	2.0
D	措施	④				④			

注：表中各编号所代表的处理措施：①墩台基础采用明挖、沉井或桩基，置于非湿陷性土层中；②采用强夯法或挤密桩法，并采取防水和结构措施；③采用重锤夯实，并采取防水和结构措施；④地基表层夯实。

(1)灰土或素土垫层法

将基底以下湿陷性土层全部挖出或挖至预计的深度，然后以灰土(3 份石灰 7 份土)或素土(就地挖出的黏性土)分层回填，分层夯实。垫层厚度一般为 1.0～3.0 m。它消除了垫层范围内的湿陷性，减轻或避免了地基因附加压力产生的湿陷。如将地基持力层内 $\sigma_z+\gamma h>p_{sh}$ 的部分湿陷性黄土开挖，采用垫层，可以使地基的自重湿陷消除，如图 12.3 所示。它施工简便，效果显著。施工时必须保证工程质量，对回填的灰土或素土垫层应通过室内击实试验控制其最优含水率和最大干容重，否则达不到预期效果。

(2)强夯法

强夯可用于处理碎石土、砂土、低饱和度的粉土、湿陷性黄土、素填土和杂填土等地基。强夯施工前，应结合工程类型及工程地质件等在施工现场有代表性的场地上选取一个或几个试验区，进行试夯或试验性施工，确定其适用性和处理效果。

邻近既有建筑物、居民区的地基处理不应采用强夯法。

夯后有效加固深度内土层的指标及强夯地基承载力应通过原位测试或土工试验确定，必要时应通过现场载荷试验确定。

强夯的有效加固深度应根据现场试夯或当地经验确定，在缺少试验资料或经验时可参照表 12.8 计算。

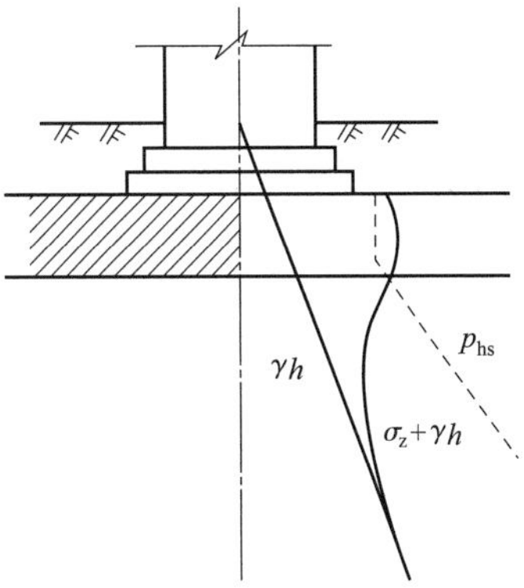

图 12.3　非自重湿陷性地基的处理

表 12.8　强夯的有效加固深度　单位：m

单击夯击能/(kN·m)	碎石土、砂土等粗颗粒土	粉土、湿陷性黄土等细颗粒土
1 000	4.0～5.0	3.0～4.0
2 000	5.0～6.0	4.0～5.0
3 000	6.0～7.0	5.0～6.0
4 000	7.0～8.0	6.0～7.0
5 000	8.0～8.5	7.0～7.5
6 000	8.5～9.0	7.5～8.0
8 000	9.0～9.5	8.0～8.5
10 000	9.5～10.0	8.5～9.0
12 000	10.0～11.0	9.0～10.0

注：强夯的有效加固深度应从最初起夯面算起；单击夯击能大于 12 000 kN·m 时，强夯的有效加固深度应通过试验确定。

强夯夯击点位置宜根据基底平面形状按正三角形或正方形布置。夯点的夯击次数，应按现场试夯得到的夯击次数和夯沉量关系曲线确定，并符合下列规定：

①最后两击的平均夯沉量不宜大于下列数值：单击夯击能小于 4 000 kN·m 时为 50 mm，单击夯击能为 4 000～6 000 kN·m 时为 100 mm，单击夯能大于 6 000 kN·m 时为 200 mm。

②夯坑周围地面不应发生过大的隆起。

③不应出现夯坑过深而提锤困难的现象。

强夯夯击遍数应根据地基土的性质确定，可采用点夯 2～3 遍，渗透性较差的细颗粒土夯击遍数可适当增加。最后再低能量满夯 2 遍，满夯可采用轻锤或低落距锤多次夯击，锤印搭接不得小于 1/4 夯锤直径。

强夯两遍夯击之间应有一定的间隔时间，间隔时间取决于土中超静孔隙水压力的消散速度。缺少实测资料时，可根据地基土的渗透性确定。对于渗透性差的黏性土地基，间隔时间不应小于 3～4 周，对于渗透性好的地基，可连续夯击。

(3)石灰土桩或素土桩挤密法

用打入桩、钻孔或爆扩等方法在土中成孔，然后用石灰土或最佳含水率的素土分层夯填桩孔。其目的在于用挤密的方法破坏黄土地基的松散、大孔结构，从而达到消除或减轻地基的湿陷性、提高地基的强度。此方法适用于消除 5～15 m 厚度内地基土的湿陷性。挤密桩的效果取决于土被挤密的程度，而这与桩径大小和间距有关，可在现场用试验确定，一般是桩径大的效果较好，常用桩径为 0.3～0.45 m，桩间距为(2.0～2.5)d(d 为桩径)，按矩形或梅花形布置。

采用挤密桩处理湿陷性黄土地基时，应在地基表层采取防水措施(如表层夯实等)。

(4)预浸水处理

自重湿陷性黄土地基利用其自重湿陷的特性，可在结构物修筑前，先将地基充分浸水，使其在自重作用下发生湿陷，然后再修筑。实践证明这样可以消除地表下数米以外黄土的自重湿陷性，地表数米以内的土层往往因压力偏低而仍有湿陷性，需再作处理。此外也应考虑预浸水后，附近地表可能产生开裂、下沉而产生的影响。

采用以上措施加固的湿陷性黄土地基，其承载力有适当提高，具体可参阅《铁路桥涵地基和基础设计规范》有关规定。

12.1.2 膨胀土地基

1. 膨胀土的成因及其分布

膨胀土一般指黏粒成分主要由强亲水性的蒙脱石和伊利石矿物组成，具有吸水膨胀和失水收缩，胀缩性能显著的黏性土。膨胀土的成因环境主要为温和湿润、具备化学风化的良好条件，以硅酸盐为主的矿物不断分解，钙被大量淋失，钾离子被次生矿物吸收形成伊利石—蒙脱石混合矿物为主的黏性土。

膨胀土在我国分布广泛，与其他土类不同的是主要呈岛状分布。根据现有资料，在广西、云南、贵州、湖北、河北、河南、四川、安徽、山东、陕西、江苏和广东等地均有不同范围的分布。

2. 膨胀土的工程特性及对工程的危害

(1)膨胀土的工程特性

①胀缩性。膨胀土吸水体积膨胀，使建筑物隆起，如果膨胀受阻即产生膨胀力；失水体积收缩，造成土体开裂，并使建筑物下沉。土中蒙脱石含量越多，膨胀量和膨胀力就越大。土的初始含水率越低，膨胀量与膨胀力也越大。击实土比原状土密度值高，膨胀性也越大。

②崩解性。膨胀土浸水后体积膨胀，发生崩解，强膨胀土浸水后几分钟即完全崩解。弱膨胀土崩解缓慢且不完全。

③多裂隙性。膨胀土中的裂隙，主要可分垂直裂隙、水平裂隙和斜交裂隙三种类型。这些裂隙将土层分割成具有一定几何形状的块体，破坏了土体的完整性，容易造成边坡的塌滑。

④超固结性。膨胀土大多具有超固结性，天然孔隙比小，密实度大，初始结构强度高。

⑤风化特性。膨胀土受气候因素影响很敏感，极易产生风化破坏作用，基坑开挖后，在风化作用下，土体很快会产生碎裂、剥落，结构破坏，强度降低。受大气风化作用影响深度各地不完全一样，云南、四川、广西等地区在地表下 3～5 m；其他地区 2 m 左右。

⑥强度衰减性。膨胀土的抗剪强度为典型的变动强度，具有极高的峰值，而残余强度又极低，由于膨胀土的超固结性，初期强度极高，现场开挖很困难。然后由于胀缩效应和风化作用时间增加，抗剪强度大幅度衰减。在风化带以内，湿胀干缩效应显著，经过多次湿胀干缩循环以后，特别是黏聚力 c 大幅度下降，而内摩擦角 φ 变化不大，一般反复循环 2～3 次以后趋于稳定。

(2)膨胀土对工程的危害

①对建筑物的影响。膨胀土地基上易于遭受损坏的大都为埋置深度较浅的低层建筑物，

一般为三层以下的民房。房屋损坏具有季节性和成群性两大特点。房屋墙面角端的裂缝常表现为山墙上的对称或不对称的倒八字形缝，如图 12.4(a)所示；外纵墙下部出现水平缝，如图 12.4(b)所示，墙体外侧伴有水平错动。由于土的胀缩交替，还会使墙体出现交叉裂缝，如图 12.4(c)所示。

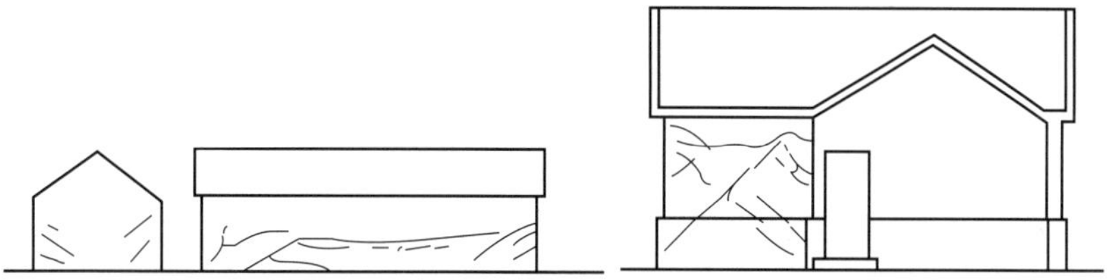

图 12.4　膨胀土地基上房屋墙面裂缝

②对道路交通工程的影响。膨胀土地区的道路，由于路幅内土基含水率的不均匀变化，引起不均匀胀缩，产生幅度很大的横向波浪形变形，雨季路面渗水，路基浸水软化，在行车荷载下形成泥浆，并沿路面裂缝、伸缩缝溅浆冒泥。

③对边坡稳定的影响。膨胀土地区的边坡坡面最易受大气风化的作用，在干旱季节蒸发强烈，坡面剥落，雨季坡面冲蚀，冲蚀沟深一般为 0.1～0.5 m，最大可达 1.0 m，坡面变得支离破碎，土体吸水饱和，在重力渗透压力作用下，沿坡面向下产生流塑状溜塌，当雨季雨量集中时还会形成泥流，堵塞涵洞，淹埋路面，甚至引发破坏性很大的滑坡。膨胀土地区的滑坡，一般呈浅层的牵引式滑坡，滑体厚度一般为 1.0～3.0 m，滑坡与边坡的高度和坡度无明显关系，但坡度超过 14°时，坡体就有蠕动现象。经验表明建在坡度大于 5°场地上的房屋，沉降量大，损坏也较严重。

3. 膨胀土地基的评价

(1)膨胀土的工程特性指标

按照《膨胀土地区建筑技术规范》(GB 50112—2013)，评价膨胀土胀缩性的常用指标为自由膨胀率 δ_{ef}。

将人工制备的磨细烘干土样，经无颈漏斗注入量杯，量其体积，然后倒入盛水的量筒中，经充分吸水膨胀稳定后，再测其体积，增加的体积与原体积的比值称为自由膨胀率 δ_{ef}，按式(12.5)计算。

$$\delta_{ef}=\frac{V_w-V_0}{V_0}\times 100\% \tag{12.5}$$

式中　V_0——土样原始体积(mL)；

　　V_w——土样在水中膨胀稳定后的体积(mL)。

自由膨胀率表示膨胀土在无结构力影响下和无压力作用下的膨胀特性，可反映土的矿物成分及含量，并用作初步判定是否为膨胀土。

(2)膨胀土的评价

膨胀土判别是解决膨胀土地基勘察、设计的首要问题。我国目前对膨胀土采用综合判别法，即根据现场的工程地质特征、自由膨胀率及建筑物的破坏特征来综合判定。《膨胀土地区建筑技术规范》(GB 50112—2013)规定，凡具有下列工程地质特征及建筑物破坏形态的场地，且土的自由膨胀率大于或等于 40%的黏性土应判定为膨胀土：

①土的裂隙发育，常有光滑面和擦痕，有的裂隙中充填着灰白、灰绿等杂色黏土，在自然条件下呈坚硬或硬塑状态。

②多出露于二级或二级以上的阶地、山前和盆地边缘的丘陵地带。地形平缓，无明显自然陡坎。

③常见有浅层塑性滑坡、地裂，新开挖坑(槽)壁易发生坍塌等现象。

④建筑物多呈“倒八字”、“X”或水平裂缝，裂缝随气候变化而张开和闭合。

4. 工程措施

膨胀土地区的工程建设，应根据当地气候、地基胀缩等级、场地工程地质和水文地质等条件，结合当地的施工条件、施工经验等。因地制宜采取综合措施，一般可以从以下几个方面考虑：

(1)地基处理措施

膨胀土地基处理的目的是减小或消除地基的胀缩对建筑物产生的危害，处理原则应从上部结构和地基基础两方面着手。常用的方法有换土、砂石垫层、桩基和土质改良等方法。换土法是将膨胀土全部或部分挖掉，换填非膨胀性黏性土、砂土或灰土。换土厚度可通过变形计算确定，垫层宽度应大于基础宽度。平坦场地上胀缩等级为Ⅰ级、Ⅱ级的膨胀土地基处理，宜采用砂、碎石垫层。垫层厚度不应小于 300 mm。垫层宽度应大于基础宽度，两侧宜采用与垫层相同材料回填，并应做好防水、隔水处理。当大气影响深度较深，膨胀土层较厚，选用地基加固或墩式基础施工有困难或不经济时，可选用桩基。土质改良可通过在膨胀土中掺入一定量的石灰来提高土的强度，也可采用压力灌浆的方法将石灰浆液灌注入膨胀土的裂隙中起加固作用。

(2)建筑措施

膨胀土地区的民用建筑层数宜多于 1～2 层，体型力求简单，尽量避免平面凹凸曲折和立面高低不一。建筑物不宜过长，在地基土显著不均匀处、建筑平面转折部位或高度有显著差异部位以及结构类型不同部位，应设置沉降缝。室内地面设计应根据要求区别对待：对一般工业与民用建筑，可按一般方法进行设计；对Ⅲ级膨胀土地基和使用要求特别严格的地面，可采用地面配筋或地面架空的措施。

(3)结构措施

对于较均匀的弱膨胀土地基，可采用条形基础。当基础埋深较大或基底压力较小时，宜采用墩基。一般情况下，基础应埋置在大气风化作用影响深度以下。当以基础埋深为主要防治措施时，基础埋深还可适当增大。在建筑物顶层和基础顶部应设置圈梁，多层房屋的其他各层可隔层设置，必要时可层层设置。

12.1.3 红黏土地基

1. 红黏土的形成与分布

红黏土是指出露于地表的碳酸盐类岩石，在亚热带高温潮湿气候条件下，经红土化作用形成的高塑性黏土。它常覆盖于基岩上，一般呈褐红色、棕红色或黄褐色。红黏土的液限一般大于50%，具有表面收缩、上硬下软、裂缝发育的特征。红黏土层受间歇性水流的冲蚀，被搬运至低洼处堆积成新的土层后，仍保持红黏土的基本特性，当液限大于 45%时称为次生红黏土。

红黏土通常堆积在山坡、山麓、盆地或洼地中，主要为残积、坡积类型。我国的红黏土以云南、贵州和广西等省(自治区)最为典型，广东、海南、四川、湖北、湖南、安徽等地也有分布。

2. 红黏土的特征

红黏土的物理力学性质指标见表 12.9，从表中可看出，它具有较高的力学强度和较低的压缩性；各种指标变化幅度较大，具有高分散性。红黏土的这些特殊工程性质与其生成环境及其相应的组成物质是密切相关的。随着深度的增加，红黏土的天然含水率、孔隙比、压缩系数都有较大的增高，状态由坚硬、硬塑变为可塑、软塑，而强度则大幅度降低。在水平方向上，地势较高的，天然含水率和压缩性较低，强度较高，而地势较低的则相反。

表 12.9　红黏土物理力学性质指标经验值

指标	粒组含量/%		天然含水率 w/%	最优含水率 w_{op}/%	容重 γ/(kN/m)	最大干密度 ρ_{dmax}/(g/cm³)	土粒相对密度(比重) G_s
	粒径/mm 0.005～0.002	粒径/mm <0.002					
一般值	10～20	40～70	30～60	27～40	16.5～18.5	1.38～1.49	2.76～2.90
指标	饱和度 S_r/%	孔隙比 e	液限 w_L/%	塑限 w_p/%	塑性指数 I_p	液性指数 I_L	含水比 a_w
一般值	88～96	1.1～1.7	50～100	25～55	25～50	−0.1～0.6	0.50～0.80
指标	孔隙渗透系数 k/(cm/s)	裂隙渗透系数 k'/(cm/s)	三轴-剪切		无侧限抗压强度 q_u/kPa	比例界限 p_0/kPa	压缩系数 $a_{0.1\sim0.2}$/MPa⁻¹
			内摩擦角 φ/(°)	黏聚力 c/kPa			
一般值	$i\times10^{-8}$	$i\times10^{-5}$～$i\times10^{-3}$	0～3	50～160	200～400	160～300	0.1～0.4
指标	压缩模量 E_s/MPa	变形模量 E_0/MPa	自由膨胀率 δ_{ef}/%	膨胀率 δ_{ep}/%	膨胀压力 p_e/kPa	体缩率 δ_v/%	线缩率 δ_s/%
一般值	6～16	10～30	25～69	0.1～0.2	14～31	7～22	2.5～8.0

注：(1) p_0、E_0 系根据载荷试验求得，p_0 系荷载与沉降量关系曲线的第一拐点。

(2) $a_w = w/w_L$。

3. 红黏土地基的评价

红黏土地区的岩土工程勘察，应着重查明其状态分布、裂隙发育特征及地基的均匀性。在红黏土地基上建造建筑物，应根据具体情况，充分考虑红黏土上硬下软的分布特征，基础尽量浅埋。应充分利用红黏土表层的较硬土层作为地基持力层，还可保持基底下相对较厚的硬土层，以满足下卧层承载力要求。对丙级建筑物，当满足持力层承载力时即可认为已满足下卧层承载力的要求。基坑开挖时宜采取保湿措施，边坡应及时维护，防止失水干缩。对于基岩面起伏大、岩质坚硬的地基，可采用大直径嵌岩桩或墩基。

若红黏土地基的下卧基岩面起伏不平并存在软弱土层时，容易引起地基不均匀沉降。因此，在设计时，应注意验算地基变形值，如沉降量、沉降差等。宜采用改变基宽、调整相邻地段基底压力、增减基础埋深等方式，使基底下可压缩土层厚度相对均匀，消除或减少不均匀沉降。

在红黏土分布的斜坡地带，施工必须注意斜坡和坑壁的崩滑现象。由于红黏土具有胀缩特征，在反复干、湿的条件下会产生裂隙，雨水等地表水可沿裂隙渗入，以致坑壁容易崩塌，斜坡也容易出现滑坡，应予以重视。同时，红黏土裂隙发育，在建筑物施工或使用期间均应做好防水排水措施，避免水分渗入地基。

红黏土地区的岩溶现象一般较为发育,常存在岩溶和土洞,容易发展成地表塌陷,严重危及建筑物场地和地基的稳定性。不均匀地基也是丘陵山地中红黏土地基普遍存在的情况,为了消除岩溶、土层不均匀等不利因素的影响,应采取换土、填洞、加强基础和上部结构整体刚度,或采用桩基和其他深基等措施。

12.1.4　冻土地基

温度为0℃或负温,含有冰且与土粒呈胶结状态的土称为冻土。

根据冻土冻结延续的时间可分为季节性冻土和多年冻土两大类。

土层冬季冻结,夏季全部融化,冻结延续时间一般不超过一个季节时,称为季节性冻土层。其下边界线称为冻深线或冻结线。

土层冻结延续时间在2年或2年以上时称为多年冻土。其表层受季节影响而发生年周期冻融变化的土层称为季节融化层。最大融化深度的界面线称为多年冻土的上限。修筑构造物后所形成的新上限称为人为上限。

季节性冻土在我国分布很广,东北、华北、西北是季节性冻土层(冻结层厚0.5 m以上)分布的主要地区;多年冻土主要分布在黑龙江的大小兴安岭一带,内蒙古纬度较高地区,青藏高原部分地区与甘南、新疆的高山区,其厚度从不足一米到几十米不等。

冻土是由土颗粒、水、冰、气体等组成的多相成分的复杂体系。冻土与未冻土的物理力学性质有着共同性,但由于冻结时水相变化及其对土的结构和物理力学性质的影响,使冻土含有若干不同于未冻土的特点,如冻结过程水的迁移、冰的析出、冻胀和融沉等。这些特点会使季节性冻土和多年冻土对结构物带来不同危害,因而对冻土地区的基础工程除按一般地区的要求进行设计、施工外,还要考虑季节性冻土或多年冻土的特殊要求,现分别介绍如下。

1. 季节性冻土基础工程

(1)季节性冻土按冻胀性的分类

季节性冻土地区结构物的破坏很多是由于地基土冻胀造成的。含黏土和粉土颗粒较多的土,在冻结过程中,由于负温梯度使土中水分向冻结峰面迁移积聚(由于水冻结成冰后体积约增大9%),造成冻土的体积膨胀。

因在侧向和下部有土体的约束,故土的冻胀主要反映在向上的冻胀变形(隆胀)。

季节性冻土根据土平均冻胀率η的大小可分为不冻胀土、弱冻胀土、冻胀土、强冻胀土和特强冻胀土5类,冻土层的平均冻胀率应按式(12.6)计算。

$$\eta=\frac{\Delta z}{h'-\Delta z}\times 100\% \tag{12.6}$$

式中　Δz——地表冻胀量(mm);

　　h'——冻层厚度(mm)。

Ⅰ类不冻胀土。$\eta\leqslant 1\%$,冻结时基本无水分迁移,冻胀变形很小,对各种浅埋基础没有任何危害。

Ⅱ类弱冻胀土。$1\%<\eta\leqslant 3.5\%$,冻结时水分迁移量很少,地表无明显冻胀隆起,对一般浅埋基础也没有危害。

Ⅲ类冻胀土。$3.5\%<\eta\leqslant 6\%$,冻结时水分迁移较多,形成冰夹层,如结构物自重轻,基础埋深过浅,就会产生较大的冻胀变形,冻深大时会由于切向冻胀力而使基础上拔。

Ⅳ类强冻胀土。$6\%<\eta\leqslant 12\%$,冻结时水分大量迁移,形成较厚冰夹层,冻胀严重,即使

基础埋深超过冻结线，也可能由于切向冻胀力而上拔。

Ⅴ类特强冻胀土。$\eta > 12\%$，冻胀量很大，是桥梁基础冻胀上拔破坏的主要原因。

地基土的冻胀变形，除与负温条件有关外，还与土的粒度成分、冻前含水率及地下水补给条件密切相关。《铁路桥涵地基和基础设计规范》(TB 10093—2017)和《公路桥涵地基与基础设计规范》(JTG 3363—2019)根据这些因素的统计分析资料，对季节性冻土也进行了划分，Ⅰ～Ⅴ类冻胀性的分类方法可查阅该规范。

(2)考虑地基土冻胀影响，桥涵基础最小埋置深度的确定

地表实测冻胀量并不随冻深的增加而按比例增大，当冻深到一定深度后，冻胀量就增加很少甚至不再随冻深而增大，因为结合水的冻结、土中水的迁移需要一定的负温，而接近最大冻结深度处的负温较小，所以冻胀量也小。因此对有些冻胀土可将结构物的基础底面埋在冻结线以上某一深度，使基底下保留的季节性冻土层产生的冻胀量小于结构物的容许变形值。当墩台基础容许设置在季节性冻胀土层中时，基底的最小埋置深度可按式(12.7)计算。

$$d_{\min} = z_d - h_{\max} \tag{12.7}$$

$$z_d = \psi_{zs}\psi_{zw}\psi_{ze}\psi_{zg}\psi_{zf}z_0 \tag{12.8}$$

式中　$d_{\min}$——基底最小埋置深度(m)；

z_d——设计深度(m)；

z_0——标准冻深(m)，无实测资料时，季节性冻土标准冻深线可参考《公路桥涵地基与基础设计规范》(JTG 3363—2019)附录 E 确定；

ψ_{zs}——土的类别对冻深的影响系数，可从表 12.10 查得；

ψ_{zw}——土的冻胀性对冻深的影响系数，可从表 12.11 查得；

ψ_{ze}——环境对冻深的影响系数，可从表 12.12 查得；

ψ_{zg}——地形坡向对冻深的影响系数，可从表 12.13 查得；

ψ_{zf}——基础对冻深的影响系数，取 $\psi_{zf} = 1.1$；

$h_{\max}$——基础底面下容许最大冻层厚度(m)，可从表 12.14 查得。

表 12.10　土的类别对冻深的影响系数 ψ_{zs}

土的类别	ψ_{zs}	土的类别	ψ_{zs}
黏性土	1.00	中砂、粗砂、砾砂	1.30
细砂、粉砂、粉土	1.20	碎石土	1.40

表 12.11　土的冻胀性对冻深的影响系数 ψ_{zw}

土的冻胀性类别	ψ_{zw}	土的冻胀性类别	ψ_{zw}
不冻胀	1.00	强冻胀	0.85
弱冻胀	0.95	特强冻胀	0.80
冻胀	0.90	极强冻胀	0.75

表 12.12　环境对冻深的影响系数 ψ_{ze}

周围环境	ψ_{ze}	周围环境	ψ_{ze}
村、镇、旷野	1.00	城市市区	0.90
城市近郊	0.95	—	—

注：当城市市区人口为 20 万～50 万时，按城市近郊取值；当城市市区人口大于 50 万且小于或等于 100 万时，按城市市区取值；当城市市区人口超过 100 万时，按城市市区取值，5 km 以内的郊区按城市近郊取值。

表 12.13 地形坡向对冻深的影响系数 ψ_{zg}

地形坡向	平坦	阳坡	阴坡
ψ_{zg}	1.0	0.9	1.1

表 12.14 基础底面下容许最大冻层厚度 h_{max}

土的冻胀性类别	弱冻胀	冻胀	强冻胀	特强冻胀	极强冻胀
h_{max}	$0.38z_0$	$0.28z_0$	$0.15z_0$	$0.08z_0$	0

上部结构为超静定结构时,除Ⅰ类不冻胀土外,基底埋深应在冻结线以下不小于 0.25 m。当结构物基底设置在不冻胀土层中时,基底埋深可不考虑冻结问题。

(3)防冻胀措施

对于季节性冻土,目前多从减少冻胀力和改善周围冻土的冻胀性来防治冻胀。

①基础四周换土。采用较纯净的砂、砂砾石等粗颗粒土换填基础四周冻土,填土夯实。

②改善基础侧表面平滑度。基础必须浇筑密实,具有平滑表面。基础侧面在冻土范围内还可用工业凡士林、渣油等涂刷以减小切向冻胀力。对桩基础也可用混凝土套管来减除切向冻胀力,如图 12.5 所示。

③选用抗冻胀性基础。改变基础断面形状,利用冻胀反力的自锚作用增加基础抗冻拔的能力,如图 12.6 所示。

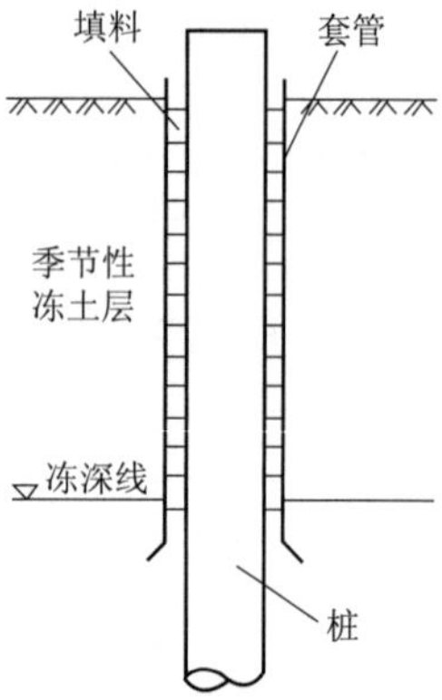

图 12.5 采用混凝土套管的桩

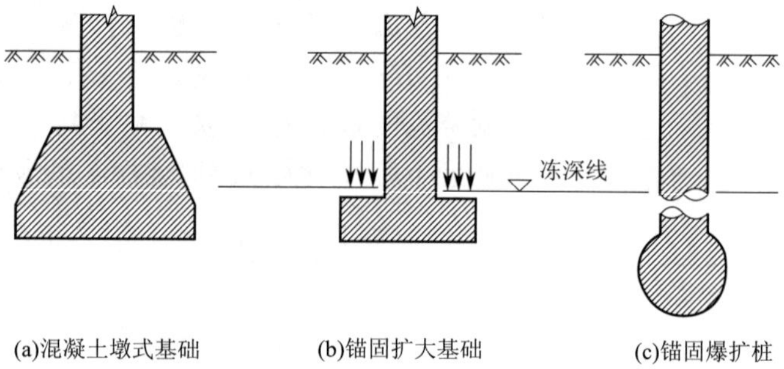

图 12.6 抗冻胀性基础形式

2. 多年冻土地区基础工程

(1)多年冻土按其融沉性的等级划分

多年冻土的融沉性是评价其工程性质的重要指标,根据《铁路工程岩土分类标准》(TB 10077—2019)可用平均融化下沉系数 δ_0 作为分级的直接控制指标。

$$\delta_0=\frac{h_1-h_2}{h_1}\times 100\% \tag{12.9}$$

式中 h_1——冻土试件融化前的高度(mm);

h_2——冻土试件融化后的高度(mm)。

①Ⅰ级(不融沉)。$\delta_0 \leqslant 1\%$,是仅次于岩石的地基土,在其上修筑结构物时可不考虑冻融问题。

②Ⅱ级(弱融沉)。$1\% < \delta_0 \leqslant 3\%$,是多年冻土中较好的地基土,可直接作为结构物的地

基，当控制基底最大融化深度在 3 m 以内时，结构物不会遭受明显融沉破坏。

③Ⅲ级(融沉)。3%＜δ_0≤10%，有较大的融化下沉量，而且冬季回冻时有较大胀量。作为地基，一般基底融深不得大于 1 m，并应采取专门措施，如深基、保温防止基底融化等。

④Ⅳ级(强融沉)。10%＜δ_0≤25%，融化下沉量很大，设计时应保持冻土不融或采用桩基础。

⑤Ⅴ级(融陷)。δ_0＞25%，为含土冰层，融化后呈流动、饱和状态，不能直接作为地基，应进行专门处理。

(2)多年冻土地基设计原则

依据《铁路桥涵地基和基础设计规范》(TB 10093—2017)，多年冻土地区的地基，应根据冻土的稳定状态和修筑结构物后地基地温、冻深等可能发生的变化，分别采取两种原则设计。

①保持冻结原则

保持基底多年冻土在施工和运营过程中处于冻结状态，适用于多年冻土较厚、地温较低(低于−1.0 ℃)和冻土比较稳定的地基或最大融化深度范围内地基土为融沉、强融沉的情况。地基土应按多年冻土物理力学指标进行基础工程设计和施工。采用保持冻结原则设计时，要求桥梁的明挖基础底面埋于人为上限以下不小于 1 m，涵洞基础及桩基的承台底面埋入人为上限以下不小于 0.25 m，桩基埋入人为上限以下不小于 4 m。采用本设计原则时应考虑技术的可能性和经济的合理性。

②容许融化原则

年平均地温不低于−0.5 ℃的场地，宜按容许融化原则设计，容许基底下的多年冻土在施工和运营过程中融化。融化方式可以是自然融化和人工融化。对厚度不大、地温较高的不稳定状态冻土及地基土为不融沉或弱融沉冻土时宜采用自然融化原则。对较薄的、不稳定状态的融沉和强融沉冻土地基，在砌筑基础前宜采用人工融化冻土，然后挖除换填。

基础类型的选择应与冻土地基设计原则相协调。如采用保持冻结原则时，应首先考虑桩基，因桩基施工对冻土暴露面小，有利于保持冻结。施工方法宜以钻孔灌注(或插入、打入)桩、挖孔灌注桩等为主，小桥涵基础埋置深度不大时也可采用扩大基础。采用容许融化原则时，地基土取用融化土的物理力学指标进行强度和沉降验算，上部结构形式以静定结构为宜，小桥涵可采用整体性较好的基础形式，如小桥可采用联合基础；矩形涵及圆涵的基础可采用钢筋混凝土地基梁等。

根据我国多年冻土特点，凡常年流水的较大河流沿岸，由于洪水的渗透和冲刷，多年冻土多退化为不稳定状态，甚至造成多年冻土消失，在这些地区地基基础设计一般不宜采用保持冻结原则。

(3)防融沉措施

①换填基底土。对采用融化原则的基底土可换填碎、卵、砾石或粗砂等，换填深度可到季节融化深度或到受压层深度。

②选择适宜的施工季节。采用保持冻结原则时基础宜在冬季施工，采用融化原则时，最好在夏季施工。

③选择好基础形式。对融沉、强融沉土宜用轻型墩台，适当增大基底面积，减少压应力，或结合具体情况，加深基础埋置深度。

④注意隔热措施。采取保持冻结原则时，施工中应注意保护地表覆盖植被，或以保温性能

较好的材料铺盖地表,减少热渗入量。施工和养护中,保证结构物周围排水通畅,防止地表水灌入坑内。

如抗冻胀稳定性不够,可在季节融化层范围内,按前面介绍的防冻胀措施处理。

12.1.5 软弱土地基

1. 软弱土地基的特性

软弱土一般指土质疏松、压缩性高、抗剪强度低的软土(如软黏土)、松散砂土和未经处理的填土。

软土是含水率和饱和度高、孔隙比大、透水性低且灵敏度高的黏性土和粉土。包括淤泥、淤泥质土、有机质沉积物(泥炭土和沼泽土)和其他高压缩性的黏性土和粉土。

淤泥和淤泥质土是软土的主要类型,新近沉积的淤泥是软土中工程性质最差的一种,其天然含水率常在45%~80%之间,有时甚至达到200%以上;而孔隙比常在1~2之间,有的达到6以上。淤泥和淤泥质土的饱和含水率实际上反映其孔隙率的大小,成为反映其压缩性和抗剪强度的主要因素。

软土的压缩系数$a_{0.1\sim0.2}$在0.5~2.0 MPa^{-1}之间,有些高达4.5 MPa^{-1},且其压缩性往往还随着液限的增大而增加。

软土的强度是比较低的,不排水剪切强度一般小于20 kPa,其大小与土层的排水固结条件有着密切的关系。在荷载作用下,如果土层有条件排水固结,则它的强度随着有效应力的增大而增加;反之,如果土层没有条件排水固结,随着荷载的增大,它的强度可能随着剪切变形的增大而衰减。因此,在工程实践中必须根据地基的排水条件和加荷的时间长短采用不同排水条件进行试验(不排水剪、固结,不排水剪或固结排水剪等)取得抗剪强度指标。位于不同深度的土层,在不同的自重应力作用下固结,所以软土的强度是随着深度的增加而增大的。软土层在深度10 m以内的平均十字板剪切试验强度一般为5~20 kPa,随深度每米平均增长1~2 kPa。

软土的透水性较差,竖直向的渗透系数k_y在$1\times(10^{-8}\sim10^{-10})$(m/s)之间,当有机质含量较高时,$k_y$值还会下降,因此软土在荷载作用下,要达到较大的固结度,需要相当长的时间(甚至数年),这使得许多压密加固方法都不能在短期奏效。软土的渗透性常有明显的各向异性,水平向渗透系数常比竖向的大。我国沿海地区和部分内陆沉积往往有薄层粉土或细砂层与软黏土交替成层状,此时水平渗透系数k_x常较k_y大得多,在$1\times10^{-7}\sim1\times10^{-6}$ m/s之间,有利于地基的预压加固。

软土具有显著的结构性。特别是滨海相的软土,一旦受到扰动(振动、搅拌或搓揉等),其絮状结构受到破坏,土的强度显著降低,甚至呈流动状态。软土受到扰动后强度降低的特性可用灵敏度表示。我国东南沿海(如上海、宁波和汕头等地)的滨海相软土的灵敏度在4~9之间。因此,在高灵敏度黏土地基上进行地基处理、开挖基坑或打桩时,应力求减弱或避免对土的扰动。软土扰动后,随着静置时间的增长,其部分强度会逐渐有所恢复。

软土的流变性是比较明显的,在不变的剪应力作用下,将连续产生缓慢的剪切变形,并可能导致抗剪强度的衰减。在固结沉降完成之后,软土还可能继续产生可观的次固结沉降。许多工程的现场实测结果表明:当土中孔隙水压力完全消散后,基础还继续沉降。

2. 软土的分布概况

软土在我国滨海平原、三角洲、湖盆地周围、山间谷地等均有分布。

我国沿海软土主要分在的沿海岸和各河流的入海处。如渤海湾的塘沽地区，海州湾的连云港，杭州湾的杭州，甬江口宁波、镇海，闽江口的福州、马尾，汕头附近的拓林湾、湛江等。这些地区软土沉积较厚，黏粒含量高，例如宁波、温州的软土厚达 35～40 m，沿海一带地面标高低于 5 m 的平原上，绝大部分都有软土分布，只有一些硬壳较厚的地区，例如天津硬壳厚度平均为 6～7 m，地基的软弱程度较轻。

我国三角洲软土最典型的是长江三角洲的上海、珠江三角洲的广州。其软土层中常夹有中、薄层粉砂夹层，上海地区软土深达 30 m，并且软土表层硬壳略厚，为 2～3 m；广州地区软土的最大埋深只有 15 m。

河谷平原上的软土，如长江中下游的武汉、芜湖、南京；珠江下游的肇庆、三水等地均有分布。其软土层中常有粉细砂层，肇庆一带还含有植物残骸，河谷平原上的软土层埋深常小于 15 m。

湖泊周围也常有软土分布，如洞庭湖滨的岳阳、太湖边的湖州。

山间谷地软土分布范围小，但不均匀性突出，我国云贵高原、昆明、贵阳以西水域附近的烂泥坝即有软土分布，软土底部常有明显倾斜的坡度。

3. 软土地基问题

由于软土具有强度较低、压缩性较高和透水性很小等特性，因此，在软土地基上修建建筑物，必须重视地基的变形和稳定问题。软土地基的承载力常为 40～80 kPa，如果不作任何处理，一般不能承受荷载较大的建筑物，否则软土地基就有可能出现局部剪切乃至整体滑动的危险。此外，软土地基上建筑物的沉降和不均匀沉降也是比较大的，根据统计，对于砌体承重结构，四层以上房屋的最终沉降可达 200～500 mm。而大型构筑物（如桥墩、水池、油罐、粮仓和储气柜等）的沉降量一般超过 500 mm，甚至达到 1.5 m 以上。如果上部结构各部分荷载的差异较大，建筑物的体型又比较复杂，而且土层又很不均匀，那么将会引起很大的不均匀沉降。沉降稳定的时间也是比较长的，在比较深厚的软土层上，建筑物基础的沉降往往持续数年乃至数十年以上。沉降量过大和持续的时间过长，都会给建筑物设计高程的确定和建筑物正常使用带来麻烦，而不均匀沉降则可能会造成建筑物开裂或严重影响建筑物的使用。总之，软土地基的变形和稳定都是工程上要认真解决的问题（具体处理方法见任务 12.2）。

12.1.6　岩溶地区地基

1. 岩溶成因与分布

岩溶是水对可溶性岩石（碳酸盐岩、硫酸盐、卤盐等）进行以化学溶蚀作用为主，流水的冲蚀、潜蚀和崩塌等机械作用为辅的地质作用，以及由这些作用所产生的现象的总称。由岩溶作用所形成的地貌，称岩溶地貌（喀斯特地貌），常见的岩溶地貌有溶沟、石芽、石林、溶洞、漏斗、溶蚀洼地、地下暗河等。

中国岩溶地貌分布广、面积大、类型多，为世界所罕见。其主要分布在碳酸盐岩出露地区，面积（91～130）万 km^2。其中以广西、贵州和云南东部所占的面积最大，湘西、鄂西、川东、鲁、晋等地，碳酸盐岩石分布的面积也较广。

2. 岩溶的工程特性及对工程的危害

岩溶地区的地质条件复杂多变，给工程建设带来极大的挑战。岩溶地区地质构造复杂，地面石芽、溶沟丛生，参差不平整；岩溶裂隙破坏了岩体的完整性，地下溶洞分布、规模和岩溶水动力条件极其复杂，这些都不同程度地影响工程的稳定性。因此，岩溶区桥梁工程经常遇到的地质问题主要是地基塌陷、不均匀下沉；地下工程及基坑工程中的主要是洞室围岩稳定及涌水问题;路基工程建设中会因岩溶而导致路基沉陷等。因此,在岩溶发育地区进行工程建设,地基处理是岩溶地区工程建设的关键环节之一,其处理效果直接影响到工程的安全性和稳定性。

3. 地基处理关键技术

针对岩溶地区地基处理面临的问题,《铁路桥涵地基和基础设计规范》(TB 10093—2017)主要有以下地基处理措施和关键技术要求。

(1)桥涵结构宜避开岩溶强发育地段。在以碳酸盐岩为主的可溶性岩石地区,当存在岩溶(溶洞、溶蚀裂隙等)、土洞等现象时,应考虑其对桥涵地基承载力、基础稳定的影响。

(2)对于完整的、较完整的硬质岩地基,当符合下列条件之一时,可不考虑岩溶对地基稳定性的影响。

①洞体较小,基础(承台)底面尺寸大于洞的平面尺寸,并有足够的支承长度。

②顶板岩石厚度大于或等于洞的跨度。

(3)对地基稳定性有影响的溶洞,应根据其位置、大小、埋深、围岩稳定性和水文地质条件综合分析并采取处理措施。

(4)岩溶地区明挖基础的溶洞可采用混凝土换填和压浆处理。岩溶埋藏较浅、局部有溶沟、溶槽,其下部已探明无溶洞时,可对基底以下溶沟、溶槽采用混凝土换填方式处理;当基底以下存在溶洞时,可通过压浆对岩溶空洞进行填充封闭处理。

(5)溶洞、塌陷漏斗较大或岩溶多层发育地段宜采用桩基础。岩溶地区桩基穿越溶洞时,可采取以下处理措施:

①桩身穿越小溶洞或填充性较差的溶洞,以及桩身处溶洞埋深大于 40 m 时,可采用填充压实(抛填片石、黄泥挤压)的方式处理。

②桩身穿越较大空溶洞、半填充溶洞,以及桩身穿越串珠状溶洞时,可采用钢护筒跟进防护处理。

③邻近既有建筑物或地表易发生塌陷的桩基础穿过岩溶时,溶洞内为半填充、无填充物或裂隙贯通时,可提前对溶洞进行注浆处理。

(6)岩溶地段桥涵处地基的工程地质勘探应符合《铁路工程地质勘察规范》(TB 10012—2019)的相关规定。

任务 12.2　常用地基处理方法

地基处理的目的是针对软弱地基上建造建筑物可能产生的问题,采取人工的方法改善地基土的工程性质,达到满足上部结构对地基稳定和变形的要求。这些方法主要包括提高地基土的抗剪强度,增大地基承载力,防止剪切破坏或减轻土压力;改善地基土压缩特性,减少沉降和不均匀沉降;改善其渗透性,加速固结沉降过程;改善土的动力特性、防止液化,减轻振动;消除或减少特殊地基的不良工程特性。

12.2.1　换土垫层法

文本

地基处理方法

1. 换填垫层法及其作用

(1)换填垫层法

在冲刷较小的软土地基上,地基的承载力和变形达不到基础设计要求,且当软土层不太厚(如不超过 3 m)时,可采用较经济、简便的换土垫层法进行浅层处理。即将软土部分或全部挖除，然后换填工程特性良好的材料，并予以分层压实，这种地基处理方法称为换填垫层法。

换填的材料主要有砂砾石、碎石、灰土、水泥土和加筋土等，应具有强度高、压缩性低、稳定性好和无侵蚀性等良好的工程特性。按垫层回填材料的不同，可分别称为砂砾石垫层、碎石垫层、灰土垫层、水泥土垫层和加筋土垫层等。

换土垫层法适用于淤泥、淤泥质土、湿陷性黄土、素填土、杂填土地基及暗沟、暗塘等地基土的浅层处理。

(2)换土垫层的作用

①提高地基的承载力。一般来说，地基中的剪切破坏是从基础边缘开始的，并随着应力的增大逐渐向纵深发展。因此，若以强度较高的砂或其他填筑材料代替可能产生剪切破坏的软弱土，就可避免地基的破坏。

②减少沉降量。一般情况下，基础下浅层地基的沉降量在总沉降量中所占的比例比较大。以条形基础为例，在相当于基础宽度的深度范围内沉降量约占总沉降量的 50%，同时由侧向变形而引起的沉降，理论上也是浅层部分占的比例较大，若以密实的砂或其他填筑材料代替浅层软弱土，由于密实垫层对应力的扩散作用，使作用在下卧土层上的压力较小，这样也会相应减少下卧土层的沉降量。

③加速软弱土层的排水固结。由于建筑物基础的透水性差，当基础直接与软弱土层接触时，在荷载的作用下，地基中的水被迫绕基础两侧排出，因而使基底下的软弱土不易固结、形成较大的孔隙水压力，可能导致由于地基土强度降低而产生塑性破坏。砂垫层提供了基底下的排水面，不但可以使基础下面的孔隙水压力迅速消散，避免地基土的塑性破坏，还可以加速垫层下软弱土层的固结，使其强度提高。但其固结的效果仅在表层较显著，在深层的影响不明显。

④防止地基土冻胀 。由于粗颗粒垫层材料的孔隙较大，不易产生毛细管现象，因此可以防止寒冷地区土中结冰所造成的冻胀。而加筋土垫层是指由砂、石和素土垫层中增设各种类型加筋材料组成的复合垫层。如加筋土垫层、土工格室垫层等。其主要作用有三个方面：扩散应力，使压缩应力分布均匀；增强砂石垫层的整体性和刚度，减小不均匀沉降；约束软弱土的侧向变形。

此外，对湿陷性黄土、膨胀土或季节性冻土等特殊土，换土垫层主要是为了消除或部分消除地基土的湿陷性、膨胀性或冻胀性。

2. 垫层设计

垫层设计的基本原则为：既要满足建筑物对地基变形和承载力与稳定性的要求，又要符合技术经济的合理性。因此，设计的内容主要是确定垫层的合理厚度和宽度，并验算地基的承载力与稳定和沉降是否满足设计的要求，既要求垫层具有足够的宽度和厚度以置换可能被剪切破坏的部分软弱土层，并避免垫层两侧挤出，又要求设计荷载通过垫层扩散至下卧软土层的附加应力，满足软土层承载力与稳定性和沉降的要求。下面以砂垫层为例阐述设计的方法和步骤。

(1)垫层厚度的确定

垫层的厚度 z 应根据需置换软弱土的深度或下卧土层的承载力确定，垫层应力分布如图 12.7所示，并符合

$$p_z + p_{cz} \leqslant [\sigma] \tag{12.10}$$

式中　p_z——垫层底面处的附加压力(kPa)；

p_{cz}——垫层底面处土的自重压力(kPa);

$[\sigma]$——垫层底面处的地基容许承载力(kPa)。

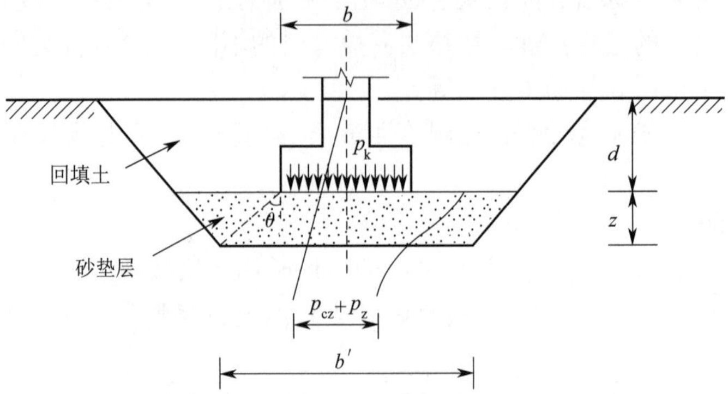

图 12.7　垫层内应力分布

垫层底面处的附加压力值 p_z 可按压力扩散角计算,对于不同的基础类型有不同的计算方法。

条形基础:

$$p_z=\frac{b(p_k-p_{cz})}{b+2z\tan\theta} \tag{12.11}$$

矩形基础:

$$p_z=\frac{b(p_k-p_{cz})}{(b+2z\tan\theta)(l+2z\tan\theta)} \tag{12.12}$$

式中　b——矩形基础或条形基础底面的宽度(m);

l——矩形基础底面的长度(m);

p_k——基础底面处的平均压力(kPa);

p_{cz}——基础底面处土的自重压力(kPa);

z——基础底面下垫层的厚度(m);

θ——垫层的压力扩散角(°),宜通过试验确定;当无试验资料时,可按表 12.15 采用。

表 12.15　压力扩散角 θ

z/b	换填材料	
	中砂、粗砂、砾砂、圆砾、角砾、碎石、卵石	灰土、水泥土
0.25	20°	28°
≥0.50	30°	

注:(1)$z/b<0.25$,除灰土、水泥土取 $\theta=28°$外,其余材料可取 $\theta=0°$,必要时,宜由试验确定。

(2)当 $0.25<z/b<0.5$ 时,θ 值可内插求得。

计算时,一般先初步拟定一个垫层厚度,再按式(12.10)进行验算。如不符合要求,则改变其厚度,重新验算,直至满足为止。换填垫层的厚度一般为 0.5～3 m。太厚施工较困难,太薄(<0.5 m)则换土垫层的作用不明显。

(2)垫层宽度的确定

垫层的宽度除满足压力扩散的要求外,还应防止垫层向两侧挤出。垫层宽度 b' 可按下式确定。

$$b' \geqslant b + 2z\tan\theta \tag{12.13}$$

压力扩散角 θ 仍按表 12.15 选取。当 $z/b<0.25$ 时，仍按表中 $z/b=0.25$ 取值。底宽确定后，再根据基坑开挖期间保持边坡稳定以及当地经验的坡度放坡，即得垫层的设计断面。

整片垫层的宽度可根据施工的要求适当放宽。垫层顶面每边超出基础底边不宜小于 300 mm。

其余相关规定见《铁路工程地基处理技术规程》(TB 10106—2023)。

3. 垫层施工要点

(1)材料要求

垫层材料要求就地取材，但必须符合质量要求。砂砾石垫层材料可采用中砂、粗砂、砾砂和碎(卵)石，不含植物残体等杂质，其中黏粒含量不应大于 5 %，砾料粒径以不大于 50 mm 为宜。砂砾石垫层顶面尺寸应为基底尺寸每边加宽不小于 0.3 m，垫层厚度不宜小于 0.5 m 且不宜大于 3 m。

(2)施工要点

垫层的施工包括施工机械的选用、施工方法、分层铺填厚度、每层夯实遍数的确定、垫层材料施工含水率的控制，以及在垫层底部有软硬不均的地基时的处理方法等。

垫层施工机械应根据不同的换填材料和施工场地条件选择，一般为机械碾压法、重锤夯实法和振动压实法。如灰土宜采用平碾、振动碾或羊足碾，中小型工程也可采用蛙式夯、柴油夯等。砂石等宜用振动碾。

垫层的施工方法、铺填厚度、压实遍数等宜通过试验确定。除接触下卧软土层的垫层底部应根据施工机械设备及下卧层土质条件确定厚度外，一般情况下，垫层的分层铺填厚度可取 200～300 mm。为保证分层压实质量还应控制机械碾压速度。

当垫层底部存在古井、古墓、洞穴、旧基础、暗塘等软硬不均的部位时，应根据建筑对不均匀沉降的要求予以处理，并经检验合格后，方可铺填垫层。

基坑开挖时应避免坑底土层受扰动，可保留 300～500 mm 厚的土层暂不挖除，待铺填垫层前再挖至设计高程。严禁扰动垫层下的软弱土层，防止其被践踏、受冻或受水浸泡。在碎石或卵石垫层底部宜设置 150～300 mm 厚的砂垫层或铺一层土工织物，以防止软弱土层表面的局部破坏，同时必须防止基坑边坡坍土混入垫层。

换填垫层施工应注意基坑排水，除采用水撼法施工砂垫层外，不得在浸水条件下施工，必要时应采用降低地下水位的措施。

垫层底面宜设在同一高程上，如深度不同或垫层底面土层承载力差异较大时，基坑底面应挖成阶梯或斜坡搭接，并按先深后浅的顺序进行垫层施工，搭接处应夯压密实。

灰土垫层分段施工时，不得在柱基、墙角及承重墙下接缝。上下两层的缝距不得小于 500 mm。接缝处应夯压密实。灰土应拌和均匀并应当日铺填夯压。灰土夯压密实后3 d内不得受水浸泡。砂(碎石)垫层分段施工时接头处应做成台阶，上下层接头应搭接 2.0 m，并应碾压密实。

垫层竣工验收合格后，应及时进行基础施工与基坑回填。

加筋垫层施工应符合下列规定：

①土工合成材料的铺设应将强度高的方向置于路基主要受力方向，筋材的连接和搭接应符合设计要求和有关标准的规定。

②铺设土工合成材料的下承层表面应平整、密实，严禁有尖锐凸出物。土工合成材料上摊铺的填料，应采用轻型机械或人工运输。机械行驶时，筋材上覆填料厚度不宜小于 20 cm。

③严禁机械设备和车辆直接在土工合成材料表面上行走。

12.2.2 排水固结法

1. 概述

我国东南沿海和内陆广泛分布着饱和软黏土,该地基土的特点是含水率大、孔隙比大、颗粒细,因而压缩性高、强度低、透水性差。在该地基上直接修筑建筑物或进行填方工程时,由于在荷载作用下会产生很大的固结沉降和沉降差,且地基土强度不够,其承载力和稳定性也往往不能满足工程要求,对软土地基通常需进行处理,排水固结法就是处理软黏土地基最有效的方法之一。

排水固结法是对天然地基加载预压,或先在地基中设置砂井或塑料排水板等竖向排水体,然后利用结构物本身重力分级逐渐加载;或在结构物建造前在场地先行加载预压,使土体中的孔隙水排出,土体逐渐固结,地基发生沉降,同时强度逐步提高。排水固结法是使地基的沉降在加载预压期间基本完成或大部分完成,使结构物在使用期间不致产生过大的沉降和沉降差。同时,可增加地基土的抗剪强度,从而提高地基的承载力和稳定性。

排水固结法由排水系统和加压系统两部分共同组合而成(图 12.8)。

- 排水固结
  - 排水系统
    - 竖向排水体
      - 普通砂井
      - 袋装砂井
      - 塑料排水板
    - 水平排水体——砂垫层
  - 加压系统
    - 堆载法
    - 真空法
    - 降低地下水位法
    - 电渗法
    - 联合法

图 12.8 排水固结法的组成

排水系统可由在天然地基中设置竖向排水体并在地面连以水平排水的砂垫层而构成,也可以利用天然地基土层本身的透水性,其主要目的在于改变地基原有的排水边界条件,增加孔隙水排出的途径,缩短排水距离。

加压系统的作用是使地基土的固结压力增加因而产生固结。

根据预压荷载的不同,可分为堆载预压、真空预压、降低地下水位预压、电渗预压及真空和堆载联合预压。堆载预压是工程上常用的软土地基处理方法,一般用填土、砂石等材料堆载。真空预压是在软土地基内设置砂井,然后在地面铺设砂垫层,其上覆盖不透气的密封膜,利用真空装置对砂垫层及砂井抽气,促使孔隙水快速排出,加速地基固结。通过地下水位的下降使土体中的孔隙水压力减小,从而增大有效应力,促进地基固结的方法称为降低地下水位预压。通过电渗作用逐渐排出土中水的方法称为电渗预压。当真空预压达不到要求的预压荷载时,可与堆载预压联合使用,其堆载预压荷载和真空预压荷载可叠加计算。在工程中应用时,可根据不同的土质条件选择相应的方法,也可以采用几种方法联合使用。

排水固结法一般根据预压的目的选择加压方法。如果预压是为了减小结构物的沉降,则应预先采用堆载加压,使地基沉降产生在结构物建造之前;若预压的目的主要是增加地基强度,则可用自重加压,即放慢施工速度或增加土的排水速率,使地基强度增长与结构物荷重的增加相适应。

排水系统是一种手段,若没有加压系统,土孔隙中的水因没有压力差也就不会自然排出,地基土也就得不到加固。如果只增加固结压力,不缩短土层的排水距离,则不能在预压期间尽快地完成设计所要求的沉降量,强度不能及时提高,加载也不能顺利进行。所以上述两个系统相辅相成,在设计时需联合考虑。

排水固结法加固软土地基是一种比较成熟、应用广泛的方法,可提高软土地基的承载力与稳定性，消除或减少建筑基底沉降。该处理方法适用于处理各类淤泥、淤泥质土及冲填土等饱和黏性土地基。砂井堆载法适用于存在连续薄砂层的地基，对有机质土则不适宜。真空预压法适用于能在加固区形成稳定负压边界条件的软土地基。降低地下水位法、真空预压法和电渗法由于不增加剪应力，地基不会产生剪切破坏，故适用于很软弱的黏土地基。

2. 堆载预压法的加固机理

堆载预压是指在饱和软土地基上施加荷载后，孔隙水被缓慢排出，孔隙体积随之逐渐减少，地基发生固结变形；同时随着超静孔隙水压力的逐渐消散，有效应力逐渐提高，地基土强度逐渐增长。

由室内固结试验结果 e-p 曲线可知：当固结压力由 p_0 增至 p_1，相应土的孔隙比由 e_0 减小至 e_1，如图 12.9中$\widehat{ab}$曲线所示，此为压缩曲线。接着卸荷，压力由 p_1 减小至 p_0，孔隙比由 e_1 增大至 e_d，并产生残余变形（土的卸荷曲线不与压缩曲线相重合，产生不能恢复的变形）；当再次加载时，孔隙比由 e_d 减小至 e_1，如$\widehat{db}$虚线所示，称再压缩曲线。

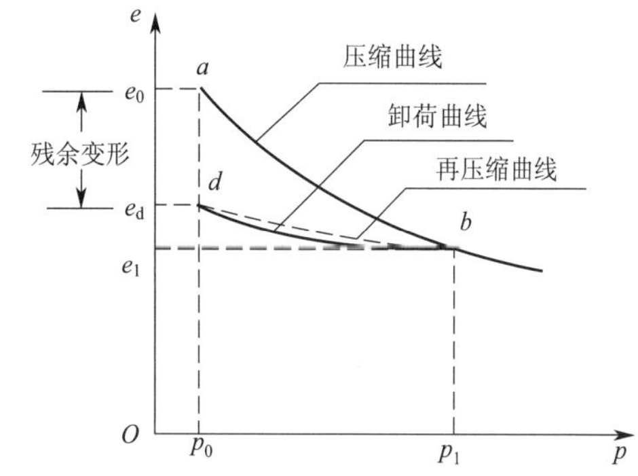

图 12.9　压缩、回弹与再压缩曲线

上述曲线$\widehat{ab}$相当于预压，曲线$\widehat{db}$相当于正式工程压缩，由图 12.9 可见，再压缩曲线$\widehat{db}$的斜率（即压缩系数 α）远小于原始压缩曲线$\widehat{ab}$的斜率。此即堆载预压法的原理。

如果预压荷载大于建筑物荷载，即所谓超载预压，则效果更好。因为经过超载预压，当土层的固结压力大于使用载荷下的固结压力时，原来的正常固结黏土层将处于超固结状态，从而使土层在使用荷载下的变形大为减小。

3. 砂井堆载预压的设计

砂井堆载预压法的设计计算，其实质是合理安排排水系统与预压荷载之间的关系，使地基通过该排水系统在逐级加载过程中排水固结，地基强度逐渐增长，以满足每级加载条件下地基的稳定性要求，并加速地基固结沉降，在尽可能短的时间内，使地基承载力达到设计要求。

砂井堆载预压法设计计算内容包括：

①初步确定砂井布置方案；

②初步拟定加荷计划，即每级加载增量、范围及加载延续时间；

③计算每级荷载作用下，地基的固结度、强度增长量；

④验算每一级荷载下地基土的抗滑稳定性；

⑤验算地基沉降量是否满足要求。

若上述验算不满足要求，则需调整加荷计划。

砂井堆载预压设计内容如下：

(1)砂井布置

砂井布置包括砂井直径、间距和深度的选择，确定砂井的排列及排水砂垫层的材料和厚度等。通常砂井直径、间距和深度的选择应满足在预压过程中，在不太长的时间内，地基能达到70%～80%以上的固结度。

①砂井直径和间距

砂井直径和间距，主要取决于软黏土层的固结特性和施工期限的要求。就地灌注砂井的直径一般为 30～50 cm。袋装砂井直径常采用 7～10 cm。就地灌注的砂井，常用的砂井间距一般是砂井直径的 6～8 倍，一般间距取 2～4 m；当袋装砂井井径为 7 cm 时，间距一般为1～2 m。

②砂井深度选择

砂井深度的选择与土层分布、地基中的附加应力大小、施工期限等因素有关。在以往的工程中，砂井深度多为 10～20 m。砂井的平面常按正方形或等边三角形布置。

砂井的布置范围，一般比建筑物基础为大。

③排水砂垫层和砂沟

在砂井顶面应铺设排水砂垫层或砂沟，以连通砂井，引出从软土层排入砂井的渗流水，砂垫层的厚度宜大于 40 cm(水下砂垫层厚为 100 cm 左右)。平面上每边伸出砂井区外边线一定宽度，如砂料缺乏，可采用砂沟，一般在纵向或横向每排砂井设置一条砂沟，在另一方向按中间密两侧疏的原则设置砂沟，并使之连通。砂沟的深度可参照砂垫层厚度确定，其宽度应大于砂井直径。

(2)制定预加荷载计划

在加载预压中，任何情况下所加的荷载均不得超过当时软土层的承载力。为此，要拟定加载计划，设计时可按以下步骤初步拟定加载计划：

①利用地基的天然抗剪强度计算第一级容许施加的荷载；

②计算第一级荷载下地基强度增长值并根据此增长值确定第二级所能施加的荷载；

③计算第一级荷载作用下达到指定固结度所需的时间，此时间亦为第二级荷载开始施加的时间；

④以此类推完成整个加载过程。

(3)砂井地基平均固结度的计算

砂井地基的固结度按土力学中的渗透固结理论计算。渗透固结理论假设荷载是瞬间加上去的，而实际加载则需要一个过程，所以先按瞬时加载条件计算固结度，然后再按实际加载过程对固结度进行修正。

(4)排水过程中地基强度增长值的推算

饱和黏性土在预压荷载作用下排水固结，从而提高了地基土抗剪强度。但同时随着荷载的增加，地基中剪应力也在增大，在一定条件下，因为剪切蠕动还有可能导致强度的衰减。因此，地基土强度增长的预计需要考虑到剪应力因素的影响。

4. 施工与监测简述

(1)竖向排水体的打设工艺与质量要求

普通砂井、袋装砂井和塑料排水带等三种类型的竖向排水体分别采用各自的专用机具施工。普通砂井一般借用沉管灌注桩机或其他压桩机具压入或打入套管成孔，然后在孔中灌砂密实拔管制成。袋装砂井则用专用振动或压入式机具施工，先将导管压入至预定深度，然后将预制好的砂袋置入导管内，最后上拔导管制成。塑料排水带则用专用插带机施工，打设的动力可用振动或液压，导管可用圆形、扁形或菱形，导管的端部装有管靴或夹头，并配置自动记录仪记录打入深度，施工时，将排水带置入导管内连接管靴或夹头，通过压入动力将导管压入至预定深度后制成。三者的质量要求：①必须按设计要求，准确定位，控制导管(套管)的垂直度，偏差不应大于 1.5%。②砂井的井料必须按设计的要求采用中粗砂并满足渗透性规定标准，含泥量小于 3%；排水带的各种性能必须满足设计的要求。③在施工中，对于袋装砂必须保证砂袋连续不断；对于排水带，必须注意排水带在上拔过程中保持平直，不许产生扭结、卷曲、断裂、撕裂和回带等现象。

(2)水平排水垫层的施工

水平排水垫层是地基固结水流排出的主要通道。在施工中必须满足如下质量要求：

①所用的排水材料必须满足渗透性和反滤性的要求，一般采用级配良好的中粗砂，含泥量不宜超过 3%。若缺乏良好的砂料，可选用砂石混合料或用砂沟代替，但必须在垫层的底面铺无纺土工布作为滤层，以防止淤堵。

②垫层的厚度必须满足设计的要求，同时还要在施工过程中防止由于地基沉降引起的受拉减薄和断裂，适当考虑一定的增厚余量，以防垫层拉断失效。

③垫层必须碾压密实，可用加水润湿，振动碾压施工。

(3)施加预压荷载和现场监测

在软土地基上施加预压荷载时，如果加荷速率控制不当，可能导致地基产生过大的塑性变形乃至剪切破坏，因此必须按照设计的要求，分级逐渐施加，并严格控制加荷速率。根据施工经验，加荷速率控制每天不超过 6～8 kPa。为了保证地基在稳定状态下施加预压荷载，常设置现场原位监测系统，监视地基动态的发展，及时进行检验，防止地基局部剪切破坏。监测系统包括：地基表面沉降和分层沉降；地基中的侧向变形或堤坝(或堆土)边坡桩的水平位移和地基中的孔隙水压力等。现场观测应制定相应的标准，以获取可靠的观测结果，随时整理观测的结果，监视地基变形和稳定性动态的发展，及时作出判断，指导施加预压荷载。关于地基稳定性的分析与判断可按如下方法进行。

①首先根据各项观测结果绘制沉降 s(或侧向位移 w 和孔隙水压力 u)和荷载压力 p 与时间 t 的关系曲线(即 s-p-t，w-p-t 和 u-p-t)和荷载压力增量与孔隙水压力增量(或对应加荷时段的沉降增量和位移增量)累积的关系曲线(即 $\sum\Delta p$-$\sum\Delta s$，$\sum\Delta p$-$\sum\Delta w$ 和 $\sum\Delta p$-$\sum\Delta u$ 曲线)，如图 12.10 和图 12.11 所示。

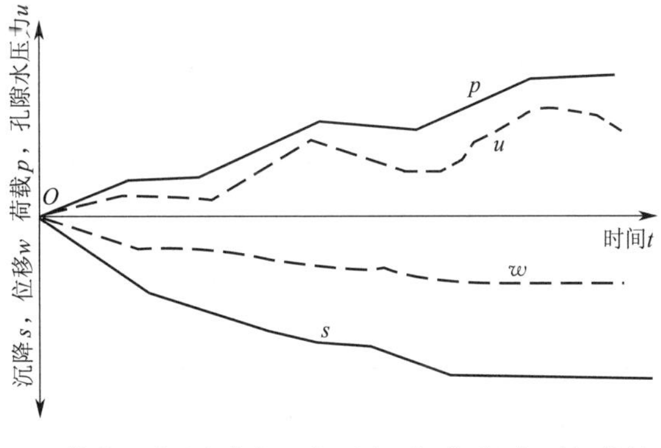

图 12.10　荷载压力，孔隙水压力(和沉降、位移)与时间的关系曲线

②判断各测点地基的稳定性。当测点的沉降、位移和孔隙水压力随时间的变化产生突然增大，且其累积增量与荷载增量出现非线性增大和转折时，则可以认为该测点地基出现塑性屈服或剪切破坏，应立即采取措施(停止加载或卸去部分荷载)，以防止地基局部剪切破坏的进一步发展，保持地基的稳定性。由于地基土层的构造、性质的不均匀和工程施加荷载时作用于测点上的作用力往往不很明确，所测得的应力与变形及孔隙水压力的关系比较离散，所以，应用上述方法往往不易准确判断地基的稳定性。因此，在实际监测中，常用工程经验的标准来判断。例如，软土地基上的堤坝工程是按如下标准控制地基稳定性的：对于沉降，控制沉降速率

每天不超过 10 mm;对于边坡桩侧向位移,控制位移速率每天不超过 4 mm;对于孔隙水压力,则利用施加荷载初期时段(荷载不大时)的荷载增量与孔隙水压力增量的累积关系曲线($\sum\Delta u$-$\sum\Delta p$ 关系曲线),控制不出现非线性增大转折,如图 12.11 所示。当观测的结果出现超过上述标准,则认为该测点地基土出现局部剪切破坏。其他工程也可根据各自的经验值进行控制。

文本
真空预压法与降水预压法简介

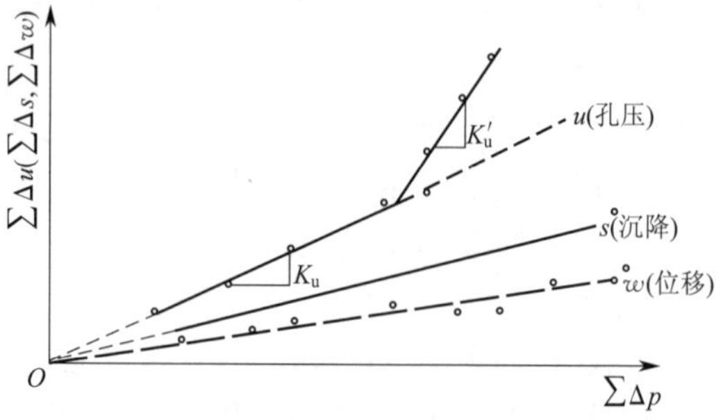

图 12.11　累积的荷载增量与对应孔隙水压力增量(及沉降、位移)的关系曲线

此外,沉降观测的结果还可用来估算地基的固结度和推算最终沉降值,预测建筑物工后沉降值,分析地基的稳定性安全度。

12.2.3　复合地基

1. 复合地基的定义与分类

复合地基是指天然地基在地基处理过程中部分土体得到增强,或被置换,或在天然地基中设置加筋材料,加固区是由基体(天然地基土体或被改良的天然地基土体)和增强体两部分组成的人工地基。上部结构的荷载由基体和增强体共同承担。

复合地基常以桩的形式出现,与桩基有其相似之处,但复合地基属于地基范畴,而桩基属于基础范畴,所以两者又有其本质区别。复合地基中桩体与基础往往不是直接相连的,它们之间通过垫层(碎石或砂石垫层)来过渡;而桩基中桩体与基础直接相连,两者形成一个整体。因此,它们的受力特性也存在着明显差异。即复合地基的主要受力层在加固体,而桩基的主要受力层是在桩尖以下一定范围内。由于复合地基理论的最基本假定为桩与桩周土的协调变形,为此,从理论而言,复合地基中也不存在类似桩基中的群桩效应。

复合地基根据地基中增强体的方向可分为竖向增强体复合地基和水平向增强体复合地基两类,其示意图如图 12.12 所示。

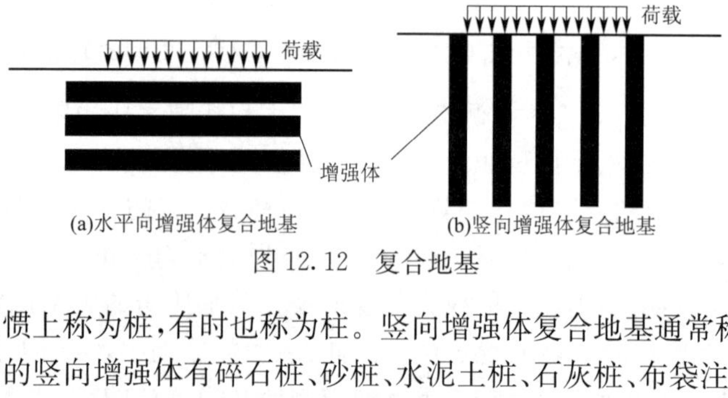

(a)水平向增强体复合地基　　(b)竖向增强体复合地基

图 12.12　复合地基

竖向增强体习惯上称为桩,有时也称为柱。竖向增强体复合地基通常称为桩体复合地基。目前在工程中应用的竖向增强体有碎石桩、砂桩、水泥土桩、石灰桩、布袋注浆桩、碎石注浆桩、灰土桩、CFG 桩、混凝土桩等。根据竖向增强体的性质,桩体复合地基又可分为散体材料桩

复合地基、柔性桩复合地基和刚性桩复合地基。散体材料桩复合地基包括碎石桩复合地基和砂桩复合地基等。散体材料桩只有依靠周围土体的围箍作用才能形成桩体。对应于散体材料桩,柔性桩和刚性桩也可称为黏结材料桩。也有人将其称为半刚性桩和刚性桩。柔性桩复合地基包括灰土桩复合地基和石灰桩复合地基等。刚性桩复合地基包括 CFG 桩复合地基和低强度混凝土桩复合地基等。严格来讲,桩体的刚度不仅与材料性质有关,还与桩的长径比有关,应采用桩土相对刚度来描述。

水平向增强体复合地基主要指加筋土地基。随着土工合成材料的发展,加筋土地基应用愈来愈多。加筋材料主要是土工织物、土工膜、土工格栅和土工格室等。

复合地基中增强体方向不同,复合地基性状也不同。桩体复合地基中,桩体是由散体材料组成,还是由黏结材料组成,以及黏结材料桩的刚度大小,都将影响复合地基荷载传递性状。根据复合地基工作机理可作如下分类:

- 复合地基
  - 竖向增强体复合地基
    - 散体材料桩复合地基
    - 黏结材料复合地基
      - 柔性桩复合地基
      - 刚性桩复合地基
  - 水平向增强体复合地基

桩体复合地基具有以下两个基本的特点:

(1)加固区由基体和增强体两部分组成,是非均质的和各向异性的;

(2)在荷载作用下,基体和增强体共同承担荷载的作用。

前一特征使复合地基区别于均质地基,后一特征使复合地基区别于桩基础。从某种意义上讲,复合地基介于均质地基和桩基之间。

形成复合地基的条件是基体与增强体在荷载作用下,通过两者变形协调,共同分担荷载。

2. 复合地基作用机理与破坏模式

(1)作用机理

复合地基的作用主要有如下几种:

①桩体作用。复合地基的桩体与桩间土共同工作,由于桩体的刚度比周围土体大,在刚性基础下等量变形时,地基中的应力将重新分配,桩体产生应力集中而桩间土应力降低,故复合地基承载力和整体刚度高于原地基,沉降量有所减少。

②加速排水固结。碎石桩、砂桩具有良好的透水特性,可加速地基的排水固结。此外,水泥土类和混凝土类桩在某种程度上也可加速地基固结。地基固结不仅与地基土的排水性能有关,还与地基土的变形特性有关。虽然水泥土类桩会降低地基土的渗透系数 K,但它同样会减少地基土的压缩系数 $a_{0.1\sim0.2}$,而且 $a_{0.1\sim0.2}$ 的减少幅度比 K 的减小幅度要大。因此,加固后的水泥土同样可起到加速排水固结的作用。

③挤密作用。砂桩、土桩、石灰桩、碎石桩等在施工过程中由于振动、挤压、排土等原因,可对桩间土起到一定的挤密作用。此外,由于生石灰具有吸水、发热和膨胀等作用,对桩间土同样起到挤密作用。

④加筋作用。各种复合地基除可提高地基的承载力和整体刚度外,还可提高土体的抗剪强度,增加土坡的抗滑能力。

(2)破坏模式

复合地基破坏模式可分为以下 4 种:刺入破坏、鼓胀破坏、整体剪切破坏和滑动破坏,如图 12.13所示。

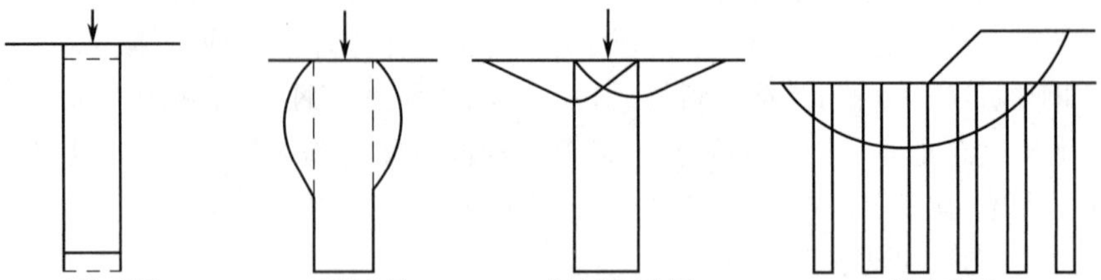

(a)刺入破坏　(b)鼓胀破坏　(c)整体剪切破坏　(d)滑动破坏

图 12.13　复合地基破坏模式

①刺入破坏,如图 12.13(a)所示。在桩体刚度较大而地基土强度较低的情况下较易发生桩体刺入破坏。桩体发生刺入破坏后,不能承担荷载,进而引起桩间土发生破坏,导致复合地基全面破坏。刚性桩复合地基较易发生此类破坏。

②鼓胀破坏,如图 12.13(b)所示。在荷载作用下,桩间土不能提供足够的围压来阻止桩体发生过大的侧向变形,从而产生桩体鼓胀破坏,并引起复合地基全面破坏。散体材料桩复合地基往往发生鼓胀破坏。在一定条件下,柔性桩复合地基也可能产生此类形式的破坏。

③整体剪切破坏,如图 12.13(c)所示。在荷载作用下,复合地基将出现如图 12.12(c)所示的塑性区,在滑动面上桩和土体均发生剪切破坏。散体材料桩复合地基较易发生整体剪切破坏,柔性桩复合地基在一定条件下也可能发生此类破坏。

④滑动破坏,如图 12.13(d)所示。在荷载作用下复合地基沿某一滑动面产生滑动破坏。在滑动面上,桩体和桩间土均发生剪切破坏。各种复合地基都可能发生这类形式的破坏。

文本

复合地基的有关计算

复合地基发生何种破坏模式,与复合地基的桩型、桩身强度、土层条件、荷载形式及复合地基上基础结构的形式有关。

3. 常用的复合地基加固方法

1)CFG 桩法

CFG 桩是水泥粉煤灰碎石桩的简称(即 cement flying-ash gravel pile),是在碎石桩的基础上加进了一些粉煤灰和少量水泥,加水搅拌制成的一种具有一定粘结强度的桩,如图 12.14 所示。

对于高速铁路,由于要求时速高,沉降量小,因此,为了有效地控制地基沉降,在软土和软弱土地基段大量采用 CFG 桩进行地基处理。其处理深度在 30 m 以内较经济。

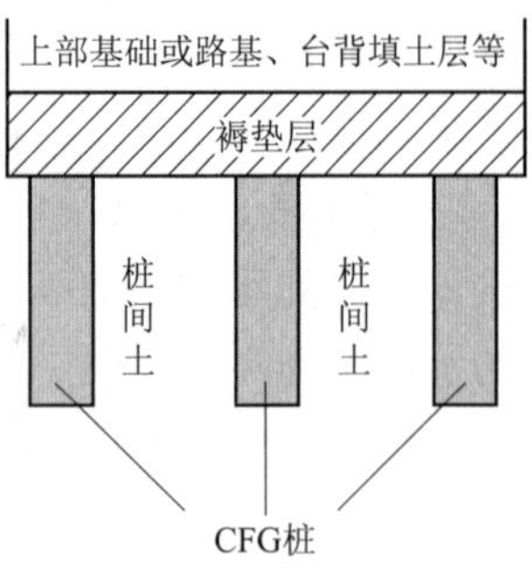

图 12.14　CFG 桩复合地基示意

通过调整水泥的用量及配比,可使桩体强度等级在 C5～C20 之间变化,最高可达 C25,相当于刚性桩。由于桩体刚度很大,区别于一般柔性桩和水泥土类桩,因此,常常在桩顶与基础之间铺设一层 150～300 mm 厚的中砂、粗砂、级配砂石或碎石(称其为褥垫层),以利于桩间土发挥承载力,与桩组成复合地基,褥垫层在水泥粉煤灰碎石桩复合地基中具有重要的作用,它可起到保证桩土共同承担荷载、调整桩与土垂直及水平荷载的分担和减小基础底面的应力集中的作用。由于 CFG 桩是在碎石桩的基础上加进一些石屑、粉煤灰和少量水泥,加水搅拌制成的一种具有一定粘结强度的桩,因此它可以和桩间土、褥垫层一起形成复合地基。

(1)CFG 桩的加固原理

CFC 桩法是通过在地基中形成桩体作为竖向加固体，与桩间土组成复合地基，共同承担基础、回填土及上部结构荷载。当桩体强度较高时，CFG 桩类似于钢筋混凝土桩（常称为刚性桩），这样，在常用的几米到 20 多米桩长范围内，桩侧摩阻力都能发挥，不存在散体桩或柔性桩的有效桩长的现象。其加固软弱地基主要有三种作用：桩体作用；挤密作用；褥垫层作用。

①桩体作用

CFG 桩不同于碎石桩，是具有一定粘结强度的混合料。一般情况下不仅可全长发挥桩的侧阻，如桩端落在好土层上，还可很好地发挥端阻作用。将碎石桩加以改造，使其具有刚性桩的某些特性，则桩的作用大大加强，复合地基承载力将会大大提高。桩承担的荷载占总荷载的百分比可在 40%～75%之间变化，使得复合地基承载力提高幅度大并有很大的可调性。在荷载作用下 CFG 桩的压缩性明显比其周围软土小，因此基础传给复合地基的附加应力随地基的变化逐渐集中到桩体上，出现应力集中现象，复合地基的 CFG 桩起到了桩体作用。

②桩体的挤密作用

CFG 桩采用振动沉管法施工，利用振动和挤压作用使桩间土得到挤密。如某软土地基采用 CFG 桩加固，加固前后取软土进行物理力学指标试验，见表 12.16。经加固后地基土的含水率、孔隙比、压缩系数均有所减小，容重、压缩模量均有所增加，说明经加固后桩间土已挤密。

CFG 桩在饱和粉土和砂土中施工时，由于沉管和拔管的振动，会使土体产生超孔隙水压力。较好透水层上面还有较差的土层时，刚刚施工完的 CFG 桩体将是一个良好的排水通道，孔隙水将沿着桩体向上排出，直到 CFG 桩体结硬为止，这样的排水过程持续几个小时。利用振动沉管机施工，将会对周围土产生扰动，特别是对灵敏度较高的土，会使结构破坏，强度降低。施工结束后，随着恢复期的增长，结构强度会有所恢复。

表 12.16　加固前后土的物理力学指标对比

类别	土层名称	含水率/%	密度/(g/cm^3)	干密度/(g/cm^3)	孔隙比	压缩模量/MPa
加固前	淤泥质粉质黏土	41.8	17.8	1.25	1.789	3.00
	淤泥质粉土	37.8	18.1	1.32	1.069	4.00
加固后	淤泥质粉质黏土	36.0	18.4	1.35	1.010	3.11
	淤泥质粉土	25.0	19.8	1.58	0.710	9.27

③CFG 桩的褥垫层的作用

褥垫层技术是 CFG 桩复合地基的核心技术，复合地基的许多特性都与褥垫层有关。这里所说褥垫层不是基础施工经常做的 10 cm 厚的素混凝土垫层，而是由粒状材料组成的散体材料垫层。褥垫层的作用如下：

a. 保证桩、土共同承担荷载

如果不设置垫层，路基直接与桩和桩间土接触，在垂直荷载作用下荷载特性和桩基差不多。设置一定厚度的垫层情况就不同了，即使桩端落在好的土层上，也能保证一部分荷载通过垫层作用在桩间土上，借助褥垫层的作用，使给定荷载作用下桩、土受力时程曲线均为常值。

b. 调整桩、土垂直荷载分担比

④CFG 桩的适用范围

就土性而言，适用于处理黏性土、粉土、砂土和正常固结的素填土等地基。对淤泥质土，应按地区经验或通过现场试验确定其适用性。CFG 桩既可以用于挤密效果好的土，又可以用于挤密效果差的土。当用于挤密效果好的土时，承载力的提高既有挤密作用，又有置换作用；当用于挤密效果差的土时，承载力的提高只与置换作用有关。CFG 桩和其他复合地基的桩型相比，它的置换作用很突出，这是 CFG 桩的一个重要特征。对一般黏性土、粉土或砂土，桩端具有好的持力层。

(2)CFG 桩的施工

关于 CFG 桩施工的一般规定如下：

①施工前应进行成桩工艺试验(不少于 2 根)，复核地质资料及设备、工艺、施打顺序是否适宜，确定混合料配合比、坍落度、搅拌时间、拔管速度等各项工艺参数，报监理单位确认后，方可进行施工。

②CFG 桩施工开始后应及时进行复合地基或单桩承载力试验，以确定设计参数。

③采用振动沉管成桩时，设备型号选择应根据地质条件及桩径、设计深度要求确定，其施工应符合下列要求：

a. 振动沉管桩机沉管表面有明显的进尺标记，根据设计桩长沉管入土深度确定机架高度和沉管长度。

b. 沉管过程中每沉 1 m 应记录电流一次，并对土层变化处予以说明。

c. 混合料应按设计配合比经搅拌机拌和，坍落度拌和时间应按工艺性试验确定的参数进行控制，且拌和时间不得少于 1 min。

d. 拔管速率应按工艺性试验确定并经监理工程师批准的参数进行控制，拔管中严禁反插。

e. 每根桩的投料量不得少于设计灌注量。

f. 成桩后桩顶控制高程应考虑去除浮浆后的桩长满足设计要求。

CFG 桩振动沉管灌注施工流程如图 12.15 所示。

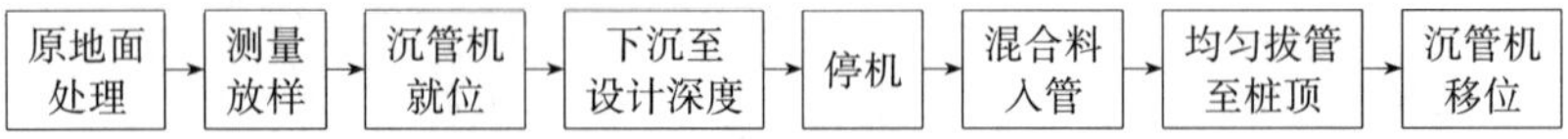

图 12.15　CFG 桩振动沉管灌注施工流程

④采用长螺旋钻管内泵压混合料灌注成桩时，设备型号选择应根据桩径、设计加固深度要求确定，其施工应符合下列要求：

a. 施工组织、施工工艺、施工作业指导书应有防止堵管窜孔的措施。

b. 钻进应先慢后快。在成孔过程中，如发现钻杆摇晃或难钻时，应放慢进尺。

c. 混合料应按设计配合比经搅拌机拌和，坍落度拌和时间应按工艺性试验确定的参数进行控制，且不得少于 1 min；搅拌的混合料必须保证混合料圆柱体能顺利通过刚性管、高强柔性管、弯管和变径管而到达钻芯管内。

d. CFG 桩成孔到设计高程后，停止钻进，开始泵送混合料，当钻芯管充满混合料后开始拔管，严禁先提管后泵料。

e. 钻杆采用静止提拔。施工中严格按工艺性试验确定并报监理批准的参数控制钻杆提拔速度和混凝土泵送量，并保证连续提拔。施工中严禁出现超速提拔。

f. 施工中应保证排气阀正常工作，施工中要求每工班经常检查排气阀，防止排气阀被水泥浆堵塞。

g. 桩机移机至下一桩位施工时，应根据轴线或周围桩的位置对需施工的桩位进行复核，保证桩位准确。

CFG 桩长螺旋钻管内泵压混合料灌注成桩施工流程如图 12.16 所示。

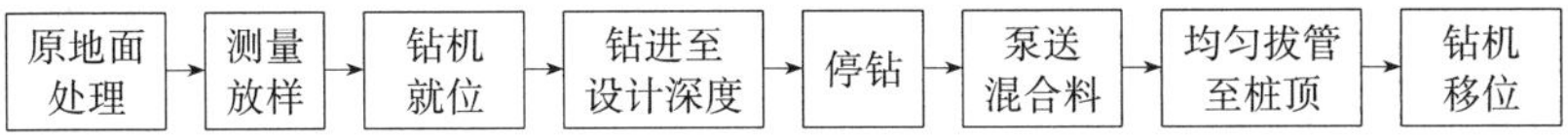

图 12.16　CFG 桩长螺旋钻管内泵压混合料灌注成桩施工流程

当选择振动沉管机械为施工机具时，施工工序如下。

①施工准备

施工前应具备的资料和条件：

a. 工程地质报告书。

b. CFG 桩布桩图，图应注明桩位编号，以及设计说明和施工说明。

c. 施工场地临近的高压电缆、电话线、地下管线、地下构筑物及障碍物等调查资料。

d. 施工场地的水准控制点。

e. 具备“三通一平”条件。

施工技术措施内容有：

a. 确定施工机具和配套设备。

b. 材料供应计划，标明所用材料的规格、技术要求和数量。

c. 施工前应按设计要求由实验室进行配合比试验，施工时按配合比配制混合料。当用振动沉管灌注成桩和长螺旋钻孔灌注成桩施工时，桩体配比中采用的粉煤灰可选用电厂收集的粗灰，坍落度宜为 30～50 mm；当采用长螺旋钻孔、管内泵压混合料灌注成桩时，为增加混合料的和易性和可泵性，宜选用细度（0.045 mm 方孔筛筛余百分比）不大于 45%的Ⅲ级或Ⅲ级以上等级的粉煤灰，每方混合料粉煤灰掺量宜为 70～90 kg，坍落度应控制在 160～ 200 mm。

d. 试成孔应不少于 2 个，以复核地质资料以及设备、工艺是否适宜，核定选用的技术参数。

e. 按施工平面图放好桩位，若采用钢筋混凝土预制桩尖，需埋入地表以下 30 cm 左右。

f. 确定施打顺序。

g. 复核测量基线、水准点及桩位、CFG 桩的轴线定位点，检查施工场地所设的水准点是否会受施工影响。

h. 振动沉管机沉管表面应有明显的进尺标记，并以米(m)为单位。

②施工前的工艺试验

施工前的工艺试验主要是考察设计的施打顺序和桩距能否保证桩身质量。工艺试验也可结合工程桩施工进行，需做如下两种观测：

a. 新打桩对未结硬的已打桩的影响

在已打桩桩顶表面埋设标杆，在施打新桩时量测已打桩桩顶的上升量，以估算桩径缩小的数值，待已打桩结硬后开挖检查其桩身质量并量测桩径。

b. 新打桩对已结硬的已打桩的影响

在已打桩尚未结硬时，将标杆埋置在桩顶部的混合料中，待桩体结硬后，观测打新桩过程对已打桩桩顶位移的影响情况。

对挤密效果好的土（如饱和松散的粉土），打桩振动会引起地表的沉降，桩顶一般不会上升,断桩的可能性小。当发现桩顶向上的位移过大时,桩可能发生断开,若向上的位移不超过1 cm,断桩的可能性很小。

③CFG 桩施工

a. 桩机进入现场,根据设计桩长、沉管入土深度确定机架高度和沉管长度,并进行设备组装。

b. 桩机就位,调整沉管与地面垂直,确保垂直度偏差不大于1%。

c. 启动马达,沉管到预定高程,停机。

d. 沉管过程中做好记录,每沉1 m记录电流表的电流一次,并对土层变化予以说明。

e. 停机后立即向沉管内投料,直到混合料与进料口齐平。混合料按设计配比经搅拌机加水拌和,拌和时间不得少于1 min,如粉煤灰用量较多,搅拌时间还要适当延长。加水量按坍落度30~50 mm控制,成桩后浮浆厚度以不超过20 cm为宜。

f. 启动马达,留振5~10 s开始拔管,拔管速率一般为1.2~1.5 m/min(拔管速度为线速度不是平均速度),如遇淤泥或淤泥质土,拔管速率还可放慢。拔管过程中不允许反插。如上料不足,需在拔管过程中空中投料,以保证成桩后桩顶高程达到设计要求。成桩后桩顶高程应考虑计入保护桩长。

g. 沉管拔出地面,确认成桩符合设计要求后,用粒状材料或湿黏性土封顶,然后移机进行下一桩位的施工。

h. 施工过程中,抽样做混合料试块,每台机器一天应做一组(3块)试块,试块尺寸为15 cm×15 cm×15 cm,标准养护并测定28 d抗压强度。

i. 施工过程中,应随时做好施工记录。

j. 在成桩过程中,随时观测地面升降和桩顶上升情况。

④施工顺序

在设计桩的施打顺序时,主要考虑新打桩对已打桩的影响。

施打顺序大体可分为两种类型,一是连续施打,从1号桩开始,依次为2号、3号……,连续打下去;二是间隔跳打,可以隔一根桩也可隔多根桩。

连续施打可能会造成桩径被挤扁或缩颈。如果桩距大,混合料尚未初凝,连续打一般较少发生桩完全断开的现象。

隔桩跳打,先打桩的桩径较少发生缩小或缩颈现象,但土质较硬时,在已打桩中间补打新桩时,已打的桩可能被振裂或振断。

施打顺序与土性和桩距有关,在软土中,桩距较大可采用隔桩跳打;在饱和的松散粉土中施工,如果桩距较小不宜采用隔桩跳打方案。因为松散粉土振密效果较好,先打桩施工完后,土体密度会有明显增加,而且打的桩越多,土的密度越大,桩越难打。在补打新桩时,一是加大了沉管的难度,二是非常容易造成已打桩断桩的现象。

对满堂布桩,无论桩距大小,均不宜从四周转圈向内推进施工,因为这样限制了桩间土向外的侧向变形,容易造成大面积土体隆起,断桩的可能性增大。可采用从中心向外推进的方案,或从一边向另一边推进的方案。

对满堂布桩,无论如何设计施打顺序,总会遇到新打桩的振动对已结硬的已打桩有影响,桩距偏小或夹有比较硬的土层时,亦可采用螺旋钻引孔的措施,以减少沉、拔管时对桩的振动力。

⑤施工监测

施工过程中,特别是施工初期应做如下观测:

a. 施工场地高程观测。施工前要测量场地的高程，注意测点应有足够的数量和代表性。打桩过程中随时观测地面是否发生隆起，因为断桩常常和地面隆起相联系。

b. 桩顶高程的观测。施工过程中应注意已打桩桩顶高程的变化，特别要注意观测桩距最小部位的桩。

c. 对桩顶上升量较大的桩(>1 cm)或怀疑发生质量事故的桩应开挖查看，或采取逐桩静压的办法加以处理。

⑥施工中的注意事项

a. 混合料坍落度的控制

大量工程实践表明，混合料坍落度过大，桩顶浮浆过多，桩体强度也会降低。长螺旋钻孔、管内泵压混合料成桩施工的坍落度应控制在 160～200 mm、振动沉管灌注成桩施工的坍落度应控制在 30～50 mm，和易性好。对振动沉管灌注成桩施工，当拔管速率为 1.2～1.5 m/min 时，一般桩顶浮浆可控制在 20 cm 以内，成桩质量容易控制。

b. 拔管速率的控制

拔管速率太快，会造成桩径偏小或缩颈断桩的现象。

大量工程实践证明，拔管速率为 1.2～1.5 m/min 时是适宜的。应该指出，这里说的拔管速率不是平均速度。除启动后留振 5～10 s 之外，拔管过程中不再留振，也不得反插。

c. 保护桩长的设置

保护桩长是指成桩时预先设定加长的一段桩长，施工时将其剔除。

设置保护桩长的原因为：成桩时桩顶不可能正好与设计高程完全一致，一般要高出桩顶设计高程一段长度；桩顶一般由于混合料自重压力较小或由于浮浆的影响，靠桩顶一段桩体强度较差；已打桩尚未结硬时，施打新桩可能导致已打桩受振动挤压，混合料上涌使桩径缩小，如果已打桩混合料表面低于地表较多，则桩径被挤小的可能性更大，增大混合料表面的高度即增加了自重压力，可使抵抗周围土挤压的能力提高，特别是基础埋深很大时，空孔太长，桩径很难保证。

综上所述，必须设置保护桩长，并建议遵照如下原则：设计桩顶高程离地表的距离不大于 1.5 m 时，保护桩长可取 50～70 cm，上部再用土封顶；桩顶高程离地表的距离较大时，可设置 70～100 cm 的保护桩长，然后上部再用粒状材料封顶直到接近地表。

⑦桩头处理

清土和截桩时，不得造成桩顶高程以下桩身断裂或扰动桩间土。

多余的桩头需要剔除，剔除桩头时宜采用如下措施：

a. 找出桩顶高程位置。

b. 用钢钎等工具沿桩周向桩心逐次剔除多余的桩头直到设计桩顶高程，并把桩顶找平。

c. 不可用重锤或重物横向击打桩体。

d. 桩头剔至设计高程处，桩顶表面不可出现斜平面。

如果在剔除桩头时造成桩体断至桩顶设计高程以下，必须采取补救措施。假如断裂面距桩顶高程不深，可用混凝土接桩至设计桩顶高程。注意在接桩头过程中保护好桩间土。

⑧冬季施工

冬季施工时应采取措施避免混合料在初凝前遭到冻结，保证混合料入孔温度大于 5 ℃，根据材料加热的难易程度，一般优先加热拌和用水，其次是砂和石。混合料温度不宜过高，以免造成混合料假凝无法正常泵送施工。泵头管线也应采取保温措施。施工完清除保护土层和桩头后,应立即对桩间土和桩头采用草帘等保温材料进行覆盖,以防止桩间土冻胀而造成桩体拉断。

⑨褥垫层铺设

褥垫层所用材料多为粗砂、中砂、级配砂石、碎石等,粒径宜为 8～20 mm,最大粒径不宜大于 30 mm;不宜选用卵石。当基础底面桩间土含水率较大时,应进行试验确定是否采用动力夯实法,避免桩间土承载力下降。对较干的砂石材料,虚铺后可适当洒水,进行碾压或夯实。褥垫层厚度一般 15～30 cm,由设计给定。

垫层材料虚铺后多采用静力压实,当基础底面下方桩间土的含水率较小时亦可动力夯实。

⑩CFG 桩的质量控制

CFG 桩复合地基是在碎石桩加固地基法的基础上发展起来的一种地基处理技术。由于 CFG 桩改善了碎石桩的刚性,使其不仅能很好地发挥全桩的侧阻作用,同时也能很好地发挥其端阻作用。因此,得以广泛采用,并取得良好的经济和社会效益。为进一步保证 CFG 桩复合地基的施工质量,应控制好以下几个问题:

a. 选用合理的施工机械设备

CFG 桩多用振动沉管机施工,也可用螺旋钻机。而选用哪一类成桩机和哪种型号,要视工程的具体情况而定。对北方大多数地区存在的夹有硬土层地质条件的地区,单纯使用振动沉管机施工,会造成对已打桩形成较大的振动,从而导致桩体被振裂或振断。对于灵敏度和密实度较高的土,振动会造成土的结构强度破坏,密实度减小,引起承载力下降,故不能简单使用振动沉管机。此时宜采用螺旋钻预引孔,然后再用振动沉管机制桩,这样的设备组合避免了已打桩被振坏或扰动桩间土导致桩间土的结构破坏而引起复合地基的强度降低。所以,在施工准备阶段,必须详细了解地质情况,从而合理地选用施工机械,这是确保 CFG 桩复合地基质量的有效途径。

b. 深入了解地质情况并采用合理的施工工艺

在施工过程中,成桩的施工工艺对 CFG 桩复合地基的质量至关重要,不合理的施工工艺将造成重大的质量问题,甚至导致质量事故,而要选择确定合理的施工工艺必须深入了解地质情况。只有在深入了解地质情况的基础上,才能确定合理的施工工艺,并在施工过程中加强监测,根据具体情况,控制施工工艺,发现特殊情况,做出具体的改变。

2)旋喷桩法

旋喷桩系利用高压泵将水泥浆液通过钻杆端头的特制喷头,以高速水平喷入土体,借助液体的冲击力切削土层,同时钻杆一边以一定的速度旋转,一边低速徐徐提升,使土体与水泥浆充分搅拌混合凝固,形成具有一定强度的圆柱固结体(即旋喷桩),从而使地基得到加固。旋喷桩法属于复合地基中的柔性桩法。

旋喷桩适用于淤泥、淤泥质土、黏性土、粉土、砂土、湿陷性黄土、人工填土及碎石土等的地基加固及防渗处理。可用于既有建筑和新建筑的地基处理,深基坑侧壁挡土或挡水,基坑底部加固防止管涌与隆起,坝的加固与防水帷幕等工程。

旋喷桩的特点是:可提高地基的抗剪强度;能利用小直径钻孔旋喷成比钻孔孔径大 8～10 倍的大直径固结体;可用于已有建筑物地基加固而不扰动附近土体;施工噪声低,振动小;可用于任何软弱土层,可控制加固范围;设备较简单、轻便,机械化程度高;料源广阔,施工简便。

高压旋喷法基本种类有单管法、二重管法和三重管法三种,单管法一般用于软土地基加固以增加软土地基承载力,二重管法及三重管法常用于咬合桩防水帷幕等工程,特别在城市地铁工程地下车站进、出口处施工防水、基础加固效果明显。

当土中含有较多的大粒径块石、大量植物根茎或有较高的有机质时，以及地下水流速过大和已涌水的工程，应根据现场试验结果确定其适用性。

(1)旋喷桩施工工艺流程及技术要求

旋喷桩施工的主要机具设备包括：高压泵、钻机、浆液搅拌器等；辅助设备包括操纵控制系统、高压管路系统、材料储存系统以及各种管材、阀门接头安全设施等。

旋喷桩的施工工艺流程如图 12.17 所示。

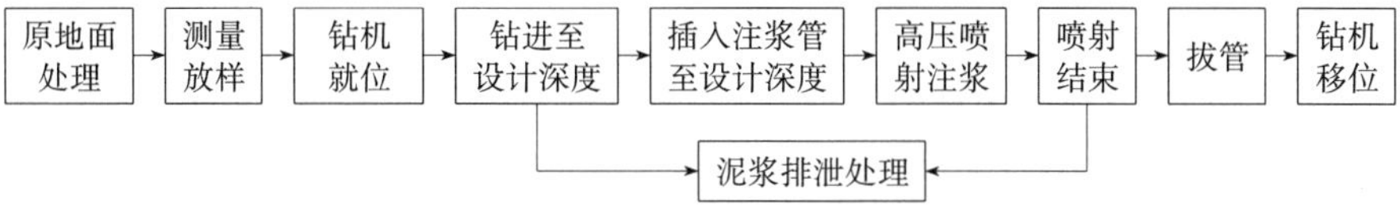

图 12.17　高压旋喷桩施工流程

旋喷桩的施工工序如下：

①试桩及确定工艺参数

为保证施工质量应严格遵守试桩要求，在展开大批量制桩前进行试桩，以校验施工工艺参数是否合理，并根据工程经验提出试桩用工艺参数：

a. 注浆管：提升速度 15～20 cm/min；旋转速度 20～25 r/min。

b. 水：压力 25～30 MPa；流量 85 L/min。

c. 浆液：压力≥20 MPa；流量＞60 L/min。

d. 空气：压力 0．8～1 MPa；流量 0．7 m^3/min。

e. 水灰比：1∶0．8～1∶1。

②钻机就位

钻机安放在设计的孔位上并应保持垂直，施工时旋喷管的允许倾斜度不得大于 1．5％。

③钻孔

旋喷桩成孔一般采用振动钻机钻孔，当遇到比较坚硬的地层时宜用地质钻机钻孔。钻孔的位置与设计位置的偏差不得大于 50 mm。

④插管

插管是将喷管插入地层预定的深度。使用 MJ-50 钻机钻孔时，插管与钻孔两道工序合二为一，即钻孔完成时插管作业同时完成。如使用地质钻机时，钻孔完毕，必须拔出岩芯管并换上旋喷管插入到预定深度。在插管过程中，为防止泥砂堵塞喷嘴，可边射水、边插管，水压力一般不超过 1 MPa，若压力过高，则易将孔壁射塌。

⑤喷射作业

当喷管插入预定深度后，由下而上、均匀提升进行喷射作业，技术人员必须时刻注意检查浆液初凝时间、注浆流量、风量、压力、旋转提升速度等参数是否符合设计要求，并随时做好记录，绘制作业过程曲线。

当浆液初凝时间超过 20 h 时应及时停止使用该水泥浆液(正常水灰比 1∶1，初凝时间为 15 h 左右)。

⑥打入钢管

当喷射完成后立刻在钻孔中心的位置打入 60 钢管，打入深度到强风化岩面为止。

旋喷桩完成后在钻孔中心位置插入 60 钢管，用打桩锤分段压入，为了保证钢管能顺利插入，每段钢管长度为 1～3 m；钢管连接方式为中间加套筒焊接，以保证打入钢管的竖直度。

⑦冲洗

喷射施工完毕后，应把注浆管等机具设备冲洗干净，管内泵内不得残存水泥浆。通常把浆液换成水，在地面上喷射，以便把泥浆泵、注浆管和软管内的浆液全部排除。

⑧移动机具将钻机等机具设备移到新孔位上。

(2)浆液材料与水灰比

高压喷射注浆的主要材料为水泥，对于无特殊要求的工程，宜采用强度等级为 32.5 级及以上的普通硅酸盐水泥或矿渣水泥，使用前进行严格检测，防止过期、受潮、结块、变质等，以免影响成桩质量。根据需要可加入适量的外加剂及掺合料。外加剂和掺合料的用量，应通过试验确定。配制水泥浆液时，用水标准应符合现行《混凝土用水标准》(JGJ 63—2006)的有关规定。采用饮用水，不得采用污水、地下水；水灰比控制在 1∶1 。

根据喷射工艺要求，浆液应具备良好的可喷性及足够的稳定性。

当处理既有建筑地基时，应采用速凝浆液或跳孔喷射和冒浆回灌等措施，以防喷射过程中地基产生附加变形和地基与基础间出现脱空现象。同时，应对建筑物进行变形监测。高压喷射注浆的施工参数应根据土质条件、加固要求通过试验或根据工程经验确定，并在施工中严格加以控制。

(3)施工控制

①钻机就位应平稳，立轴、转盘与孔位对正，高压设备与管路系统应符合设计及安全要求，防止管路堵塞，密封良好。

②喷射注浆应注意设备开动顺序。二重管、三重管的水、气、浆供应应有序进行，衔接紧密。

③对深层长桩应根据地质条件，分层选择适宜的喷射参数，保证成桩均匀一致。

④在高压喷射注浆过程中，当出现压力突增或突降、大量冒浆或完全不冒浆时，应查明原因，采取相应措施。

文本
旋喷桩施工质量缺陷及应对措施

⑤注浆完毕应迅速拔出注浆管，桩顶凹坑应及时以水灰比为 0.6 的水泥浆补灌。

⑥高压旋喷桩桩体无侧限抗压强度、桩长及成桩均匀性应符合设计要求。

⑦高压旋喷桩处理后的复合地基承载力应符合设计要求。

⑧钻机成孔和喷浆过程中，应将废弃的加固料及冒浆回收处理，防止环境污染。

⑨高压旋喷桩施工允许偏差应按表 12.17 的要求控制。

表 12.17　高压旋喷桩施工允许偏差

序　号	项　目	允许偏差
1	桩位(纵横向)	50 mm
2	桩身垂直度	1%
3	桩长	不小于设计值
4	桩体有效直径	不小于设计值
5	桩体无侧限抗压强度	不小于设计规定

(4)施工注意事项

①在旋喷桩施工区采用 1、4、7……，间隔跳打的方法进行施工。

②钻机或旋喷机就位时机座要平稳，立轴或转盘要与孔位对正，倾角与设计误差一般不得大于0.5°。

③喷射注浆前要检查高压设备和管路系统。设备的压力和排量必须满足设计要求，管路系统的密封圈必须良好，各通道和喷嘴内不得有杂物。

④喷射注浆作业后，由于浆液析水作用，一般均有不同程度收缩，使固结体顶部出现凹穴，所以应及时用水灰比为0.6的水泥浆进行补灌，并要预防其他钻孔排出的泥土或杂物进入。

⑤为了保证固结体尺寸，或对深层硬土，为了避免固结体尺寸减小，可以采用提高喷射压力、泵量或降低回转与提升速度等措施，也可以采用复喷工艺：第一次喷射（初喷）时，不注水泥浆液，初喷完毕后，将注浆管边送水边下降至初喷开始的孔深，再抽送水泥浆，自下而上进行第二次喷射（复喷）。

⑥在喷射注浆过程中，应观察冒浆的情况，以及时了解土层情况、喷射注浆的大致效果和喷射参数是否合理。采用单管或二重管喷射注浆时，冒浆量小于注浆量20%为正常现象，超过20%或完全不冒浆时，应查明原因并采取相应的措施。若地层中有较大空隙引起的不冒浆，可在浆液中掺加适量速凝剂或增大注浆量，如冒浆过大，可减少注浆量或加快提升和回转速度，也可缩小喷嘴直径，提高喷射压力。

⑦对冒浆应妥善处理，及时清除沉淀的泥渣。在砂层中用单管或二重管注浆旋喷时，可以利用冒浆进行补灌已施工过的桩孔。但在黏土层、淤泥层旋喷时，因冒浆中掺入黏土或清水，故不宜利用冒浆回灌。

⑧在软弱地层旋喷时，固结体强度低。可以在旋喷后用砂浆泵注入M15砂浆。

⑨在砂层尤其是干砂层中旋喷时，喷头的外径不宜大于注浆管，否则易夹钻。

⑩在开钻前根据管线图摸清管线位置及走向，遇有不明管线应及时向上级汇报。

3）搅拌桩法（深层搅拌桩）

（1）粉体喷射搅拌（桩）法

粉体喷射搅拌法是以生石灰或水泥粉体材料作为加固料，通过专用的粉体喷搅施工机械，将搅拌钻头下沉到预计孔底后，用压缩空气将粉体以雾状喷入加固部分的地基土，凭借钻头和叶片旋转使粉体加固料与软土原位搅拌混合，自下而上边搅拌边喷粉，同时按约0.5 m/min的速度提升钻头，直到设计停灰高程。为保证质量，可再次将搅拌头下沉至孔底，重复搅拌。

粉体搅拌法以粉体作为主要加固料，不需向地基注入水分，因此加固后地基土初期强度高，可以根据不同土的特性、含水率、设计要求，合理选择加固材料及配合比，对于含水率较大的软土，加固效果更为显著。施工时不需高压设备，安全可靠，如严格遵守操作规程，可避免对周围环境产生污染、振动等不良影响。

采用石灰粉体喷射搅拌加固软黏土，其原理与常用的石灰加固土基本相同。石灰与软土主要发生如下作用：石灰的吸水、发热、膨胀作用；离子交换作用；碳酸化作用（化学胶结反应）；火山灰作用（化学胶凝作用）及结晶作用。这些作用使土体中水分降低，土颗粒微聚而形成较大团粒，同时土体化学反应生成的复合水化物在水中逐渐硬化，与土颗粒黏结在一起从而提高了地基的物理力学性质。

水泥搅拌加固软黏土的原理是在加固过程中发生水泥的水解和水化反应；水泥水化生成钙离子与土粒的钠离子交换使土粒形成较大团粒；产生凝结硬化反应。这些反应使土颗粒形成凝胶体和较大颗粒；颗粒间形成蜂窝状结构；生成稳定的不溶于水的结晶化合物，从而提高软土强度。

(2)水泥浆(深层)搅拌法

水泥浆搅拌法是用回转的搅拌叶将压入软土内的水泥浆与周围软土强制拌和形成水泥加固体。搅拌机由电动机、中心管、输浆管、搅拌轴和搅拌头组成,并有灰浆搅拌机、灰浆泵等配套设备。我国生产的搅拌机现有单搅头和双搅头两种,加固深度达 30 m,形成的桩柱体直径 60～80 cm(双搅头形成 8 字形桩柱体)。

水泥浆搅拌法加固原理基本和水泥粉喷搅拌桩相同,与粉体喷射搅拌法相比有其独特的优点:①加固深度加深;②由于将固化剂和原地基软土就地搅拌,因而最大限度利用了原土;③搅拌时不会侧向挤土,环境效应较小。

水泥浆搅拌法的施工顺序大致为:在深层搅拌机起吊就位后,搅拌机先沿导向架切土下沉;下沉到设计深度后,开启灰浆泵将制备好的水泥浆压入地基;边喷边旋转搅拌头并按设计确定的提升速度提升搅拌机,进行提升、喷浆、搅拌作业,使软土与水泥浆搅拌均匀;提升到上面设计高程后,再次控制速度将搅拌机搅拌下沉,到设计加固深度后再搅拌提升出地面。为控制加固体的均匀性和加固质量,施工时应严格控制搅拌机的提升速度,并保证喷压阶段不出现断桩现象。

(3)高压喷射注浆法

高压喷射注浆法(又称旋喷法)是利用钻机将带有喷嘴的注浆管钻进至土层的预定位置后,以 20 MPa 左右的高压将加固用浆液(一般为水泥浆)从喷嘴喷射出冲击土层,土层在高压喷射流的冲击力、离心力和重力等作用下,与浆液搅拌混合,浆液凝固后,便在土中形成一个固结柱体。

喷射方式可分为旋转喷射、定向喷射和摆动喷射三种。旋转喷射时喷嘴边喷边旋转和提升,固结体呈圆柱体,主要用于加固地基;定向喷射时喷嘴边喷边提升,喷射固结体呈壁状,摆动喷射固结体呈扇状墙,此两种方式常用于基坑防渗和边坡稳定等工程。

高压喷射注浆法适用于砂土、黏性土、湿陷性黄土、淤泥和人工填土等,加固直径(厚度)为 0.5～1.5 m。加固体抗压强度:加固软土为 5 000～10 000 kPa,加固砂土为 10 000～20 000 kPa。对于砾石粒径过大,含腐殖质过多的土加固效果较差;对地下水流较大,对水泥有严重腐蚀的地基土也不宜采用。

4)布袋注浆桩

在深厚软土地基修建高标准铁路,荷载作用下软土固结变形历时长,变形量大,且在有硬夹层软土地基条件下,一般的地基加固措施均不能穿越卵砾石夹层,造成硬夹层以下软土无法加固,不能满足高速铁路、公路等对地基沉降控制的要求,而采用钻孔灌注桩、旋喷桩等又存在造价太高的问题,采用布袋注浆桩可以穿透硬夹层加固其下软土,且桩体性能稳定,施工方便,造价低。

布袋注浆桩是采用机械在地基中成孔,将土工布袋套在注浆管外,浆液通过注浆管孔底压入,充填、膨胀布袋形成的桩体。其主要特点如下:

①布袋注浆桩可与土层组成复合地基,加固软土效果明显。浆液在布袋内成桩,易形成较规则的注浆体,桩体质量易得到保证;布袋的隔离、排水、加筋作用,有利于增加土体的强度。在软硬互层的软土地基处理中,加固效果更加明显。

②借助钻孔施工,穿越硬夹层,至地层深部,施工方便。先成孔,然后将装好注浆管的布袋放到孔内,再进行注浆。成孔直径小,可采用小型设备施工,易穿越卵砾石等障碍物,并可灵活

选择加固层位。

③造价低。所需材料主要为土工布袋、水泥等，施工设备主要为成孔及注浆等常规设备，工程造价低。

(1)布袋注浆桩加固地基的机理

布袋注浆桩是以土工织物袋和注浆浆液形成似圆柱状硬化体来加固土体，是软土注浆技术和土工织物综合应用而成的新技术，由注浆芯管、土工布袋(或塑料编织袋)、水泥混合注浆体组成，如图 12.18 所示。

施工时采用工程钻机或振动沉管成孔，然后将已套好布袋的注浆芯管放入孔内。用压力注浆泵把水泥混合浆液从芯管顶部的注浆口注入，通过芯管下部的出浆孔进入布袋内，在注浆压力作用下，布袋自下而上逐渐膨胀。布袋充盈后，浆液在布袋内的压力瞬时提高，大于布袋周围土体的被动土压力时，膨胀布袋并挤密土体，并使桩孔直径略微扩大，同时，注浆在桩壁土体的侧向约束下，浆液在袋内析水硬化并受压成形。当注浆体完全固结后，经自然养护至预定强度，就形成了较规则的圆柱状或葫芦串状的桩体，即为布袋注浆桩。

布袋注浆桩桩体直径一般为 30～40 cm，它与周围土体共同形成复合地基，达到加固软土地基和提高承载力及复合模量的目的。布袋注浆桩处理范围不宜小于基底范围，路堤宜处理至填方坡脚，刚性基础宜适当加宽；布袋注浆桩间距应根据复合地基承载力、稳定性和沉降控制等因素确定，宜为 2～4 倍桩径；其布置形式宜采用正方形或三角形；当桩间距较大时，桩顶可增设桩帽或扩大桩头。

由于土工织物袋还具备的排水、隔离、加筋、加固等特性，与常规的压密注浆相比，布袋注浆桩压密效果更优，施工易于控制，比压密注浆桩更经济合理。布袋注浆桩加固机理示意如图 12.18 所示。

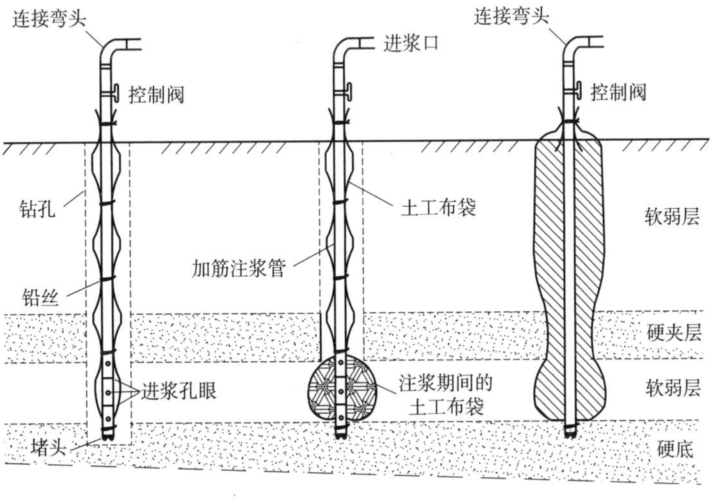

图 12.18　布袋注浆桩加固机理示意

(2)布袋注浆桩施工

布袋注浆桩施工前，应选择代表性地段分段进行工艺性试验，确定施工工艺参数；布袋注浆桩宜穿透软弱土层，选择承载力高的地层作为桩端持力层。

布袋注浆桩施工分为施工准备、成孔、布袋随注浆管下放、注浆、补浆、截桩。施工完成后应进行成孔质量检测。具体施工要点如下：

①成孔设备选用及成孔

a. 施工设备选择。施工设备宜根据场地条件选择，成孔设备可用地质钻机或潜孔钻机成孔，成孔直径不应大于设计桩径，一般可小于设计桩径 50～100 mm，成孔深度应大于设计桩长 200 mm。同时采用配备自动计量和压力监测的注浆设备，选用高强输浆管路，降低注浆安全风险。

b. 钻机就位。成孔过程中应控制和保持钻杆垂直，确保桩身垂直度，垂直度偏差不大于 1%。

c. 成孔。钻进时一般采用清水循环，对于易塌孔地层改用泥浆循环，并及时检查钻孔泥浆排放、渣样和机械振动或电流反馈，确保桩端进入持力层的深度不小于设计要求。

d. 布袋注浆桩宜间隔跳打施工。邻近既有构(建)筑物地段，应按照由近及远、由内向外的顺序，依次跳打施工。

②布袋随注浆管下放。注浆管下放过程中做好记录，对土层变化予以说明。下放过程中必须确保布袋各项指标能够满足高压注浆下不至于破裂和浆液不渗漏，并能渗水。

③注浆施工。注浆工艺流程大致为注浆管及布袋绑扎、下放→注浆用的原料及水置于搅拌机内拌和、搅拌注浆→浆液通过液压泵压入注浆管→清洗注浆管等环节组成。

布袋注浆桩注浆材料宜选用普通硅酸盐水泥和不低于Ⅱ级粉煤灰，其配比应根据试验确定，并满足设计强度要求，28 d 龄期桩身无侧限抗压强度不宜小于 5.0 MPa。注浆管可采用聚丙烯管(PP-R 管)，直径宜为 40～50 mm，注浆完成后注浆管可不拔出，与桩体共同形成布袋加筋注浆桩。

a. 注浆管及布袋绑扎、下放。将布袋绑扎在注浆管上、下方套有布袋的注浆管上，布袋按照设计注浆长度套在注浆管上，布袋的底端向上反 300 mm 并用细铁丝绑扎两道，检查是否扎紧，以免漏浆。布袋上端绑扎位置在设计桩顶 500 mm 以上，并用铁丝将其扎牢在塑料套环上，塑料套环套在注浆管上，与注浆管能相对滑动。注浆管起到注浆通道和布袋导向撑的作用。注浆管分为标准管节和带眼管节。带眼管节与标准管节以丝扣连接，安装在注浆管底端，浆液从带眼管节的孔眼中喷出注入布袋。

b. 钻机成孔后及时下放套有布袋的注浆管，注浆管从振动沉管机的套管中放入。第一节注浆管连同绑好的布袋放入后，用钻机悬吊进行第二次接长，依次进行，管节间连接要紧密，直至布袋下放到设计桩底，注浆管上端露出地面 0.5 m 以上。

c. 拌制浆液及注浆。水泥是布袋注浆桩浆液的主要成分，水泥浆要严格按设计的配合比配料并按搅拌时间不断搅拌(袋装水泥要抽检)，制备好的水泥浆液不得离析，要预先筛除水泥中的结块。水泥浆搅拌合格后，从灰浆搅拌机中倒入储料斗中时，经由过筛孔过滤，清除杂物。按设计的注浆速度注浆，注浆压力应根据加固深度和地层情况，通过计算其段落静止土压力初步确定，或通过现场试桩确定。布袋注浆桩泵送注浆压力一般为 0.2～0.8 MPa，注浆宜采用孔底返浆的方式，自下而上依次压浆，浆液下沉后及时进行补浆；注浆量、注浆压力应满足设计要求，达到设计桩顶高程后停止注浆，并立即拔管。注浆过程不能造成注浆中断。

④补浆。根据桩体情况，在注浆完成后 1 h 左右进行补浆，补浆次数一般为 1～3 次，采用的水胶比越小，补浆量和补浆次数越少。

⑤截桩。施工桩顶高程宜高出设计桩顶 0.3～0.5 m，截桩采用切割法，清土和截桩不应造成桩身断裂和桩间土扰动。

布袋注浆桩桩顶宜设置砂砾石或碎石加筋垫层，垫层厚度宜为 200～500 mm，并满足加筋砂垫层及垫层土工合成材料的有关规定。桩顶垫层铺设宜采用静压法或者小型机械夯实，压实质量应满足设计要求。

布袋注浆桩施工要坚持环境保护原则，将施工过程中产生的泥浆及时清运。

布袋注浆桩质量检验内容包括桩身直径、桩身完整性、均匀性、桩身强度、单桩或复合地基承载力。

除了以上介绍的复合地基法以外，常用的复合地基方法还有散体材料桩中的碎石桩、砂石桩法和碎石注浆桩等，柔性桩中灰土(水泥土)挤密桩、搅拌和柱锤冲扩桩等。

另外还有注浆法、桩-网结构地基法等。地基加固方法的选择与地基土性质、施工具备的条件、施工工期要求及需要加固地基的目的有关，可根据具体情况选择合适的地基处理方法。

12.2.4　土工合成材料加筋法

土工聚合物(即土工织物)是土工合成纤维材料的总称。它是以煤、石油、天然气等作为原料，经过化学加工而成为高分子合成物(聚合物)，再经过机械加工制成纤维或条带、网格、薄膜等产品，包括各种土工纤维(土工织物)、土工膜、土工格栅和土工垫等。它具有质地柔软、重量轻、整体连续性好(在长度上可制成数百米到上千米)、施工方便、抗拉强度较高、耐腐蚀和抗微生物侵蚀等良好性能。缺点是抗紫外线能力低，如暴露在外受到紫外线(日光)直接照射则容易老化。

土工合成材料一般具有多种功能，在实际中，往往是一种功能起主导作用，而其他功能则不同程度的发挥作用。土工合成材料在工程中的主要作用有：

(1)反滤作用

在有渗流的情况下，利用一定规格的土工纤维铺设在被保护的土层上，可起到与一般砂砾反滤层同样的作用，即允许水流畅通而同时又阻止土粒移动，从而防止发生管涌或堵塞。

(2)排水作用

某些具有一定厚度的土工纤维具有良好的三维透水性能。因此，除了可作透水反滤层外，还可使水沿土工聚合物内的排水通道迅速排走。例如塑料排水板可代替砂井起到深层排水作用。

(3)隔离作用

土工聚合物可铺设在两种不同土或材料，或者土与其他材料之间，把它们相互隔离，避免混杂产生不良效果，并依靠其优质特性以适应受力、变形和各种环境变化的影响而不破损。例如在铁路或公路工程中，利用土工聚合物作为碎石路基与地基土之间的隔离层，可防止软弱土层侵入路基的碎石中，避免引起翻浆冒泥。

(4)加固作用

利用土工纤维的高强度和韧性等力学性质及其分散荷载增大土体的刚性模量等功能，可改善土体力学性质或土工聚合物作为筋材构成加筋土及各种复合土结构。

(5)其他作用

土工聚合物除了以上的反滤、排水、隔离和加固作用外，还有一些其他作用。如不透水土工聚合物可以隔水，防止水进入土体或土工结构物；某些土工聚合物可以保温防冻，减缓土内温度的变化。此外，还有用土工聚合物做成袋子用于堆填和防护，以及应用土工聚合物防止裂隙扩大，减小应力集中等。

利用土工合成材料在建筑物地基中加筋已开始在我国大型工程中应用。根据实测的结果和理论分析,认为土工合成材料加筋垫层的加固原理主要是:①增加垫层的整体性和刚度,调整不均匀沉降;②扩散应力,由于垫层刚度增大的影响,扩大了荷载扩散的范围,使应力均匀分布;③约束作用,亦即约束下卧软弱土地基的侧向变形。

项目小结

本项目主要介绍人工地基处理施工,内容包含特殊土地基类型认识、软土地基处理。通过本项目的学习,掌握特殊土的主要工程地质特性及软土地基的处理方法。随着现代建筑物荷载的增加及铁路、公路等运营速度的提高,地基或路基的强度、稳定性和变形远不足以满足动、静荷载要求,所以,地基处理技术在现代建筑中的地位越来越重要。本部分内容也是本教材学习的难点。

项目训练

1. 结合常见的基础工程事故,对地基土的工程性质做出正确评价并给出合理的处理方案。
2. 结合工程实例,提出特殊土地基的处理方法。

复习思考题

12.1　湿陷性黄土的处理方式有哪些?

12.2　膨胀土具有哪些工程特征?对工程造成哪些危害?

12.3　冻土地层基础工程的设计原则是什么?

12.4　软土地基存在哪些问题?

12.5　地基处理的对象和目的是什么?常用的地基处理方法有哪些?

12.6　换土垫层的作用和适用范围是什么?砂垫层的施工要点是什么?

12.7　排水固结法的加压系统和排水系统如何组成?

12.8　什么是复合地基?复合地基与桩基有什么区别?

12.9　强夯法加固地基的机理是什么?

12.10　土工合成材料在工程中的主要作用有哪些?

12.11　什么是CFG桩?简述CFG桩加固地基的机理。

12.12　布袋注浆桩加固地基的机理是什么?

文本　项目12 思政案例

文本　项目12　PPT

文本　项目12　教案

文本　项目12　题库

参考文献

[1] 靳晓燕. 土力学与地基基础[M]. 北京：人民交通出版社股份有限公司，2023.

[2] 李文英，朱艳峰. 土力学与地基基础[M]. 2 版. 北京：中国铁道出版社有限公司，2020.

[3] 赵明华. 基础工程[M]. 3 版. 北京：高等教育出版社. 2017.

[4] 刘龄嘉，王晓明. 桥梁工程[M]. 2 版. 北京：人民交通出版社股份有限公司，2023.

[5] 杨进良，严驰. 土力学[M]. 5 版. 北京：中国水利水电出版社，2018.

[6] 肖进. 土力学与地基基础[M]. 重庆：重庆大学出版社，2023.

[7] 王小怀. 中老铁路琅勃拉邦车站软土地基水泥搅拌桩加固处理[J]. 路基工程，2024(2)：210-214.

[8] 王定举. 朔黄铁路 K470＋760—K470＋980 路堤地基管涌原因分析及整治[J]. 铁道建筑，2014(9)：87-90.

[9] 王慧东，朱英磊. 桥梁墩台与基础工程[M]. 3 版. 北京：中国铁道出版社有限公司，2020.

[10] 国家铁路局. 铁路混凝土工程施工质量验收标准：TB 10424—2018[S]. 北京：中国铁道出版社有限公司，2018.

[11] 国家铁路局. 铁路工程土工试验规程：TB 10102—2023[S]. 北京：中国铁道出版社有限公司，2023.

[12] 国家铁路局. 铁路桥涵设计规范：TB 10002—2017[S]. 北京：中国铁道出版社有限公司，2017.

[13] 国家铁路局. 铁路桥涵地基和基础设计规范：TB 10093—2017[S]. 北京：中国铁道出版社有限公司，2017.

[14] 国家铁路局. 铁路工程岩土分类标准：TB 10077—2019[S]. 北京：中国铁道出版社有限公司. 2019.

[15] 中华人民共和国交通运输部. 公路桥涵地基与基础设计规范：JTG 3363—2019[S]. 北京：人民交通出版社股份有限公司，2020.

[16] 中华人民共和国住房和城乡建设部. 湿陷性黄土地区建筑标准：GB 50025—2018[S]. 北京：中国建筑工业出版社，2019.

[17] 国家铁路局. 铁路路基设计规范：TB 10001—2016[S]北京：中国铁道出版社有限公司. 2016.

[18] 国家铁路局. 铁路工程地质原位测试规程：TB 10018—2018[S]. 北京：中国铁道出版社有限公司，2018.

[19] 国家铁路局. 铁路工程地基处理技术规程：TB 10106—2023[S]. 北京：中国铁道出版社有限公司，2023.

[20] 中华人民共和国国家市场监督管理总局. 热轧钢板桩：GB/T 20933—2021[S]. 北京：中国标准出版社，2022.